计算机技术开发与应用丛书

云计算管理配置与实战

杨昌家 ◎ 编著

清华大学出版社
北京

内容简介

本书围绕云计算核心知识展开，从基础知识到集群架构实现，全面系统地讲解了如何从一个什么都不懂的云计算初学者成长为可以根据业务需求进行技术选型并实施云计算集群架构的开发人员。全书分为上下篇，上篇主要讲解 Linux 系统原理和使用，云计算的环境以此为基础，尤其是防火墙和网络与云计算的实现关系紧密；下篇主要介绍云计算集群的设计和实践，从基础知识、发展趋势及应用、云计算项目的核心组件、企业项目分析及技术选型、云计算集群的搭建、小型集群的调优、大型集群的部署方案、多种网络环境配置、虚拟机和容器的部署使用、不同镜像的制作方案及使用规范、常见问题及解决方案等多方面进行展开和实践，内容从基础到高阶，技术从概念到原理，项目从业务拆分需求分析到技术选型搭建使用，遵循逐步递进的原则，逐步深入和提高。希望读者通过本书可以了解并掌握云计算集群的使用，并对业务技术架构有自己的思考。

对于有一定开发和设计经验，并想了解云计算集群的搭建和使用的技术人员，本书具有很高的参考意义。本书涵盖了 Linux 基础知识与原理，对于没有开发经验的人员，可以稳扎稳打地从基础部分开始学习，然后对云计算的核心技术与原理及大型云计算集群的实践案例进行认真学习，这样可以详细了解云计算集群的架构及相关问题的解决思路和方案。

图书在版编目(CIP)数据

云计算管理配置与实战/杨昌家编著. —北京：清华大学出版社，2023.1
(计算机技术开发与应用丛书)
ISBN 978-7-302-61888-1

Ⅰ. ①云… Ⅱ. ①杨… Ⅲ. ①云计算—数据管理—研究 Ⅳ. ①TP393.027 ②TP274

中国版本图书馆 CIP 数据核字(2022)第 174815 号

责任编辑：赵佳霓
封面设计：吴 刚
责任校对：焦丽丽
责任印制：丛怀宇

出版发行：清华大学出版社
网 址：http://www.tup.com.cn，http://www.wqbook.com
地 址：北京清华大学学研大厦 A 座　**邮 编**：100084
社 总 机：010-83470000　**邮 购**：010-62786544
投稿与读者服务：010-62776969，c-service@tup.tsinghua.edu.cn
质量反馈：010-62772015，zhiliang@tup.tsinghua.edu.cn
课件下载：http://www.tup.com.cn,010-83470236
印 装 者：三河市天利华印刷装订有限公司
经 销：全国新华书店
开 本：186mm×240mm　**印 张**：27.5　**字 数**：618 千字
版 次：2023 年 1 月第 1 版　**印 次**：2023 年 1 月第 1 次印刷
印 数：1～2000
定 价：109.00 元

产品编号：095947-01

前言

FOREWORD

当今时代社会快速发展，在最近的二十年里，IT 领域的技术发展更是日新月异，技术的发展为人们的生活提供了更多、更好、更快捷的服务。每个技术人员都有一个技术梦，希望完成一个高难度的项目，或希望能使用更优秀的技术给社会提供更好的服务，并以此为目标而感到自豪。社会的竞争导致技术的快速更新迭代，时有听到"学不过来了"等口头禅。其实，作为专业技术人员，完全不必惊慌，从眼前的技术着手，深入理解了一个技术的原理后，再去理解其他的技术，会更容易掌握。其主要原因有两点，一是一旦学习一种技术的思维模式和思考方式形成了，会更有能力去理解其他的技术；二是技术的思想都有相通之处，至少在同一个体系下的技术，它的设计、实现、原理都有相近之处。

笔者在工作多年以后，发现一线企业、市政单位等都已经开始大量使用云计算了，但是云计算平台的搭建并不容易，虽然各种开源云计算项目都努力提出更简单的部署方式，提供更详细的文档，但是也需要一定的经验才能完成。主要是云计算设计的技术栈比较广、知识点比较多、内部的设计也有很多技巧，一般会在包含多个开源项目的同时使用及整合，要明白其思想，并且能够根据业务需求自如地进行技术选型和方案搭建使用还是很有挑战的。笔者以一个大型云计算项目为背景，进行适当简化，从基础知识、发展趋势及应用、云计算项目的核心组件、企业项目分析及技术选型、云计算集群的搭建、小型集群的调优、大型集群的部署方案、多种网络环境配置、虚拟机和容器的部署使用、不同镜像的制作方案及使用规范、常见问题及解决方案等多方面进行展开和实践，内容从基础到高阶，技术从概念到原理，项目从业务拆分需求分析到技术选型搭建使用，遵循逐步递进的原则，旨在使读者能够彻底掌握云计算的运用，理解不同的技术思想，在项目开发中能够根据业务需求进行合适的技术选型。

本书采用不同的技术进行了云计算集群的搭建和部署，其相关的所有代码和资料均在文中说明和共享，读者可以根据详细的步骤进行实践。

希望本书能够给从事云计算和大数据方向的技术人员带来一些帮助，书中可能会存在不完美的地方，希望读者批评指正。

最后，感谢家人和同事的帮助与支持，这里特别感谢一位以前在中兴公司从事云计算的同事的帮助，他提供了很多网络相关的知识。

杨昌家

2022 年 10 月

目录

CONTENTS

Linux 系统基础篇

云计算管理与配置篇

Linux系统基础篇

Linux 是一款不同凡响的操作系统，它拥有稳定、可靠且功能极其强大的、完备的开发环境，以及与操作系统进行交互的原生界面，并且 Shell 能够控制整个操作系统的运作。本篇介绍如何快速地了解、安装、配置和使用 Linux 操作系统，以及如何开发出一些常用的 Shell 脚本应用程序。Linux 系统与云计算联系尤为紧密，掌握 Linux 系统的操作和使用对掌握云计算的环境配置非常有用，系统配置和网络配置是云计算环境配置的重要组成部分。

本篇是对 Linux 系统的一个概括性讲解，读者可以采用快速阅读的方法来阅读本篇，了解 Linux 系统的一些背景知识和编程技术。Linux 系统是一个被众多开发者喜爱的操作系统，在 IT 领域应用极为广泛。作为 IT 从业人员，不管是从事开发、运维还是其他工作，掌握 Linux 的使用是非常有必要的，甚至优秀的开发者基本上会对 Linux 系统底层原理去了解和研究，因为这些思想在很多的开源项目中被广泛地使用。从目前来看，市场中使用 Linux 系统服务器的占比远远超过其他类型的操作系统，所以掌握 Linux 不仅能快速地查看问题和解决问题，提升工作效率，还能够提升自己的技术功底，更容易扩展自己的技术圈，也更容易理解很多优秀的开源项目的底层设计原理。

本篇包括了以下几章。

第 1 章　Linux 系统概述

介绍 Linux 系统的一些发展情况并概括性地总结了 Linux 系统的技术架构和相关特性。

第 2 章　Linux 系统安装

介绍 Linux 操作系统的安装方法及注意事项，以及如何安装虚拟机，通过虚拟机安装 Linux 操作系统。

第 3 章　Linux 系统常用命令

介绍 Linux 系统中经常使用的命令，通过一些简单的示例展示各个命令在不同场景中的运用。

第 4 章　vi 及 vim 的使用

介绍 Linux 操作系统中文本编辑器的使用及使用场景，尤其是 vim 被很多优秀的开发者使用。

第 5 章　Linux 系统配置

介绍 Linux 操作系统中如何配置和查看网络情况，以及如何配置多个网卡和检测网络情况。介绍基本的运行和工作环境配置，如何对系统镜像源进行更换，提高数据传输速度，从而提高工作效率，如何对系统中的内核和应用进行升级和更新，如何在系统中安装和卸载应用，以及如何启动应用和查看服务状态。

通过对本篇的学习，读者可以了解到 Linux 操作系统的新特性、生态环境、发展战略、开发者的机遇、技术架构等；学会安装和配置 Linux 操作系统，对 Linux 系统进行应用更新、系统升级、镜像换源加速等，能够掌握日常工作中常用的命令，并能够编写简单的 Shell 脚本程序；初步掌握 Linux 操作系统的原理和使用知识。

第1章

Linux 系统概述

Linux，全称 GNU/Linux，是一种可免费使用和自由传播的类 UNIX 操作系统，其内核由林纳斯·本纳第克特·托瓦兹于 1991 年 10 月 5 日首次发布，它主要受到 MINIX 和 UNIX 思想的启发，是一个基于 POSIX 的多用户、多任务、支持多线程和多 CPU 的操作系统。Linux 能运行主要的 UNIX 工具软件、应用程序，并且支持网络协议，它支持 32 位和 64 位硬件。Linux 继承了 UNIX 以网络为核心的设计思想，是一个性能稳定的多用户网络操作系统。Linux 有上百种不同的发行版，如基于社区开发的 Debian、Arch Linux 和基于商业开发的 Red Hat Enterprise Linux、SUSE、Oracle Linux 等。本章将介绍 Linux 操作系统的重要变化、给开发者带来的机遇及 Linux 系统开发的技术概览，通过对本章的学习读者可以对 Linux 操作系统的新特性和开发技术有更加深入的了解。

1.1 Linux 系统发展历程

Linux 操作系统的诞生、发展和成长过程始终依赖着 5 个重要支柱：UNIX 操作系统、MINIX 操作系统、GNU 计划、POSIX 标准和 Internet 网络。20 世纪 80 年代，计算机硬件的性能不断提高，PC 的市场不断扩大，当时可供计算机选用的操作系统主要有 UNIX、DOS 和 macOS 这几种。UNIX 价格昂贵，不能运行于普通的 x86 计算机；DOS 显得简陋，功能不够完善，并且源代码被软件厂商严格保密；macOS 是一种专门用于苹果计算机的操作系统，无法全面推广使用，并且源代码也是保密的。当时，计算机科学领域迫切需要一个更加完善、强大、廉价和完全开放的操作系统。由于供教学使用的典型操作系统很少，因此当时在荷兰当教授的美国人 Andrew S. Tanenbaum 编写了一个操作系统，命名为 MINIX，目的是向学生讲述操作系统的内部工作原理。MINIX 只是一个用于教学目的的简单操作系统，而不是一个强大的实用操作系统，然而最大的好处就是源代码公开。全世界学计算机的学生可通过钻研 MINIX 源代码来了解计算机里运行的 MINIX 操作系统。芬兰赫尔辛基大学二年级的学生 Linus Torvalds 就是其中的一个，在吸收了 MINIX 精华的基础上，Linus 于 1991 年开发了 Linux 操作系统，版本为 Linux 0.01，是 Linux 时代开始的标志。他利用 UNIX 的核心，去除繁杂的核心程序，改写成适用于一般计算机的操作系统，并放在网络上供下载，1994年推出完整的核心版本1.0。至此，Linux逐渐成为功能完善、稳定的操作系统，并被广泛使用。

1.2 Linux系统主要特性

伴随着互联网的发展，Linux得到了来自全世界软件爱好者、组织、公司的支持。它除了在服务器方面保持着强劲的发展势头以外，在个人计算机、嵌入式系统上都有着长足的进步。使用者不仅可以直观地获取该操作系统的实现机制，而且可以根据自身的需要来修改并完善，使其最大化地适应用户的需要。

Linux不仅系统性能稳定，而且是开源软件。其核心防火墙组件性能高效、配置简单，保证了系统的安全。在很多企业网络中，为了追求速度和安全，Linux不仅被网络运维人员当作服务器使用，甚至当作网络防火墙，这是Linux的一大亮点。

Linux具有开放源代码、没有版权、技术社区用户多等特点，开放源代码使用户可以自由裁剪，灵活性高，功能强大，成本低。尤其是在系统中内嵌网络协议栈，经过适当的配置就可实现路由器的功能。这些特点使Linux成为开发路由交换设备的理想开发平台。

1. 基本思想

Linux的基本思想有两点：第一，一切都是文件；第二，每个文件都有确定的用途。其中第一点详细来讲就是系统中的所有命令、硬件和软件设备、操作系统、进程等，对于操作系统内核而言都被视为拥有各自特性或类型的文件。至于说Linux是基于UNIX的，很大程度上也是因为这两者的基本思想十分相近。

2. 完全免费

Linux是一款完全免费的操作系统，用户可以通过网络或其他途径免费获得，并可以任意修改其源代码。这是其他的操作系统所做不到的。正是由于这一点，来自全世界的无数程序员参与了Linux的修改、编写工作，程序员可以根据自己的兴趣和灵感对其进行改变，这让Linux吸收了无数程序员的精华，不断壮大。

3. 完全兼容POSIX 1.0标准

这使用户可以在Linux下通过相应的模拟器运行常见的DOS、Windows程序，为用户从Windows转到Linux奠定了基础。许多用户在考虑使用Linux时，会想到以前在Windows下常见的程序是否能正常运行，这一点就消除了用户的疑虑。

4. 多用户、多任务

Linux支持多用户，各个用户对于自己的文件设备有自己特殊的权利，保证了各用户之间互不影响。多任务则是现代计算机最主要的一个特点，Linux可以使多个程序同时并独立地运行。

5. 良好的界面

Linux同时具有字符界面和图形界面。在字符界面用户可以通过键盘输入相应的指令进行操作。它同时也提供了类似Windows图形界面的X-Window系统，用户可以使用鼠标对其进行操作。在X-Window环境中就和在Windows系统中相似,可以说是一个Linux版的Windows。

6. 支持多种平台

Linux可以运行在多种硬件平台上,如具有x86、680x0、SPARC、Alpha等处理器的平台。此外,Linux还是一种嵌入式操作系统,可以运行在掌上计算机、机顶盒或游戏机上。2001年1月发布的Linux 2.4版内核已经能够完全支持Intel 64位芯片架构。同时Linux也支持多处理器技术,多个处理器可同时工作,使系统性能大大提高。

1.3 Linux系统路由功能

Linux操作系统嵌入了TCP/IP协议栈,协议软件具有路由转发功能。路由转发依赖于在作为路由器的主机中安装多块网卡,当某一块网卡接收到数据包后,系统内核会根据数据包的目的IP地址查询路由表,然后根据查询结果将数据包发送到另外一块网卡,最后通过此网卡把数据包发送出去。此主机的处理过程就是路由器完成的核心功能。

通过修改Linux系统内核参数ip_forward的方式可实现路由功能,系统使用sysctl命令配置与显示在/proc/sys目录中的内核参数。首先在命令行输入命令cat /proc/sys/net/ipv4/ip_forwad,检查Linux内核是不是开启了IP转发功能。如果结果为1,则表明路由转发功能已经开启;如果结果为0,则表明没有开启。出于安全考虑,Linux内核默认为禁止数据包路由转发。在Linux系统中,有临时和永久两种方法启用转发功能。

(1) 临时启用:此种方法只对当前会话起作用,系统重启后不再启用。临时开启的命令格式:sysctl-w net.ipv4.ip_forward=1。

(2) 永久启用:此种方式可永久性地启用IP转发功能,可将配置文件/etc/sysctl.conf中的语句行net.ipv4.ip_forward=0修改为net.ipv4.ip_forward=1,保存配置文件后执行命令sysctl -p /etc/sysctl.conf,配置便立即启用。

1.4 Linux系统开发工具

Linux已经成为工作、娱乐和个人生活等多个领域的支柱,人们已经越来越离不开它。在Linux的帮助下,技术的变革速度超出了人们的想象,Linux开发的速度也以指数规模增长,因此,越来越多的开发者不断地加入开源和学习Linux开发的潮流当中。在这个过程中,合适的工具是必不可少的。可喜的是,随着Linux的发展,大量适用于Linux的开发工具也不断成熟。

1. 容器

放眼现实,如今已经是容器的时代了。容器既极其容易部署,又可以方便地构建开发环境。如果针对的是特定的平台开发,则将开发流程所需要的各种工具都创建到容器映像中是一种很好的方法,只要使用这一个容器映像,就能够快速启动大量运行所需服务的实例。

2. 版本控制工具

如果正在开发一个大型项目，又或者正在参与团队开发，则版本控制工具是必不可少的，它可以用于记录代码变更、提交代码及合并代码。如果没有这样的工具，则项目几乎无法妥善管理。

3. 文本编辑器

如果没有文本编辑器，在 Linux 上开发将会变得异常艰难。当然，文本编辑器之间孰优孰劣，具体还是要取决于开发者的需求。其中，在命令行界面中 vi 和 vim 是非常优秀的文本编辑工具；在图形化界面中 Visual Studio Code 是一款非常好的编辑器。

4. 集成开发环境

集成开发环境（Integrated Developmemt Environment，IDE）是包含一整套全面的工具、可以实现一站式功能的开发环境。IDE 有很多种类，不同的开发语言有不同的 IDE 集成工具，有些 IDE 有社区版和商业版，开发者可以根据自己的实际情况进行选择。

5. 文本比较工具

有时候需要比较两个文件的内容来找到它们之间的不同之处，它们可能是同一文件的两个不同副本，例如一个经过编译，而另一个没有。在这种情况下，肯定不想凭借肉眼来找出差异，而是想使用像 Med 这样的工具找出差异。

1.5 安全隐患及加固措施

1. 用户账户及登录安全

删除多余用户和用户组。Linux 是多用户操作系统，存在很多种不一样的角色系统账号，当安装完操作系统后，系统会默认为未添加许多用户及用户组，若部分用户或用户组不再需要，则应当立即删除它们，否则黑客很有可能利用这些账号对服务器实施攻击。具体保留哪些账号，可以依据服务器的用途来决定。

(1) 关闭不需要的系统服务。操作系统安装完成后，其在安装的过程中会自主地启动各种类型的服务程序。对于长时间运行的服务器而言，其运行的服务程序越多，则系统的安全性就越低，所以用户或用户组就需要关闭一些应用不到的服务程序，这对提升系统的安全性能有极大的帮助。

(2) 密码安全策略。在 Linux 下，远程的登录系统具备两种认证形式，即密钥与密码认证。其中，密钥认证形式主要是将公钥存储在远程的服务器上，而将私钥存储在本地。当进行系统登录时，再通过本地的私钥以及远程的服务器公钥进行配对认证操作，若认证的匹配度一致，则用户便能够畅通无阻地登录系统。此类认证方式并不会受到暴力破解的威胁。与此同时，只需确保本地私钥的安全，使其不会被黑客盗取，攻击者便不能通过此类认证方式登录到系统中，所以推荐使用密钥方式进行系统登录。

(3) 有效应用 su、sudo 命令。su 命令的作用是对用户进行切换。当管理员登录到系统后，使用 su 命令切换到超级用户角色来执行一些需要超级权限的命令，但是由于超级用户的权限过大，同时，需要管理人员知道超级用户密码，因此 su 命令具有很严重的管理风险。

sudo 命令允许系统赋予普通用户一些超级权限，并且不需普通用户切换到超级用户，因此，在管理上应当细化权限分配机制，使用 sudo 命令为每位管理员赋予其特定的管理权限。

2. 远程访问及登录认证安全

远程登录应用 SSH 登录方式。telnet 是一类存在安全隐患的登录认证服务，其在网络上利用明文传输内容，黑客很容易通过截获 telnet 数据包获得用户的登录口令，并且 telnet 服务程序的安全验证方式存在较大的安全隐患，使其成为黑客攻击的目标。SSH 服务则会将数据进行加密传输，能够防止 DNS 欺骗及 IP 欺骗，并且传输的数据经过压缩，在一定程度上保证了服务器远程连接的安全。

3. 文件系统安全

加固系统重要文件。在 Linux 系统中，如果黑客取得超级权限，则他在操作系统里就不再有任何限制即可以做任何事情。在这种情况下，一个加固的文件系统将是保护系统安全的最后一道防线。管理员可通过 chattr 命令锁定系统的一些重要文件或目录。

文件权限检查与修改。如果操作系统当中的重要文件的权限设置得不合理，则会对操作系统的安全性产生最为直接的影响，所以系统的运行维护人员需要及时地察觉到权限配置不合理的文件和目录，并及时修正，以防安全事件发生。

安全设定/tmp、/var/tmp、/dev/shm。在该操作系统中，其用于存放临时文件的目录主要有两个，分别为/tmp 与/var/tmp。它们有个共同的特点，就是所有的用户都可读、可写和执行，这样就对系统产生了安全隐患。针对这两个目录进行设置，不允许在这两个目录下执行应用程序。

4. 系统软件安全

绝大多数的服务器遭受攻击是因为系统软件或者应用程序有重大漏洞。黑客通过这些漏洞可以轻松地侵入服务器，管理员应定期检查并修复漏洞。最常见的做法是升级软件，将软件保持在最新版本状态。这样就可以在一定程度上降低系统被入侵的可能性。

1.6 Linux 系统发行版本

Linux 继承了 UNIX 以网络为核心的设计思想，是一个性能稳定的多用户网络操作系统。Linux 有上百种不同的发行版，有基于社区开发的 Debian、Arch Linux 和基于商业开发的 Red Hat Enterprise Linux、SUSE、Oracle Linux 等，主要发行版本的结构如图 1-1 所示。Linux 的发行版说简单点就是对 Linux 内核与应用软件进行打包。

目前市面上较知名的发行版有 Ubuntu、RedHat、CentOS、Debian、Fedora、SUSE、OpenSUSE、Arch Linux、SolusOS 等，常见的 Linux 系统发行版本的 Logo 如图 1-2 所示。

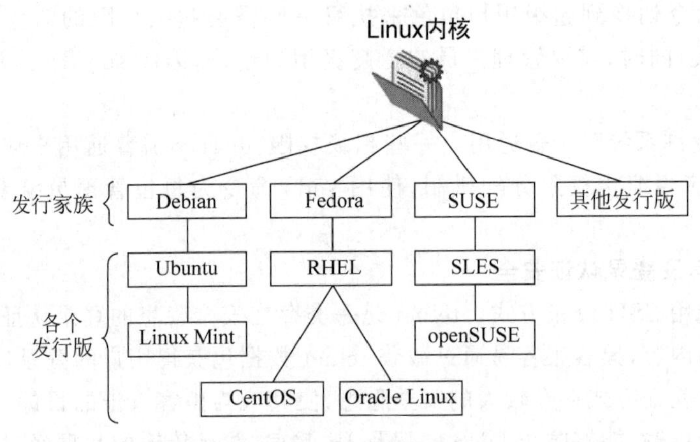

图 1-1　Linux 内核发行版本

图 1-2　主要 Linux 系统发行版本 Logo

1.7　Linux 系统应用领域

Linux 系统在嵌入式 Linux 领域和 Linux 服务器领域应用极为广泛。

嵌入式 Linux 操作系统主要对 Linux 进行适当修改和删减，并且能够在嵌入式系统上使用，其具有以下特点：

(1) 完全开放、免费。正是由于开放性，它才能和其他系统互相兼容，进而实现信息的互联，而且可以任意修改源代码，这是其他系统所不具备的。

(2) 多用户和多任务。保证了多个用户的使用互不影响；多任务独立开后，互不干扰，使效率大大提高，可以充分地把性能发挥出来。

(3) 设备是独立的。只要安装驱动程序，在驱动程序的支持和帮助下，任何用户都可以像使用文件一样对任意设备进行使用和操作，完全不用考虑设备存在的具体形式。

Linux 服务器主要用于进行业务处理，在网络和计算机系统当中有广泛的应用，可以提供数据库管理和网络服务等内容，是一种性能非常高和开源的服务器；在计算机系统的客户端当中，有很多采用的就是 Linux 系统，其使用的范围非常广泛，用户体验较好。对于一些希望计算机应用性能比较高的单位而言，Windows 系统需要经常进行资源整合和碎片化管理，系统在配置时经常需要重新启动，这就无可避免地会产生停机的问题。同时，由于 Linux 系统的处理能力非常强悍，具备不可比拟的稳定性特征，因而 Linux 系统不用经常进行重启，Linux 系统的变化可以在配置的过程中实现，所以 Linux 服务器出现故障的概率比较小，很多企业及组织在计算机配置的过程中经常使用 Linux 系统，从而降低服务器发生崩溃的可能性，并且在配置 Linux 系统时，通过减少服务器的故障发生率，实现企业业务的高效运转。

Linux 在设计之初，就是基于 Intel x86 系列 CPU 架构计算机的，它是一个基于 POSIX 的多用户、多任务并且支持多线程和多 CPU 的操作系统，它是由世界各地成千上万的程序员设计和开发实现的，当初开发 Linux 系统的目的就是建立不受任何商业化软件版权制约的、全世界都能自由使用的类 UNIX 操作系统的兼容产品。

在过去的 20 年里，Linux 系统主要被应用于服务器端、嵌入式开发和 PC 桌面三大领域，其中服务器端领域是重中之重。例如，熟知的大型、超大型互联网企业（百度、腾讯、新浪、阿里等）都在使用 Linux 系统作为其服务器端的程序运行平台，全球及国内排名前 1000 的 90% 以上的网站使用的主流系统是 Linux 系统。

今天各种场合都有使用各种 Linux 发行版，从嵌入式设备到超级计算机，并且在服务器领域 Linux 也确定了地位，通常服务器使用 LAMP（Linux＋Apache＋MySQL＋PHP）或 LNMP（Linux＋Nginx＋MySQL＋PHP）组合。

目前 Linux 不仅在家庭与企业中使用，并且在政府机构中也很受欢迎。

(1) 巴西联邦政府由于支持 Linux 而世界闻名。

(2) 印度的 Kerala 联邦计划在向全联邦的高中推广使用 Linux。

(3) 中国为取得技术独立，在龙芯处理器中排他性地使用 Linux。

(4) 在西班牙的一些地区开发了自己的 Linux 发布版，并且在政府与教育领域广泛使用。

(5) 葡萄牙同样使用自己的 Linux 发布版 CaixaMágica。

(6) 法国和德国开始逐步采用 Linux。

最后，总结一下 Linux 系统的特性，它主要具备以下几个优秀的特点：

(1) Linux 不仅是免费的，更是开源的，Linux 由众多微内核组成，其源代码完全开源，这意味着任何人都可以获得其代码并根据自己的需求进行修改。事实上，这已经孵化出专属 Linux 各发行版的巨大生态系统。

(2) Linux 与 UNIX 系统兼容。Linux 继承了 UNIX 的特性，具有非常强大的网络功能，其支持所有的因特网协议，包括 TCP/IPv4、TCP/IPv6 和链路层拓扑程序等，并且可以利用 UNIX 的网络特性开发出新的协议栈；Linux 系统的构建采用了一些与 UNIX 操作系统相同的技术，具备 UNIX 绝大多数的优秀特性（系统的稳定性和安全性尤为突出）。

(3) 与其他操作系统相比，Linux 更容易安装，并且不会受到任何商业化版本的制约。

(4) Linux 让开展各种实际有用且具有创造性的事情成为可能。Linux 系统工具链完整,简单操作就可以配置出合适的开发环境,可以简化开发过程,减少开发中仿真工具的障碍,使系统具有较强的移植性。例如,可以在一个 U 盘上装载 Linux 的原生系统引导映像(Live Boot Image),启动一台硬盘已经崩溃的计算机,之后查找并解决该问题。或者,因为 Linux 是一个真正的多用户操作系统,它具有非常好的私密性和稳定性,整个团队可以同时从本地或远程登录进行工作。

(5) Linux 提供了复杂的软件包管理系统,可以放心地安装和维护每个在线资源库中的软件应用。

第 2 章

Linux 系统安装

在 IT 领域服务器应用比较广泛的操作系统是 Linux，本章主要介绍 Linux 系统中的 CentOS 和 Ubuntu 系统类型的安装和配置。这是业界使用占比很高的两种操作系统，具有一定的代表性。每种 Linux 系统之间都有相通性，只要真正掌握其中一种，使用其他类型的系统也不会有难度。虚拟机是云计算的核心，在日常开发中，也会经常使用虚拟机搭建各种环境进行测试或开发，掌握其基本的创建及使用是有必要的，其中，关于网卡的添加和配置部分是云计算环境搭建中的重要部分。

2.1 VMware 虚拟机安装

虚拟机(Virtual Machine, VM)就是允许在当前操作系统中运行其他操作系统的软件，本质上和 VS、QQ 这些应用程序一样，所以只要在计算机(PC 或笔记本等)上安装好虚拟机软件，就可以模拟出来若干台相互独立的虚拟 PC 设备，每台都如同一台真实的计算机。在此基础上，可以给每台虚拟的 PC 设备安装指定的操作系统，这样就可以实现在一台计算机上同时运行多个操作系统。另外，还可以将这些虚拟的系统连成局域网，用来部署网站集群架构等更深层次的运维技术，有兴趣的读者可以搜索“集群”进行详细了解。

1. 软件下载

开发者在进行云计算、集群搭建测试或者学习 Linux 系统时，常会用到虚拟机，因为虚拟机很方便，而且还能节省很多的成本，这里推荐使用 VMware 进行安装，这款软件支持主流操作系统，例如 Windows、Linux、Mac 等。

Windows 版本的下载网址为

https://www.vmware.com/products/workstation-pro/workstation-pro-evaluation.html。

Mac 版本的下载网址为

https://www.vmware.com/products/fusion/fusion-evaluation.html。

2. 软件安装

软件下载后一般会有可执行程序，只需双击可执行程序便可以进入安装向导界面，这里以 Mac 下的安装为示例，下载并安装的文件如图 2-1 所示。双击下载的镜像安装文

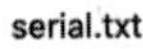

图 2-1　虚拟机安装文件

件进行安装，进入如图 2-2 所示的界面。Windows 下的安装与此类似，直接双击下载的可执行文件，根据向导完成安装即可。

再次双击应用文件，会弹出如图 2-3 所示的安全警告框，单击"打开"按钮继续安装，进入安装向导，选择默认设置，直到安装完成。

根据向导依次单击"下一步"按钮，安装完成后，可以试用软件，如果想购买正式版，则可以到官方网站获得注册码。

图 2-2　安装步骤(1)

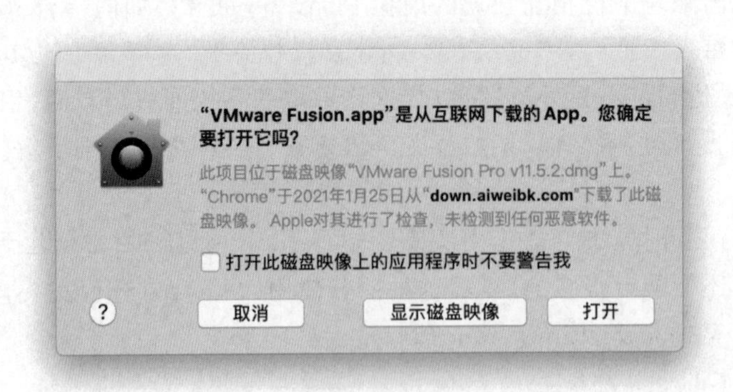

图 2-3　安装步骤(2)

2.2　CentOS 系统安装

CentOS 系统是一个在服务器领域被广泛应用的 Linux 操作系统，本书的开发环境也基于 CentOS 系统进行展开。当然，这并不是说 CentOS 系统就是最优秀或者最好的系统，只是在每种领域和每种开发场景下选择是不一样的。

1. 系统下载

Linux 系统镜像在 Linux 社区提供了很多不同种类和版本的系统镜像供下载，包括 CentOS 各个版本的系统镜像，每个版本的 Linux 系统镜像都可以到官网下载，CentOS 镜像的官网网址为 https://www.centos.org/download/。

以下针对 CentOS 各个版本的 ISO 镜像文件进行说明：

（1）centos-7.0-x86_64-DVD-1503-01.iso：标准安装版，一般下载这个就可以了（推荐）。

（2）centos-7.0-x86_64-NetInstall-1503-01.iso：网络安装镜像。

（3）centos-7.0-x86_64-Everything-1503-01.iso：对完整版安装盘的软件进行补充，集成所有软件（包含 CentOS7 的一套完整的软件包，可以用来安装系统或者填充本地镜像）。

（4）centos-7.0-x86_64-GnomeLive-1503-01.iso：GNOME 桌面版。

（5）centos-7.0-x86_64-KdeLive-1503-01.iso：KDE 桌面版。

（6）centos-7.0-x86_64-Live CD-1503-01.iso：光盘上运行的系统，类似于 WinPE。

（7）centos-7.0-x86_64-minimal-1503-01.iso：精简版，自带的软件最少。

推荐安装下载 64 位 Linux 系统，因为现在的 CPU 架构都已经支持 64 位了，在这种 64 位的环境运行可以得到更高的运行效率。

2. 系统安装

下载好 CentOS 系统镜像后，可以直接安装到物理机器上，也可以通过虚拟机进行安装，因为本书的最终目的是讲解云计算，需要用到集群，需要多台机器，考虑到读者的普遍性和方便性，采用虚拟机进行安装示例，下面的几种场景中安装系统的步骤大致一样。

安装前的一些配置，根据不同的环境配置略有不同，这里简单地提供 3 种：

（1）如果在个人笔记本电脑上安装 CentOS 操作系统，则比较主流的做法是把系统镜像刻录到 U 盘。镜像制作工具有很多，可以根据自己目前的计算机系统选择不同的制作工具，制作完成后，配置计算机的 BIOS 启动项，选择 U 盘启动。

（2）如果在物理服务器上安装 CentOS 操作系统，则可以通过远控地址登录，通过网络挂载本地系统镜像，然后通过网络启动安装，目前服务器的远控界面大多是图形化界面，操作起来比较友好，没有太大的难度。

（3）如果在虚拟机上安装 CentOS 操作系统，在创建虚拟机时则可通过光驱挂载系统镜像进行启动安装，这些都是图形化界面操作，没有太大难度，跟着向导一步一步地执行就可以完成。需要注意的一点是，在 Windows 系统主机计算机的 BIOS 配置中需要开启 VT-D 虚拟化功能，有些服务器的虚拟机选项要求 VT-X 都需要开启，不然对后面的云计算环境有影响。如果只是单纯地学习 Linux 操作系统，则可以不用开启。

这里以 VMware 安装 CentOS 系统为例，进行详细介绍。

（1）启动 VMware 软件，会看到类似如图 2-4 所示的界面。

（2）单击新建虚拟机菜单或者如图 2-4 所示的“＋”图标进行新建虚拟机，会弹出如图 2-5 所示的安装界面。在该界面中选择“创建自定虚拟机”选项，并单击“继续”按钮进入下一步。

图 2-4　VMware 软件主界面

图 2-5　虚拟机创建方式

(3) 在如图 2-6 所示的界面中,选择操作系统的类型和型号,这里系统类型选择 Linux,型号选择“CentOS 7 64 位”,单击“继续”按钮,进入下一步。

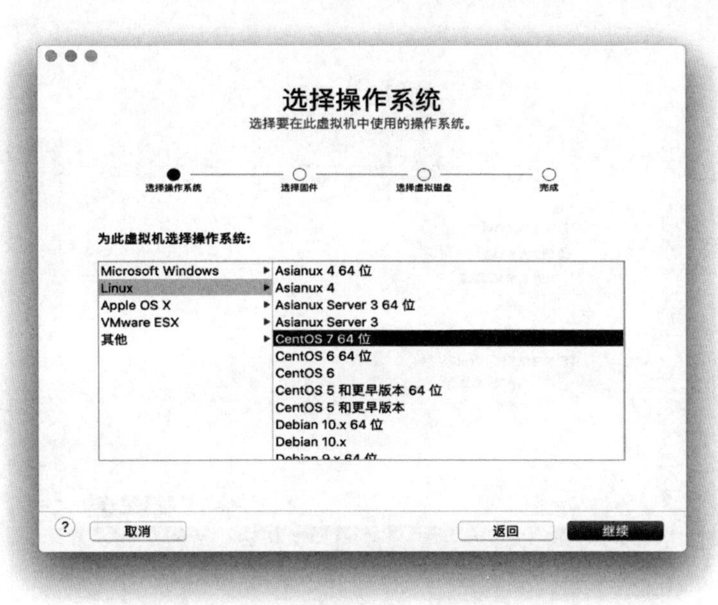

图 2-6　虚拟机操作系统类型(1)

(4) 进入固件类型选择界面,如图 2-7 所示,选择“传统 BIOS”选项,单击“继续”按钮,进入下一步。

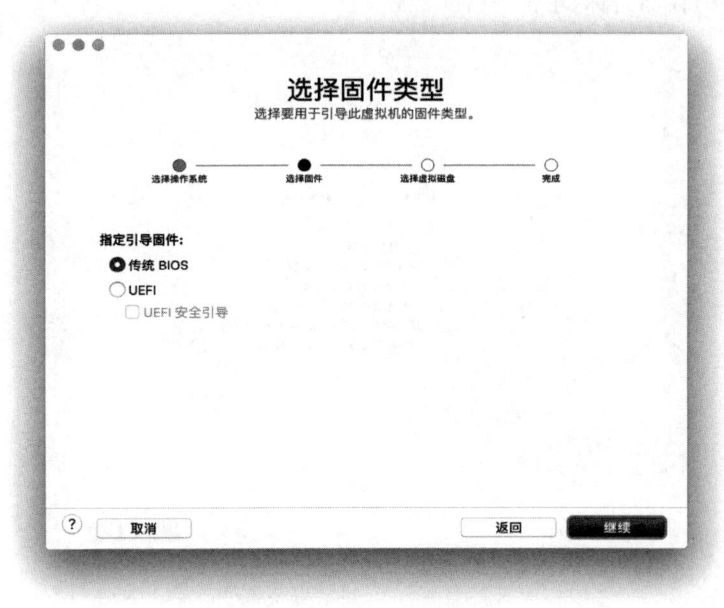

图 2-7　虚拟机选择固件类型

(5) 进入虚拟磁盘选择界面，如图 2-8 所示，选择“新建虚拟磁盘”选项，单击“继续”按钮，进入下一步。

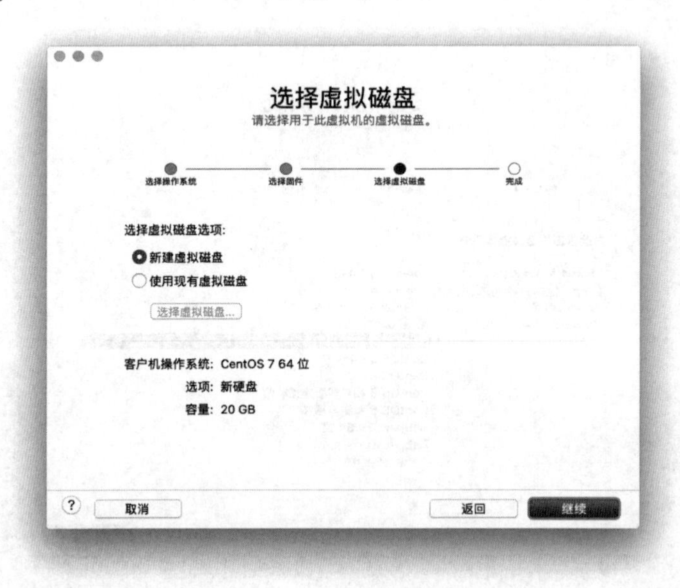

图 2-8 虚拟机虚拟磁盘选择(1)

(6) 进入完成配置界面，如图 2-9 所示，这里由 VMware 软件自动配置了很多默认参数和配置，如果需要进行一些自定义配置，则可单击“自定设置”按钮，进入如图 2-10 所示的界面，设置虚拟机的存储名称，单击“存储”按钮，进入下一步。

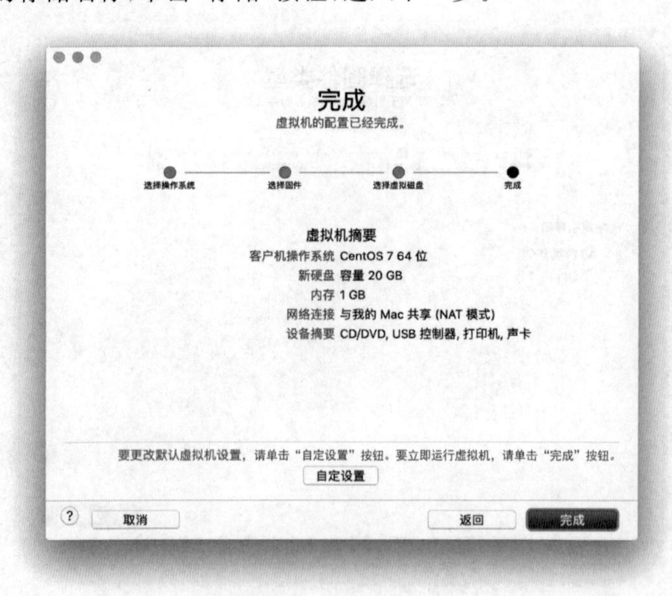

图 2-9 虚拟机默认配置参数预览(1)

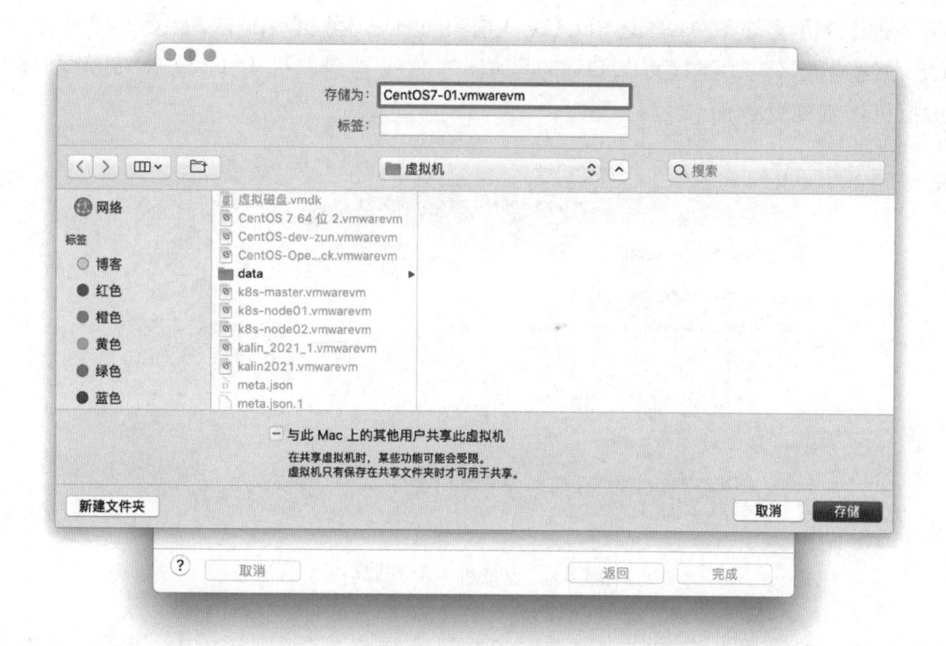

图 2-10 虚拟机名称修改与保存(1)

(7) Mac 版本的 VMware 软件执行完上一步后会自动进入虚拟机详细配置界面，Windows 及其他版本可能需要单击"编辑虚拟机"或者右击创建的虚拟机后单击"设置"菜单进入，主要设置界面如图 2-11 所示。

图 2-11 虚拟机设置界面(1)

(8) 在虚拟机设置界面,单击 CD/DVD 选项,进入光盘驱动配置,如图 2-12 所示。选择 CentOS 系统镜像,勾选"连接 CD/DVD 驱动器",总线类型选择 IDE,单击"显示全部"按钮返回虚拟机详细配置界面。

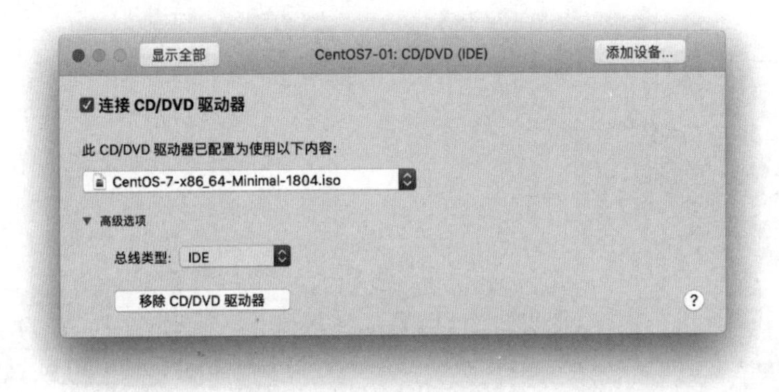

图 2-12 虚拟机光驱配置(1)

(9) 在虚拟机设置界面,单击"硬盘"选项,进入硬盘配置,如图 2-13 所示。可以对"文件名""磁盘大小"进行设置,这里总线类型选择 SCSI,取消勾选的"预先分配磁盘空间"和"拆分为多个文件",这是因为"预先分配磁盘空间"会提前占用空间,对于个人来讲,没有这个必要,用多少占用多少更能节省空间。当同时创建多个虚拟机时,这个选项会浪费很多空间,但是对于云计算中的虚拟机而言磁盘分配方式与此不同,云计算中给虚拟机分配磁盘空间的方式大多为独占模式,启动时会占用指定数量的空间。"拆分为多个文件"一定程度上有利于操作系统层面上的空间分配,促进磁盘高效地使用,减少数据的移动,但是对于虚拟机镜像打包却很麻烦,例如这次创建的虚拟机,进行了一些配置,想导出来供其他机器使用就非常不方便,另外,云计算环境中的虚拟机镜像制作也需要使用单个文件。

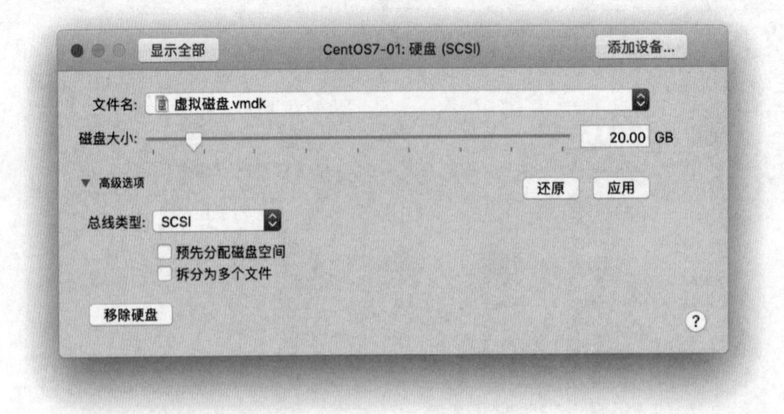

图 2-13 虚拟机磁盘配置(1)

(10) 在虚拟机设置界面,单击"处理器和内存"选项,进入处理器和内存配置,如图 2-14 所示。处理器个数可以根据自己计算机的实际配置选择合适的数量,一般为 2 核就可以正常运行了。当然主机本身配置越高,可以分配的处理器资源就越多,内存也应根据主机可以使用的资源进行配置,一般设置 2048MB 就可以正常运行了。这里需要注意的一点是,理论上给虚拟机分配的资源越高,虚拟机运行越流畅,但是要考虑到主机本身的运行,所以一般不推荐分配的资源超过主机可供分配数量的 2/3。

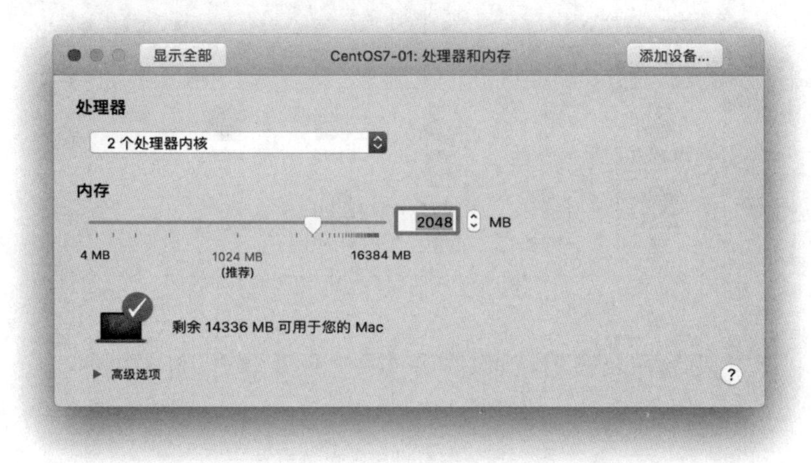

图 2-14 虚拟机处理器和内存配置(1)

(11) 在虚拟机设置界面,单击"网络适配器"选项,进入网络适配器配置,如图 2-15 所示。勾选"连接网络适配器",选择"Internet 共享",以便共享主机网络模式。

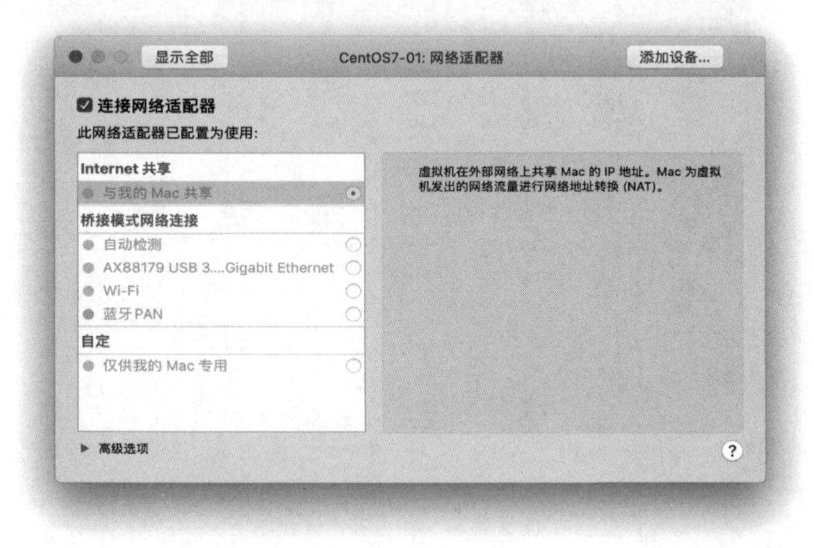

图 2-15 虚拟机网络配置(1)

(12) 在虚拟机设置界面,单击“添加设备”选项,进入添加设备配置,如图 2-16 所示。选择“网络适配器”,单击“添加”按钮,进入网络适配器配置,配置出与第(11)步相同的网络配置。至此,就给虚拟机配置了两块网卡设备,一般服务器有 4 块网卡,这里进行模拟搭建学习,但是这样添加的虚拟网卡跟实际的服务器的多网卡有很大区别,除了性能差别以外,能够分配的 IP 地址网段也会受到限制。

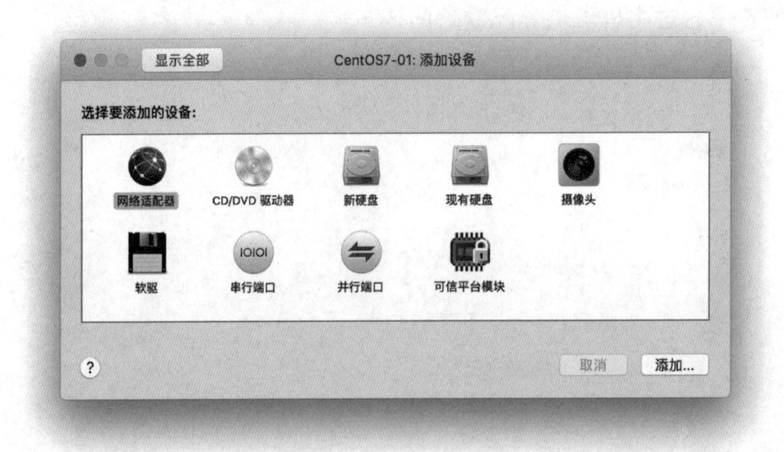

图 2-16 虚拟机添加设备(1)

(13) 虚拟机设置完成以后,单击“显示全部”按钮,返回虚拟机设置界面,如图 2-17 所示,会看到新增的网络适配器 2。

图 2-17 虚拟机设置界面(2)

（14）单击虚拟机启动按钮，即如图 2-18 所示的三角形按钮，启动虚拟机，进入系统安装界面，如图 2-19 所示。这里不需要关注与媒体相关方面的配置，可以直接选择 Install CentOS 7 并按 Enter 键开始安装操作系统，如图 2-20 所示。

图 2-18　虚拟机启动界面(1)

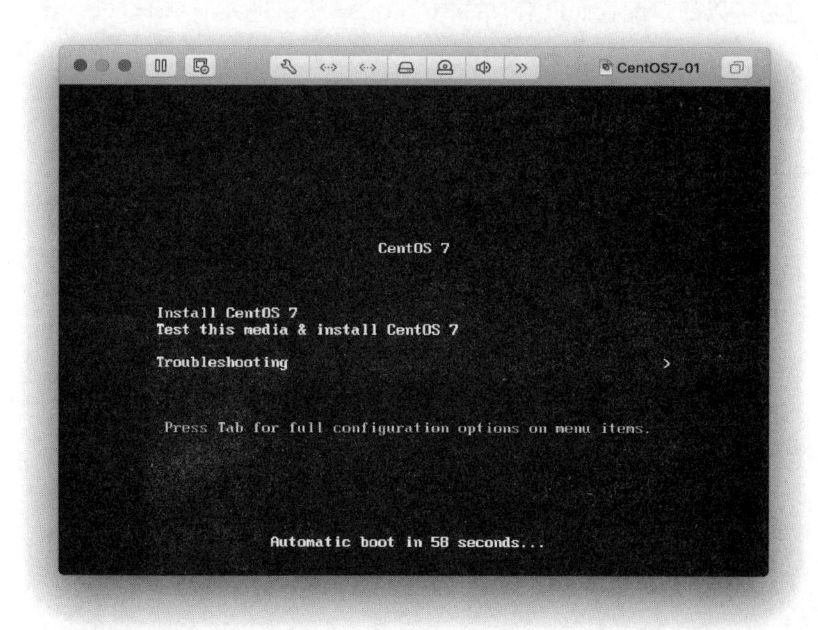

图 2-19　系统安装界面(1)

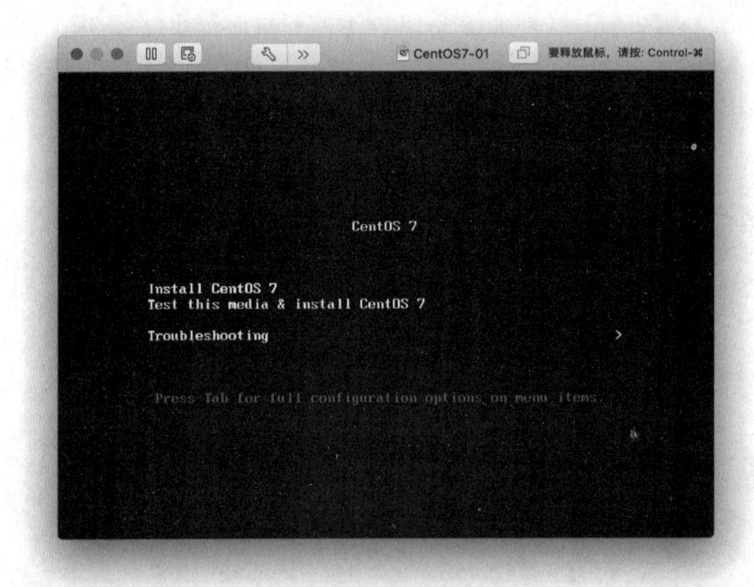

图 2-20　系统安装界面(2)

(15) 启动安装过程如图 2-21 所示，之后会进入选择系统语言和配置键盘布局界面，如图 2-22 所示，这里推荐选择默认的 English，相信大多数人使用英语的操作系统也不会很费力，而且重要的是要习惯，因为企业里几乎不可能配置中文语言的服务器，当然对于个人学习选择中文也是可以的。配置好以后，单击 Continue 按钮进入下一步。

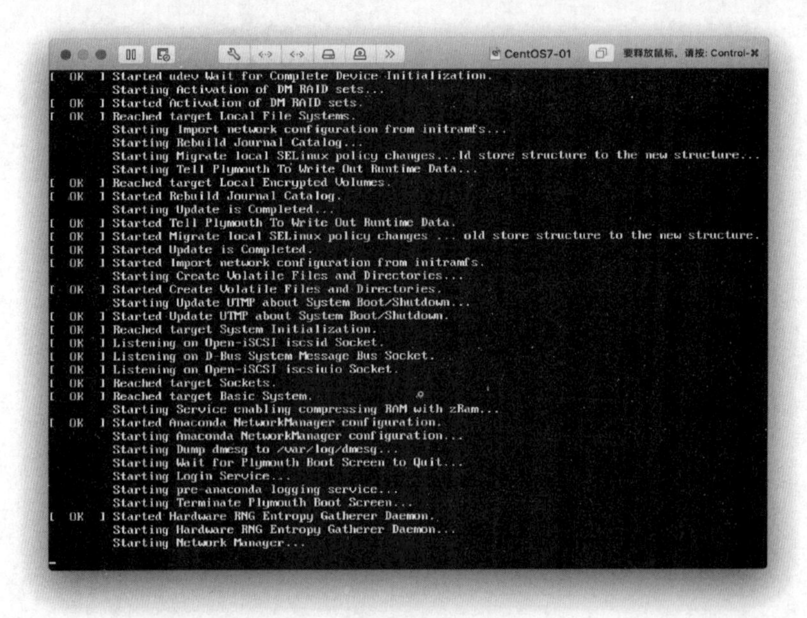

图 2-21　系统安装程序加载过程

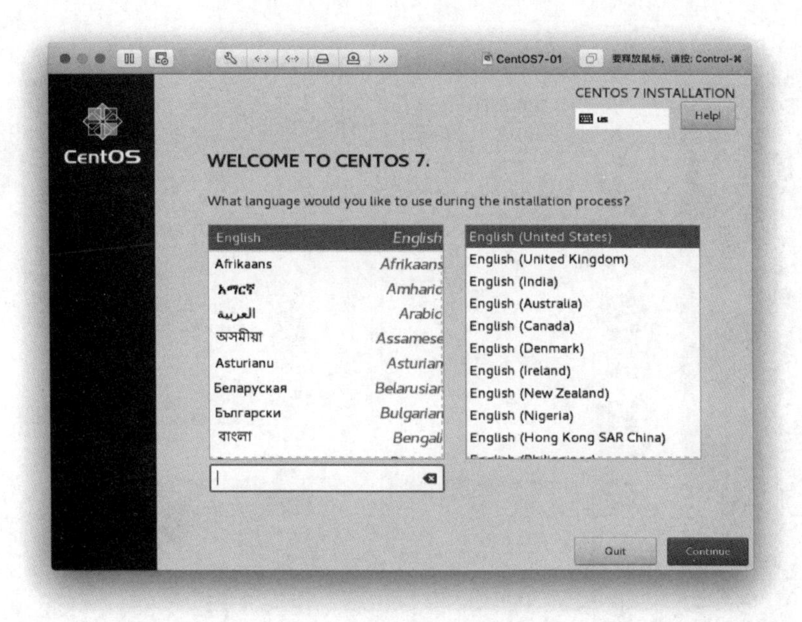

图 2-22　系统安装语言选择

(16) 进入系统安装配置界面，如图 2-23 和图 2-24 所示，这里需要选择安装磁盘，单击 INSTALLATION DESTINATION 进入配置，如图 2-25 所示，直接选择默认配置的磁盘即可，单击左上角的 Done 按钮返回安装配置界面，其他选项基本选择默认便可以了，如图 2-26 所示，单击 Begin Installation 按钮开始安装。

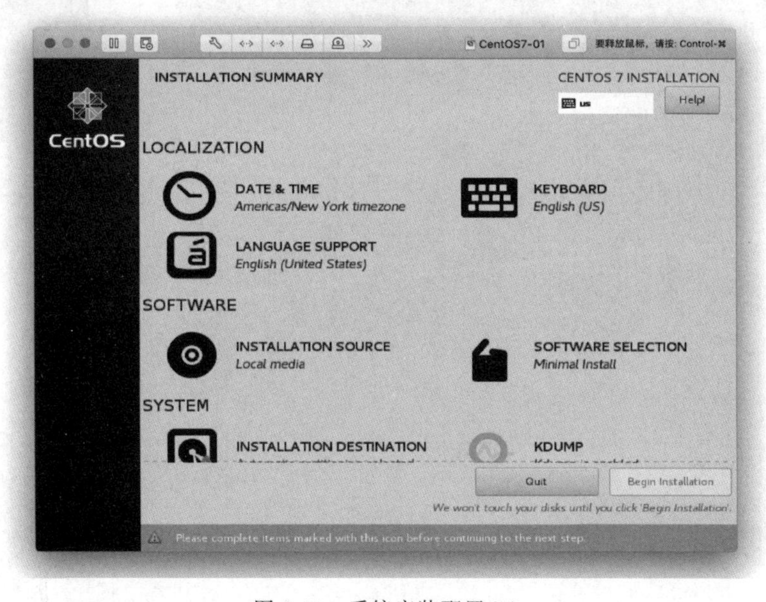

图 2-23　系统安装配置(1)

图 2-24　系统安装配置(2)

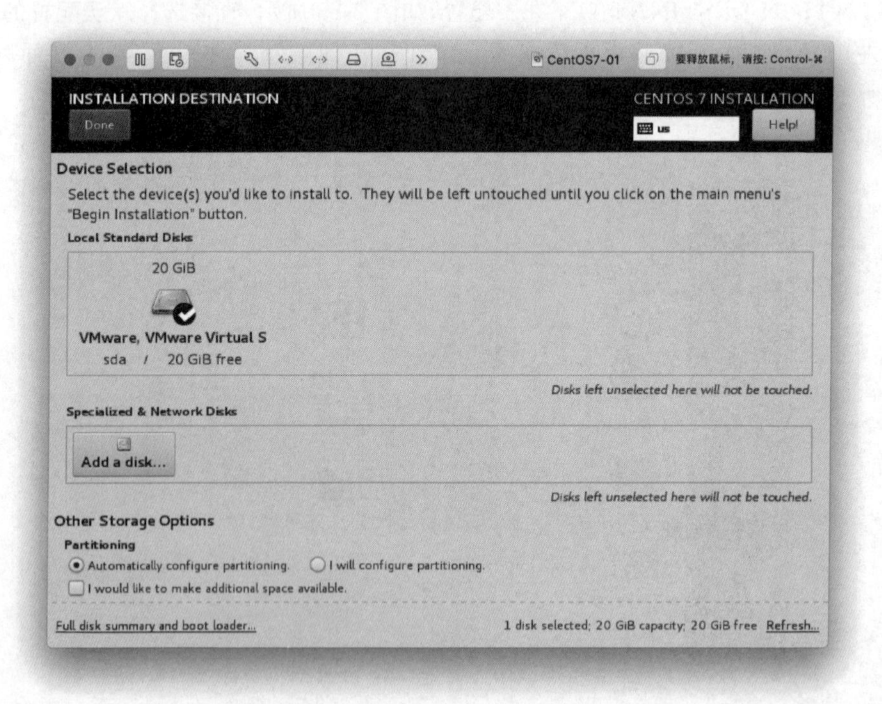

图 2-25　系统安装磁盘选择

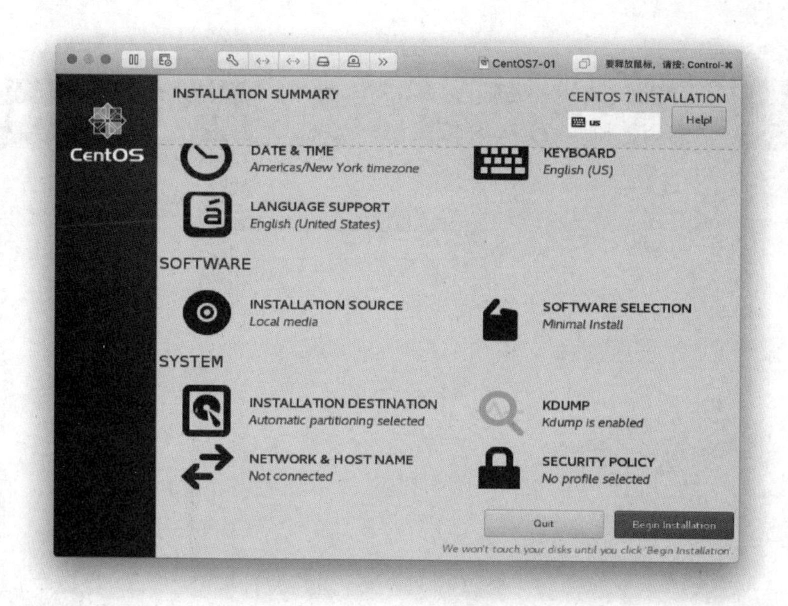

图 2-26 系统安装确认

(17) 进入系统安装界面，会看到用户配置界面，如图 2-27 所示。需要至少配置一个用户，用于系统登录。单击 ROOT PASSWORD 按钮设置 root 用户，也就是设置超级管理员用户的密码。进入如图 2-28 所示的用户密码设置界面。这里系统出于安全性考虑，需要输入一定长度和安全等级的密码，但是如果不想设置太复杂的密码，例如，将密码设置为 root，可以通过连续单击两次左上角的 Done 按钮跳过检查而直接设置。设置好用户密码后返回安装界面，如图 2-29 所示。

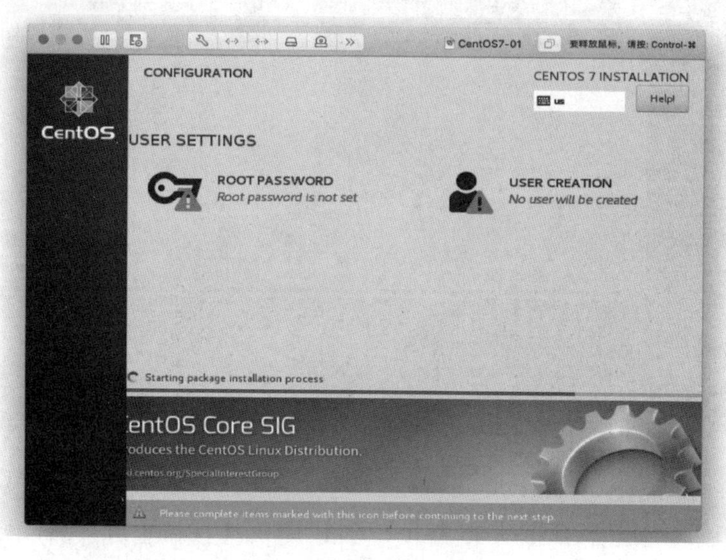

图 2-27 系统安装开始

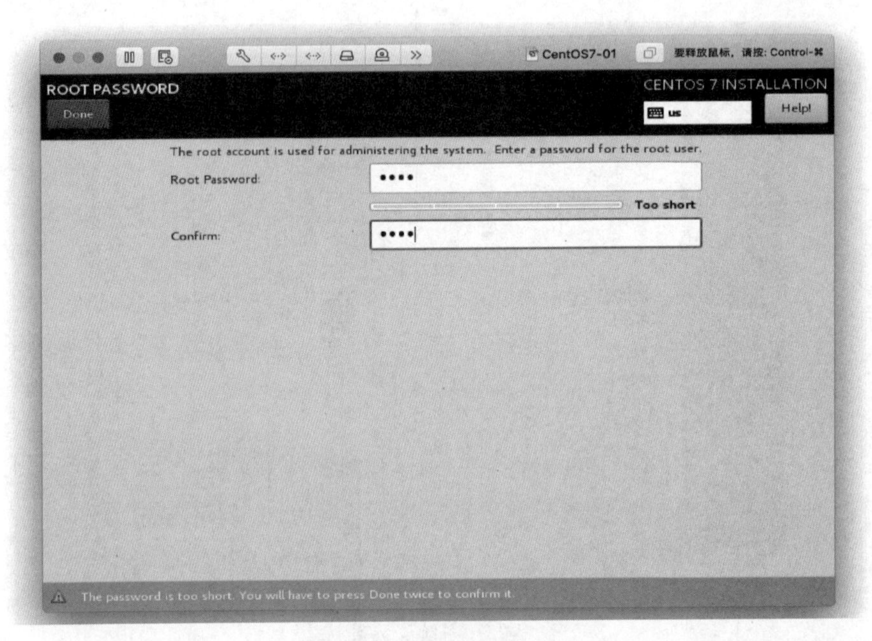

图 2-28　系统配置用户密码

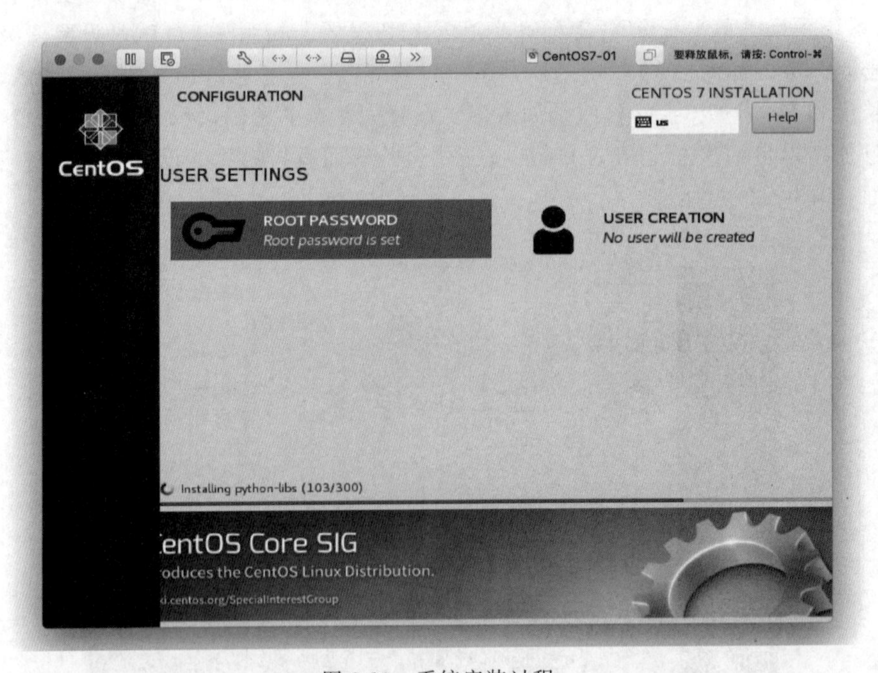

图 2-29　系统安装过程

(18) 系统安装完成后，如图 2-30 所示。单击 Reboot 按钮重启系统，重启之后就会进入已安装的 CentOS 系统了。

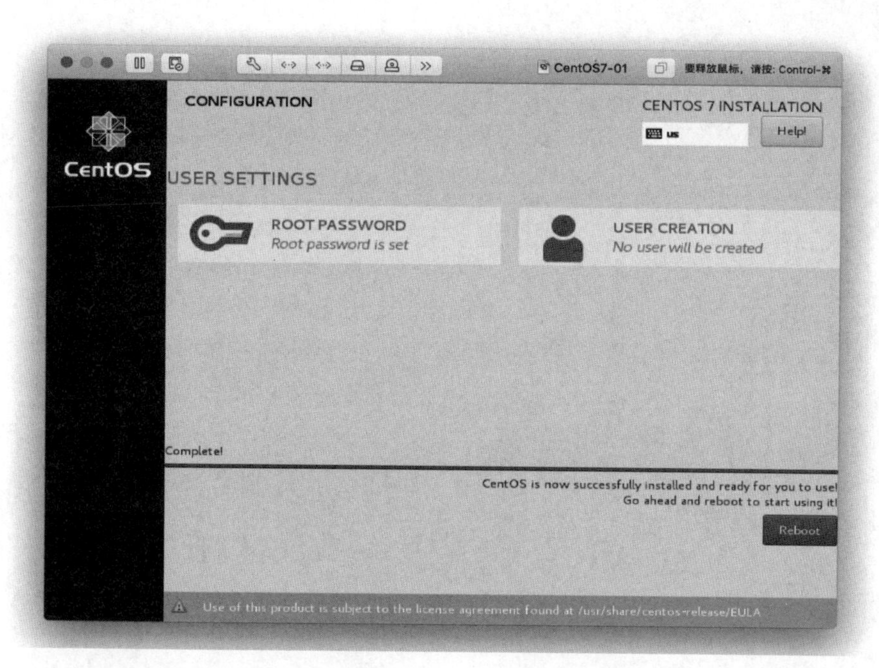

图 2-30　系统安装完成

(19) 进入系统登录界面后，如图 2-31 所示。可以输入用户账号和密码进行登录，这里以超级管理员账号 root 登录，如图 2-32 所示。登录之后可以查看系统的目录和文件，如图 2-33 所示。

图 2-31　系统启动成功

图 2-32　用户登录

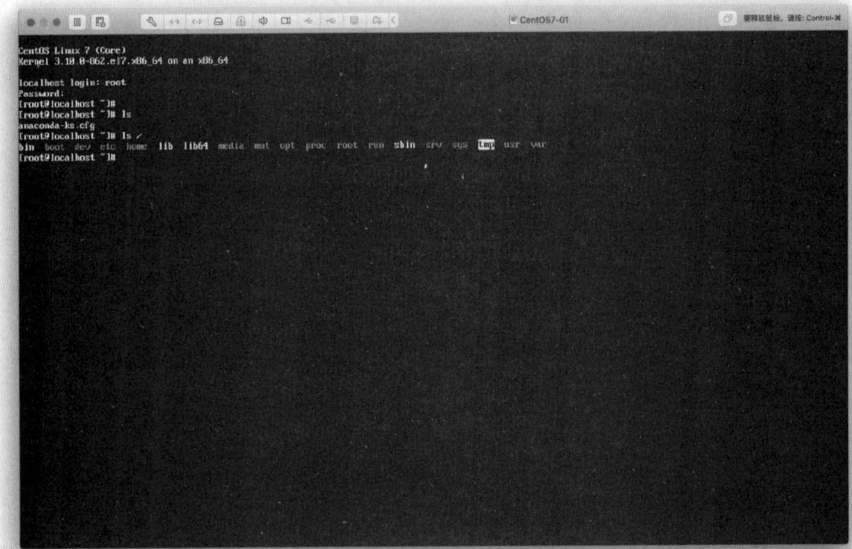

```
CentOS Linux 7 (Core)
Kernel 3.10.0-862.el7.x86_64 on an x86_64

localhost login: root
Password:
[root@localhost ~]#
[root@localhost ~]# ls
anaconda-ks.cfg
[root@localhost ~]# ls /
bin  boot  dev  etc  home  lib  lib64  media  mnt  opt  proc  root  run  sbin  srv  sys  tmp  usr  var
[root@localhost ~]#
```

图 2-33　查看目录文件

到此 CentOS 系统的安装就完成了，这里有个小细节，就是在 Linux 中如果以超级管理员身份登录的用户，则命令行界面会显示“#”号；如果以普通用户登录，则命令行界面会显示“$”符号。

2.3 Ubuntu 系统安装

Ubuntu 系统基于 Debian 发行版和 GNOME 桌面环境开发而成。Ubuntu 的目标在于为一般用户提供一个最新的、同时又相当稳定的主要由自由软件构建而成的操作系统，它可免费使用，并带有社区及专业的支持。Ubuntu 提供了一个健壮、功能丰富的计算环境，既适合家庭使用又适用于商业环境。Ubuntu 社区承诺每 6 个月发布一个新版本，以提供最新、最强大的软件。

1. 系统下载

Linux 系统镜像在 Linux 社区提供了多个不同种类和版本的系统镜像供下载，包括 Ubuntu 各个版本的系统镜像，Ubuntu 镜像可以到官网下载最新版本，网址为 https://ubuntu.com/download。

这里对不同 Ubuntu 版本之间的用途和区别进行简单介绍，PowerPC 版本是一种嵌入式机器用的版本。Desktop 版本的安装是以图形方式进行的，它是一张 Live CD，也就是说它可以直接由光盘启动载入 Linux 的系统(光盘操作系统)。Alternate 也是 Desktop 版本，不过有些区别，可以说是改装版，它的安装界面是文字方式的，没有图形界面，也不能像 Desktop 那样启动光盘上的操作系统。Server 版本的应用情况和 Desktop 版本不同，主要作为服务器操作系统使用，不会与本机产生过多的交互，没有图形化操作界面，避免服务器资源产生不必要的浪费。这里推荐下载 Server 版本，因为以后当作服务器来用，更多的是进行服务器应用部署，结合企业的实际运用，也能更快地熟悉 Linux 在企业服务器中的使用方法，以便更快地提升自己的 Linux 使用水平。

2. 系统安装

下载好 Ubuntu 系统镜像后，可以直接安装到物理机器上，也可以通过虚拟机进行安装，因为本书最终的目的是讲解云计算，需要用到集群，需要多台机器，考虑到读者的普遍性和方便性，采用虚拟机进行安装示例。各种环境的安装步骤大致一样，在 2.2 节已经讲解过，这里不再赘述。

(1) 启动 VMware 软件，会显示类似如图 2-4 所示的界面。

(2) 单击新建虚拟机菜单或者如图 2-4 所示的“+”图标新建虚拟机，会弹出如图 2-5 所示的安装界面。在该界面中选择“创建自定虚拟机”选项，并单击“继续”按钮进入下一步。

(3) 在如图 2-34 所示的界面中，选择操作系统的类型和型号，这里系统类型选择 Linux，型号选择“Ubuntu 64 位”，单击“继续”按钮，进入下一步。

(4) 进入固件类型选择界面，如图 2-7 所示，选择“传统 BIOS”选项，单击“继续”按钮，进入下一步。

(5) 进入虚拟磁盘选择界面，如图 2-35 所示，选择“新建虚拟磁盘”选项，单击“继续”按钮，进入下一步。

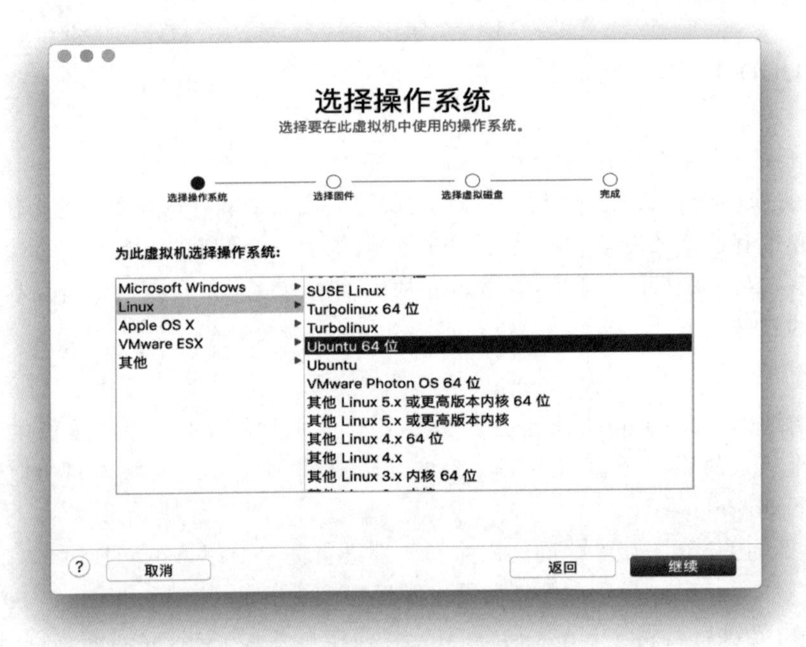

图 2-34　虚拟机操作系统类型(2)

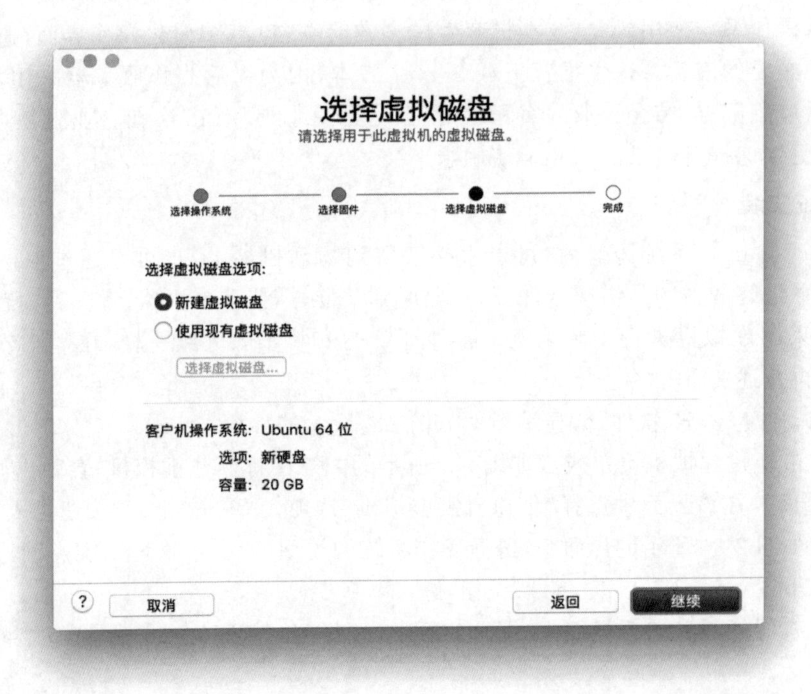

图 2-35　虚拟机虚拟磁盘选择(2)

(6) 进入完成配置界面,如图 2-36 所示,这里由 VMware 软件自动配置了很多默认参数和配置,如果需要进行一些自定义配置,则可单击“自定设置”按钮,进入如图 2-37 所示的界面,设置虚拟机的存储名称,单击“存储”按钮,进入下一步。

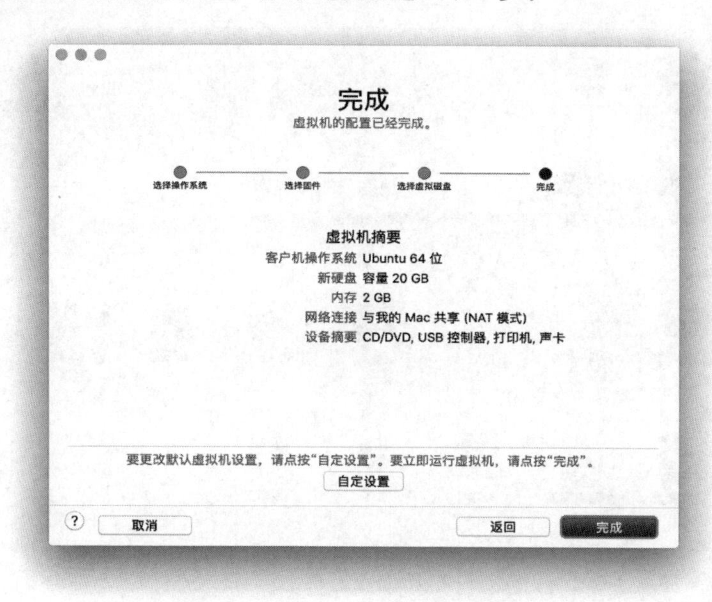

图 2-36 虚拟机默认配置参数预览(2)

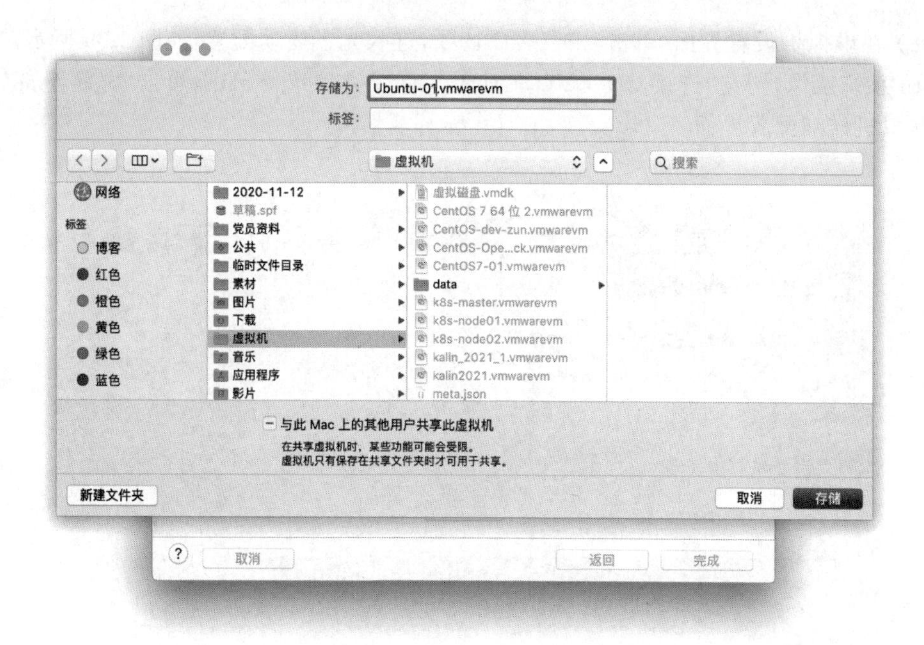

图 2-37 虚拟机名称修改与保存(2)

(7) Mac 版本的 VMware 软件执行完上一步后会自动进入虚拟机设置界面，Windows 及其他版本可能需要单击"编辑虚拟机"或者右击创建的虚拟机后单击"设置"菜单进入，主要设置界面如图 2-38 所示。

图 2-38　虚拟机设置界面(3)

(8) 在虚拟机设置界面，单击 CD/DVD 选项，进入光盘驱动配置，如图 2-39 所示。选择 Ubuntu 系统镜像，勾选"连接 CD/DVD 驱动器"，总线类型选择 IDE，单击"显示全部"按钮返回虚拟机详细配置界面。

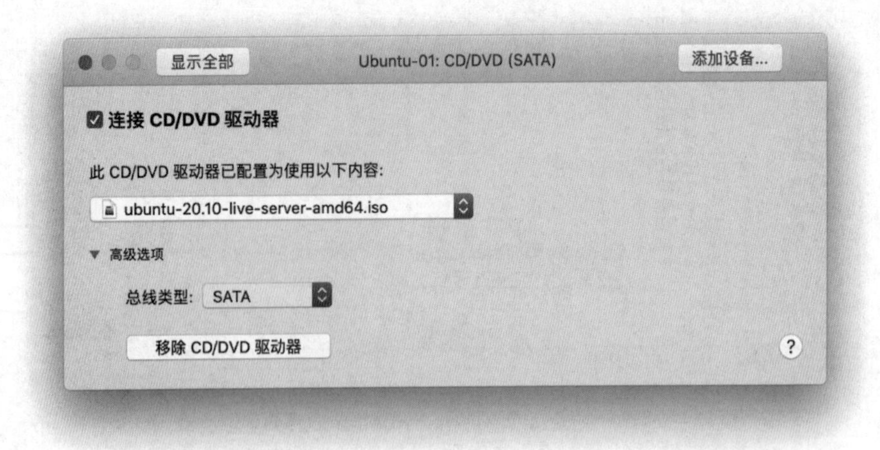

图 2-39　虚拟机光驱配置(2)

(9) 在虚拟机设置界面，单击“硬盘”选项，进入硬盘配置，如图 2-40 所示。可以对“文件名”“磁盘大小”进行设置，这里总线类型选择 SCSI，取消勾选的“预先分配磁盘空间”和“拆分为多个文件”，这是因为“预先分配磁盘空间”会提前占用空间，对于个人来讲，没有这个必要，用多少占用多少更能节省空间，当同时创建多个虚拟机时。这个选项会浪费很多磁盘空间，但是对于云计算中的虚拟机而言磁盘分配方式与此不同，云计算中给虚拟机分配磁盘空间的方式大多为独占模式，启动时会占用指定数量的空间。“拆分为多个文件”一定程度上有利于操作系统层面上的空间分配，促进磁盘高效地使用，减少数据的移动，但是对于虚拟机镜像打包却很麻烦，例如这次创建的虚拟机，进行了一些配置，想导出来供其他机器使用就非常不方便，另外，云计算环境中的虚拟机镜像制作也需要使用单个镜像文件。

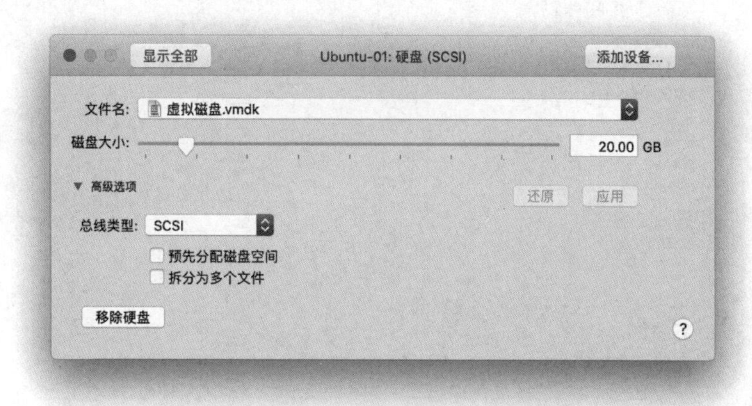

图 2-40 虚拟机磁盘配置(2)

(10) 在虚拟机设置界面，单击“处理器和内存”选项，进入处理器和内存配置，如图 2-41 所示。处理器个数可以根据自己计算机的实际配置选择合适的数量，一般为 2 核就可以正

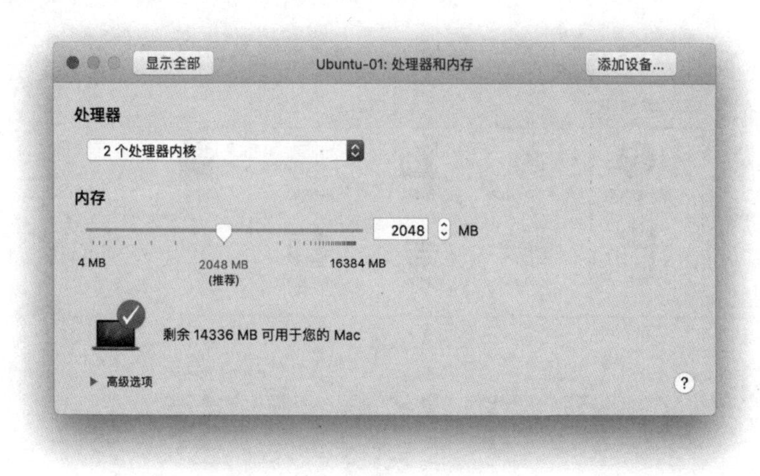

图 2-41 虚拟机处理器和内存配置(2)

常运行了，当然主机本身配置越高，可以分配的处理器资源就越多，内存也应根据主机可以使用的资源进行配置，一般设置2048MB就可以正常运行了，这里需要注意的一点是，理论上给虚拟机分配的资源越高，虚拟机运行越流畅，但是要考虑到主机本身的运行，所以一般不推荐分配的资源超过主机可供分配数量的2/3。

(11) 在虚拟机设置界面，单击“网络适配器”选项，进入网络适配器配置，如图2-42所示。勾选“连接网络适配器”，选择“Internet 共享”，以便共享主机网络模式。

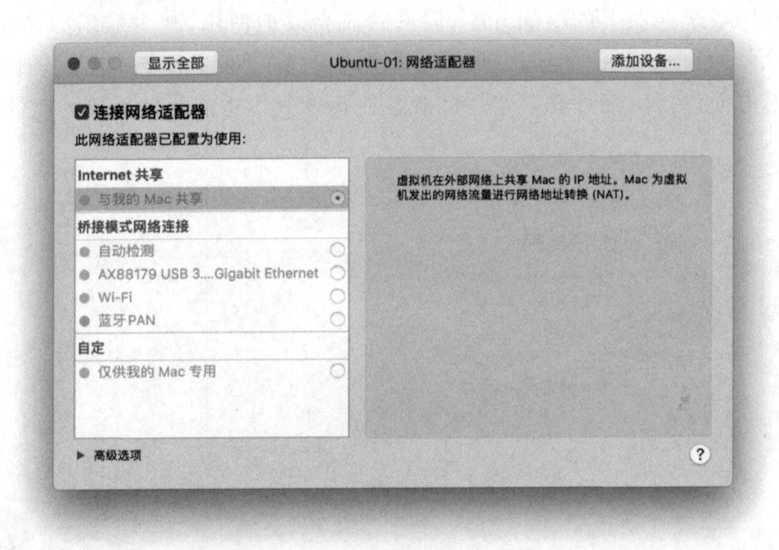

图 2-42　虚拟机网络配置(2)

(12) 在虚拟机设置界面，单击“添加设备”选项，进入添加设备配置，如图2-43所示。选择“网络适配器”，单击“添加”，进入网络适配器配置，配置出与步骤(11)相同的网路配置。

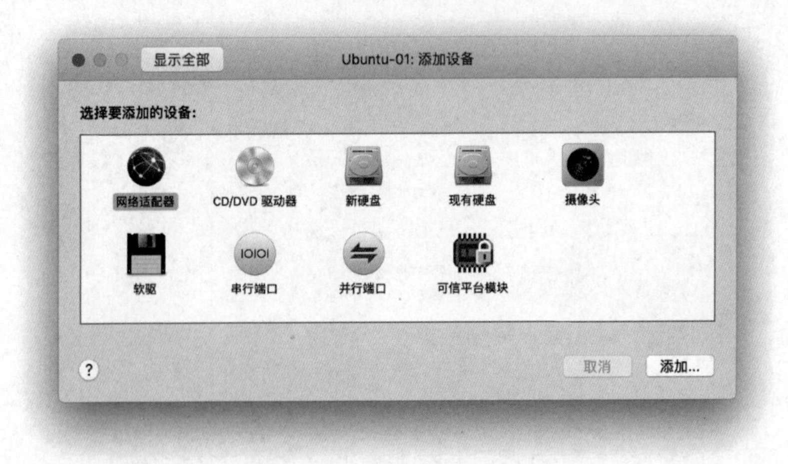

图 2-43　虚拟机添加设备(2)

至此，就给虚拟机配置了两块网卡设备，一般服务器有 4 块网卡，这里进行模拟搭建学习，但是这样添加的虚拟网卡跟实际的服务器的多网卡有很大区别，除了性能差别以外，能够分配的 IP 地址网段也会受到限制。

(13) 虚拟机配置完成以后，单击"显示全部"按钮，返回虚拟机设置界面，如图 2-44 所示，会看到新增的网络适配器 2。关闭虚拟机设置界面，返回虚拟机启动界面，如图 2-45 所示。

图 2-44 虚拟机设置界面(4)

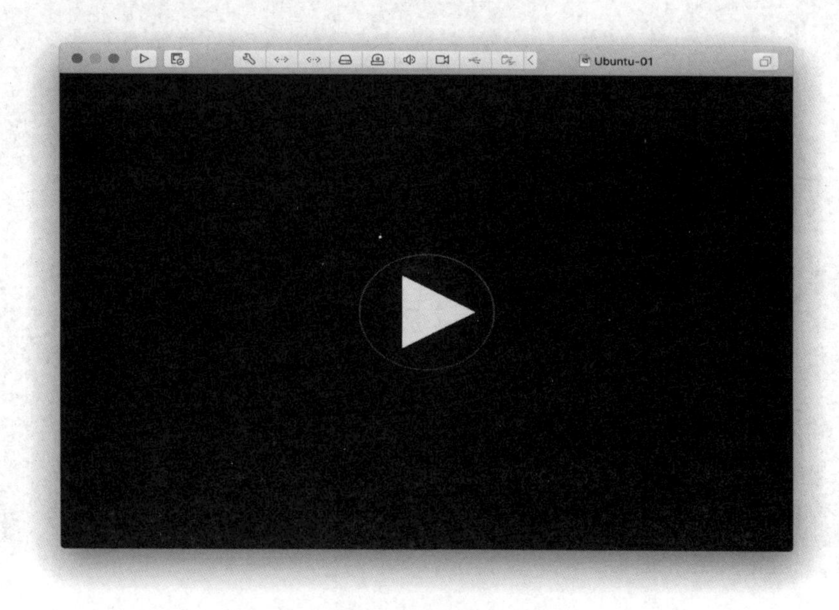

图 2-45 虚拟机启动界面(2)

（14）单击虚拟机启动按钮，启动虚拟机，进入系统安装界面，如图 2-46 所示。这里有 Test Memory 内存测试，一般情况下内存是可用的，不需要进行太多关注，直接选择 Ubuntu Server 后按 Enter 键进行安装，进入如图 2-47 所示的安装检测界面。

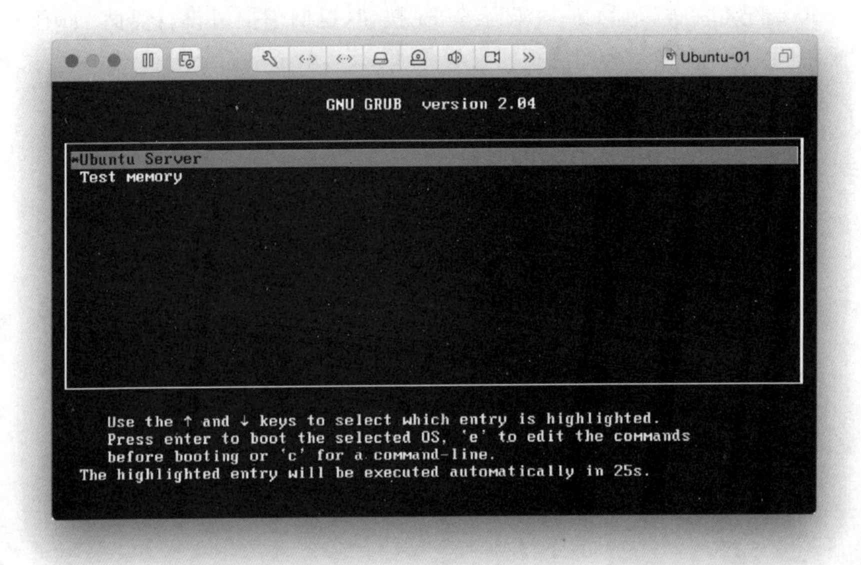

图 2-46　系统安装菜单

图 2-47　系统安装前检测过程

（15）检测完成后的界面如图 2-48 所示，之后会进入选择系统语言界面，如图 2-49 所示，这里推荐选择默认的 English，相信大多数人使用英语的操作系统也不会很费力，而且重要的是要习惯，因为企业里几乎不可能配置中文语言的服务器，当然对于个人学习选择中文也是可以的。选择好以后，按 Enter 键进入下一步。

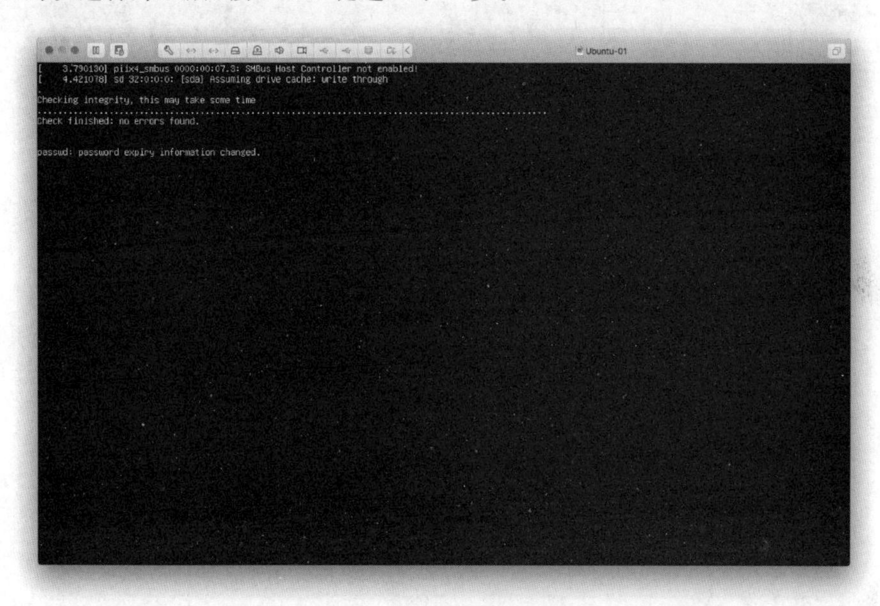

图 2-48　系统安装前检测结果

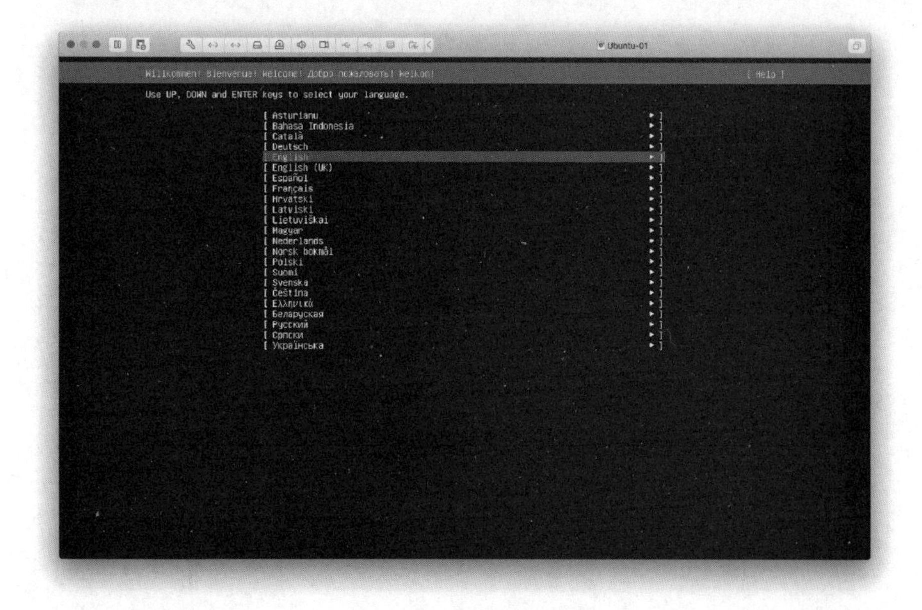

图 2-49　系统安装语言配置

(16) 进入安装更新界面,如图 2-50 所示,这里直接选择 Continue Without Updating 跳过更新直接安装系统,按 Enter 键进入下一步。

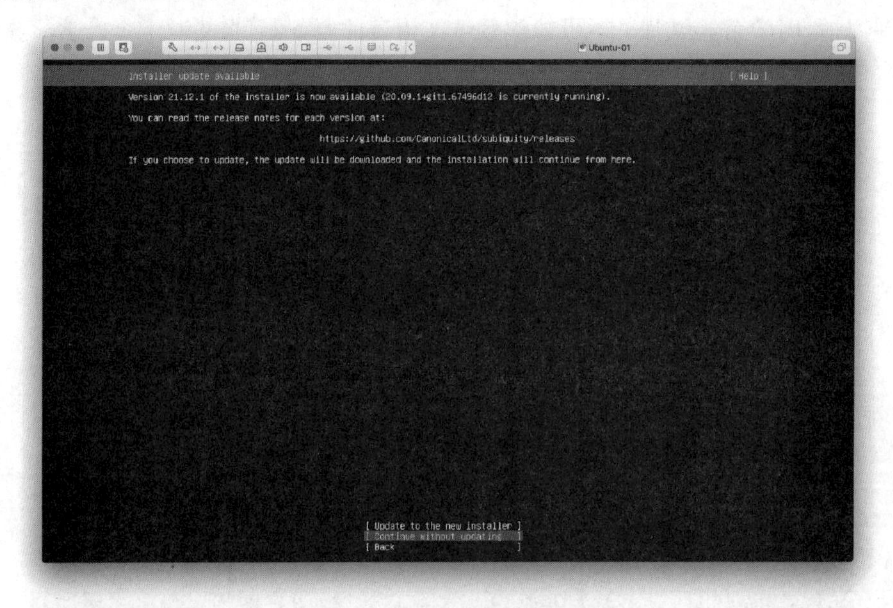

图 2-50 安装程序更新选择

(17) 进入键盘配置界面,如图 2-51 所示,这里依然推荐选择 English 语言和布局,选择 Done 并按 Enter 键进入下一步。

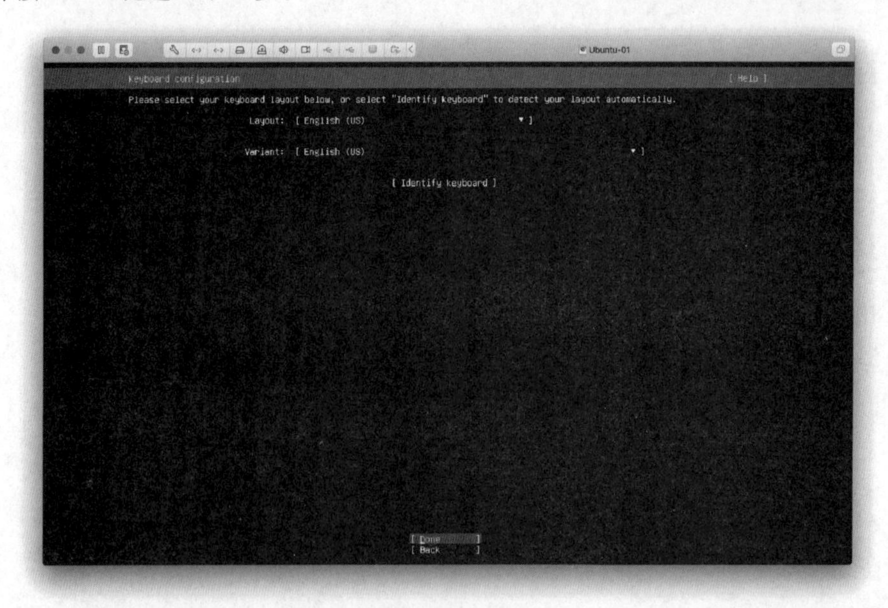

图 2-51 键盘布局配置

（18）进入网络连接配置界面，如图 2-52 所示，这里可以直接使用系统默认分配的网卡名称和 IP 地址，直接选择 Done，按 Enter 键进入下一步。

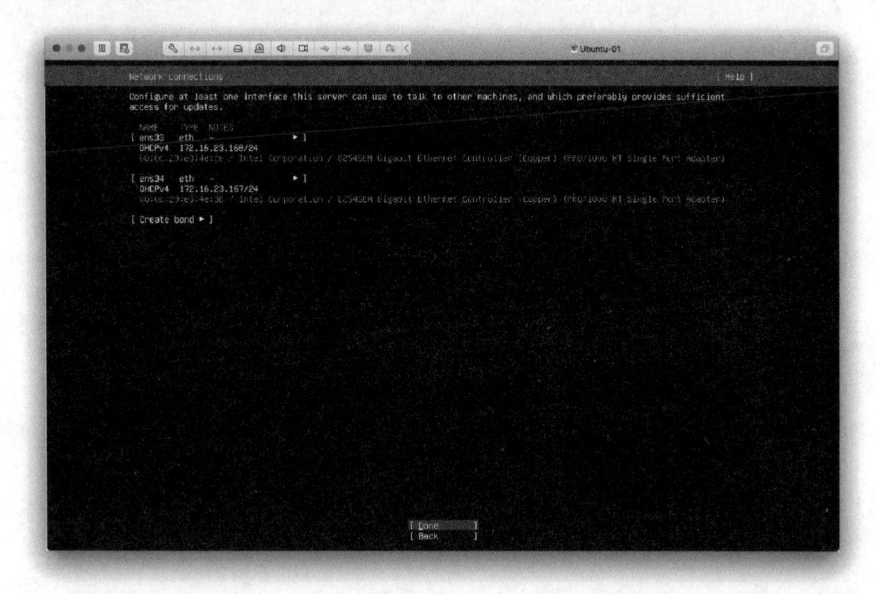

图 2-52　网卡及网络配置

（19）进入网络代理配置界面，如图 2-53 所示，这里可以不进行配置，除非有特殊需求，例如想要访问一些国外资源，如访问谷歌等国外类似的网站，可以在 Proxy address 栏输入 http://[[user][:pass]@]host[:port]/配置自己的代理信息，选择 Done，按 Enter 键进入下一步。

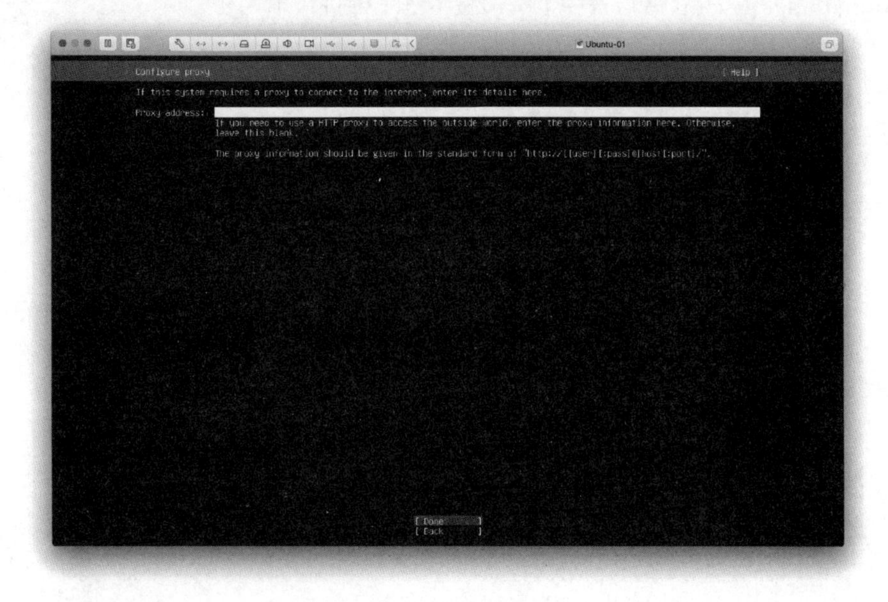

图 2-53　网络代理配置

(20) 进入系统默认镜像网址配置界面,如图 2-54 所示,这里可以直接用默认的官方的网址,直接选择 Done,按 Enter 键进入下一步。

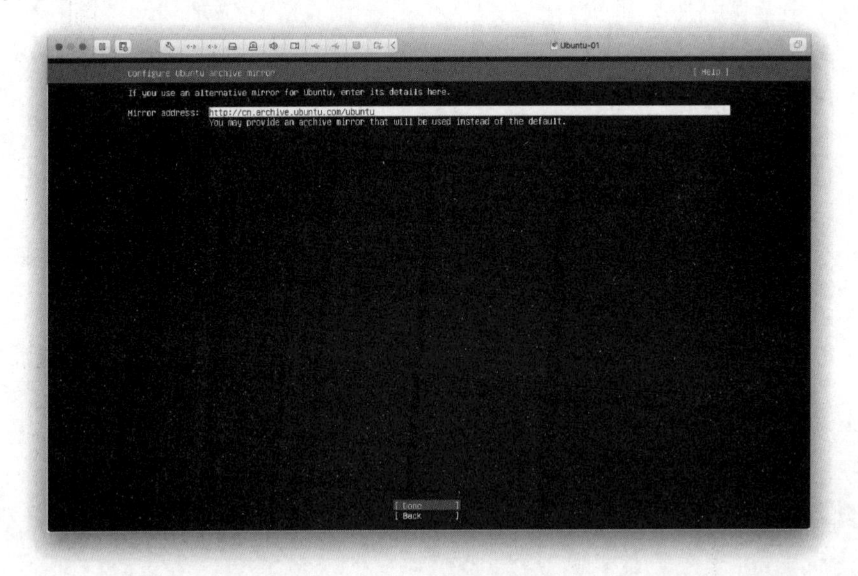

图 2-54 软件镜像源配置

(21) 进入磁盘配置界面,如图 2-55 所示,这里可以看到先前给虚拟机分配的磁盘大小,默认分区/dev/sda 并且被选中,小括号"()"和中括号"[]"前面带有"X"代表该项被选中,这里可以直接用系统默认的分区方式。如果想自定义分区方式,则可以选择下面的 Custom storage layout,最后选择 Done,按 Enter 键进入下一步。

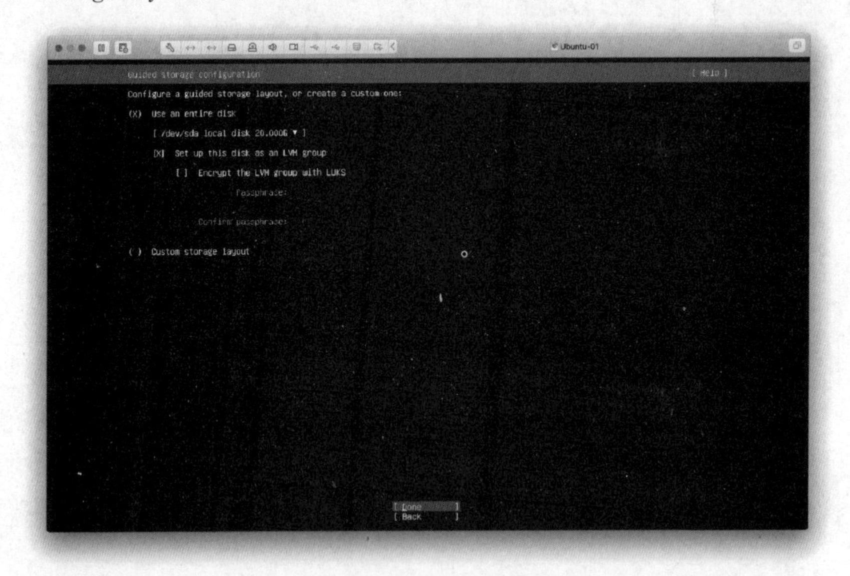

图 2-55 磁盘分区配置

（22）进入磁盘配置预览界面，如图 2-56 所示，可以看到整个磁盘、设备和用户的挂载分区情况。如果某项需要修改，则可以选择 Back 返回上一步进行修改，然后选择 Done，按 Enter 键进入下一步。之后会弹出配置确认对话框，如图 2-57 所示，询问是否继续进行系统安装，选择 Continue，按 Enter 键进入下一步。

图 2-56 系统安装配置预览

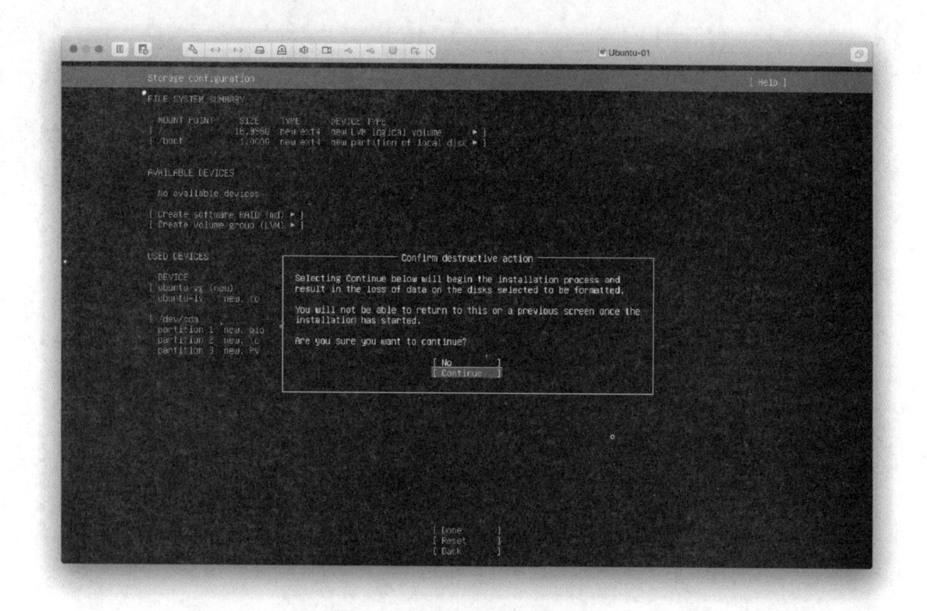

图 2-57 系统安装配置确认

(23) 进入用户配置界面，如图 2-58 所示，这里的用户名 Pick a username 栏，root 和 admin 已经被内置了，所以不能设置为这两个名字，而应输入其他的用户名，如图 2-59 所示，选择 Done，按 Enter 键进入下一步。

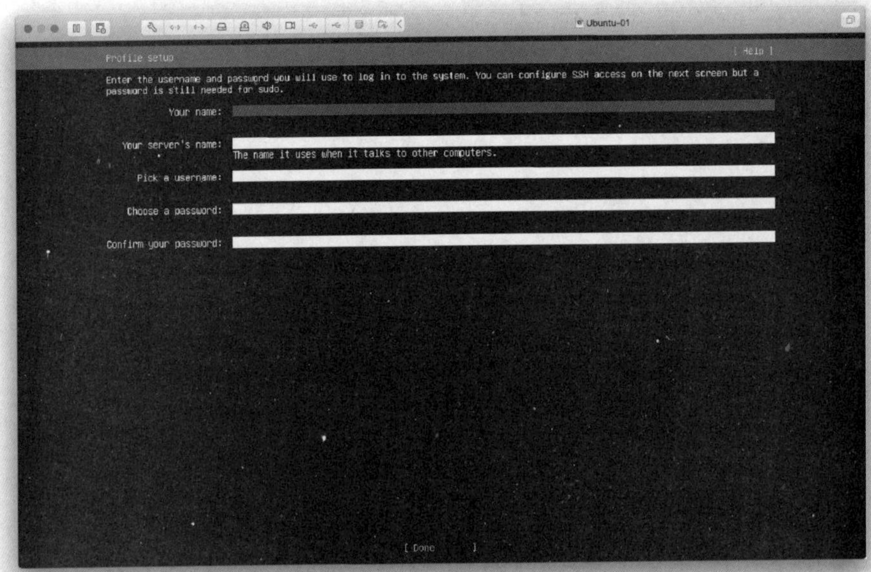

Ubuntu-01

Profile setup [Help]

Enter the username and password you will use to log in to the system. You can configure SSH access on the next screen but a password is still needed for sudo.

Your name:

Your server's name:
The name it uses when it talks to other computers.

Pick a username:

Choose a password:

Confirm your password:

[Done]

图 2-58　登录用户配置

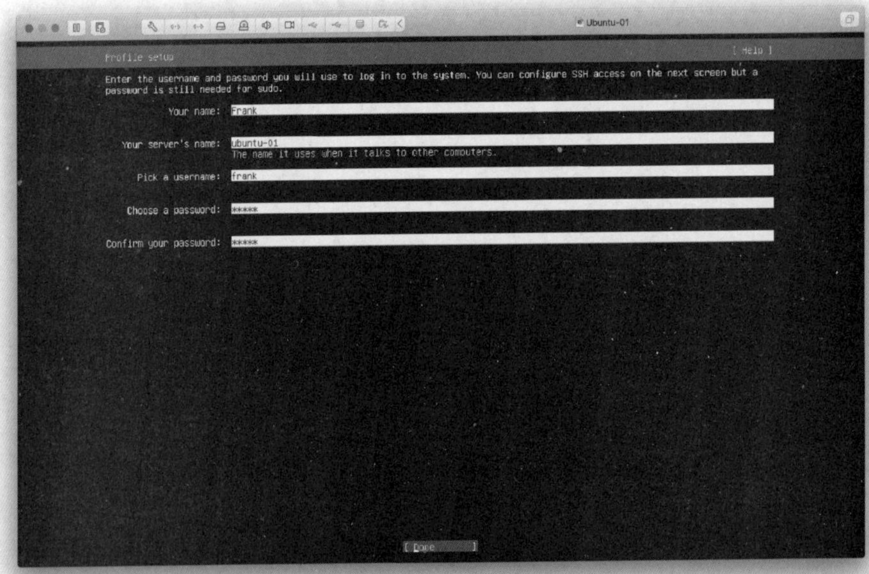

Ubuntu-01

Profile setup [Help]

Enter the username and password you will use to log in to the system. You can configure SSH access on the next screen but a password is still needed for sudo.

Your name: Frank

Your server's name: ubuntu-01
The name it uses when it talks to other computers.

Pick a username: frank

Choose a password: *****

Confirm your password: *****

[Done]

图 2-59　登录用户配置举例

(24) 进入 SSH 配置界面,如图 2-60 所示,这里根据自己的实际情况进行选择,推荐选择安装 SSH 服务,因为在一般的服务器上会选择安装 SSH,以便远程连接进行操作和应用部署。同样,中括号"[]"里面出现"X"代表选中,选择 Done,按 Enter 键进入下一步。

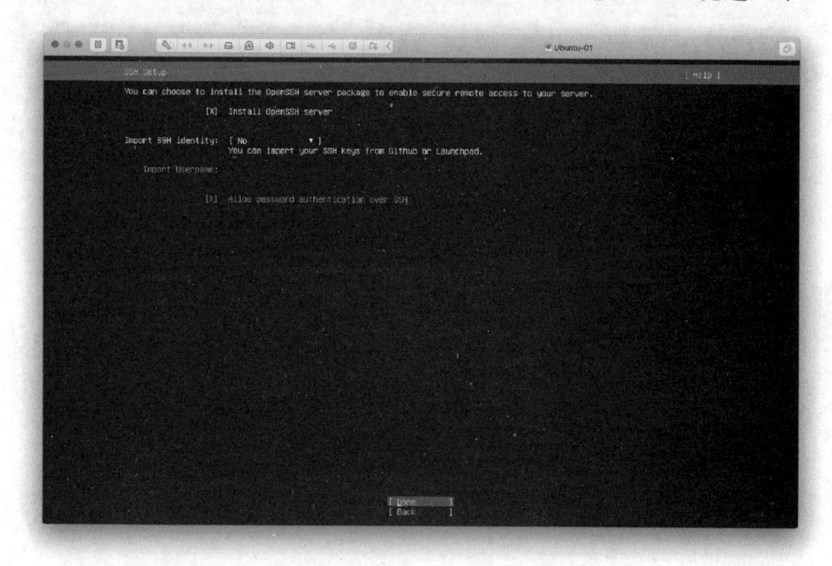

图 2-60　远程连接 SSH 配置

(25) 进入功能列表配置界面,如图 2-61 所示,这里推荐了很多功能,选中后会在安装系统后自动安装。当然,这些功能完全可以等系统安装后自己手动安装,这里不选择任何应用功能,直接选择 Done,按 Enter 键进入下一步。

图 2-61　系统应用列表

(26) 进入系统安装界面,如图 2-62 所示,这里可以单击 View full log 查看安装过程中的日志,如图 2-63 所示,之后等待系统安装完成即可。

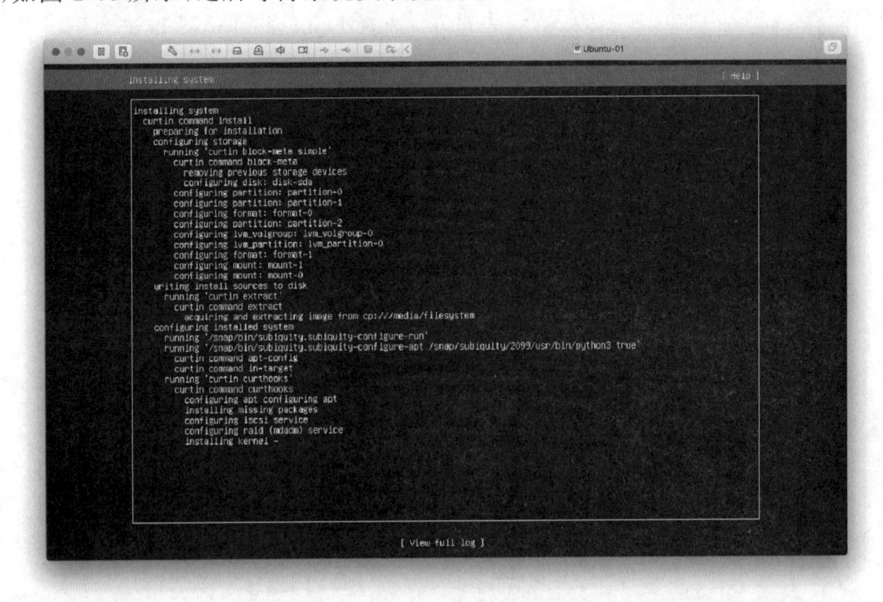

图 2-62 系统安装简略过程

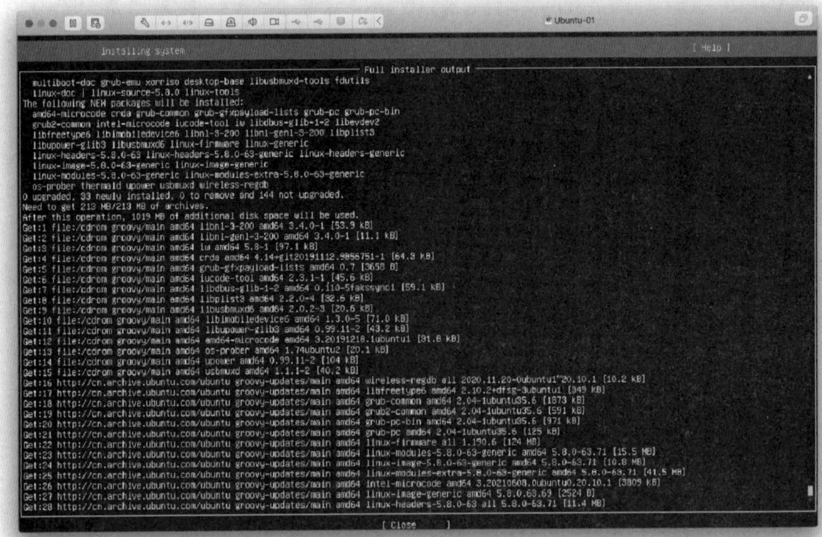

```
Ubuntu-01
installing system                                                          [ Help ]
─────────────────────────── Full installer output ───────────────────────────
  multiboot-doc grub-emu xorriso desktop-base libusbmuxd-tools fdutils
  linux-doc | linux-source-5.8.0 linux-tools
The following NEW packages will be installed:
  amd64-microcode crda grub-common grub-gfxpayload-lists grub-pc grub-pc-bin
  grub2-common intel-microcode iucode-tool iw libdbus-glib-1-2 libevdev2
  libfreetype6 libimobiledevice6 libnl-3-200 libnl-genl-3-200 libplist3
  libupower-glib3 libusbmuxd6 linux-firmware linux-generic
  linux-headers-5.8.0-63 linux-headers-5.8.0-63-generic linux-headers-generic
  linux-image-5.8.0-63-generic linux-image-generic
  linux-modules-5.8.0-63-generic linux-modules-extra-5.8.0-63-generic
  os-prober thermald upower usbmuxd wireless-regdb
0 upgraded, 33 newly installed, 0 to remove and 144 not upgraded.
Need to get 213 MB/213 MB of archives.
After this operation, 1019 MB of additional disk space will be used.
Get:1 file:/cdrom groovy/main amd64 libnl-3-200 amd64 3.4.0-1 [53.9 kB]
Get:2 file:/cdrom groovy/main amd64 libnl-genl-3-200 amd64 3.4.0-1 [11.1 kB]
Get:3 file:/cdrom groovy/main amd64 iw amd64 5.8-1 [97.1 kB]
Get:4 file:/cdrom groovy/main amd64 crda amd64 4.14+git20191112.9856751-1 [64.3 kB]
Get:5 file:/cdrom groovy/main amd64 grub-gfxpayload-lists amd64 0.7 [3658 B]
Get:6 file:/cdrom groovy/main amd64 iucode-tool amd64 2.3.1-1 [45.6 kB]
Get:7 file:/cdrom groovy/main amd64 libdbus-glib-1-2 amd64 0.110-5fakssync1 [59.1 kB]
Get:8 file:/cdrom groovy/main amd64 libplist3 amd64 2.2.0-4 [32.6 kB]
Get:9 file:/cdrom groovy/main amd64 libusbmuxd6 amd64 2.0.2-3 [20.6 kB]
Get:10 file:/cdrom groovy/main amd64 libimobiledevice6 amd64 1.3.0-5 [71.0 kB]
Get:11 file:/cdrom groovy/main amd64 libupower-glib3 amd64 0.99.11-2 [43.2 kB]
Get:12 file:/cdrom groovy/main amd64 amd64-microcode amd64 3.20191218.1ubuntu1 [31.8 kB]
Get:13 file:/cdrom groovy/main amd64 os-prober amd64 1.74ubuntu2 [20.1 kB]
Get:14 file:/cdrom groovy/main amd64 upower amd64 0.99.11-2 [104 kB]
Get:15 file:/cdrom groovy/main amd64 usbmuxd amd64 1.1.1-2 [40.2 kB]
Get:16 http://cn.archive.ubuntu.com/ubuntu groovy-updates/main amd64 wireless-regdb all 2020.11.20-0ubuntu1~20.10.1 [10.2 kB]
Get:17 http://cn.archive.ubuntu.com/ubuntu groovy-updates/main amd64 libfreetype6 amd64 2.10.2+dfsg-3ubuntu1 [349 kB]
Get:18 http://cn.archive.ubuntu.com/ubuntu groovy-updates/main amd64 grub-common amd64 2.04-1ubuntu35.6 [1873 kB]
Get:19 http://cn.archive.ubuntu.com/ubuntu groovy-updates/main amd64 grub2-common amd64 2.04-1ubuntu35.6 [591 kB]
Get:20 http://cn.archive.ubuntu.com/ubuntu groovy-updates/main amd64 grub-pc-bin amd64 2.04-1ubuntu35.6 [971 kB]
Get:21 http://cn.archive.ubuntu.com/ubuntu groovy-updates/main amd64 grub-pc amd64 2.04-1ubuntu35.6 [125 kB]
Get:22 http://cn.archive.ubuntu.com/ubuntu groovy-updates/main amd64 linux-firmware all 1.190.6 [124 MB]
Get:23 http://cn.archive.ubuntu.com/ubuntu groovy-updates/main amd64 linux-modules-5.8.0-63-generic amd64 5.8.0-63.71 [15.5 MB]
Get:24 http://cn.archive.ubuntu.com/ubuntu groovy-updates/main amd64 linux-image-5.8.0-63-generic amd64 5.8.0-63.71 [10.8 MB]
Get:25 http://cn.archive.ubuntu.com/ubuntu groovy-updates/main amd64 linux-modules-extra-5.8.0-63-generic amd64 5.8.0-63.71 [41.5 MB]
Get:26 http://cn.archive.ubuntu.com/ubuntu groovy-updates/main amd64 intel-microcode amd64 3.20210608.0ubuntu0.20.10.1 [3809 kB]
Get:27 http://cn.archive.ubuntu.com/ubuntu groovy-updates/main amd64 linux-image-generic amd64 5.8.0.63.69 [2524 B]
Get:28 http://cn.archive.ubuntu.com/ubuntu groovy-updates/main amd64 linux-headers-5.8.0-63 all 5.8.0-63.71 [11.4 MB]
                              [ Close ]
```

图 2-63 系统安装详细过程

(27) 系统安装完成后,如图 2-64 所示,但是系统可能会自动进行更新,这里可以直接取消更新,选择 Cancel update and reboot 进行重启。

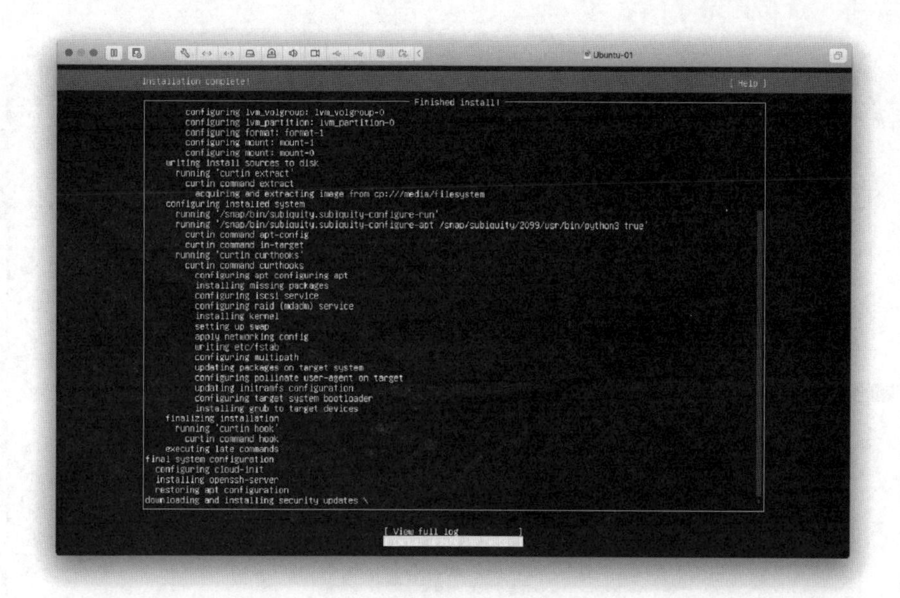

图 2-64　系统安装及更新

(28) 系统重启过程中，可能会出现如图 2-65 所示的错误提示，意思是不能自动卸载光驱，打开 VMware 的主界面，如图 2-66 所示，右击创建的虚拟机 Ubuntu-01 选择“设置”，如图 2-67 所示，进入虚拟机管理配置界面，如图 2-44 所示，选择“CD/DVD”进入光驱配置界面，如图 2-68 所示，选择取消勾选“连接 CD/DVD 驱动器”，进入如图 2-69 所示的确认对话框，单击“是”按钮断开与光驱的连接，之后再按 Enter 键进行系统启动加载，如图 2-70 所示。

图 2-65　系统重启加载错误

图 2-66 VMware 主界面

图 2-67 虚拟机属性菜单

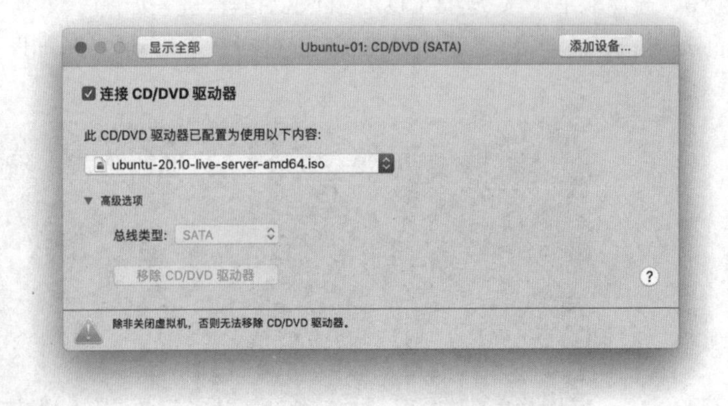

图 2-68 光驱 CD/DVD 配置

(29) 进入系统登录界面后，可以输入用户账号和密码进行登录，这里以先前配置的账号 frank 登录，如图 2-71 所示。登录后可以查看系统的目录和文件，如图 2-72 所示。

到此 Ubuntu 系统的安装就完成了，这里可以通过命令 passwd root 为 root 用户设置密码，即为 Linux 中超级管理员设置登录密码。通过命令 su root 可切换用户，输入用户密码后，如果命令行界面显示“#”号，则表示 root 用户登录成功。

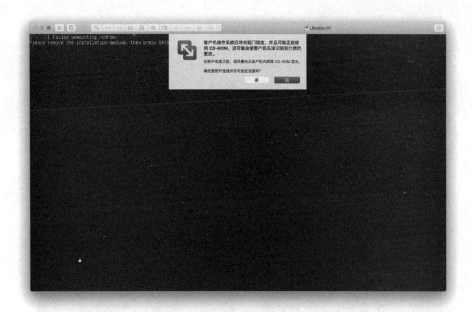

图 2-69　断开 CD/DVD 光驱连接

```
[  OK  ] Mounted Mount unit for lxd, revision 17936.
[  OK  ] Reached target Local File Systems.
         Starting Load AppArmor profiles...
         Starting Set console font and keymap...
         Starting Create final runtime dir for shutdown pivot root...
         Starting Tell Plymouth To Write Out Runtime Data...
         Starting Create Volatile Files and Directories...
[  OK  ] Finished Create final runtime dir for shutdown pivot root.
[  OK  ] Finished Tell Plymouth To Write Out Runtime Data.
[  OK  ] Finished Create Volatile Files and Directories.
         Starting Network Time Synchronization...
         Starting Update UTMP about System Boot/Shutdown...
[  OK  ] Finished Update UTMP about System Boot/Shutdown.
[  OK  ] Started Network Time Synchronization.
[  OK  ] Reached target System Time Set.
[  OK  ] Reached target System Time Synchronized.
[  OK  ] Finished Load AppArmor profiles.
         Starting Load AppArmor profiles managed internally by snapd...
[  OK  ] Started Authentication service for virtual machines hosted on VMware.
[  OK  ] Started Service for virtual machines hosted on VMware.
         Starting Initial cloud-init job (pre-networking)...
[  OK  ] Finished Set console font and keymap.
[  OK  ] Finished Load AppArmor profiles managed internally by snapd.
[    8.827787] cloud-init[929]: Cloud-init v. 20.3-15-g6d332e5c-0ubuntu1 running 'init-local' at Tue
, 07 Dec 2021 03:10:11 +0000. Up 8.78 seconds.
[  OK  ] Finished Initial cloud-init job (pre-networking).
[  OK  ] Reached target Network (Pre).
         Starting Network Service...
[  OK  ] Started Network Service.
         Starting Wait for Network to be Configured...
         Starting Network Name Resolution...
[  OK  ] Started Network Name Resolution.
[  OK  ] Reached target Network.
[  OK  ] Reached target Host and Network Name Lookups.
[  OK  ] Finished Wait for Network to be Configured.
         Starting Initial cloud-init job (metadata service crawler)...
```

图 2-70　系统启动加载

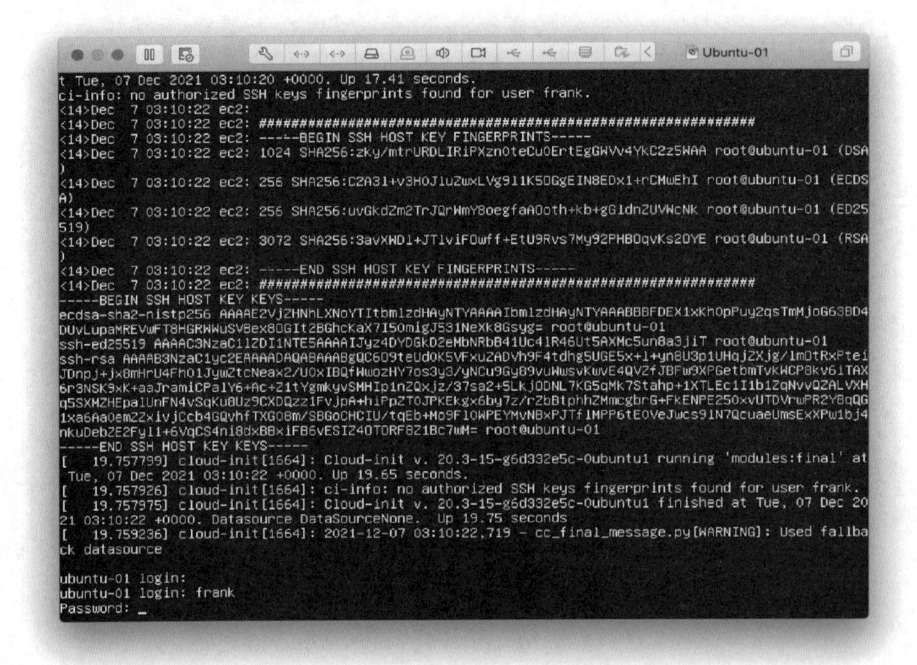

图 2-71 用户登录

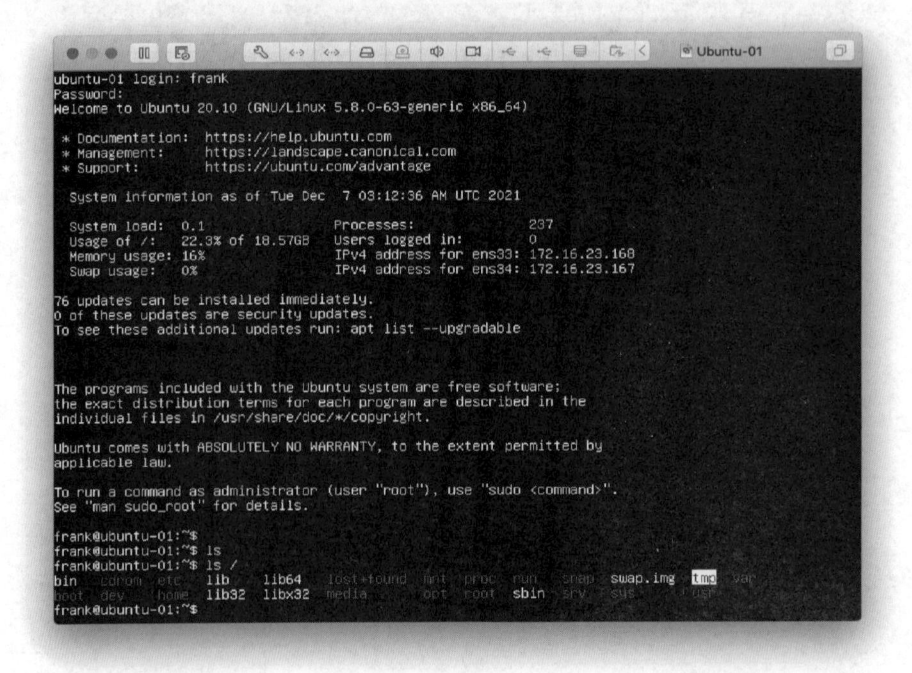

图 2-72 查看目录文件

2.4　Linux 系统启动过程

Linux 启动时会看到许多启动信息，这里以 CentOS 系统为例进行分析和说明，其他种类的 Linux 系统可能与此有所不同，总体上流程相差不大。Linux 系统的启动过程并不是想象中那么复杂，其过程大致可以分为 5 个阶段：

(1) 内核引导。

(2) 运行 init。

(3) 系统初始化。

(4) 建立终端。

(5) 用户登录系统。

init 程序的类型有以下 3 种。

(1) SysV：init，CentOS 5 之前，配置文件为/etc/inittab。

(2) Upstart：init，CentOS 6，配置文件为/etc/inittab，/etc/init/ * . conf。

(3) Systemd：systemd，CentOS 7，配置文件为/usr/lib/systemd/system、/etc/systemd/system。

1. 内核引导

当打开计算机电源后，首先 BIOS 开机自检，按照 BIOS 中的设置启动设备(通常是硬盘)。操作系统接管硬件以后，首先读入 /boot 目录下的内核文件，流程如图 2-73 所示。

2. 运行 init

init 进程是系统所有进程的起点，可以把它比拟成系统所有进程的父进程，没有这个进程，系统中任何进程都不会启动。init 程序首先需要读取配置文件 /etc/inittab，流程如图 2-74 所示。

图 2-73　系统启动加载流程图　　　图 2-74　系统加载 init 总体流程

许多程序需要开机启动，它们在 Windows 系统中叫作服务(Service)，在 Linux 系统中叫作守护进程(Daemon)。

init 进程的一大任务是运行这些需开机启动的程序，但是，不同的场合需要启动不同的程序，例如当用作服务器时，需要启动 Apache，当用作桌面时则不需要。

Linux 允许为不同的场合分配不同的开机启动程序，这叫作运行级别(Runlevel)。也就是说，启动时根据运行级别，确定要运行哪些程序，流程如图 2-75 所示。

Linux 系统有 7 个运行级别。

(1) 运行级别 0：系统停机状态，系统的默认运行级别不能设为 0，否则不能正常启动。

(2) 运行级别 1：单用户工作状态，root 权限，用于系统维护，禁止远程登录。

图 2-75 不同级别程序运行总体流程

(3) 运行级别 2：多用户状态(没有 NFS)。

(4) 运行级别 3：完全的多用户状态(有 NFS)，登录后进入控制台命令行模式。

(5) 运行级别 4：系统未使用，保留。

(6) 运行级别 5：X11 控制台，登录后进入 GUI 模式。

(7) 运行级别 6：系统正常关闭并重启，默认的运行级别不能设为 6，否则不能正常启动。

3. 系统初始化

在 init 的配置文件中有很多行配置，其中有一行 si::sysinit:/etc/rc.d/rc.sysinit，它用于调用执行/etc/rc.d/rc.sysinit，而 rc.sysinit 是一个 bash shell 的脚本，主要用于完成一些系统初始化工作，rc.sysinit 是每个运行级别都要首先运行的重要脚本。主要完成的工作有激活交换分区、检查磁盘、加载硬件模块及其他一些需要优先执行任务，流程如图 2-76 所示。

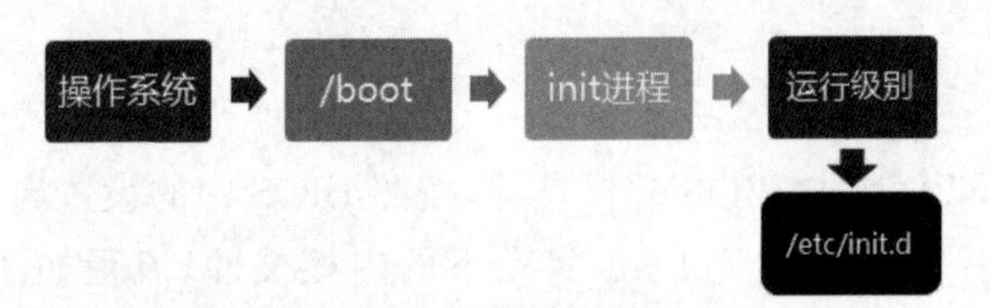

图 2-76 系统初始化总体流程

l5:5:wait:/etc/rc.d/rc 5 这行表示以 5 为参数运行/etc/rc.d/rc，/etc/rc.d/rc 是一个 Shell 脚本，接受 5 作为参数，然后执行/etc/rc.d/rc5.d/目录下的所有的 rc 启动脚本，/etc/rc.d/rc5.d/目录中的这些启动脚本实际上都是一些连接文件，而不是真正的 rc 启动脚本。真正的 rc 启动脚本实际上放在/etc/rc.d/init.d/目录下，这些 rc 启动脚本有着类似的用法，它们一般能接受 start、stop、restart、status 等参数。

/etc/rc.d/rc5.d/中的 rc 启动脚本通常是 K 或 S 开头的连接文件，对于以 S 开头的启动脚本，将以 start 参数来运行。如果发现相应的脚本也存在 K 打头的连接，而且已经处于运行态了(以/var/lock/subsys/下的文件作为标志)，则将首先以 stop 为参数停止这些已经启动了的守护进程，然后重新运行。这样做是为了保证当 init 改变运行级别时，所有相关的守护进程都将重启。至于在每个运行级别中运行哪些守护进程，用户可以通过 chkconfig 或 setup 中的 System Services 来自行设定。

4. 建立终端

当 rc 执行完毕后，返回 init。这时基本系统环境已经设置好了，各种守护进程也已经启动了。init 接下来会打开 6 个终端，以便用户登录系统。在 inittab 中的以下 6 行定义了 6 个终端：

```
2345:respawn:/sbin/mingetty tty1
2345:respawn:/sbin/mingetty tty2
2345:respawn:/sbin/mingetty tty3
2345:respawn:/sbin/mingetty tty4
2345:respawn:/sbin/mingetty tty5
2345:respawn:/sbin/mingetty tty6
```

从上面的代码可以看出在2、3、4、5的运行级别中都以respawn方式运行mingetty程序，mingetty程序能打开终端、设置模式。同时它会显示一个文本登录界面，这个界面就是经常看到的登录界面，在这个登录界面中会提示用户输入用户名，而用户输入的用户名将作为参数传给login程序来验证用户的身份。

5. 用户登录

当系统加载和终端配置都完成后，会进入用户登录流程，如图2-77所示，一般来讲，用户的登录方式有3种：命令行登录、ssh登录和图形界面登录。

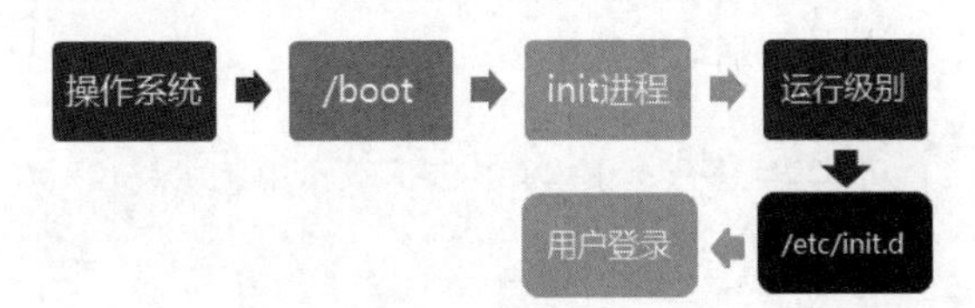

图2-77 用户登录总体流程

对于运行级别为5(图形方式)的用户来讲，他们的登录是通过一幅图形化的登录界面进行登录的。登录成功后可以直接进入KDE、Gnome等窗口管理器，而本书主要讲的是以文本方式登录的情况：当看到mingetty的登录界面时，就可以输入用户名和密码来登录系统了。

Linux的账号验证程序是login，login会接收mingetty传来的用户名作为用户名参数，然后login会对用户名进行分析：如果用户名不是root，并且存储在/etc/nologin文件，则login将输出nologin文件的内容，然后退出。这通常在系统维护时用来防止非root用户登录。只有/etc/securetty中登记了的终端才允许root用户登录，如果不存在这个文件，则root用户可以在任何终端上登录。/etc/usertty文件用于对用户做出附加访问限制，如果不存在这个文件，则没有其他限制。

6. 用户终端窗口

Linux预设了6个命令行窗口供用户来登录，登录用户终端窗口的流程如图2-78所示。默认登录的是第1个窗口，也就是tty1，这6个窗口分别为tty1～tty6，可以按下快捷键Ctrl＋Alt＋F1～ F6来切换它们。

如果安装了图形界面，则默认情况下进入图形界面，此时可以通过按快捷键Ctrl＋Alt＋F1～F6来进入其中的一个命令行窗口界面。

当进入命令行窗口界面后，如果想返回图形界面，则只要按下快捷键Ctrl＋Alt＋F7就可以切换回来了。

如果使用的是 VMWare 虚拟机，则命令行窗口切换的快捷键为 Alt＋Space＋F1～F6，如果在图形界面下则可按快捷键 Alt＋Shift＋Ctrl＋F1～F6 切换至命令行窗口。

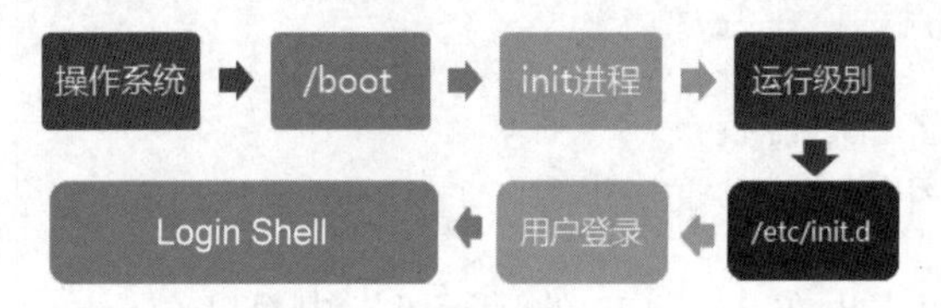

图 2-78　用户终端总体流程

7. Linux 系统关机

由于 Linux 系统大多用在服务器上，所以很少会遇到关机的操作。毕竟服务器上运行的服务是长期的，除非在特殊情况下，不得已才会关机。

正确的关机流程为 sync > shutdown > reboot > halt。

关机指令为 shutdown，可以使用 man shutdown 命令来看帮助文档。例如，可以通过下面的一种方式进行关机或者重启，命令如下：

```
sync                    #将数据由内存同步到硬盘中

shutdown                #关机指令

shutdown - h 10         #计算机将在 10min 后关机,并且会显示在登录用户的当前屏幕中

shutdown - h now        #立刻关机

shutdown - h 20:25      #系统会在今天 20:25 关机

shutdown - h + 10       #10min 后关机

shutdown - r now        #系统立刻重启

shutdown - r + 10       #系统 10min 后重启

reboot                  #重启,等同于 shutdown - r now

halt                    #关闭系统,等同于 shutdown - h now 和 poweroff
```

shutdown 指令会给系统计划一个时间关机，它可以被用于停止、关机、重启机器，使用的命令如下：

```
shutdown -p now         #关闭机器
shutdown -H now         #停止机器
shutdown -r 09:35       #在 09:35 重启机器
```

要取消即将执行的关机操作，只要输入下面的命令：

```
shutdown -c
```

halt 命令用于通知硬件停止所有的 CPU 功能，但是仍然保持通电。可以用它使系统处于低层维护状态。注意在有些情况下它会完全关闭系统，使用的命令如下：

```
halt                    #停止机器
halt -p                 #关闭机器、关闭电源
halt --reboot           #重启机器
```

poweroff 命令会发送一个 ACPI 信号通知系统关机，使用的命令如下：

```
poweroff                #关闭机器、关闭电源
poweroff --halt         #停止机器
poweroff --reboot       #重启机器
```

reboot 命令用于通知系统重启，使用的命令如下：

```
reboot                  #重启机器
reboot --halt           #停止机器
reboot -p               #关闭机器
```

最后总结一下，不管是重启系统还是关闭系统，首先要运行 sync 命令，把内存中的数据写到磁盘中。关机的命令有 shutdown -h now、halt、poweroff 和 init 0，重启系统的命令有 shutdown -r now、reboot、init 6。

第 3 章

Linux 系统常用命令

操作系统安装完成后，可以通过一些命令来查看操作系统的相关信息。登录系统后输入 uname -a 命令，可显示计算机及操作系统的相关信息。输入 cat /proc/version 命令可查看正在运行的内核版本。输入 cat /etc/issue 命令可显示发行版本信息。lsb_release -a 命令适用于所有的 Linux，包括 RedHat、SuSE、Debian 等发行版，但是在 Debian 下需要安装 lsb。如果不知道命令的意思，则可以通过"man 命令名称"查看它的使用方式及详细信息。本章所介绍的命令都会在后续的云计算环境部署和开发中经常使用，这些是 Linux 使用者必须掌握的基础知识。

3.1 熟用 Linux 系统最常用的 ls 命令

这个命令可以说是 Linux 系统中用得最频繁的命令之一，它可以用来查看文件目录信息，也可以与其他选项组合使用。ls 命令的含义是 list(显示)当前目录中的文件名字，ls 命令跟 Dos 下的 dir 命令是一样的，都用来列出目录下的文件。注意，当不加参数时它显示除隐藏文件外的所有文件及目录的名字。

1. 基本使用

(1) ls：显示当前目录下的文件和目录。

(2) ls -l：显示当前目录下的文件和目录的详细信息。

(3) ls -l * |grep "^d"：显示当前目录下的子目录信息。

(4) ls -l * |grep "^-"：显示当前目录下的文件信息。

(5) ls -lh：显示当前目录下的文件及其详细信息，并把相关信息转换为方便阅读的单位。

(6) ls -a：显示当前目录中的所有文件，包含隐藏文件。

(7) ls|wc -l：统计当前目录下的文件和目录数量。

(8) ls -lt：显示当前目录下的文件和目录的详细信息，并按最后修改时间排序。

(9) ls -lS：显示当前目录下的文件和目录的详细信息，并按文件大小排序。

(10) 其他命令。

-a：列出目录下的所有文件，包括以“.”开头的隐含文件。

-b：把文件名中不可输出的字符用反斜杠加字符编号（就像在C语言里一样）的形式列出。

-c：输出文件的i节点的修改时间，并以此排序。

-d：将目录像文件一样显示，而不是显示其下的文件。

-e：输出时间的全部信息，而不是输出简略信息。

-f -U：对输出的文件不排序。

-g：没有特殊作用。

-i：输出文件的i节点的索引信息。

-k：以k字节的形式表示文件的大小。

-l：列出文件的详细信息。

-m：横向输出文件名，并以“,”作为分隔符。

-n：用数字的UID和GID代替名称。

-o：显示文件除组信息外的详细信息。

-p -F：在每个文件名后附上一个字符以说明该文件的类型，“*”表示可执行的普通文件；“/”表示目录；“@”标示符号链接；“|”表示FIFOs；“=”表示套接字（sockets）。

-q：用“?”代替不可输出的字符。

-r：对目录反向排序。

-s：在每个文件名后输出该文件的大小。

-t：以时间排序。

-u：以文件上次被访问的时间排序。

-x：按列输出，横向排序。

-A：显示除“.”和“..”外的所有文件。

-B：不输出以“~”结尾的备份文件。

-C：按列输出，纵向排序。

-G：输出文件的组的信息。

-L：列出链接文件名而不是链接到的文件。

-N：不限制文件长度。

-Q：把输出的文件名用双引号括起来。

-R：列出所有子目录下的文件。

-S：以文件大小排序。

-X：以文件的扩展名（最后一个“.”后的字符）排序。

-1：一行只输出一个文件。

--color=no：不显示彩色文件名。

--help：在标准输出上显示帮助信息。

--version：在标准输出上输出版本信息并退出。

命令组合是一个非常灵活的运用，根据自己的应用场景及自己需要查看的信息，进行命令项的选择和组合，这里主要对常用的命令进行了举例，目的在于引导读者如何进行命令项的组合使用。在实际运用中，通过不断的练习达到熟能生巧的目的，如果有些选项不记得了，则可以用 help 命令进行查看。

2. 从系统目录认识 Linux 系统

ls 命令的组合选项除了查看当前目录的信息，还可以查看指定的文件目录，例如查看系统的根目录时可使用命令 ls /，结果如图 3-1 所示。

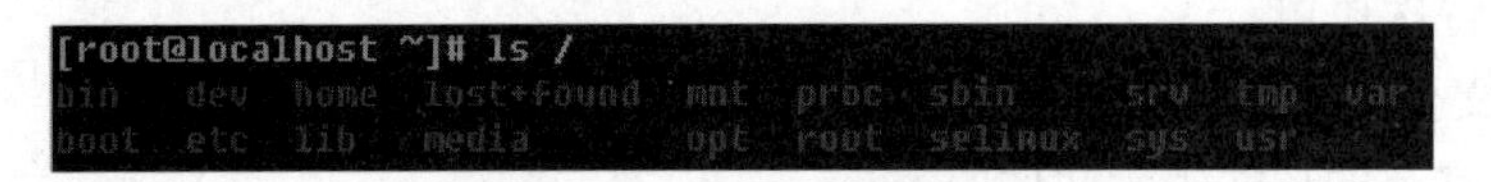

```
[root@localhost ~]# ls /
bin   dev  home  lost+found  mnt  proc  sbin      srv  tmp  var
boot  etc  lib   media       opt  root  selinux   sys  usr
```

图 3-1　Linux 根目录文件夹

有些文件夹目录采用的是连接的方式，与 Windows 系统下的快捷方式有点类似，转换为对应的树状目录结构如图 3-2 所示。

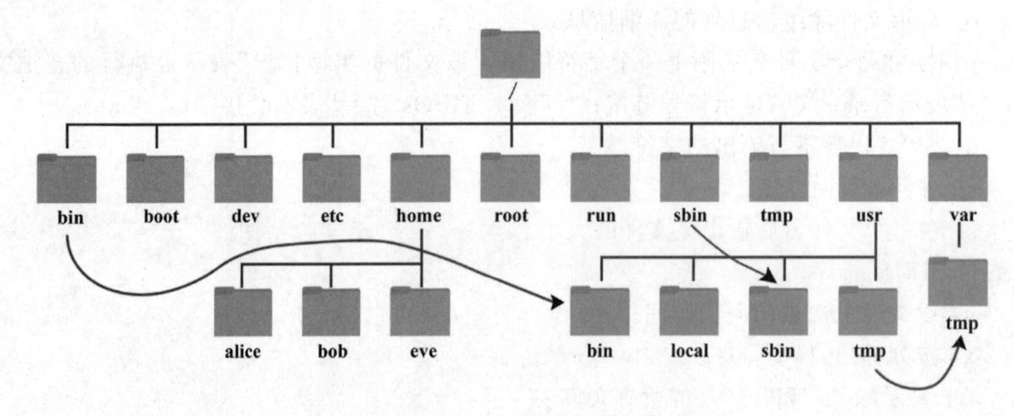

图 3-2　Linux 根目录结构图

以下分别对这些目录进行简单说明。

(1) /bin：bin 是 Binaries(二进制文件)的缩写，该目录下存放着最经常使用的命令。

(2) /boot：这里存放的是启动 Linux 时使用的一些核心文件，包括一些链接文件及镜像文件。

(3) /dev：dev 是 Device(设备)的缩写，该目录下存放的是 Linux 的外部设备，在 Linux 中访问设备的方式和访问文件的方式是相同的。

(4) /etc：etc 是 Etcetera(等)的缩写，该目录用来存放所有的系统管理所需要的配置文件和子目录。

(5) /home：用户的主目录，在 Linux 中，每个用户都有一个自己的目录，一般该目录名是以用户的账号命名的，如图 3-2 中的 alice、bob 和 eve。

(6) /lib：lib 是 Library(库)的缩写，该目录里存放着系统最基本的动态连接共享库，其作用类似于 Windows 里的 DLL 文件。绝大多数的应用程序需要用到这些共享库。

(7) /lost+found：该目录一般情况下是空的，当系统非法关机后，这里就会存放一些与非法关机相关的文件。

(8) /media：Linux 系统会自动识别一些设备，例如 U 盘、光驱等，识别后，Linux 会把识别的设备挂载到这个目录下。

(9) /mnt：系统提供该目录是为了让用户临时挂载别的文件系统，用户可以将光驱挂载在/mnt/上，然后进入该目录就可以查看光驱里的内容了。

(10) /opt：opt 是 Optional(可选)的缩写，这是给主机额外安装软件所创建的目录。例如安装一个 Oracle 数据库就可以放到这个目录下，该目录默认为空。

(11) /proc：proc 是 Processes(进程)的缩写，/proc 是一种伪文件系统(虚拟文件系统)，存储的是当前内核运行状态的一系列特殊文件。该目录是一个虚拟的目录，它是系统内存的映射，可以通过直接访问这个目录获取系统信息。

这个目录的内容不在硬盘上而是在内存里，也可以直接修改里面的某些文件，例如可以通过下面的命令屏蔽主机的 ping 命令，使别人无法 ping 该机器：

```
echo 1 > /proc/sys/net/ipv4/icmp_echo_ignore_all
```

(12) /root：该目录为系统管理员的主目录，也称作超级权限者的用户主目录。

(13) /sbin：s 就是 Super User 的意思，是 Super User Binaries(超级用户的二进制文件)的缩写，这里存放的是系统管理员使用的系统管理程序。

(14) /seLinux：是 RedHat/CentOS 所特有的目录，SeLinux 是一个安全机制，类似于 Windows 的防火墙，但是这套机制比较复杂，该目录就是存放 SeLinux 相关的文件的。

(15) /srv：该目录用于存放一些服务启动后需要提取的数据。

(16) /sys：这是 Linux 2.6 内核的一个很大的变化。该目录下安装了 2.6 内核中新出现的一个文件系统 sysfs。sysfs 文件系统集成了 3 种文件系统的信息：针对进程信息的 proc 文件系统、针对设备的 devfs 文件系统及针对伪终端的 devpts 文件系统。该文件系统是内核设备树的一个直观反映。当一个内核对象被创建时，对应的文件和目录也在内核对象子系统中被创建。

(17) /tmp：tmp 是 Temporary(临时)的缩写，该目录用来存放一些临时文件。

(18) /usr：usr 是 UNIX Shared Resources(共享资源) 的缩写，这是一个非常重要的目录，用户的很多应用程序和文件都放在这个目录下，类似于 Windows 下的 Program Files 目录。

(19) /usr/bin：系统用户使用的应用程序。

(20) /usr/sbin：超级用户使用的比较高级的管理程序和系统守护程序。

(21) /usr/src：内核源代码默认的存放目录。

(22) /var：var 是 Variable(变量)的缩写，该目录中存放着在不断扩充着的目录和文件，很多用户习惯将那些经常被修改的目录放在这个目录下，包括各种日志文件。

(23) /run：临时文件系统，用于存储系统启动以来的信息。当系统重启时，该目录下的文件应该被删掉或清除。如果系统上有/var/run 目录，则应该让它指向 run。

在 Linux 或 UNIX 操作系统中，所有的文件和目录都被组织成以一个根节点开始的倒置的树状结构。文件系统的最顶层是由根目录开始的，系统使用“/”来表示根目录。在根目录下既可以是目录，也可以是文件，而每个目录中又可以包含子目录和文件。如此反复就可以构成一个庞大的文件系统。在 Linux 文件系统中有两个特殊的目录，一个是用户所在的工作目录，也叫当前目录，可以使用一个点“.”来表示；另一个是当前目录的上一级目录，也叫父目录，可以使用两个点“..”来表示。

.：代表当前的目录，也可以用“./”表示。

..：代表上一级目录，也可以用“../”表示。

如果一个目录或文件名以一个点“.”开始，则表示这个目录或文件是一个隐藏目录或文件(如.bashrc)，即以默认方式查找时，不显示该目录或文件。

在 Linux 系统中，有几个目录是比较重要的，平时需要注意不要误删除或者随意更改内部文件。

(1) /etc：系统中的配置目录，如果更改了该目录下的某个文件，则可能会导致系统不能启动。

(2) /bin、/sbin、/usr/bin 和/usr/sbin：系统预设的执行文件的放置目录，例如 ls 就在/bin/ls 目录下。

值得注意的是，/bin 和/usr/bin 用于存放系统用户使用的指令(除 root 外的普通用户)，而/sbin 和/usr/sbin 则用于存放供 root 使用的指令。

(3) /var：这是一个非常重要的目录，系统上运行了很多程序，每个程序都会有相应的日志产生，而这些日志会被记录到该目录的/var/log 目录下，另外 mail 的预设也放置在这里。

3.2 巧用 cat 命令进行文件的读与写

cat 命令主要用来查看文件内容、创建文件、文件合并和追加文件内容等。cat 是一个文本文件查看和连接工具。cat --help 可以查看 cat 帮助信息，如各种参数的使用方法，当然也可以用 man cat 来查看，建议遇到不懂的命令用法时，用--help 或 man 来查看帮助信息，养成好习惯。filename 为文件名，即系统中需要查看的文件名字。与这个命令功能相似的命令有 tac、less、head、tail 和 more。

1. 创建文件

1) 创建一个新文件

创建一个新文件会用到“>”符号，这个符号是重定向的意思，会覆盖原来文件的内容，没有文件时会自动创建。创建文件时要设置文件结束标志，也就是<< EOF，可以把 EOF 换成别的字符，注意大小写，当文件内容写完后要输入结束标志 EOF，这时命令会正确结束，表示成功创建文件并且写进内容，命令如下：

```
cat > f1.txt << EOF
> Hello, my name is yangyi.
> Nice to meet you.
> EOF
```

2）将内容追加到文件

将内容追加到文件会用到“>>”符号，即表示追加内容，不会覆盖原文件内容，只会在原文件内容下面追加所输入的内容，命令如下：

```
cat >> f1.txt << EOF
> Something content is added.
> Just do it.
> EOF
```

3）合并多个文件

把文件 f2.txt、f3.txt 和 f4.txt 的内容写入 f5.txt 文件中，如果 f5.txt 文件以前有内容，则先会清除它们，然后写入合并后的内容。如果不想清除原文件内容，则可以把单边号“>”变成双边号“>>”，命令如下：

```
cat f2.txt f3.txt f4.txt > f5.txt
```

2. 查看文件

cat f1.txt：查看 f1.txt 文件的内容。

cat-n f1.txt：查看 f1.txt 文件的内容，并且由 1 开始对所有输出行进行编号。

cat-b f1.txt：查看 f1.txt 文件的内容，用法与 -n 相似，只不过对于空白行不编号。

cat-s f1.txt：当遇到连续两行或两行以上的空白行时，替换为一行的空白行。

cat-e f1.txt：在输出内容的每行后面加一个 $ 符号。

cat f1.txt f2.txt：同时显示 f1.txt 和 f2.txt 文件的内容，注意文件名之间以空格分隔，而不是逗号。

cat -n f1.txt > f2.txt：对 f1.txt 文件中的每行加上行号后，写入 f2.txt 文件中，会覆盖原来的内容，如果文件不存在，则创建它。

cat -n f1.txt >> f2.txt：对 f1.txt 文件中的每行加上行号后，追加到 f2.txt 文件中，不会覆盖原来的内容，如果文件不存在，则创建它。

3. 其他选项

-A：--show-all 等价于-vET。

-b：--number-nonblank 对非空输出行编号，即在每行前显示所在的行号。

-e：等价于-vE。

-E：--show-ends 在每行结束处显示 $ 。

-n：--number 对输出的所有行编号，即在每行前显示所在的行号。

-s：--squeeze-blank 不输出多行空行。

-t：与-vT 等价。

-T：--show-tabs 将跳字符显示为^I。

-u：被忽略。

-v：--show-nonprinting 使用^和 M-引用，除了 LFD 和 TAB 外。

--help：显示此帮助信息并离开。

3.3 强大的 grep 文本搜索工具

Linux 系统中 grep 命令是一种强大的文本搜索工具，它能使用正则表达式搜索文本，并把匹配的行打印出来。grep 的全称是 Global Regular Expression Print，作为 Linux 中最为常用的三大文本(awk、sed、grep)处理工具之一，掌握好其用法很有必要。

UNIX 的 grep 宗族包含 grep、egrep 和 fgrep。egrep 和 fgrep 的指令只跟 grep 有很小的不同。egrep 是 grep 的扩展，支持更多的 re 元字符，fgrep 就是 fixedgrep 或 fastgrep，它们把一切的字母都看作单词，也就是说，将正则表达式中的元字符表示回其自身的字面含义，不再特殊。Linux 运用 GNU 版本的 grep，它功用更强，可以经过-G、-E、-F 指令行选项来运用 egrep 和 fgrep 的功能。

1. 工作原理

grep 的工作方式是在一个或多个文件中查找字符串模板。假如模板包含空格，则有必要被引用，模板后的一切字符串被看作文件名。查找的结果被送到规范输出，不影响原文件内容。grep 可用于 Shell 脚本，因为 grep 通过一个状况值来说明查找的状况，假如模板查找成功，则返回 0；假如查找不成功，则返回 1；假如查找的文件不存在，则返回 2。利用这些返回值就可进行一些自动化的文本处理工作。

2. 正则表达式

1）基本正则表达式

匹配字符，表达式如下。

.：任意一个字符。

[abc]：表示匹配一个字符，这个字符必须是 abc 中的一个。

[a-zA-Z]：表示匹配一个字符，这个字符必须是 a～z 或 A～Z 这 52 个字母中的一个。

[^123]：匹配一个字符，这个字符可以是除了 1、2、3 以外的所有字符。

对于一些常用的字符集，系统的定义如下：

[A-Za-z]等价于 [[:alpha:]]。

[0-9]等价于 [[:digit:]]。

[A-Za-z0-9]等价于 [[:alnum:]]。

tab，space 等价于空白字符 [[:space:]]。

[A-Z]等价于 [[:upper:]]。

[a-z]等价于[[:lower:]]。

标点符号等价于[[:punct:]]。

匹配次数，表达式如下。

\{m,n\}：匹配其前面出现的字符至少m次，至多n次。

\?：匹配其前面出现的内容0次或1次，等价于\{0,1\}。

：匹配其前面出现的内容任意次，等价于\{0,\}，所以"."表示任意字符任意次，即无论什么内容全部匹配。

位置锚定，表达式如下。

^：锚定行首。

$：锚定行尾，"^$"用于匹配空白行。

\b或\<：锚定单词的词首，如"\blike"不会匹配alike，但会匹配liker。

\b或\>：锚定单词的词尾，如"\blike\b"不会匹配alike和liker，只会匹配like。

\B：与\b的作用相反。

分组及引用，表达式如下。

\(string\)：将string作为一个整体方便后面引用。

\1：引用第1个左括号及其对应的右括号所匹配的内容。

\2：引用第2个左括号及其对应的右括号所匹配的内容。

\n：引用第n个左括号及其对应的右括号所匹配的内容。

2）扩展正则表达式

注意，当使用扩展的正则表达式时要加-E选项，或者直接使用egrep。

匹配字符：这部分和基本正则表达式一样。

匹配次数，表达式如下。

*：和基本正则表达式一样。

?：基本正则表达式是\?，问号前没有"\"。

{m,n}：相比基本正则表达式也没有了"\"。

+：匹配其前面的字符至少一次，相当于{1,}。

位置锚定：和基本正则表达式一样。

分组及引用，表达式如下。

(string)：相比基本正则表达式也没有了"\"。

\1：引用部分和基本正则表达式一样。

\n：引用部分和基本正则表达式一样。

a|b：匹配a或b，注意a是指 | 的左边的整体，b也同理。例如C|cat表示的是C或cat，而不是Cat或cat，如果要表示Cat或cat，则应该写为(C|c)at。记住(string)除了用于引用还用于分组。

默认情况下，正则表达式的匹配工作处于贪婪模式下，也就是说它会尽可能长地去匹配，例如某行有字符串abacb，如果搜索内容为"a.*b"，则会直接匹配abacb这个字符串，而不会只匹配 ab 或 acb。所有的正则字符,如[、* 、(等,若要搜索 *,而不是想把 * 解释为重复先前字符任意次,则可以使用 * 来转义。

3. 应用实践

1) grep 正则表达式元字符集

^锚定行的开始,如'^grep',匹配所有以 grep 开头的行。

$锚定行的结束,如'grep$',匹配所有以 grep 结尾的行。

.匹配一个非换行符的字符,如'gr.p',匹配 gr 后接一个任意字符,然后是 p。

*匹配零个或多个先前字符,如'*grep',匹配所有一个或多个空格后紧跟 grep 的行。.和*一起用代表任意字符。

[]匹配一个指定范围内的字符,如'[Gg]rep',匹配 Grep 和 grep。

[^]匹配一个不在指定范围内的字符,如'[^A-FH-Z]rep',匹配不包含 A~F 和 H~Z 的一个字母开头,紧跟 rep 的行。

\(..\)标记匹配字符,如'\(love\)',love 被标记为 1。

\>锚定单词的结束,如'grep\>',匹配包含以 grep 结尾的单词的行。

x\{m\}重复字符 x 共 m 次,如'o\{5\}',匹配包含 5 个 o 的行。

x\{m,\}重复字符 x 至少 m 次,如'o\{5,\}',匹配至少包含 5 个 o 的行。

x\{m,n\}重复字符 x 至少 m 次,不多于 n 次,如'o\{5,10\}',匹配 5~10 个 o 的行。

\w 匹配文字和数字字符,也就是[A-Za-z0-9],如'G\w*p',匹配以 G 后跟 0 个或多个文字或数字字符,然后是 p。

\b 单词锁定符,如'\bgrep\b',只匹配 grep。

2) grep 匹配的实例

grep -c "48" test.txt,统计所有以 48 字符开头的行有多少。

grep -i "May" test.txt,不区分大小写查找 May 所有的行。

grep -n "48" test.txt,显示行号;显示匹配字符 48 的行及行号,相同于 nl test.txt | grep 48。

grep -v "48" test.txt,显示输出没有字符 48 的所有的行。

grep "471" test.txt,显示输出字符 471 所在的行。

grep "48;" test.txt,显示输出以字符 48 开头,并在字符 48 后是一个 Tab 键所在的行。

grep "48[34]" test.txt,显示输出以字符 48 开头,第 3 个字符是 3 或 4 的所有的行。

grep "^[^48]" test.txt,显示输出行首不是字符 48 的行。

grep "[Mm]ay" test.txt,设置大小写查找:显示输出第 1 个字符以 M 或 m 开头,以字符 ay 结束的行。

grep "K…D" test.txt,显示输出第 1 个字符是 K,第 2、第 3 和第 4 个字符是任意字符,第 5 个字符是 D 所在的行。

grep "[A-Z][9]D" test.txt,显示输出第 1 个字符的范围是 A~Z,第 2 个字符是 9,第 3 个字符是 D 的所有的行。

grep "[35]..1998" test.txt,显示第 1 个字符是 3 或 5,第 2 和第 3 个字符是任意字符,以 1998 结尾的所有行。

grep "4\{2,\}" test.txt,模式出现概率查找：显示输出字符 4 至少重复出现两次的所有行。

grep "9\{3,\}" test.txt,模式出现概率查找：显示输出字符 9 至少重复出现 3 次的所有行。

grep "9\{2,3\}" test.txt,模式出现概率查找：显示输出字符 9 重复出现的次数在一定范围内,重复出现 2 次或 3 次的所有行。

grep-n "^ $ " test.txt,显示输出空行的行号。

ls-l |grep "^d",如果要查询目录列表中的目录,则同：ls-d *。

ls-l |grep "^d[d]",在一个目录中查询不包含目录的所有文件。

ls-l |grpe "^d.....x..x",查询其他用户和用户组成员有可执行权限的目录集合。

在当前目录中,查找后缀有 file 字样的文件中包含 test 字符串的文件,并打印该字符串的行。此时,可以使用的命令如下：

```
grep test *file
```

以递归的方式查找符合条件的文件。例如,查找指定目录/etc/acpi 及其子目录(如果存在子目录)下所有文件中包含字符串 update 的文件,并打印该字符串所在行的内容,使用的命令如下：

```
grep -r update /etc/acpi
```

反向查找,前面各个例子是查找并打印符合条件的行,通过-v 参数可以打印不符合条件行的内容。

查找文件名中包含 test 的文件中不包含 test 的行,命令如下：

```
grep -v test *test*
```

从根目录开始查找所有扩展名为.log 的文本文件,并找出包含 ERROR 的行,命令如下：

```
$ find / -type f -name "*.log" | xargs grep "ERROR"
```

例如从当前目录开始查找所有扩展名为.in 的文本文件,并找出包含 thermcontact 的行,命令如下：

```
find . -name "*.in" | xargs grep "thermcontact"
```

在网络配置文件/etc/sysconfig/network-scripts/ifcfg-ens33 中检索出所有的 IP，命令如下：

```
grep -o -E "inet addr:[0-9.]+" /etc/sysconfig/network-scripts/ifcfg-ens33
```

4. 详细参数

1）匹配模式

-E,--extended-regexp：扩展正则表达式 egrep。

-F,--fixed-strings：一个换行符分隔的字符串的集合 fgrep。

-G,--basic-regexp：基本正则。

-P,--perl-regexp：调用的 perl 正则。

-e,--regexp=PATTERN：后面跟正则模式，默认无。

-f,--file=FILE：从文件中获得匹配模式。

-i,--ignore-case：不区分大小写。

-w,--word-regexp：匹配整个单词。

-x,--line-regexp：匹配整行。

-z,--null-data：以字节 0 而不是换行符结尾的数据行。

2）其他项

-s,--no-messages：不显示错误信息。

-v,--invert-match：显示不匹配的行。

-V,--version：显示版本号。

--help：显示帮助信息。

--mmap：如果可能，则使用系统内存映象作为输入。

3）输入控制

-m,--max-count=NUM：匹配的最大数。

-b,--Byte-offset：显示匹配串在匹配到的行中的位置。

-n,--line-number：输出匹配行内容并显示行号。

--line-buffered：刷新输出每行。

-H,--with-filename：当搜索多个文件时，显示匹配文件名前缀。

-h,--no-filename：当搜索多个文件时，不显示匹配文件名前缀。

-q,--quiet,--silent：不显示任何东西。

-a,--text：匹配二进制的东西。

-I：不匹配二进制的东西。

-d,--directories=ACTION：目录操作，读取，递归，跳过。

-D,--devices=ACTION：设置对设备、FIFO、管道的操作，读取，跳过。

-R,-r,--recursive：递归调用。

-L,--files-without-match：匹配多个文件时，显示不匹配的文件名。

-l,--files-with-matches：匹配多个文件时，显示匹配的文件名。

-c,--count：显示匹配了多少次。

4）文件控制

-B,--before-context=NUM：打印匹配本身及前面的几行由NUM控制。

-A,--after-context=NUM：打印匹配本身及随后的几行由NUM控制。

-C,--context=NUM：打印匹配本身及随后，前面的几行由NUM控制。

-NUM：根-C的用法一样。

3.4 强大的awk文本分析工具

awk被称为文本处理三剑客之一，其名称得自于它的创始人Alfred Aho、Peter Weinberger和Brian Kernighan姓氏的首个字母。实际上awk的确拥有自己的语言，即awk程序设计语言，三位创建人已将它正式定义为“样式扫描和处理语言”。它允许创建简短的程序，这些程序用于读取输入文件、为数据排序、处理数据、对输入执行计算及生成报表，还有很多其他的功能，所以说awk是一个强大的文本分析工具，相对于grep的查找，sed的编辑，awk在对数据分析并生成报告时，显得尤为强大。简单来讲awk就是把文件逐行地读取，以空格为默认分隔符将每行切片，切开的部分再进行各种分析处理。

1. awk原理

awk的用法如下：

```
awk 'BEGIN{ commands } pattern{ commands } END{ commands }'
```

第1步：执行BEGIN{commands}语句块中的语句。

第2步：从文件或标准输入(stdin)读取一行，然后执行pattern{commands}语句块，它逐行扫描文件，从第1行到最后一行重复这个过程，直到文件全部被读取完毕。

第3步：当读至输入流末尾时，执行END{commands}语句块。

BEGIN语句块在awk开始从输入流中读取行之前被执行，这是一个可选的语句块，例如变量初始化、打印输出表格的表头等语句通常可以写在BEGIN语句块中。

END语句块在awk从输入流中读取完所有的行之后即被执行，例如打印所有行的分析结果这类信息汇总都是在END语句块中完成的，它也是一个可选语句块。

pattern语句块中的通用命令是最重要的部分，它也是可选的。如果没有提供pattern语句块，则默认执行{print}，即打印每个读取的行，awk读取的每行都会执行该语句块。

2. awk支持

awk支持很多内置的变量和运算符，awk支持的内置变量见表3-1，awk支持的运算符见表3-2。

表 3-1　awk 内置变量

变　量	描　述
\$n	当前记录的第 *n* 个字段，字段间由 FS 分隔
\$0	完整的输入记录
ARGC	命令行参数的数目
ARGIND	命令行中当前文件的位置（从 0 开始计算）
ARGV	包含命令行参数的数组
CONVFMT	数字转换格式（默认值为%.6g）ENVIRON 环境变量关联数组
ERRNO	最后一个系统错误的描述
FIELDWIDTHS	字段宽度列表（用空格键分隔）
FILENAME	当前文件名
FNR	各文件分别计数的行号
FS	字段分隔符（默认为空格）
IGNORECASE	如果为真，则进行忽略大小写的匹配
NF	一条记录的字段的数目
NR	已经读取的记录数，也就是行号，从 1 开始
OFMT	数字的输出格式（默认值为%.6g）
OFS	输出记录分隔符（输出换行符），输出时用指定的符号代替换行符
ORS	输出记录分隔符（默认值为一个换行符）
RLENGTH	由 match 函数所匹配的字符串的长度
RS	记录分隔符（默认为一个换行符）
RSTART	由 match 函数所匹配的字符串的第 1 个位置
SUBSEP	数组下标分隔符（默认值为/034）

表 3-2　awk 运算符

运　算　符	描　述
=、+=、-=、*=、/=、%=、^=、*、*=	赋值
?、:	C 条件表达式
||	逻辑或
&&	逻辑与
~和!~	匹配正则表达式和不匹配正则表达式
<、<、=、>、>、=、!=、==	关系运算符
空格	连接
+、-	加和减
*、/、%	乘、除与求余
+、-、!	一元加、减和逻辑非
^*、**	求幂
++、--	增加或减少，作为前缀或后缀
$	字段引用
in	数组成员

3. awk 使用

awk 的调用有 3 种方式。

(1) 命令行方式，命令如下：

```
awk [ -F field-separator] 'commands' input-file(s)
```

其中，commands 是真正的 awk 命令，[-F 域分隔符]是可选的。input-file(s)是待处理的文件。

在 awk 中，文件的每行中，由域分隔符分开的每项称为一个域。通常，在不指明-F 域分隔符的情况下，默认的域分隔符是空格。

(2) Shell 脚本方式，命令如下：

```
awk 'BEGIN{ print "start" } pattern{ commands } END{ print "end" }' file
```

一个 awk 脚本通常由 BEGIN 语句块、能够使用模式匹配的通用语句块、END 语句块 3 部分组成，这 3 部分是可选的。任意一部分都可以不出现在脚本中，脚本通常在单引号或双引号中，命令如下：

```
awk 'BEGIN{ i = 0 } { i++ } END{ print i }' filename
awk "BEGIN{ i = 0 } { i++ } END{ print i }" filename
```

(3) 将所有的 awk 命令插入一个单独文件，然后调用，命令如下：

```
awk -f awk-script-file input-file(s)
```

其中，-f 选项表示加载 awk-script-file 中的 awk 脚本，input-file(s)与上面的命令行方式相同。

打印/etc/passwd 下所有的用户名，命令如下：

```
awk -F: '{print $1}' /etc/passwd
```

打印/etc/passwd 下所有的用户名及 UID，命令如下：

```
awk -F: '{print $1, $3}' /etc/passwd
```

以 username：XXX 和 uid：XXX 格式输出，命令如下：

```
awk -F: '{print "username: " $1 "\t\tuid: " $3}' /etc/passwd
```

awk 赋值运算，赋值语句运算符包括=、+=、-=、*=、/=、%=、^=、*、*=。

例如 a+=5 等价于 a=a+5，命令如下：

```
awk 'BEGIN{a = 5;a += 5;print a}'
```

awk 正则运算，输出包含 root 的行，并打印用户名、UID 及原行内容，命令如下：

```
awk -F: '/root/ {print $1, $3, $0}' /etc/passwd
```

awk 三目运算，三目运算其实是一个判断运算，如果为真，则输出"?"后的内容；如果为假，则输出":"后的内容，命令如下：

```
awk 'BEGIN{a = "b";print a == "b"?"ok":"err"}'
awk 'BEGIN{a = "b";print a == "c"?"ok":"err"}'
```

if 语句运用，每条命令后用";"结尾，命令如下：

```
awk 'BEGIN{ test = 100;if(test > 90){ print "vear good";} else{print "no pass";}}'
```

awk 的用法有很多种，在不同的场景中用不同的方式，主要的方式有以下几种。

1）awk 的循环运用

awk 支持的循环包括 while、for 和 do 循环，如果需要计算从 1 累加到 100 的值，则可以通过下面几种方式完成。

while 循环的运用，命令如下：

```
awk 'BEGIN{test = 100;num = 0;while(i <= test){num += i; i++;}print num;}'
```

for 循环的运用，命令如下：

```
awk 'BEGIN{test = 0;for(i = 0;i <= 100;i++){test += i;}print test;}'
```

do 循环的运用，命令如下：

```
awk 'BEGIN{test = 0;i = 0;do{test += i;i++}while(i <= 100)print test;}'
```

2）awk 的数组运用

数组是 awk 的灵魂，处理文本中最不能少的就是数组处理。因为数组索引（下标）可以是数字和字符串，在 awk 中数组叫作关联数组（Associative Arrays）。awk 中的数组不必提前声明，也不必声明大小。数组元素用 0 或空字符串来初始化，根据上下文而定。一般而言，awk 中的数组用来从记录中收集信息，可以用于计算总和、统计单词及跟踪模板被匹配的次数等。

显示/etc/passwd 的账户，命令如下：

```
awk -F: 'BEGIN {count = 0;} {name[count] = $1;count++;}; END{for (i = 0; i < NR; i++) print i,
name[i]}' /etc/passwd
```

3）awk 字符串函数的运用

sub 是用于匹配记录中最大、最靠左边的子字符串的正则表达式，并用替换字符串替换这些字符串。如果没有指定目标字符串就默认使用整个记录，并且替换只发生在第 1 次匹配时，命令如下：

```
sub (regular expression, substitution string):
sub (regular expression, substitution string, target string)
```

实际举例，命令如下：

```
awk '{ sub(/test/, "mytest"); print }' testfile
awk '{ sub(/test/, "mytest"); $1}; print }' testfile
```

第 1 个例子在整个记录中匹配，替换只发生在第 1 次匹配发生时。如果要在整个文件中进行匹配，则需要用到 gsub。

第 2 个例子在整个记录的第 1 个域中进行匹配，替换只发生在第 1 次匹配发生时。

gsub 在整个文档中进行匹配，命令如下：

```
gsub (regular expression, substitution string)
gsub (regular expression, substitution string, target string)
```

例如，在整个文档中匹配 test，匹配的字符串都被替换成 mytest，命令如下：

```
awk '{ gsub(/test/, "mytest"); print }' testfile
```

在整个文档的第 1 个域中匹配，所有匹配的字符串都被替换成 mytest，命令如下：

```
awk '{ gsub(/test/, "mytest" , $1) }; print }' testfile
```

awk 结合 match 使用，提取匹配字符串，假如 filename 文件的内容如下：

```
<key> hostname </key>
<value> 0.0.0.0 </key>
```

要求提取 0.0.0.0，命令如下：

```
cat filename | grep -A 1 "hostname" |awk 'match( $0, "<value>(.*)</value>", a) {print a[1]}'
```

其中，grep-A1 表示多往下输出 1 行。

3.5 强大的 sed 文本处理工具

Linux 命令 sed 是 Stream Editor 的缩写，也就是流编辑器，它一次处理一行内容，处理时，把当前处理的行存储在临时缓冲区中，称为模式空间(Pattern Space)，接着用 sed 命令处理缓冲区中的内容，处理完成后，把缓冲区的内容输出到屏幕。接着处理下一行，这样不断地重复，直到文件末尾。sed 是 Linux 下一款功能强大的文本处理工具，可以替换、删除、追加文件内容，支持正则表达式使用。

1. 基本用法

1）命令格式

sed 的命令格式：sed [options] 'command' file(s)；

sed 的脚本格式：sed [options]-f scriptfile file(s)；

2）命令选项

sed 详细的命令选项参数见表 3-3。

表 3-3 sed 选项参数

选　项	含　义
--version	显示 sed 版本
--help	显示帮助文档
-n,--quit,--silent	静默输出，默认情况下，sed 程序在所有的脚本指令执行完毕后，将自动打印模式空间中的内容，该选项可以屏蔽自动打印
-e script	允许多个脚本指令被执行
-f script-file	从文件中读取脚本指令，对编写自动脚本程序很实用
-i,--in-place	慎用，该选项将直接修改源文件
-l,N	该选项指令 l 可以输出的行长度，l 指令为输出而非打印字符
--posix	禁用 GNU sed 扩展功能
-r	在脚本指令中使用扩展正则表达式
-s,--separate	默认情况下，sed 将输入的多个文件名作为一个长的连续的输入流，而 GNU sed 则允许把它们当作单独的文件
-u,--unbuffered	最低限度地缓存输入和输出

2. 主要参数

sed 常用参数见表 3-4。

表 3-4 sed 常用参数

参　数	说　明
a\	在当前行下面插入文本
i\	在当前行上面插入文本
c\	把选定的行改为新的文本

续表

参　数	说　明
d	删除，删除选择的行
D	删除模板块的第 1 行
s	替换指定字符
h	将模板块的内容复制到内存中的缓冲区
H	将模板块的内容追加到内存中的缓冲区
g	获得内存缓冲区的内容，并替代当前模板块中的文本
G	获得内存缓冲区的内容，并追加到当前模板块文本的后面
l	列表不能打印字符的清单
n	读取下一个输入行，用下一个命令处理新的行而不是用第 1 个命令
N	将下一个输入行追加到模板块后面并在二者间嵌入一个新行，改变当前行号码
p	打印模板块的行。P(大写)表示打印模板块的第 1 行
q	退出 sed
b	lable 分支到脚本中带有标记的地方，如果分支不存在，则分支到脚本的末尾
r	file，从 file 中读行
t	label if 分支，从最后一行开始，条件一旦满足，将导致分支到带有标号的命令处，或者到脚本的末尾
T	label 错误分支，从最后一行开始，一旦发生错误，将导致分支到带有标号的命令处，或者到脚本的末尾
w	file，写并将模板块追加到 file 末尾
W	file，写并将模板块的第 1 行追加到 file 末尾
!	表示后面的命令对所有没有被选定的行发生作用
=	打印当前行号
^#	把注释扩展到下一个换行符以前

sed 替换标记见表 3-5。

表 3-5　sed 替换标记

标　记	说　明
g	表示行内全面替换
p	表示打印行
w	表示把行写入一个文件
x	表示互换模板块中的文本和缓冲区中的文本
y	表示把一个字符翻译为另外的字符(但是不用于正则表达式)
\1	子串匹配标记
&	已匹配字符串标记

sed 元字符集见表 3-6。

表 3-6 sed 元字符集

元字符集	说明
^	匹配行开始，如/^sed/匹配所有以 sed 开头的行
$	匹配行结束，如/sed$/匹配所有以 sed 结尾的行
.	匹配一个非换行符的任意字符，如/s.d/匹配 s 后接一个任意字符，最后是 d
*	匹配 0 个或多个字符，如/*sed/匹配所有模板是一个或多个空格后紧跟 sed 的行
[]	匹配一个指定范围内的字符，如/[ss]ed/匹配 sed 和 Sed
[^]	匹配一个不在指定范围内的字符，如/[^A-RT-Z]ed/匹配不包含 A～R 和 T～Z 的一个字母开头，紧跟 ed 的行
\(..\)	匹配子串，保存匹配的字符，如 s/\(love\)able/\1rs，loveable 被替换成 lovers
&	保存搜索字符用来替换其他字符，如 s/love/**&**/，love 被替换成 **love**
\<	匹配单词的开始，如/\
\>	匹配单词的结束，如/love\>/匹配包含以 love 结尾的单词的行
x\{m\}	重复字符 x 共 m 次，如/0\{5\}/匹配包含 5 个 0 的行
x\{m,\}	重复字符 x 至少 m 次，如/0\{5,\}/匹配至少有 5 个 0 的行
x\{m,n\}	重复字符 x 至少 m 次，不多于 n 次，如/0\{5,10\}/匹配 5～10 个 0 的行

3. 用法举例

替换文本中的字符串，命令如下：

```
sed 's/book/books/' file
```

-n 选项和 p 命令一起使用表示只打印那些发生替换的行，命令如下：

```
sed -n 's/test/TEST/p' file
```

直接编辑文件选项-i，会匹配 file 文件中每行的第 1 个 book 并替换为 books，命令如下：

```
sed -i 's/book/books/g' file
```

将 2～3 行中的 hello 替换成 hey，命令如下：

```
sed '2,3s/hello/hey/g' fin.txt
```

找出包含字符 Pony 的那些行，将这些行中的 hello 替换成 hey，命令如下：

```
sed '/Pony/s/hello/hey/g' fin.txt
```

使用后缀/g 标记会替换每行中所有匹配的字符串，命令如下：

```
sed 's/book/books/g' file
```

当需要从第 N 处匹配开始替换时，可以使用/Ng，命令如下：

```
sed 's/sk/SK/3g' file
```

在以上命令中字符 / 在 sed 中作为定界符使用，也可以使用任意的定界符，命令如下：

```
sed 's:test:TEXT:g'
sed 's|test|TEXT|g'
```

当定界符出现在样式内部时，需要进行转义，命令如下：

```
sed 's/\/bin/\/usr\/local\/bin/g'
```

删除空白行，命令如下：

```
sed '/^$/d' file
```

注意，有时候有些空白行包含空格，这种情况下写成的命令如下：

```
sed '/^\s*$/d' fin.txt
```

其中，\s 表示空格，星号 * 表示前面的字符重复 0 次或多次，所以这种写法可以匹配那些包含任意个空格的空白行。

删除文件的第 2 行，命令如下：

```
sed '2d' file
```

删除文件中从第 2 行到末尾的所有行，命令如下：

```
sed '2,$d' file
```

删除文件的最后一行，命令如下：

```
sed '$d' file
```

删除文件中所有开头是 test 的行，命令如下：

```
sed '/^test/'d file
```

正则表达式\w\+用于匹配每个单词，使用[&]替换它，& 对应于之前所匹配到的单词，命令如下：

```
echo this is a test line | sed 's/\w\+/[&]/g'
```

所有以 192.168.0.1 开头的行都会被替换成它自己加 localhost，命令如下：

```
sed 's/^192.168.0.1/&localhost/' file 192.168.0.1localhost
```

匹配给定样式的其中一部分，命令如下：

```
echo this is digit 7 in a number | sed 's/digit \([0-9]\)/\1/'
```

命令中 digit 7，被替换成了 7。样式匹配到的子串是 7，\(..\)用于匹配子串，对于匹配到的第 1 个子串标记为\1，以此类推，匹配到的第 2 个子串标记为\2，示例命令如下：

```
echo aaa BBB | sed 's/\([a-z]\+\) \([A-Z]\+\)/\2 \1/'
```

love 被标记为 1，所有 loveable 会被替换成 lovers，并打印出来，命令如下：

```
sed -n 's/\(love\)able/\1rs/p' file
```

sed 表达式可以使用单引号来引用，但是如果表达式内部包含变量字符串，则需要使用双引号，命令如下：

```
sed "s/$test/HELLO" file
```

所有在模板 test 和 check 所确定的范围内的行都被打印，命令如下：

```
sed -n '/test/,/check/p' file
```

打印从第 5 行开始到第 1 个包含以 test 开始的行之间的所有行，命令如下：

```
sed -n '5,/^test/p' file
```

对于模板 test 和 west 之间的行，每行的末尾用字符串 aaa bbb 替换，命令如下：

```
sed '/test/,/west/s/$/aaa bbb/' file
```

-e 选项允许在同一行里执行多条命令，命令如下：

```
sed -e '1,5d' -e 's/test/check/' file
```

上面 sed 表达式的第 1 条命令用于删除 1～5 行，第 2 条命令用 check 替换 test。命令的执行顺序对结果有影响。如果两个命令都是替换命令，则第 1 个替换命令将影响第 2 个替换命令的结果。

和-e 等价的命令是--expression，命令如下：

```
sed --expression='s/test/check/' --expression='/love/d' file
```

file 里的内容被读取，显示在与 test 匹配的行后面，如果匹配多行，则 file 的内容将显示在所有匹配行的下面，命令如下：

```
sed '/test/r file' filename
```

在 example 中所有包含 test 的行都被写入 file 里，命令如下：

```
sed -n '/test/w file' example
```

将 this is a test line 追加到以 test 开头的行后面，命令如下：

```
sed '/^test/a\this is a test line' file
```

在指定某一行的前面或者后面添加一行，命令如下：

```
sed -i '1i\welcome' fin.txt
```

这里的 1 表示第 1 行，i 表示在这一行前面添加一行，如果要在第 1 行后面添加一行，则用字母 a，命令如下：

```
sed -i '1a\welcome' fin.txt
```

字母 a 是 append 的首字母，表示在后面添加一行，字母 i 是 insert 的首字母，表示在前面添加一行，在 test.conf 文件第 2 行后插入 this is a test line，命令如下：

```
sed -i '2a\this is a test line' test.conf
```

i\命令将 this is a test line 追加到以 test 开头的行前面，命令如下：

```
sed '/^test/i\this is a test line' file
```

在 test.conf 文件的第 5 行前插入 this is a test line，命令如下：

```
sed -i '5i\this is a test line' test.conf
```

如果 test 被匹配，则移动到匹配行的下一行，替换这一行的 aa 为 bb，并打印该行，然后继续，命令如下：

```
sed '/test/{ n; s/aa/bb/; }' file
```

删除不包含字符 Pony 的行，命令如下：

```
sed '/Pony/\!d' fin.txt
```

这里的感叹号“!”表示反选，也就是选择那些不符合正则表达式 /Pony/ 的行，右斜杠表示转义，因为在有些系统下“!”会被识别成其他的意思。

把 1～10 行内所有的 abcde 转换为大写，命令如下：

```
sed '1,10y/abcde/ABCDE/' file
```

h 命令和 G 命令在 sed 处理文件时，每行都被保存在一个叫作模式空间的临时缓冲区中，除非行被删除或者输出被取消，否则所有被处理的行都将打印在屏幕上。接着模式空间被清空，并存入新的一行等待处理，命令如下：

```
sed -e '/test/h' -e '$G' file
```

在这个例子里，匹配 test 的行被找到后，将存入模式空间，h 命令将其复制并存入一个被称为保持缓存区的特殊缓冲区内。第 2 条语句的意思是，当到达最后一行后，G 命令取出保持缓冲区的行，然后把它放回模式空间中，并且追加到现在已经存在于模式空间中的行的末尾。在这个例子中就是追加到最后一行。简单来讲，任何包含 test 的行都被复制并追加到该文件的末尾。

互换模式空间和保持缓冲区的内容，也就是把包含 test 与 check 的行互换，命令如下：

```
sed -e '/test/h' -e '/check/x' file
```

sed 脚本是一个 sed 命令的清单，启动 sed 时以-f 选项引导脚本文件名。sed 对于脚本中输入的命令非常挑剔，在命令的末尾不能有任何空白或文本，如果在一行中有多个命令，则要用分号分隔。以＃开头的行为注释行，并且不能跨行，命令如下：

```
sed [options] -f scriptfile file(s)
```

例如打印奇数行或偶数行，可以用下面的方法实现。

方法 1，命令如下：

```
sed -n 'p;n' test.txt          #奇数行
sed -n 'n;p' test.txt          #偶数行
```

方法 2,命令如下：

```
sed -n '1~2p' test.txt                  #奇数行
sed -n '2~2p' test.txt                  #偶数行
```

打印匹配字符串的下一行,命令如下：

```
grep -A 1 SCC URFILE
sed -n '/SCC/{n;p}' URFILE
awk '/SCC/{getline; print}' URFILE
```

3.6 多功能的 curl 网络传输工具

curl(Command Line Uniform Resource Locator),即在命令行中利用 URL 进行数据或者文件传输,它是 Linux 下的 HTTP 命令行工具,其功能十分强大,参数非常丰富。与其类似的进行网络文件下载的命令还有 wget 等。

curl 是基于 URL 语法在命令行方式下工作的文件传输工具,它支持 FTP、FTPS、HTTP、HTTPS、GOPHER、TELNET、DICT、FILE 及 LDAP 等协议。curl 支持 HTTPS 认证、HTTP 的 POST、PUT 等方法、FTP 上传、kerberos 认证、HTTP 上传、代理服务器、Cookies、用户名/密码认证、下载文件断点续传、上传文件断点续传、HTTP 代理服务器管道(Proxy Tunneling)等。此外,curl 还支持 IPv6、SOCKS5 代理服务器,通过 HTTP 代理服务器上传文件到 FTP 服务器等,功能十分强大。

1. 常用参数

curl 后面可以跟很多种参数,具体见表 3-7。

表 3-7 curl 常用参数

参数	说明
-A/--user-agent <string>	设置用户代理,发送给服务器
-e/--referer <URL>	来源网址
--cacert <file>	CA 证书 (SSL)
-k/--insecure	允许忽略证书进行 SSL 连接
--compressed	要求返回压缩的格式
-H/--header <line>	自定义首部信息,传递给服务器
-i	显示页面内容,包括报文首部信息
-I/--head	只显示响应报文首部信息
-D/--dump-header <file>	将 URL 的 header 信息存放在指定文件中
--basic	使用 HTTP 基本认证
-u/--user <user[:password]>	设置服务器的用户名和密码
-L	如果有 3xx 响应码,则重新将请求发送到新位置

续表

参　数	说　明
-O	使用 URL 中默认的文件名，将文件保存到本地
-o <file>	将网络文件保存到指定的文件中
--limit-rate <rate>	设置传输速度
-0/--http1.0	数字 0，使用 HTTP 1.0
-v/--verbose	更详细
-C	选项可对文件使用断点续传功能
-c/--Cookie-jar <file name>	将 URL 中 Cookie 存放在指定文件中
-x/--proxy <proxyhost[:port]>	指定代理服务器地址
-X/--request <command>	向服务器发送指定请求方法
-U/--proxy-user <user:password>	代理服务器的用户名和密码
-T	选项可将指定的本地文件上传到 FTP 服务器上
--data/-d	指定使用 POST 方式传递数据
-b name=data	从服务器响应 set-Cookie 得到值，返回服务器

2. 基本用法

访问网页的命令如下：

```
curl http://www.linux.com
```

执行后，www.linux.com 的网页就会显示在屏幕上了。由于安装 Linux 时很多时候没有安装桌面，也就意味着没有浏览器，因此这种方法经常用于测试一台服务器是否可以访问一个网站。此时如果想要 curl 像浏览器一样跟随链接的跳转，获取最终的网页内容，则可以在命令中添加-L 选项来跟随链接重定向，命令如下：

```
curl -L http://codebelief.com
```

如果直接使用 curl 打开某些被重定向后的链接，在这种情况下则无法获取想要的网页内容。通过浏览器打开该链接时，会自动跳转到重定向之后的网址。

保存访问的网页，使用 Linux 的重定向功能保存，命令如下：

```
curl http://www.linux.com >> linux.html
```

也可以使用 curl 的内置 option:-o(小写)保存网页，命令如下：

```
curl -o linux.html http://www.linux.com
```

执行完成后会显示如下界面，如果显示 100%，则表示保存成功，命令如下：

```
% Total    % Received % Xferd Average Speed Time   Time   Time Current
```

```
                                          Dload Upload Total Spent     Left Speed
100 79684    0 79684    0     0  3437k     0 --:--:-- --:--:-- --:--:-- 7781k
```

可以使用curl的内置option:-O(大写)保存网页中的文件,要注意这里后面的URL要具体到某个文件,否则无法下载保存,命令如下:

```
curl -O http://www.linux.com/hello.sh
```

测试网页的返回值是否在脚本中,这是很常见的测试网站是否正常的方法,命令如下:

```
curl -o /dev/null -s -w %{http_code} www.linux.com
```

使用-H自定义header,当需要传递特定的header时,命令如下:

```
curl -H "Referer: https://rumenz.com" -H "User-Agent: Custom-User-Agent" https://
json.im
```

指定proxy服务器及其端口,很多时候上网需要用到代理服务器(例如使用代理服务器上网或者因为使用curl访问别人网站而被别人屏蔽IP地址时),幸运的是,curl通过内置option:-x来支持设置代理,命令如下:

```
curl -x 192.168.100.100:1080 http://www.linux.com
```

有些网站使用Cookie来记录session信息。对于Chrome浏览器,可以轻易处理Cookie信息,但在curl中只要增加相关参数也是可以很容易地处理Cookie,保存HTTP的response里面的Cookie信息。内置option:-c(小写),命令如下:

```
curl -c Cookiec.txt  http://www.linux.com
```

执行后Cookie信息就被存到了Cookiec.txt文件里了。

保存HTTP的response里面的header信息。内置option:-D,命令如下:

```
curl -D Cookied.txt http://www.linux.com
```

执行后Cookie信息就被存到Cookied.txt文件里了。注意:-c(小写)产生的Cookie和-D里面的Cookie是不一样的。

很多网站通过监视访问的Cookie信息来判断是否按正常授权访问网站,因此需要使用保存的Cookie信息。内置option:-b,命令如下:

```
curl -b Cookiec.txt http://www.linux.com
```

在 header 中传递 Cookie，命令如下：

```
curl -H "Cookie: JSESSIONID = xxx" https://json.im
```

测试 GET 请求，命令如下：

```
curl http://www.linuxidc.com/login.cgi?user = test001&password = 123456
```

测试 POST 请求，命令如下：

```
curl -d "user = nickwolfe&password = 12345" http://www.linuxidc.com/login
```

测试 XML 格式的 POST 请求，可以通过下面的方式实现。

方式一：发送磁盘上的 XML 文件，其中 myxmlfile.txt 文件为磁盘上的 XML 文件，后面为请求路径，命令如下：

```
curl -X POST -H 'content-type: application/xml' -d @/apps/myxmlfile.txt http://172.19.
219.xx:8081/csp/faq/actDiaUserInfo.action
```

方式二：在命令行直接发送 XML 结构数据，其中<? xml version...>就是要 POST 的 XML 文件，后面是请求路径，Linux 上双引号或单引号之间嵌套需要使用反斜杠“\”进行转义，命令如下：

```
curl -H 'content-type: application/xml' -X POST -d '<?xml version = "1.0" encoding = "UTF-
8"?><userinfoReq><subsNumber>13814528620</subsNumber><type>3</type></userinfoReq>'
http://172.19.219.xx:8081/csp/faq/actDiaUserInfo.action
```

或者，命令如下：

```
echo '<?xml version = "1.0" encoding = "UTF-8"?><userinfoReq><subsNumber>13814528620
</subsNumber><type>3</type></userinfoReq>'|curl -X POST -H'Content-type:text/xm' -d
@- http://172.19.xx.xx:8081/csp/faq/actDiaUserInfo.action
```

测试 JSON 格式的 POST 请求，可以通过下面的方式实现。

方式一：发送磁盘上的 JSON 文件，其中 myjsonfile.txt 文件为磁盘上的 JSON 文件，后面为请求路径，命令如下：

```
curl -X POST -H 'content-type: application/json' -d @/apps/myjsonfile.txt http://192.
168.129.xx/AntiRushServer/api/ActivityAntiRush
```

方式二：在命令行直接发送 JSON 结构数据，命令如下：

```
curl -H 'content-type: application/json' -X POST -d '{"accountType":"4","channel":"1",
"channelId":"YW_MMY","uid":"13154897541","phoneNumber":"13154897541","loginSource":"3",
"loginType":"1","userIp":"192.168.2.3","postTime":"14633fffffffffff81286","userAgent":
"Windows NT","imei":"352600051025733","macAddress":"40:92:d4:cb:46:43","serialNumber":
"123"}' http://192.168.129.xx/AntiRushServer/api/ActivityAntiRush
```

测试 webservice 请求，可以通过下面的方式实现。

方式一：发送磁盘上的请求报文文件，其中 myjsonfile.txt 文件为磁盘上的请求报文文件，后面为请求路径，命令如下：

```
curl -H 'Content-Type: text/xml;charset=UTF-8;SOAPAction:""' -d @/apps/mysoapfile.xml
http://172.18.173.xx:8085/csp-magent-client/madapterservices/madapter/lmCountAccessor
```

方式二：在命令行直接发送 XML 结构数据，命令如下：

```
curl -H 'content-type: application/xml' -d '<?xml version="1.0" encoding="utf-8"?>
<soapenv:Envelope xmlns:soapenv="http://schemas.xmlsoap.org/soap/envelope/" xmlns:ser=
"http://service.accessor.madapter.csp.huawei.com"><soapenv:Header /><soapenv:Body><ser:
leaveMessageCount><ser:in0><![CDATA[20161011160516XdznbN]]></ser:in0><ser:in1>
<![CDATA[1600106496388382726]]></ser:in1><ser:in2><![CDATA[14]]></ser:in2><ser:in3>
<![CDATA[<extendParams><channelid>1600</channelid><servicetype></servicetype>
<appid></appid><usertype>10</usertype><userid>6496388382726</userid><msisdn>
13814528620</msisdn><email></email><account></account><nickname></nickname>
<questionType></questionType></extendParams>]]></ser:in3></ser:leaveMessageCount>
</soapenv:Body></soapenv:Envelope>' http://172.18.173.xx:8085/csp-magent-client/
madapterservices/madapter/lmCountAccessor
```

模仿浏览器访问，有些网站需要使用特定的浏览器去访问，有些还需要使用某些特定的版本。curl 内置 option:-A 可以指定浏览器去访问网站，命令如下：

```
curl -A "Mozilla/4.0 (compatible; MSIE 8.0; Windows NT 5.0)" \
http://www.linux.com
```

这样服务器端就会认为是使用 IE 8.0 去访问的。

伪造 referer(盗链)：很多服务器会检查 HTTP 访问的 referer 从而来控制访问。例如先访问首页，然后访问首页中的邮箱页面，这里访问邮箱的 referer 地址就是访问首页成功后的页面地址，如果服务器发现对邮箱页面访问的 referer 地址不是首页的地址，则断定那是个盗链了。curl 中内置 option:-e 可以设定 referer，命令如下：

```
curl -e "www.linux.com" http://mail.linux.com
```

这样就会让服务器以为是从 www.linux.com 单击某个链接访问的。

下载文件：利用 curl 下载文件。使用内置 option:-o(小写)，命令如下：

```
curl -o dodo1.jpg http:www.linux.com/dodo1.JPG
```

使用内置 option:-O(大写)，命令如下：

```
curl -O http://www.linux.com/dodo1.JPG
```

这样就会以服务器上的名称将文件保存到本地。

循环下载：有时候需下载的图片可能前面的部分名称是一样的，只有最后的后缀名不一样，命令如下：

```
curl -O http://www.linux.com/dodo[1-5].JPG
```

这样就会把 dodo1、dodo2、dodo3、dodo4 和 dodo5 全部保存下来。

同时下载多个文件，可以使用-o 或-O 选项来同时指定多个链接，命令如下：

```
curl -O http://www.codebelief.com/page/2/ -O\
http://www.codebelief.com/page/3/
```

或者，命令如下：

```
curl -o page1.file http://www.codebelief.com/page/1/ -o page2.file\
http://www.codebelief.com/page/2/
```

下载重命名，命令如下：

```
curl -O http://www.linux.com/{hello,bb}/dodo[1-5].JPG
```

由于下载的 hello 与 bb 中的文件名都是 dodo1、dodo2、dodo3、dodo4 和 dodo5，因此第 2 次下载的文件会把第 1 次下载的文件覆盖，这样就需要对文件进行重命名，命令如下：

```
curl -o #1_#2.JPG http://www.linux.com/{hello,bb}/dodo[1-5].JPG
```

这样 hello/dodo1.JPG 文件下载下来后就会变成 hello_dodo1.JPG，其他文件以此类推，从而有效地避免了文件被覆盖。

分块下载：有时候下载的文件会比较大，这时可以分段下载。使用内置 option:-r，具体的命令如下：

```
curl -r 0-100 -o dodo1_part1.JPG http://www.linux.com/dodo1.JPG
curl -r 100-200 -o dodo1_part2.JPG http://www.linux.com/dodo1.JPG
curl -r 200- -o dodo1_part3.JPG http://www.linux.com/dodo1.JPG
cat dodo1_part* > dodo1.JPG
```

这样就可以查看 dodo1.JPG 文件的内容了。

通过 FTP 下载文件：curl 可以通过 FTP 下载文件，curl 提供了两种通过 FTP 下载文件的语法，具体的命令如下：

```
curl -O -u 用户名:密码 ftp://www.linux.com/dodo1.JPG
curl -O ftp://用户名:密码@www.linux.com/dodo1.JPG
```

显示下载进度条，命令如下：

```
curl -# -O http://www.linux.com/dodo1.JPG
```

不显示下载进度信息，命令如下：

```
curl -s -O http://www.linux.com/dodo1.JPG
```

断点续传：在 Windows 系统中，可以使用迅雷软件进行断点续传。curl 通过内置 option:-C 同样可以达到相同的效果。

如果在下载 dodo1.JPG 的过程中突然掉线了，则可以使用以下的方式续传，命令如下：

```
curl -C -O http://www.linux.com/dodo1.JPG
```

上传文件：curl 不仅可以下载文件，还可以上传文件。通过内置 option:-T 实现，命令如下：

```
curl -T dodo1.JPG -u 用户名:密码 ftp://www.linux.com/img/
```

这样就向 FTP 服务器上传了文件 dodo1.JPG。

显示抓取错误，命令如下：

```
curl -f http://www.linux.com/error
```

只显示响应报文首部信息，通过指定-I/--head 实现，命令如下：

```
curl -I https://blog.csdn.net/u014374009
curl --head https://blog.csdn.net/u014374009
```

显示页面内容，包括报文首部信息，通过指定-i 实现，命令如下：

```
curl -i https://blog.csdn.net/u014374009
```

使用证书检查访问网页，通过指定--cacert <file>实现，命令如下：

```
curl https://blog.csdn.net/u014374009 --cacert\
/etc/httpd/conf.d/ssl/cacert.pem
```

忽略证书检查访问网页，通过指定-k/--insecure实现，命令如下：

```
curl -k https://blog.csdn.net/u014374009 --cacert\
/etc/httpd/conf.d/ssl/cacert.pem
```

修改名称解析，命令如下：

```
curl --resolve json.im:443:127.0.0.1 https://json.im:443/
```

对https://json.im的查询将告诉curl从127.0.0.1请求该站点，而不是使用DNS或/etc/hosts文件。

限制下载率，命令如下：

```
curl --limit-rate 100K https://json.im/jdk.tar.gz -O
```

HTTP认证：有些网域需要HTTP认证，这时curl需要用到--user参数，命令如下：

```
curl --user name:passwd https://json.im
```

3. 其他选项

-a/--append：上传文件时，附加到目标文件。

--anyauth：可以使用“任何”身份验证方法。

--basic：使用HTTP基本验证。

-B/--use-ascii：使用ASCII文本传输。

-d/--data <data>：使用HTTP POST方式传送数据。

--data-ascii <data>：以ASCII的方式POST数据。

--data-binary <data>：以二进制的方式POST数据。

--negotiate：使用HTTP身份验证。

--digest：使用数字身份验证。

--disable-eprt：禁止使用EPRT或LPRT。

--disable-epsv：禁止使用EPSV。

--egd-file <file>：为随机数据(SSL)设置EGD Socket路径。

--tcp-nodelay：使用TCP_NODELAY选项。

-E/--cert <cert[:passwd]>：客户端证书文件和密码（SSL）。

--cert-type <type>：证书文件类型（DER/PEM/ENG）（SSL）。

--key <key>：私钥文件名（SSL）。

--key-type <type>：私钥文件类型（DER/PEM/ENG）（SSL）。

--pass <pass>：私钥密码（SSL）。

--engine <eng>：加密引擎使用（SSL），使用--engine list 指定列表。

--cacert <file>：CA 证书（SSL）。

--capath <directory>：CA 证书目录（SSL）。

--ciphers <list>：SSL 密码。

--compressed：要求返回压缩的形式。

--connect-timeout <seconds>：设置最大请求时间。

--create-dirs：建立本地目录的目录层次结构。

--crlf：上传时把 LF 转变成 CRLF。

--ftp-create-dirs：如果远程目录不存在，则创建远程目录。

--ftp-method [multicwd/nocwd/singlecwd]：控制 CWD 的使用。

--ftp-pasv：使用 PASV/EPSV 代替端口。

--ftp-skip-pasv-ip：使用 PASV 时忽略该 IP 地址。

--ftp-ssl：尝试用 SSL/TLS 进行 FTP 数据传输。

--ftp-ssl-reqd：要求用 SSL/TLS 进行 FTP 数据传输。

-F/--form <name=content>：模拟 HTTP 表单提交数据。

-form-string <name=string>：模拟 HTTP 表单提交数据。

-g/--globoff：禁用网址序列和范围使用{}和[]。

-G/--get：以 GET 的方式发送数据。

-h/--help：帮助。

-H/--header <line>：将自定义头信息传递给服务器。

--ignore-content-length：忽略的 HTTP 头信息的长度。

-i/--include：输出时包括 protocol 头信息。

-I/--head：只显示文档信息。

-j/--junk-session-Cookies：读取文件时忽略 session Cookies。

--interface <interface>：使用指定网络接口/地址。

--krb4 <level>：使用指定安全级别的 krb4。

-k/--insecure：允许不使用证书到 SSL 站点。

-K/--config：读取指定的配置文件。

-l/--list-only：列出 ftp 目录下的文件名称。

--limit-rate <rate>：设置传输速度。

--local-port <NUM>：强制使用本地端口号。

-m/--max-time <seconds>：设置最大传输时间。

--max-redirs <num>：设置最大读取的目录数。

--max-filesize <Bytes>：设置最大下载的文件总量。

-M/--manual：显示全手动。

-n/--netrc：从 netrc 文件中读取用户名和密码。

--netrc-optional：使用.netrc 或者 URL 来覆盖-n。

--ntlm：使用 HTTP NTLM 身份验证。

-N/--no-buffer：禁用缓冲输出。

-p/--proxytunnel：使用 HTTP 代理。

--proxy-anyauth：选择任一代理身份验证方法。

--proxy-basic：在代理上使用基本身份验证。

--proxy-digest：在代理上使用数字身份验证。

--proxy-ntlm：在代理上使用 NTLM 身份验证。

-P/--ftp-port <address>：使用端口地址，而不是使用 PASV。

-Q/--quote <cmd>：文件传输前将命令发送到服务器。

--range-file：读取(SSL)的随机文件。

-R/--remote-time：在本地生成文件时，保留远程文件的时间。

--retry <num>：传输出现问题时，重试的次数。

--retry-delay <seconds>：传输出现问题时，设置重试间隔时间。

--retry-max-time <seconds>：传输出现问题时，设置最大重试时间。

-S/--show-error：显示错误。

--socks4 <host[:port]>：用 SOCKS4 代理给定主机和端口。

--socks5 <host[:port]>：用 SOCKS5 代理给定主机和端口。

-t/--telnet-option <OPT=val>：Telnet 选项设置。

--trace <file>：对指定文件进行 Debug。

--trace-ascii <file>：跟踪但没有 hex 输出。

--trace-time：跟踪/详细输出时，添加时间戳。

--url <URL>：指定所使用的 URL。

-U/--proxy-user <user[:password]>：设置代理用户名和密码。

-V/--version：显示版本信息。

-X/--request <command>：指定什么命令。

-y/--speed-time：放弃限速所要的时间，默认为 30s。

-Y/--speed-limit：停止传输速度的限制。

-z/--time-cond：传送时间设置。

-0/--http1.0：使用 HTTP 1.0。

-1/--tlsv1：使用 TLS v1(SSL)。

-2/--sslv2：使用 SSL v2(SSL)。

-3/--sslv3：使用的 SSL v3(SSL)。

--3p-quote：类似于 -Q 一样发送命令到服务器，进行第三方传输。

--3p-url：使用 URL 进行第三方传送。

--3p-user：使用用户名和密码进行第三方传送。

-4/--ipv4：使用 IPv4。

-6/--ipv6：使用 IPv6。

3.7 提高工作效率的一些实用命令

本节主要基于项目开发和部署对经常使用的一些命令进行整理和说明。先介绍几个查询帮助信息的命令。

一般情况下，type 命令用于判断另外一个命令是否是内置命令。判断一个名字当前是否是 alias、keyword、function、builtin、file 或者什么都不是，命令如下：

```
type if
type -t ls
```

学习一个新的命令之前，不知道其用法，可以查看帮助信息了解，主要有以下两种方式进行调用，命令如下：

```
find - help
help find
```

另一个查询帮助信息的命令是 man，这个命令主要为所有用户提供在线帮助，命令如下：

```
man find
```

whereis 命令只能用于程序名的搜索，而且只能搜索二进制文件（参数-b）、man 说明文件（参数-m）和源代码文件（参数-s）。如果省略参数，则返回所有信息。与 find 相比，whereis 查找的速度更快，这是因为 Linux 系统会将系统内的所有文件都记录在一个数据库文件中，当使用 whereis 和 locate 时，会从数据库中查找数据，而不是像 find 命令那样，通过遍历硬盘来查找，效率自然会很高。但是该数据库文件并不是实时更新的，默认情况下一星期更新一次，因此，在用 whereis 和 locate 查找文件时，有时会找到已经被删除的数据，或者对于刚刚建立的文件却无法查找到，原因是数据库文件没有被更新，示例命令如下：

```
whereis kill
```

locate 命令可以在搜寻数据库时快速找到文件，数据库由 updatedb 程序来更新，updatedb 是由 cron daemon 周期性建立的，locate 命令在搜寻数据库时比通过整个硬盘资料搜寻快，但对于最近才建立或刚更名的文件可能会找不到，在设定值中，updatedb 每天会

更新一次,可以修改 crontab 更新设定值(etc/crontab)。命令如下:

```
locate crontab
```

which 会在 PATH 变量指定的路径中搜索某个系统命令的位置,并且返回第 1 个搜索结果,示例命令如下:

```
which grep
```

find 会根据下列规则判断 path 和 expression,在命令列上第 1 个一、(、)、,、!、之前的部分为 path,之后的是 expression。如果 path 是空字串,则使用目前路径;如果 expression 是空字串,则使用-print 为预设 expression。

将目前目录及其子目录下所有扩展名是 c 的文件列出来,示例命令如下:

```
find . -name "*.c"
```

将目前目录及其子目录中的所有一般文件列出,示例命令如下:

```
find . -type f
```

将目前目录及其子目录下所有的最近 20 天内更新过的文件列出,示例命令如下:

```
find . -ctime -20
```

查找/var/log 目录中更改时间在 7 日以前的普通文件,并在删除之前询问它们,示例命令如下:

```
find /var/log -type f -mtime +7 -ok rm {} \;
```

查找当前目录中具有读、写权限的文件所有者,以及文件所属组的用户和其他用户具有读权限的文件,示例命令如下:

```
find . -type f -perm 644 -exec ls -l {} \;
```

查找系统中所有文件长度为 0 的普通文件,并列出它们的完整路径,示例命令如下:

```
find / -type f -size 0 -exec ls -l {} \;
```

ln 命令为某个文件在另外一个位置建立一个同步的链接。在 Linux 文件系统中有所谓的链接(Link),可以将其视为文件的别名,而链接又可分为两种:硬链接(Hard Link)与软链接(Symbolic Link)。硬链接的意思是一个文件可以有多个名称,软链接的方式则是生成一个特殊的文件，该文件的内容指向另一个文件的位置。硬链接存在于同一个文件系统中，而软链接却可以跨越不同的文件系统。

给文件创建软链接，并显示操作信息，示例命令如下：

```
ln -sv source.log link.log
```

给文件创建硬链接，并显示操作信息，示例命令如下：

```
ln -v source.log link1.log
```

给目录创建软链接，示例命令如下：

```
ln -sv /opt/soft/test/test3 /opt/soft/test/test5
```

关于文件目录的一些使用，示例命令如下：

```
cd test                   #切换到 test 目录下
cd ..                     #切换到上一级目录
cd /                      #切换到系统根目录下
cd ~                      #切换到当前用户的根目录下
cd -                      #切换到上一级所在的目录

mkdir test                #在当前目录下创建一个 test 目录
mkdir -p test/a/b         #在 test 目录下的 a 目录下创建一个 b 目录,如果上一级目录不存在,则连
#它的父目录一起创建(注意: 若不加 -p,并且原本 test 或者 a 目录不存在,则会产生错误)
rmdir test                #删除当前目录下的 test 目录(注意:该命令只能删除空目录)

touch test.txt            #在当前目录下创建一个 test.txt 文件
rm test.txt               #删除 test.txt 文件(带询问的删除,需输入 y 才能删除)
rm -f test.txt            #直接删除 text.txt 文件
rm -r test                #递归删除,即删除 test 目录及其目录下的子目录(带询问的删除,需输入
#y 才能删除)
rm -rf test               #直接删除 test 目录及其目录下的子目录
```

在 Linux 系统中修改文件/目录权限的命令是 chmod、chown 等相关命令。

将/test 下的 aaa.txt 文件的权限修改为所有者拥有全部权限，所有者所在的组有读、写权限，其他用户只有读的权限，示例命令如下：

```
chmod u=rwx,g=rw,o=r aaa.txt
```

还可以使用数字表示：

```
chmod 764 aaa.txt
```

chown 可将指定文件的所有者改为指定的用户或组，用户可以是用户名或者用户 ID；组可以是组名或者组 ID；如果文件是以空格分开的，则要改变权限的文件列表，支持通配符。

改变所有者和群组并显示改变信息，示例命令如下：

```
chown -c mail:mail log2012.log
```

将文件夹及子文件目录所有者，以及其属组更改为 mail，示例命令如下：

```
chown -cR mail: test/
```

关于文件的权限和属性的一些使用（使用“+”设置，使用“-”取消），示例命令如下：

```
ls -lh                          #显示权限
ls /tmp | pr -T5 -W $COLUMNS    #将终端划分成 5 栏显示
chmod ugo+rwx directory1        #将目录的所有者(u)、群组(g)及其他人(o)设置为拥有读(r)、
                                #写(w)和执行(x)的权限
chmod go-rwx directory1         #删除群组(g)与其他人(o)对目录的读、写执行权限
chown user1 file1               #改变一个文件的所有者属性
chown -R user1 directory1       #改变一个目录的所有者属性并同时改变该目录下所有文件的属性
chgrp group1 file1              #改变文件的群组
chown user1:group1 file1        #改变一个文件的所有者和群组属性
find / -perm -u+s               #列出一个系统中所有使用了 SUID 控制的文件
chmod u+s /bin/file1            #设置一个二进制文件的 SUID 位，运行该文件的用户也被赋予
                                #和所有者同样的权限
chmod u-s /bin/file1            #禁用一个二进制文件的 SUID 位
chmod g+s /home/public          #设置一个目录的 SGID 位，类似 SUID，不过这是针对目录的
chmod g-s /home/public          #禁用一个目录的 SGID 位
chmod o+t /home/public          #设置一个文件的 STIKY 位，只允许合法所有人删除文件
chmod o-t /home/public          #禁用一个目录的 STIKY 位

chattr +a file1                 #只允许以追加方式读、写文件
chattr +c file1                 #允许这个文件被内核自动压缩/解压
chattr +d file1                 #在进行文件系统备份时，dump 程序将忽略这个文件
chattr +i file1                 #设置成不可变的文件，不能被删除、修改、重命名或者创建链接
chattr +s file1                 #允许一个文件被安全地删除
chattr +S file1                 #一旦应用程序对这个文件执行了写操作，系统就立刻把修改的
                                #结果写到磁盘
chattr +u file1                 #若文件被删除，系统会允许以后恢复这个被删除的文件
lsattr                          #显示特殊的属性
```

在 Linux 系统中有很多种查看文件内容的方式，下面对常用几种命令及用法做一个简单的介绍，在实际搭建项目环境时会经常用来查看配置文件和日志信息等。

cat 从第 1 行开始显示文件内容，示例命令如下：

```
cat /etc/issue
```

tac 从最后一行开始显示文件内容，可以看出 tac 是 cat 的倒写，示例命令如下：

```
tac /etc/issue
```

nl 在显示文件内容的同时输出行号，示例命令如下：

```
nl /etc/issue
```

more 一页一页地显示文件内容，示例命令如下：

```
more /etc/man.config
```

more 显示文件中从第 3 行起的内容，示例命令如下：

```
more +3 text.txt
```

more 显示所列出文件目录的详细信息，借助管道每次显示 5 行，示例命令如下：

```
ls -l | more -5
```

less 与 more 类似，但是比 more 更好的是可以往前翻页，示例命令如下：

```
less /etc/man.config
```

head 只看头几行，示例命令如下：

```
head /etc/man.config
```

head 默认情况下只显示前面 10 行。若要显示前 20 行，则示例命令如下：

```
head -n 20 /etc/man.config
```

tail 只看最后几行，示例命令如下：

```
tail /etc/man.config
```

tail 默认情况下只显示最后 10 行。若要显示最后 20 行，则示例命令如下：

```
tail -n 20 /etc/man.config
```

关于查看系统信息的一些示例，命令如下：

```
arch                          #显示机器的处理器架构
uname -m                      #显示机器的处理器架构
uname -r                      #显示正在使用的内核版本
dmidecode -q                  #显示硬件系统部件,SMBIOS/DMI
hdparm -i /dev/hda            #列出一个磁盘的架构特性
hdparm -tT /dev/sda           #在磁盘上执行测试性读取操作
cat /proc/cpuinfo             #显示 CPU info 的信息
cat /proc/interrupts          #显示中断
cat /proc/meminfo             #校验内存使用
cat /proc/swaps               #显示哪些 swap 被使用
cat /proc/version             #显示内核的版本
cat /proc/net/dev             #显示网络适配器及统计
cat /proc/mounts              #显示已加载的文件系统
lspci -tv                     #列出 PCI 设备
lsusb -tv                     #显示 USB 设备
cal 2022                      #显示 2022 年的日历表
clock -w                      #将时间修改后保存到 BIOS
```

关于文件系统的一些示例，命令如下：

```
#文件系统分析
badblocks -v /dev/hda1        #检查磁盘 hda1 上的坏磁块
fsck /dev/hda1                #修复/检查 hda1 磁盘上 Linux 文件系统的完整性
fsck.ext2 /dev/hda1           #修复/检查 hda1 磁盘上 ext2 文件系统的完整性
e2fsck /dev/hda1              #修复/检查 hda1 磁盘上 ext2 文件系统的完整性
e2fsck -j /dev/hda1           #修复/设置文件系统在日志文件的路径
fsck.ext3 /dev/hda1           #修复/检查 hda1 磁盘上 ext3 文件系统的完整性
fsck.vfat /dev/hda1           #修复/检查 hda1 磁盘上 fat 文件系统的完整性
fsck.msdos /dev/hda1          #修复/检查 hda1 磁盘上 dos 文件系统的完整性
dosfsck /dev/hda1             #修复/检查 hda1 磁盘上 dos 文件系统的完整性

#初始化一个文件系统
mkfs /dev/hda1                #在 hda1 分区创建一个文件系统
mke2fs /dev/hda1              #在 hda1 分区创建一个 Linux ext2 的文件系统
mke2fs -j /dev/hda1           #在 hda1 分区创建一个 Linux ext3(日志型)的文件系统
mkfs -t vfat 32 -F /dev/hda1  #创建一个 FAT32 文件系统
fdformat -n /dev/fd0          #格式化一个软盘
mkswap /dev/hda3              #创建一个 swap 文件系统

#swap 文件系统
mkswap /dev/hda3              #创建一个 swap 文件系统
swapon /dev/hda3              #启用一个新的 swap 文件系统
swapon /dev/hda2 /dev/hdb3    #启用两个 swap 分区
```

在项目环境搭建中，经常要查看网络信息，包括网卡信息、IP 信息、路由信息、防火墙规则等，查看网络信息主要命令如下：

```
ipconfig
ifconfig
dig
route -n
```

lsof(List Open Files)是一个列出当前系统打开文件的工具。只需输入 lsof 命令便可以生成大量的信息，因为 lsof 命令需要访问核心内存和各种文件，所以必须以 root 用户的身份运行它才能充分地发挥其作用。

显示目录下被进程开启的文件，示例命令如下：

```
lsof +d /usr/local/
```

查看当前进程打开了哪些文件，示例命令如下：

```
lsof -c 进程名
```

查看某个端口被占用情况，示例命令如下：

```
lsof -i:6379
```

查看所有 TCP/UDP 链接，示例命令如下：

```
lsof -i tcp
```

查看某个用户打开了哪些文件，示例命令如下：

```
lsof -u rumenz
```

通过某个进程号显示该进程打开的文件，示例命令如下：

```
lsof -p 12345
```

netstat 是一个显示系统中所有 TCP/UDP/UNIX Socket 连接状态的命令行工具。它会列出所有已经连接或者等待连接状态的连接。该工具在识别某个应用监听哪个端口时特别有用，也能用它来判断某个应用是否正常地在监听某个端口。

显示系统所有的 TCP、UDP 及 UNIX 连接，示例命令如下：

```
netstat -a
```

使用 p 选项可以在列出连接的同时显示 PID 或者进程名称，而且它还能与其他选项连用，示例命令如下：

```
netstat -ap
```

列出端口号而不是服务名，示例命令如下：

```
netstat -an
```

top 命令用于显示当前系统正在执行的进程的相关信息，包括进程 ID、内存占用率、CPU 占用率等，这能帮助用户对系统正在发生的事情有个第一认识。

参数-c 用于显示完整的进程命令，示例命令如下：

```
top -c
```

参数-s 用于指定为保密模式，示例命令如下：

```
top -s
```

参数-p <进程号>用于将进程指定为显示，示例命令如下：

```
top -p 2
```

参数-n <次数>用于指定循环显示的次数，示例命令如下：

```
top -n 5
```

kill 命令用于将指定的信号发送到相应进程。如果不指定信号，则将发送 SIGTERM(15) 以便终止指定进程。如果仍无法终止该程序，则可使用"-KILL" 参数，其发送的信号为 SIGKILL(9)，将强制结束进程，使用 ps 命令或者 jobs 命令可以查看进程号。root 用户将影响用户的进程，非 root 用户只能影响自己的进程。

先使用 ps 查找进程 pro1，然后用 kill 杀掉，示例命令如下：

```
kill -9 $(ps -ef | grep pro1)
```

在 Linux 系统中，如果想了解内存的状态，则可使用两个很重要的命令，即 free 和 vmstat。

free 命令用于显示系统内存的使用情况，包括物理内存、交互区内存(swap)和内核缓冲区内存。

显示内存使用情况，示例命令如下：

```
free
free -k
free -m
```

以总和的形式显示内存的使用信息，示例命令如下：

```
free -t
```

周期性地查询内存的使用情况，示例命令如下：

```
free -s 10
```

vmstat 命令是最常见的 Linux/UNIX 监控工具之一，可以展现给定时间间隔的服务器的状态值，包括服务器的 CPU 使用率、内存使用情况、虚拟内存交换情况，以及 I/O 读写情况。这个命令是查看 Linux/UNIX 比较好的命令，一是对 Linux/UNIX 都支持，二是相比 top，可以看到整个机器的 CPU、内存、I/O 的使用情况，而不是单单看到各个进程的 CPU 使用率和内存使用率(使用场景不一样)。

vmstat 工具的使用是通过两个数字参数来完成的，第 1 个参数是采样的时间间隔数，单位是秒；第 2 个参数是采样的次数，示例命令如下：

```
vmstat 2 1
```

其中，2 表示每隔 2 秒采集一次服务器状态，1 表示只采集一次，如果不将次数指定为 1，就会一直采集。

df 命令用于显示磁盘空间使用情况，获取硬盘被占用了多少空间，目前还剩下多少空间等信息，如果没有指定文件名，则所有当前被挂载的文件系统的可用空间都将被显示。默认情况下，磁盘空间将以 1KB 为单位显示，除非环境变量 POSIXLY_CORRECT 被指定，那样将以 512 字节为单位显示。

显示磁盘使用情况，示例命令如下：

```
df -l
```

以易读方式列出所有文件系统及其类型，示例命令如下：

```
df -haT
```

du 命令用于统计指定目录和文件所占用磁盘空间的大小。①du -a：为每个指定文件显示使用磁盘的情况；②du -s：为所有指定文件显示使用磁盘的情况。与 df 命令不同的是

Linux du 命令查看的是文件和目录使用的磁盘空间。

以易读方式显示文件夹及子文件夹大小，示例命令如下：

```
du - h scf/
```

显示几个文件或目录各自占用磁盘空间的大小，并统计它们的总和，示例命令如下：

```
du - hc test/ scf/
```

在 Linux 系统中编写脚本时，有时需要使用 date 命令获取日期时间进行判断，或者需要显示或设定系统的日期与时间。这个命令可以跟以下选项以便获取不同格式的日期时间。

-d <字符串>：显示字符串所指的日期与时间，字符串前后必须加上双引号。

-s <字符串>：根据字符串设置日期与时间，字符串前后必须加上双引号。

-u：显示 GMT。

%H：转换为小时(以 00～23 表示)。

%I：转换为小时(以 00～12 表示)。

%M：转换为分钟(以 00～59 表示)。

%s：总秒数，起算时间为 1970 年 1 月 1 日 00:00:00 UTC。

%S：秒(以本地的惯用法来表示)。

%a：星期的缩写。

%A：星期的完整名称。

%d：日期(以 01～31 表示)。

%D：日期(含年、月、日)。

%m：月份(以 01～12 表示)。

%y：年(以 00～99 表示)。

%Y：年(以四位数表示)。

显示明天的日期，示例命令如下：

```
date + %Y%m%d --date = "+1 day"
```

显示工作目录，示例命令如下：

```
pwd
```

查看主机名称，示例命令如下：

```
hostname
```

查看操作系统名称等信息，示例命令如下：

```
uname -a
```

查看文件详细状态信息，示例命令如下：

```
stat file.txt
```

wc 命令用于统计文件中的行数、单词数、字节数等信息，后面跟不同的选项参数使用。默认不跟选项参数，wc 将计算指定文件的行数、字数及字节数，使用的命令如下：

```
wc file.txt
```

-l 用于统计行数，示例命令如下：

```
wc -l file.txt
```

-w 用于统计单词个数，示例命令如下：

```
wc -w file.txt
```

-c 用于统计字节数，示例命令如下：

```
wc -c file.txt
```

在 Linux 系统中，wget 命令使用得比较多，主要用来从网站下载文件，选项参数的使用方法有下面几种。

-q 用于无提示下载，示例命令如下：

```
wget -q http://linux.com/file.text
```

-b 用于后台下载，示例命令如下：

```
wget -b http://linux.com/file.text
```

-O 用于指定不同的文件名，示例命令如下：

```
wget -O test.text http://linux.com/file.text
```

-m 用于下载整个网站，示例命令如下：

```
wget -m http://linux.com
```

--no-check-certificate 用于绕过 SSL/TLS 证书的验证，示例命令如下：

```
wget --no-check-certificate http://linux.com/file.text
```

--user=<user_id>--password=<user_password>用于从受密码保护的网站下载文件，示例命令如下：

```
wget --user=admin --password=admin http://linux.com
```

在 Linux 系统中，已经安装的软件可以通过命令查询，以 rpm 命令为例，查询已安装的 RPM 软件信息。

格式：rpm-q 子选项软件名，示例命令如下：

```
rpm -q bashbash-4.1.2-15.el6_4.x86_64
```

-qa 用于查看已安装的所有 RPM 软件列表，示例命令如下：

```
rpm -qa | grep bashbash-4.1.2-15.el6_4.x86_64
```

-qi 用于查看指定软件的详细信息，示例命令如下：

```
rpm -qi bashbash-4.1.2-15.el6_4.x86_64
```

-ql 用于查询软件包的目录，示例命令如下：

```
rpm -ql bashbash-4.1.2-15.el6_4.x86_64
```

查询未安装的 RPM 包文件的命令格式为 rpm-qb 子选项 RPM 包文件。

-qpi 用于查看该软件的详细信息，示例命令如下：

```
rpm -qpi bashbash-4.1.2-15.el6_4.x86_64
```

-qpl 用于查看包内所含的目录和文件列表，示例命令如下：

```
rpm -qpl bashbash-4.1.2-15.el6_4.x86_64
```

安装升级 RPM 包文件的命令格式为 rpm 选项 RPM 包文件。

-i：安装一个新的 RPM 软件包（install）。

-U：升级，若未安装，则进行安装。

-h：以“#”号显示安装的进度。

-v：显示安装过程中的详细信息。

-F：更新某个 RPM 软件，若未安装，则放弃安装。

挂载光盘，示例命令如下：

```
mount /dev/sr0 /media/
```

卸载光盘，示例命令如下：

```
umount /dev/rs0
```

关于挂载一个文件系统的常用命令，示例命令如下：

```
mount /dev/hda2 /mnt/hda2                #挂载一个叫作 hda2 的磁盘,确定目录'/mnt/hda2'已经
                                         #存在
umount /dev/hda2                         #卸载一个叫作 hda2 的磁盘,先从挂载点 '/mnt/hda2'退出
fuser - km /mnt/hda2                     #当设备繁忙时强制卸载
umount - n /mnt/hda2                     #运行卸载操作而不写入 /etc/mtab 文件,当文件为只读
                                         #或当磁盘写满时非常有用
mount /dev/fd0 /mnt/floppy               #挂载一个软盘
mount /dev/cdrom /mnt/cdrom              #挂载一个 CD ROM 或 DVD ROM
mount /dev/hdc /mnt/cdrecorder           #挂载一个 CD RW 或 DVD ROM
mount - o loop file.iso /mnt/cdrom       #挂载一个文件或 ISO 镜像文件
mount - t vfat /dev/hda5 /mnt/hda5       #挂载一个 Windows FAT32 文件系统
mount /dev/sda1 /mnt/usbdisk             #挂载一个 USB 键盘或闪存设备
mount - t smbfs - o username = user,password = pass //WinClient/share /mnt/share
                                         #挂载一个 Windows 网络共享
```

在 Linux 系统中，经常会遇到通过源代码安装软件的情况，主要通过编译和安装，根据机器的型号和系统配置的不同，生成的文件稍有不同，主要通过以下几种方式进行编译。

进入设置模式，示例命令如下：

```
./configure
```

编译，示例命令如下：

```
make
```

编译安装，示例命令如下：

```
make install
```

在 Linux 系统中下载或者传输一个文件后，需要查看和校验文件的 md5 值，示例命令如下：

```
md5sum file.txt
```

重启命令，示例命令如下：

```
reboot
shutdown -r now
init 6
```

关机命令，示例命令如下：

```
halt -p
shutdown -h now
init 0
```

passwd 用来设置/更改用户的密码，命令格式为 passwd 选项用户名。

直接修改当前用户的密码，示例命令如下：

```
passwd
```

修改特定用户的密码，示例命令如下：

```
passwd frank
```

-d：清空用户密码。

-l：锁定用户账号。

-S：查看用户账号的状态(是否被锁定)。

-u：解锁用户账号。

-x,--maximum=DAYS：密码的最长有效时限。

-n,--miximum=DAYS：密码的最短有效时限。

-w,--warning=DAYS：在密码过期前多少天开始提醒用户。

-i,--inactive=DAYS：当密码过期后经过多少天该账号会被禁用。

关于用户和群组的一些使用，示例命令如下：

```
groupadd group_name                                  #创建一个新用户组
groupdel group_name                                  #删除一个用户组
groupmod -n new_group_name old_group_name            #重命名一个用户组
useradd -c "Name Surname " -g admin -d /home/user1 -s /bin/bash user1
                                                     #创建一个属于 "admin" 用户组的用户
useradd user1                                        #创建一个新用户
userdel -r user1                                     #删除一个用户 ('-r'排除主目录)
usermod -c "User FTP" -g system -d /ftp/user1 -s /bin/nologin user1     #修改用户属性
passwd                                               #修改当前用户的密码
```

```
passwd user1                    #修改一个其他用户的密码（只允许 root 执行）
chage -E 2005-12-31 user1       #设置用户密码的失效期限
pwck                            #检查'/etc/passwd'的文件格式和语法修正及存在的用户
grpck                           #检查'/etc/passwd'的文件格式和语法修正及存在的群组
newgrp group_name               #登录一个新的群组以改变新创建文件的预设群组
```

查询用户身份标识的命令格式为 id 用户名，示例命令如下：

```
id root
```

w 用于查询已登录到主机的用户信息，示例命令如下：

```
w
```

与 w 命令类似，查询已登录到主机的用户，示例命令如下：

```
who
```

查询账号的详细信息的命令格式为 finger 用户名，示例命令如下：

```
finger
```

查询当前登录的账号名，示例命令如下：

```
whoami
```

将所有文件以树的形式列出来，示例命令如下：

```
tree
```

临时关闭防火墙，示例命令如下：

```
systemctl stop firewalld
```

永久关闭防火墙，示例命令如下：

```
systemctl disable firewalld
```

临时关闭 SELinux 安全机制，示例命令如下：

```
setenforce 0
```

永久关闭 SELinux 安全机制，示例命令如下：

```
sed -i '7 s/enforcing/disabled/' /etc/seLinux/config
```

ps(Process Status)命令用来查看当前运行的进程状态，一次性查看，如果需要动态连续的结果，则可使用 top。

显示当前所有进程环境变量及进程间关系，示例命令如下：

```
ps -ef
```

显示当前所有进程，示例命令如下：

```
ps -A
```

与 grep 联用查找某进程，示例命令如下：

```
ps -aux | grep apache
```

scp(Secure Copy)是一个在 Linux 下用来进行远程复制文件的命令。有时需要获得远程服务器上的某个文件，该服务器既没有配置 FTP 服务器，也没有进行共享，当无法通过常规途径获得文件时，只需通过简单的 scp 命令便可以达到目的。scp 命令的使用格式如下：

```
scp [可选参数] <file_source> <file_target>
```

-r：递归复制整个目录。

-P <port>：注意是大写的 P，port 是指定数据传输用到的端口号。

从本地将文件复制到远程，示例命令如下：

```
scp local_file remote_username@remote_ip:remote_folder
```

或者，示例命令如下：

```
scp local_file remote_username@remote_ip:remote_file
```

或者，示例命令如下：

```
scp local_file remote_ip:remote_folder
```

或者，示例命令如下：

```
scp local_file remote_ip:remote_file
```

第 1 条和第 2 条命令指定了用户名，命令执行后需要输入密码，第 1 条命令仅指定了远程的目录，文件名不变；第 2 条命令指定了文件名。

第 3 条和第 4 条命令没有指定用户名，命令执行后需要输入用户名和密码，第 3 条命令仅指定了远程的目录，文件名不变；第 4 条命令指定了文件名。

上面 4 条命令对应的应用实例命令如下：

```
scp /home/space/music/1.mp3 root@www.runoob.com:/home/root/others/music

scp /home/space/music/1.mp3\
root@www.runoob.com:/home/root/others/music/001.mp3

scp /home/space/music/1.mp3 www.runoob.com:/home/root/others/music

scp /home/space/music/1.mp3\
www.runoob.com:/home/root/others/music/001.mp3
```

从本地将目录复制到远程，示例命令如下：

```
scp -r local_folder remote_username@remote_ip:remote_folder
```

或者，示例命令如下：

```
scp -r local_folder remote_ip:remote_folder
```

第 1 条命令指定了用户名，命令执行后需要输入密码；第 2 条命令没有指定用户名，命令执行后需要输入用户名和密码。

上面两条命令对应的应用实例命令如下：

```
scp -r /home/space/music/ root@www.runoob.com:/home/root/others/

scp -r /home/space/music/ www.runoob.com:/home/root/others/
```

上面命令将本地 music 目录复制到远程 others 目录下。

从远程复制到本地，只要将从本地复制到远程的命令的后两个参数调换顺序即可，应用实例命令如下：

```
scp root@www.runoob.com:/home/root/others/music /home/space/music/1.mp3

scp -r www.runoob.com:/home/root/others/ /home/space/music/
```

如果远程服务器防火墙为 scp 命令设置了指定的端口，则需要使用-P 参数设置命令的端口号，示例命令如下：

```
scp -P 4588 root@www.runoob.com:/usr/local/sin.sh /home/
```

上述 scp 命令使用端口号 4588，使用 scp 命令要确保使用的用户具有可读取远程服务器相应文件的权限，否则 scp 命令无法起作用。

Linux 中 rcp 命令用于复制远程文件或目录，如同时指定两个以上的文件或目录，并且最后的目的地是一个已经存在的目录，则它会把前面指定的所有文件或目录复制到该目录中。rcp 命令使用格式如下：

```
rcp [-pr][源文件或目录][目标文件或目录]
rcp [-pr][源文件或目录...][目标文件]
```

-p：保留源文件或目录的属性，包括所有者、所属群组、权限与时间。

-r：递归处理，将指定目录下的文件与子目录一并处理。

假设本地主机当前账户为 rootlocal，远程主机账户为 root，要将远程主机(218.6.132.5)主目录下的文件 testfile 复制到本地目录 test 中，则有 3 种命令形式可实现，具体命令如下：

```
rcp root@218.6.132.5:./testfile testfile

rcp root@218.6.132.5:home/rootlocal/testfile testfile

rcp 218.6.132.5:./testfile testfile
```

同样，如果需要把本地文件或者文件夹上传到远程服务器上，只需交换一下上面命令的前后位置，把本地的 work 文件夹上传到远程服务器上的/home/rootlocal 目录下，也有 3 种命令形式可实现，具体命令如下：

```
rcp -pr work root@218.6.132.5:./

rcp -pr root@218.6.132.5:home/rootlocal/

rcp -pr 218.6.132.5:./
```

Linux 中，如果要备份一个文件，则可以使用 cp 命令，把文件复制一份，例如对/etc/resove.conf 文件进行备份，示例命令如下：

```
cp /etc/resove.conf /etc/resove.conf.bak
```

关于 Linux 系统中备份的一些示例，命令如下：

```
dump -0aj -f /tmp/home0.bak /home          #制作一个'/home'目录的完整备份

dump -1aj -f /tmp/home0.bak /home          #制作一个'/home'目录的交互式备份
```

```
restore -if /tmp/home0.bak                    #还原一个交互式备份

rsync -rogpav --delete /home /tmp          #同步两边的目录

rsync -rogpav -e ssh --delete /home ip_address:/tmp        #通过 SSH 通道同步目录

rsync -az -e ssh --delete ip_addr:/home/public /home/local   #通过 SSH 和压缩将一个远程
#目录同步到本地目录

rsync -az -e ssh --delete /home/local ip_addr:/home/public   #通过 SSH 和压缩将本地目录同步
#到远程目录

dd bs=1M if=/dev/hda | gzip | ssh user@ip_addr 'dd of=hda.gz'  #通过 SSH 在远程主机上执行一次
#备份本地磁盘的操作

dd if=/dev/sda of=/tmp/file1                    #将磁盘内容备份到一个文件

tar -Puf backup.tar /home/user                  #执行一次对'/home/user'目录的交互式备份操作

( cd /tmp/local/ && tar c . ) | ssh -C user@ip_addr 'cd /home/share/ && tar x -p'     #通过
SSH 在远程目录中复制一个目录内容

( tar c /home ) | ssh -C user@ip_addr 'cd /home/backup-home && tar x -p'     #通过 SSH 在远
#程目录中复制一个本地目录

tar cf - . | (cd /tmp/backup ; tar xf - )       #本地将一个目录复制到另一个地方,保留原有权
#限及链接

find /home/user1 -name '*.txt' | xargs cp -av --target-directory=/home/backup/ --parents
#从一个目录查找并将所有以.txt 结尾的文件复制到另一个目录

find /var/log -name '*.log' | tar cv --files-from=- | bzip2 > log.tar.bz2     #查找所有
#以.log 结尾的文件并制作成一个 bzip 包

dd if=/dev/hda of=/dev/fd0 bs=512 count=1      #执行一个将 MBR(Master Boot Record)内容复
#制到软盘的动作

dd if=/dev/fd0 of=/dev/hda bs=512 count=1      #从已经保存到软盘的备份中恢复 MBR 内容
```

Linux 中的打包文件一般以.tar 结尾,压缩的命令一般以.gz 结尾,而一般情况下打包和压缩是一起进行的,打包并压缩后的文件的后缀名一般为.tar.gz。tar 命令是 Linux 下比较常用的一种压缩和解压命令。

打包并压缩/test 目录下的所有文件,压缩后的压缩包的指定名称为 xxx.tar.gz,示例命令如下:

```
tar -zcvf xxx.tar.gz aaa.txt bbb.txt ccc.txt
```

或者，示例命令如下：

```
tar -zcvf xxx.tar.gz /test/*
```

将/test 目录下的 xxx.tar.gz 文件解压到当前目录下，示例命令如下：

```
tar -xvf xxx.tar.gz
```

将/test 目录下的 xxx.tar.gz 文件解压到根目录/usr 下，示例命令如下：

```
tar -xvf xxx.tar.gz -C /usr
```

其中，-C 代表指定解压的位置。

在 Windows 系统中对某些文件进行了压缩，将压缩文件传到 Linux 系统中使用，大多数 Windows 系统的压缩文件是 zip 格式的。在 Linux 系统中用到 zip 或者 unzip 时，需要自己进行安装，安装命令如下：

```
yum/dnf install -y unzip zip
#或者
apt-get/apt install -y unzip zip
```

将/home/html/目录下的所有文件和文件夹打包为当前目录下的 html.zip 文件，示例命令如下：

```
zip -q -r html.zip /home/html
```

如果当前在/home/html 目录下进行打包，则示例命令如下：

```
zip -q -r html.zip *
```

从压缩文件 data.zip 中删除文件 a，示例命令如下：

```
zip -dv data.zip a
```

查看压缩文件中包含的文件，示例命令如下：

```
unzip -l abc.zip
```

-v 参数用于查看压缩文件的目录信息，但是不解压该文件，示例命令如下：

```
unzip -v abc.zip
```

关于打包和压缩文件的一些示例,命令如下:

```
bunzip2 file1.bz2                       #解压一个叫作 file1.bz2 的文件
bzip2 file1                             #压缩一个叫作 file1 的文件
gunzip file1.gz                         #解压一个叫作 file1.gz 的文件
gzip file1                              #压缩一个叫作 file1 的文件
gzip -9 file1                           #最大程度地压缩
rar a file1.rar test_file               #创建一个叫作 file1.rar 的包
rar a file1.rar file1 file2 dir1        #同时压缩 file1、file2 及目录 dir1
rar x file1.rar                         #压缩 rar 包
unrar x file1.rar                       #解压 rar 包
tar -cvf archive.tar file1              #创建一个非压缩的 tarball
tar -cvf archive.tar file1 file2 dir1   #创建一个包含了 file1、file2 及 dir1 的文件
tar -tf archive.tar                     #显示一个包中的内容
tar -xvf archive.tar                    #释放一个包
tar -xvf archive.tar -C /tmp            #将压缩包释放到 /tmp 目录下
tar -cvfj archive.tar.bz2 dir1          #创建一个 bzip2 格式的压缩包
tar -jxvf archive.tar.bz2               #解压一个 bzip2 格式的压缩包
tar -cvfz archive.tar.gz dir1           #创建一个 gzip 格式的压缩包
tar -zxvf archive.tar.gz                #解压一个 gzip 格式的压缩包
zip file1.zip file1                     #创建一个 zip 格式的压缩包
zip -r file1.zip file1 file2 dir1       #将几个文件和目录同时压缩成一个 zip 格式的压缩包
unzip file1.zip                         #解压一个 zip 格式压缩包
```

在日常开发中有一些有用的快捷键使用方法,Tab 有命令补全与文件补齐的功能,如果 Tab 接在一串指令的第 1 个字的后面,则为命令补全;如果 Tab 接在一串指令的第 2 个字以后,则为文件补齐。

若安装了 bash-completion 软件,则在某些指令后面使用 Tab 按键时,可以进行"选项/参数"的补齐功能。这个软件非常有用,如果经常使用 Linux 命令行,则可以提高命令的输入效率,安装命令如下:

```
yum/dnf install -y bash-completion
#或者
apt-get/apt install -y bash-completion
```

如果在 Linux 系统下输入了错误的指令或参数,想让当前的程序停掉,则可以按快捷键 Ctrl+C 终止。快捷键 Ctrl+D 表示键盘输入结束(End Of File,EOF 或 End Of Input)的意思。另外,它也可以用来取代 Exit 的输入。例如想要直接离开文字输入接口,可以直接按快捷键 Ctrl+D 退出。快捷键 Shift+Page Up 可以实现往前翻页,快捷键 Shift+Page Down 可以实现往后翻页。

第4章 vi及vim的使用

在Linux系统中，vi是一款非常强大的编辑器，vi编辑器是所有UNIX及Linux系统下标准的编辑器，而基于vi做了更进一步完善和优化的vim则更加强大，配合一些插件的使用，在程序员界更有"编辑器之神"之称。现在一般的Linux系统镜像，即使是最小化镜像，也会内置这两个工具，而不需要额外安装，当然有些稍微老一点的镜像可能没有，手动安装起来也非常简单，例如，基于Fedora发行的系统CentOS/Oracle Linux等可以通过命令yum/dnf install vim-y进行安装，基于Debian发行的系统Ubuntu/Linux Mint等可以通过命令apt/apt-get install vim-y进行安装，有些系统在安装软件工具之前，可能需要先进行更新，在后续章节会详细地进行介绍，这里只需简单地了解怎么安装。vim的安装除了用系统提供的安装命令进行安装外，还可以通过源代码进行安装，vim的官网网址为https://www.vim.org/，在Download页面针对不同的操作系统详细地介绍了如何进行下载和安装。本章需要注意的是，凡是用了英文冒号":"的地方，都是属于命令的一部分，只有中文冒号"："才是分隔修饰符。

4.1 基本概念

在不同的Linux系统中，vi及vim的使用方法都是相同的，掌握了使用方法对于Linux使用和程序开发非常有用。vim是一个vi增强版的编辑工具，是一个开源免费的软件，它功能丰富，使用快捷，应用广泛。vim也是大多数Linux系统上的默认编辑器，用于对文本文件进行创建、显示、编辑、删除、复制等操作，需要用命令进行控制。基本上vi可以分为3种状态，分别是命令模式(Command Mode)、插入模式(Insert Mode)和末行模式(Last Line Mode)，各模式的功能区分如下。

1. 命令模式

控制屏幕光标的移动，对字符、字或行进行删除，移动复制某区段及进入插入模式，或者进入末行模式。可以用vim加上任意一个已经存在或想创建的文件名，如果系统不存在该文件，则创建该文件；如果系统存在该文件，则编辑该文件。此时就可以进入vim的默认模式——命令模式。此时vim等待输入正确的命令，键入的每个字符都会被当作命令来处理。用户刚刚启动 vi/vim 后便进入了命令模式，此状态下敲击键盘动作会被 vim 识别为命令，而非输入字符。例如此时按下 I 键，并不会输入一个字符，而会被当作输入了一个命令。以下是常用的几个命令。

(1) i：切换到输入模式，以输入字符。

(2) x：删除当前光标所在处的字符。

(3) :：切换到底线命令模式，以在最底一行输入命令。

若想要编辑文本，则可先启动 vim，进入命令模式，再按下 I 键，切换到输入模式。命令模式只有一些最基本的命令，因此仍要依靠底线命令模式输入更多命令。

2. 插入模式

只有在插入模式下，才可以输入文字，按 Esc 键可回到命令模式。在进入命令模式后，按下 A、I、O 等键可进入插入模式。进入插入模式后可以对文件进行编辑，左下角会出现 INSERT。输入 a 实现在光标所在字符后插入，输入 A 实现在光标所在行尾插入，输入 i 实现在光标所在字符前插入，输入 I 实现在光标所在行行首插入，输入 o 实现在光标下插入新行，输入 O 实现在光标上插入新行。

3. 末行模式

在进入末行模式前应先按下 Esc 键确认处于命令模式，按下冒号"："键，即可进入末行模式。在末行模式中输入 w 或者 q 并按 Enter 键将文件保存或者退出 vi。如果想要强制执行，则应在字母后面跟上"!"，例如遇到修改文件后不想保存等情况。此外可以设置编辑环境，如寻找字符串、列出行号等。

不过一般在使用时把 vi 简化成两个模式，即将末行模式也归入命令模式。

4.2 基本使用

本节主要对 vim 的一些使用方法和使用技巧进行介绍，vim 包含 vi 的功能，但有一小部分属性和功能 vi 没有，这一小部分是需要注意的地方。首先，通过如图 4-1 所示的键盘示意图对 vim 的使用有一个大致的了解，如果英文看着不习惯，则可以看如图 4-2 所示的中文翻译图。

先介绍使用 vim 进行文本编辑的大致流程，主要分为以下 4 个步骤。

1）文本的创建

通过命令创建一个文件，如果该文件已经存在于当前目录中，则会直接打开该文件；如果不存在，则会创建该文件，命令如下：

```
vim file.txt
```

对创建文件的后缀名没有限制，可以创建任意后缀的文件，vim 编辑器会根据不同的文件类型进行语法高亮显示。

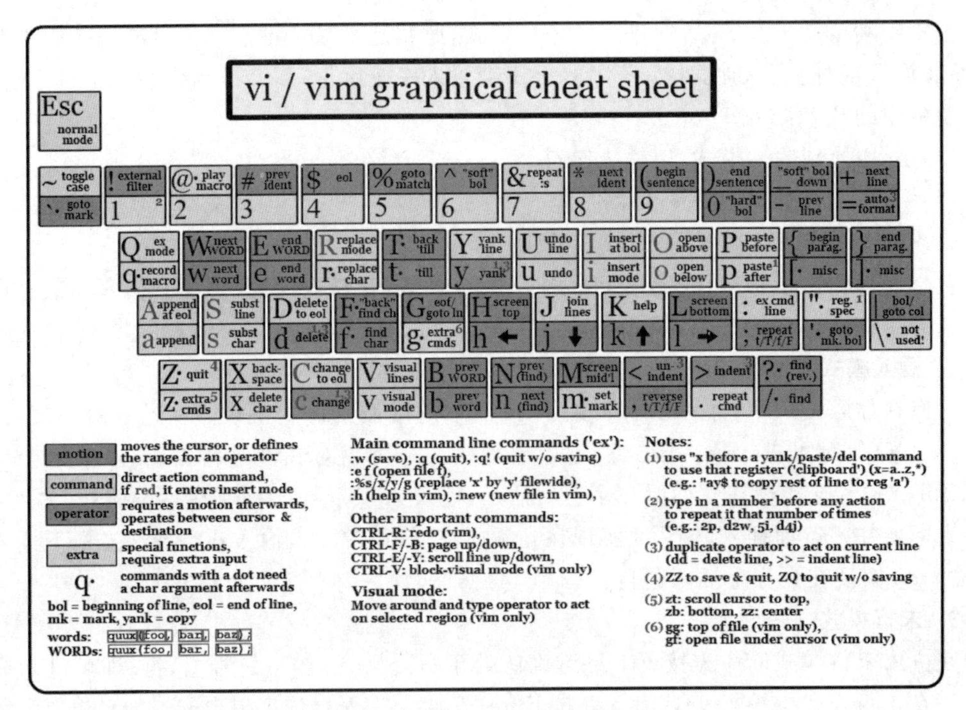

图 4-1　vi/vim 键盘图英文版

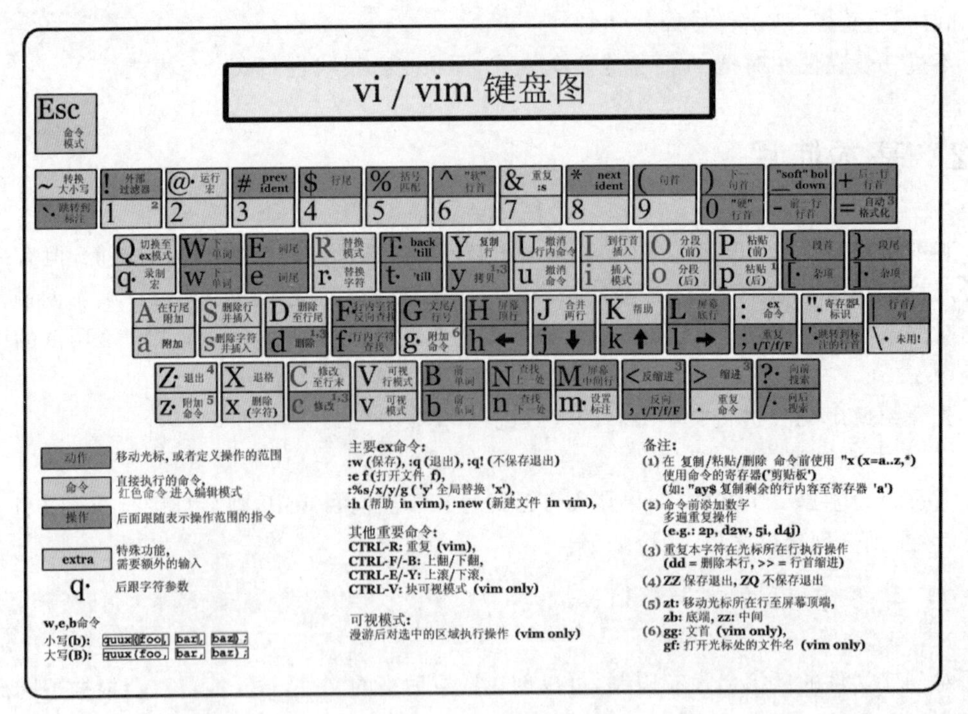

图 4-2　vi/vim 键盘图中文版

2）文本的选择

选择文本对于编辑器来讲是很基本的功能，也经常被用到，总结如下。

v：从光标当前位置开始，光标所经过的地方都会被选中，再次输入 v 结束。

V：从光标当前行开始，光标经过的行都会被选中，再次输入 V 结束。

Ctrl+V：从光标当前位置开始，选中光标起点和终点所构成的矩形区域，再按一次 Ctrl+V 结束，并且在这个矩形里面的文本会被高亮显示。

ggVG：选中全部的文本，其中 gg 表示跳到行首，V 表示选中整行，G 表示选至末尾。选中后就可以用编辑命令对其进行编辑了，例如可以执行以下操作。

(1) d：删除。

(2) y：复制(默认为复制到"寄存器")。

(3) p：粘贴（默认从"寄存器"取出内容后粘贴）。

(4) "+y：复制到系统剪贴板。

(5) "+p：从系统剪贴板粘贴。

3）文本的操作

:10,20w test：将第 10～20 行的资料写入 test 文件。

:10,20w >> test：将第 10～20 行的资料加在 test 文件之后。

:r test：将 test 文件的资料读入编辑缓冲区的最后。

:e [filename]：编辑新的文件。

:e! [filename]：放弃当前修改的文件，编辑新的文件。

:sh：进入 Shell 环境，使用 exit 退出，回到编辑器中。

:! cmd：运行命令 cmd 后，返回编辑器中。

:10,20d：删除第 10～20 行的资料。

:10d：删除第 10 行的资料。

:%d：删除整个编辑缓冲区。

:10,20co30：将第 10～20 行的资料复制至第 30 行之后。

:10,20mo30：将第 10～20 行的资料移至第 30 行之后。

4）文本的退出

任何输入的数据都置于编辑寄存器内，按 Esc 键后可跳回 Command 模式；在 Command 模式，任何输入都会作为编辑命令，而不会出现在屏幕上，即任何输入都立即执行。以"："或者"/"为前导的指令会出现在屏幕的最下一行，任何输入都会被当成特别指令。

:w /PATH/TO/SOMEFILE：将文件保存至指定的路径。

:q：退出打开的文件。

:q!：离开 vi，并放弃刚在缓冲区内编辑的内容。

:wq：将缓冲区内的资料写入磁盘中，并离开 vi。

:x：同 wq 指令，保存并退出。

:X：对文件加密。

在了解了 vim 的基本使用后，为了更进一步掌握 vim 的使用，下面介绍一些常用的操作方法。

1）删除字符

要删除一个字符，只需将光标移到该字符上使用 x 命令。使用 dw 删除光标所在处的单词或符号，使用 d3w 删除光标所在处的 3 个单词，使用 de 删除当前或下一个单词，使用 db 删除当前或前一个单词。

2）删除一行

使用 dd 命令删除一整行内容，删除后下面的行会移上来填补空缺。使用“d $”删除到行尾，使用 d^ 删除到非空行首，使用 d0 删除到行首，使用 3dd 删除光标所处的行起始的 3 行。

3）删除换行符

在 vim 中可以把两行合并为一行，也就是说两行之间的换行符被删除，使用的命令为 J。

4）撤销

如果误删了过多的内容，则可以再输入一遍，但是 u 命令更简便，它可以撤销上一次的操作。

5）重做

如果撤销了多次，则可以用 Ctrl-R（重做）来反转撤销的动作。换句话说，它是对撤销的撤销。撤销命令还有另一种形式，即 U 命令，它一次撤销对一行的全部操作。第 2 次使用该命令则会撤销前一个 U 的操作。用 u 和 Ctrl-R 可以找回任何一个操作状态。

6）追加

i 命令可以在当前光标之前插入文本。

a 命令可以在当前光标之后插入文本。

o 命令可以在当前行的下面另起一行，并使当前模式转换为 Insert 模式。

O 命令（注意是大写的字母 O）将在当前行的上面另起一行。

7）使用命令计数

假设要向上移动 9 行，可以用 kkkkkkkkk 或 9k 来完成。事实上，很多命令可以接受一个数字作为重复执行同一命令的次数。例如刚才的例子，要在行尾追加 3 个感叹号，当时用的命令是“a!!!”。另一种办法是用“3a!”命令。3 说明该命令将被重复执行 3 次。同样，删除 3 个字符可以用 3x 命令。指定的数字要紧挨在它所要修饰的命令的前面。

8）退出

如果要退出 vim，则可用 ZZ 命令。该命令用于保存当前文件并退出 vim。

9）放弃编辑

放弃所有的修改并退出，可使用“:q!”命令。使用“:e!”命令可放弃所有修改并重新载入该文件的原始内容。

10）以 word 为单位移动

使用 w 命令可以将光标向前移动到一个 word 的首字符上；例如 3w 表示将光标向前移动 3 个 words。b 命令用于将光标向后移动到前一个 word 的首字符上。e 命令会将光标移动到下一个 word 的最后一个字符。ge 命令用于将光标移动到前一个 word 的最后一个字符上。

11）移动到行首或行尾

“$”命令用于将光标移动到当前行的行尾。“^”命令用于将光标移动到当前行的第 1 个非空白字符上。“0”命令用于把光标移动到当前行的第 1 个字符上。键也是如此。“$”命令还可接受一个数字，如“1$”会将光标移动到当前行的行尾，“2$”则会移动到下一行的行尾，以此类推。“0”命令却不能接受类似这样的数字，命令“^”前加上一个数字也没有任何效果。

12）移动到指定字符上

fx 命令用于在当前行上查找下一个字符 x（向右方向），该命令的反方向命令为 Fx，即向左方向搜索下一个字符 x。tx 命令形同 fx 命令，只不过它不是把光标停留在被搜索字符上，而是在它之前的一个字符上。提示：t 意为 To。该命令的反方向命令是 Tx。这 4 个命令都可以用“;”来重复。用“,”也可以重复同样的命令，但是方向与原命令的方向相反。

13）匹配一个括号移动

使用“%”命令可跳转到与当前光标下的括号相匹配的那一个括号上。如果当前光标在“(”上，它就向前跳转到与它匹配的“)”上；如果当前光标在“)”上，它就向后自动跳转到匹配的“(”上去。

14）移动到指定行

在 G 命令前加上一个数字，这个命令就会把光标定位到由这个数字指定的行上。例如 33G 会把光标置于第 33 行上。如果没有指定数字作为参数，则 G 会把光标定位到最后一行上。gg 命令是跳转到第 1 行的快捷方法。另一个移动到某行的方法是在“%”命令之前指定一个数字，例如“50%”将会把光标定位在文件的中间；“90%”将会跳到接近文件尾的地方。命令 H、M、L 分别用于将光标跳转到第 1 行、中间行、结尾行部分。

15）显示当前的位置

使用 Ctrl-G 命令显示当前的位置。set number 用于在每行的前面显示一个行号。与此相反，关闭行号用命令“:set nonumber”。“:set ruler”命令用于在 vim 窗口的右下角显示当前光标位置。

16）滚屏滑动

Ctrl-U 可使显示文本的窗口向上滚动半屏。Ctrl-D 命令将窗口向下移动半屏。一次滚动一行可以使用 Ctrl-E（向上滚动）和 Ctrl-Y（向下滚动）。要向前滚动一整屏可使用命令 Ctrl-F。另外 Ctrl-B 是它的反向命令。zz 命令会把当前行置为屏幕正中央，zt 命令会把当前行置于屏幕顶端，zb 命令则会把当前行置于屏幕底端。

17）简单查找

“/string”命令可用于搜索一个字符串。要查找上次查找的字符串的下一个位置可使用 n 命令。如果准确地查找目标字符串第几次出现的位置，则可以在 n 之前添加一个数字，如 3n 会去查找目标字符串第 3 次出现的位置。“?”命令与“/”的工作相同，只是搜索方向相反。N 命令会重复前一次查找，但是与最初用“/”或“?”指定的搜索方向相反。如果查找内容忽略大小写，则用命令 set ignorecase 返回精确匹配用命令 set noignorecase。

18）查找下一个 word

把光标定位于这个 word 上，然后按下“*”键。vim 将会取当前光标所在的 word 并将它作为目标字符串进行搜索。“#”命令是“*”命令的反向命令。还可以在这两个命令前加一个数字，如“3*”查找当前光标下的 word 的第 3 次出现的位置。

19）查找严格 word

如果用“/the”来查找，vim 也会匹配到 there。如果要查找作为独立单词的 the，则应使用命令“/the\>”。“\>”是一个特殊的记法，它只匹配一个 word 的结束处。与此相似，“\<”会匹配到一个 word 的开始处。这样查找作为一个 word 的 the 就可以用“/\”了。

20）高亮显示搜索结果

开启这一功能用“:set hlsearch”命令，关闭这一功能用“:set nohlsearch”命令。如果只是想去掉当前的高亮显示，则可以使用“:nohlsearch”命令（可以简写为 noh）。

21）匹配一行的开头与结尾

“^”字符用于匹配一行的开头。“$”字符用于匹配一行的末尾，所以命令“/was$”只匹配位于一行末尾的单词 was，而命令“/^was”只匹配位于一行开始的单词 was。

22）匹配任何的单字符

“.”字符可以匹配到任何字符，例如“c.m”可以匹配任何前一个字符是 c 且后一个字符是 m 的情况，而不管中间的字符是什么。

23）匹配特殊字符

在特殊字符前面放一个反斜杠。如果查找“ter。”，则可用命令“/ter\。”。

24）使用标记

当使用 G 命令从一个地方跳转到另一个地方时，vim 会记得起跳的位置。这个位置在 vim 中是一个标记。使用命令“”可以跳回刚才的出发点。命令可以在两点之间来回跳转。Ctrl-O 命令是跳转到更早些时间停置光标的位置（提示：O 意为 older），Ctrl-I 则是跳回后来停置光标的更新的位置（提示：I 在键盘上位于 O 前面）。

25）具名标记

ma 命令将当前光标的位置标记为 a。从 a 到 z 一共可以使用 26 个自定义的标记。要跳转到一个定义过的标记，可使用“'marks”命令，此处 marks 是定义的标记的名字。“'a”命令用于跳转到 a 所在行的行首，“'a”命令会精确定位 a 所在的位置。“:marks”命令用来查看标记的列表。“delm!”命令用于删除所有标记。

26）操作符命令和位移

dw命令可以删除一个word，d4w命令可以删除4个word，以此类推，类似的命令还有d2e、d$等。此类命令有一个固定的模式：操作符命令+位移命令。首先键入一个操作符命令，例如d是一个删除操作符，接下来键入一个位移命令，例如w，这样任何移动光标命令所及之处都是命令的作用范围。

27）改变文本

操作符命令是c，此命令为改变命令。它的行为与d命令类似，不过在命令执行后会进入Insert模式，例如cw命令用于改变一个word。或者，更准确地说，它删除一个word并进入Insert模式。cc命令可以改变整行，不过仍保持原来的缩进。“c$”命令用于改变当前光标到行尾的内容。

常用的快捷命令如下。

x：代表dl(删除当前光标下的字符)。

X：代表dh(删除当前光标左边的字符)。

D：代表d$(删除到行尾的内容)。

C：代表c$(修改到行尾的内容)。

s：代表cl(修改一个字符)。

S：代表cc(修改一整行)。

3dw和d3w命令都用于删除3个word。第1个命令3dw可以看作将删除一个word的操作执行3次；第2个命令d3w是一次删除3个word，这是其中不明显的差异。事实上可以在两处都添加数字，例如，3d2w表示删除两个word，重复执行3次，总共是6个word。

28）替换字符

r命令不是一个操作符命令。它等待键入下一个字符，用以替换当前光标下的那个字符。r命令前的数字表示将多个字符替换为即将输入的那个字符。如果要把一个字符替换为一个换行符，则可使用r。它会删除一个字符并插入一个换行符。在r命令前添加数字只会删除指定个数的字符，如4r将把4个字符替换为一个换行符。查找替换字符串，可以使用如下的模式：

```
s/要查找的内容/替换为的内容/修饰符
```

要查找的内容：可使用正则表达式。

替换为的内容：不能使用正则表达式，但可以引用。

修饰符：i表示忽略大小写；g表示全局替换，意味着如果在同一行中匹配到多次，则均替换。

用法举例如下：

:%s/源字符/替换字符：将每行出现的第1个源字符替换为目标字符。

:%s/源字符/替换后字符/g：将全文源字符替换为目标字符。

:8,10s/源字符/替换后字符/g：替换第8～10行的字符。

29）重复改动

“.”命令会重复上一次的改动。“.”命令会重复所有修改，但除了 u 命令、Ctrl-R 和以冒号开头的命令。“.”需要在 Normal 模式下执行，它重复的是命令，而不是被改动的内容。

30）Visual 模式

输入 v 可以进入 Visual 模式，移动光标以覆盖想操作的文本范围，同时被选中的文本会高亮显示，最后输入操作符命令。

31）移动文本

以 d 或 x 命令删除文本时，被删除的内容会被保存起来，用 p 命令可以把它取回来。P 命令是把被取回的内容放在光标之前，而 p 命令则把被取回的内容放在光标之后。对于以 dd 命令删除的整行内容，P 命令会把它置于当前行的上一行。p 命令则把它置于当前行的后一行。也可以在 p 和 P 命令前添加数字。它表示将同样的内容取回指定的次数。这样 dd 之后的 3p 就可以把被删除行的 3 份副本放到当前位置。xp 命令用于将光标所在的字符与后一个字符交换。

32）复制文本（vim 编辑器内复制）

y 操作符命令会把文本复制到一个寄存器中，然后可以用 p 命令把它取回。因为 y 是一个操作符命令，所以可以用 yw 来复制一个光标所在处的单词。同样可以在命令前添加数字，如用 y2w 命令复制两个 word，用 yy 命令复制一整行，Y 用于复制整行的内容，复制当前光标处至行尾内容的命令是“y $”。使用“y^”复制当前光标处到非空行的行首，使用 y0 复制当前光标处到行首的内容，使用 ye 复制当前或下一个单词，使用 yb 复制当前或前一个单词，使用 3yy 复制 3 行。

33）文本对象

diw 命令用于删除当前光标所在的 word（不包括空白字符）；daw 命令用于删除当前光标所在的 word（包括空白字符）。

34）快捷命令

x：删除当前光标下的字符（dl 的快捷命令）。

X：删除当前光标之前的字符（dh 的快捷命令）。

D：删除自当前光标至行尾的内容（“d $”的快捷命令）。

dw：删除自当前光标至下一个 word 的开头部分的内容。

db：删除自当前光标至前一个 word 的开始部分的内容。

diw：删除当前光标所在的 word（不包括空白字符）。

daw：删除当前光标所在的 word（包括空白字符）。

dG：删除当前行至文件尾的内容。

dgg：删除当前行至文件头的内容。

如果用 c 命令代替 d 命令就都变成更改命令了。y 命令就是 yank 命令，以此类推。

35）编辑另一个文件

在命令模式中输入命令“:edit foo.txt”，也可简写为“:e foo.txt”。

36）文件列表

可以在启动 vim 时就指定要编辑多个文件，如使用命令 vim one. c two. c three. c。vim 将在启动后只显示第 1 个文件，完成该文件的编辑后可以用“：next”或“：n”命令保存成果并继续对下一个文件进行编辑，“：wnext”或“：wn”命令可以合并这一过程。

37）显示当前正在编辑的文件

在命令模式中输入“：args”命令。

38）移动到另一个文件

用命令“：previous”或“：prev”回到上一个文件，合并保存的命令则是“：wprevious”或“：wprev”。要移到最后一个文件的命令为“：last”，要到第 1 个文件的命令为“：first”，不过没有“：wlast”或者“：wfirst”这样的命令。可以在“：next”和“：previous”命令前面添加一个数字。

39）编辑另一个文件列表

不用重新启动 vim 就可以重新定义一个文件列表。命令“：args five. c six. c seven. h”定义了要编辑的 3 个文件。

40）自动存盘

命令“：set autowrite”或者“：set aw”可自动把内容写回文件：如果文件被修改过，则在输入命令“：next”“：rewind”“：last”“：first”“：previous”“：stop”“：suspend”“：tag”“：!”“：make”、Ctrl-]、Ctrl-^时执行。命令“：set autowriteall”或者“：set awa”与“：set autowrite”类似，但也适用于“：edit”“：enew”“：quit”“：qall”“：exit”“：xit”“：recover”和关闭 vim 窗口。置位本选项也意味着 vim 的行为就像打开“autowrite”一样。

41）切换到另一文件

要在两个文件间快速切换，使用 Ctrl-^命令。

42）文件标记

以大写字母命名的标记是全局标记，它们可以用在任何文件中。例如，正在编辑 fab1. java 文件可用命令 50％mF 在文件的中间设置一个名为 F 的标记，然后在 fab2. java 文件中用命令 GnB 在最后一行设置名为 B 的标记。可以用 F 命令跳转到文件 fab1. java 的半中间。或者编辑另一个文件，B 命令会再把光标移到文件 fab2. java 的最后一行。要知道某个标记所代表的位置是什么，可以将该标记的名字作为 marks 命令的参数，即“：marks M”或者连续跟上几个参数“：marks MJK”，可以用 Ctrl-O 和 Ctrl-I 跳转到较早的位置和靠后的某一个位置。

43）查看文件

如果仅查看文件，而不向文件写入内容，则可以用只读形式编辑文件，如使用命令 vim-R file。如果想强制性地避免对文件进行修改，则可以用命令 vim-M file。

44）更改文件名

将现有文件存成新的文件，可用命令“：sav(eas) move. c”。如果想改变当前正在编辑的文件名，但不想保存该文件，就可以用命令“：f(ile) move. c”。

45）分割一个窗口

打开一个新窗口最简单的办法是使用命令“:split”。Ctrl-W 命令可以切换当前活动窗口。

46）关闭窗口

用命令“:close”可以关闭当前窗口。实际上，任何退出文件编辑的命令“:quit”和 ZZ 都会关闭窗口，但是用“:close”命令可以阻止关闭最后一个 vim，以免意外地关闭了 vim。

47）关闭除当前窗口外的所有其他窗口

用命令“:only”关闭除当前窗口外的所有其他窗口。如果这些窗口中有被修改过的文件，则会得到一个错误信息，同时那个窗口会被留下来。

48）为另一个文件分隔出一个窗口

命令“:split two.c”可以打开第 2 个窗口，同时在新打开的窗口中开始编辑作为参数的文件。如果要打开一个新窗口并开始编辑一个空的缓冲区，则可使用命令“:new”。

49）垂直分割

垂直分割可用“:vsplit”或“:vsplit two.c”命令。同样有一个对应的“:vnew”命令，用于垂直分隔窗口并在其中打开一个新的空缓冲区。

50）切换窗口

Ctrl-W h：切换到左边的窗口。

Ctrl-W j：切换到下面的窗口。

Ctrl-W k：切换到上面的窗口。

Ctrl-W l：切换到右边的窗口。

Ctrl-W t：切换到顶部窗口。

Ctrl-W b：切换到底部窗口。

51）针对所有窗口操作的命令

“:qall”命令用于放弃所有操作并退出，“:wall”命令用于保存所有操作，“:wqall”命令用于保存所有操作并退出。

52）为每个文件打开一个窗口

使用-o 选项可以让 vim 为每个文件打开一个窗口，如 vim-o one.txt two.txt three.txt。

53）使用 vimdiff 查看不同

vimdiff main.c～ main.c 命令可查看这两个文件的不同。另一种进入 diff 模式的办法是在 vim 运行中操作，编辑文件 main.c，然后打开另一个分隔窗口显示其不同，如“:edit main.c”“:vertical diffpatch main.c.diff”。

54）页签

“:tabe(dit) thatfile”命令用于在一个窗口中打开 thatfile，该窗口占据着整个 vim 显示区域。“:tab split/new”命令用于新建一个拥有窗口的页签。用 gt 命令可在不同的页签间切换。

55）缩进代码

在命令状态下对当前行用==(连按两次=)，或对多行用n==(n是自然数)表示自动缩进从当前行起的下面n行。可以先把代码缩进任意打乱，再尝试用n==排版，相当于一般IDE里的Code Format。使用gg=G可对整篇代码进行排版。输入v选定后输入=就可自动格式化代码，即可实现自动缩进，并可实现内部递归地缩进。

56）Tab缩进

Tab是制表符，此制表符确实很有用。

>：输入此命令则可使光标所在行向右移动一个Tab。

5>>：输入此命令则可使光标后5行向右移动一个Tab。

:12,24>：此命令将使第12～14行的数据都向右移动一个Tab。

:12,24>>：此命令将使第12～14行的数据都向右移动两个Tab。

4.3　高级选项

为了更进一步地提高开发效率，可以根据开发语言和个人习惯的不同，定制vim的工作特性，配置vim默认的工作环境，从而达到事半功倍的效果。配置文件的有效性说明如下。

(1) 临时有效：在末行模式下的设定，仅对当前vim进程有效。

(2) 永久有效：需要修改相应的配置文件，全局配置文件(/etc/vimrc)或用户个人配置文件(～/.vimrc，如果没有此文件，则需要先创建此文件)。

vim环境配置常用的命令选项如下。

1）行号

显示：set number，简写为set nu。

取消显示：set nomber或者set nonu。

2）括号匹配高亮

匹配：set showmatch，简写为set sm。

取消：set nosm。

3）自动缩进

启用：set ai。

禁用：set noai。

4）高亮搜索

启用：set hlsearch。

禁用：set nohlsearch。

5）语法高亮

启用：syntax on。

禁用：syntax off 。

6）忽略字符大小写

启用：set ic。

禁用：set noic。

7）获取帮助

:help。

:help subject。

8）按 Tab 键产生 4 个空格

(1) :set ts=4：ts 是 tabstop 的缩写，设 Tab 宽 4 个空格。

(2) :set shiftwidth=4：设置自动缩进 4 个空格，当然要先设自动缩进。

(3) :set sts=4：将 softtabstop 设置为 4，输入 Tab 后就缩进 4 个空格。

(4) :set tabstop=4：实际的 Tab 即为 4 个空格，而不是缺省的 8 个空格。

(5) :set expandtab：在输入 Tab 后，vim 用恰当的空格来填充这个 Tab。

对于已保存的文件，可以使用下面的方法进行空格和对 Tab 进行替换。

将 Tab 替换为空格，代码如下：

```
:set ts = 4
#或者
:set expandtab
#或者
: % retab!
```

将空格替换为 Tab，代码如下：

```
:set ts = 4
#或者
:set noexpandtab
#或者
: % retab!
```

9）其他的一些属性

(1) :set all：显示目前所有可设置的环境变量列表。

(2) :set：环境变量的当前值。

(3) :set ai：自动内缩。

(4) :set noai：取消自动内缩。

(5) :set ruler：会在屏幕右下角显示当前光标所处位置，并随光标的移动而改变，占用屏幕空间较小，使用也比较方便，推荐使用。

(6) :set incsearch：使 vim 在输入字符串的过程中，光标就可定位显示匹配点。

(7) :set nowrapscan：关闭查找自动回环功能，即查找到文件结尾处，结束查找；默认状态是自动回环。

(8) :set backspace=2：在编辑时可随时用退格键删除(当值为0、1时,只针对刚输入的字符有效)。

(9) :set autoindent：自动缩排。

(10) :set noautoindent：取消自动缩排。

(11) :set showmode：显示左下角那一行的状态。

(12) :set bg=dark：显示不同的底色色调。

最后,单独讲解一下":autocmd"命令,它的功能十分强大,可以用这个命令实现对不同的文件格式应用不同的配置,还可以在新建文件时自动添加版权声明等。举几个例子,详情可看帮助文档,举例代码如下：

```
#删除之前所有的自动命令
:autocmd!

#下面的两条命令在打开 Java 文件时才应用后面提到的两个配置文件
autocmd FileType        Java source ~/.vim/files/Java.vim
autocmd FileType        Java source ~/.vim/files/jcommenter.vim

#下面的这条命令在新建 Java 文件时自动加入 Java.skel 文件的内容
autocmd BufNewFile       *.Java 0r ~/.vim/files/skeletons/Java.skel

#下面的这条命令在新建 Java 文件时自动运行 gnp 命令,这个命令进行一些特殊化处理,例如将新
#Java 文件中的 __date__ 替换成今天的日期等.需要注意的是,在 vim 这个环境配置文件中的英文
#双引号"""表示的是注释
autocmd BufNewFile       *.Java normal gnp
```

每个人可以根据自己所使用的开发语言及使用习惯来定制个人的.vimrc文件,这里以常用的Java和Python开发语言举例,结合个人的开发习惯,编写一个vim环境配置文件,内容如下：

```
vim ~/.vimrc

set encoding = utf - 8
set fileencodings = utf - 8,ucs - bom,gb18030,gbk,GB2312,cp936
set termencoding = utf - 8
set nu
set ai
set ruler
syntax on
set history = 3000
set ts = 4
set noexpandtab
set autoindent
set smartindent
```

```
set scrolloff = 4
set showmatch
set nocompatible
set ic
set hlsearch
set cursorline
filetype plugin indent on

autocmd BufNewFile *.Java normal gnp
setlocal omnifunc = Javacomplete
autocmd Filetype Java set omnifunc = Javacomplete
autocmd Filetype Java set completefunc = Javacomplete
inoremap <buffer> <C-X><C-U> <C-X><C-U><C-P>
inoremap <buffer> <C-S-Space> <C-X><C-U><C-P>
autocmd Filetype Java,JavaScript,jsp inoremap <buffer> . .<C-X><C-O><C-P>

let python_highlight_all = 1
au Filetype python set tabstop = 4
au Filetype python set softtabstop = 4
au Filetype python set shiftwidth = 4
au Filetype python set textwidth = 79
au Filetype python set expandtab
au Filetype python set autoindent
au Filetype python set fileformat = UNIX
autocmd Filetype python set foldmethod = indent
autocmd Filetype python set foldlevel = 99
```

保存后退出 vim，在下次使用 vim 时，就会有自己所设置的 vim 操作环境了。提醒一点，这个文件中每行前面加不加“:”的效果都是一样的。

上面的 vim 环境配置文件同时配置了 Java 和 Python 开发环境，如果使用上面的 vim 环境配置内容，则需要确保 Java 环境已经装好，在 Java 的 CLASSPATH 后面添加～/.vim/autoload，形式如下：

```
CLASSPATH = .: $ Java_HOME/lib/tools.jar: $ Java_HOME/lib/dt.jar:~/.vim/autoload
```

然后让配置文件生效，可以使用的命令如下：

```
source /etc/profile
```

因为 Java 是静态语言，如果要配置自动提示，则需要执行的命令如下：

```
cd /root
wget https://www.vim.org/scripts/download_script.php?src_id = 14244
mkdir -p ~/.vim
```

```
unzip Javacomplete.zip -d ~/.vim
cd ~/.vim/autoload/
Javac Reflection.Java
```

到此为止，不管是编写 Java 还是 Python 程序都可以使用自动提示功能了，从而可提升开发效率。

最后为了方便看到程序开发的整个目录，可以配置 vim 编辑器左侧显示文件目录，通过官方的插件实现，执行的命令如下：

```
cd /root
wget https://www.vim.org/scripts/download_script.php?src_id=19574
mkdir -p ~/.vim
unzip taglist_46.zip -d ~/.vim
```

配置上面的环境可能要用到一些额外的工具，后续会详细介绍 Linux 下软件工具的安装，这里首先给出上面用到的工具的安装方法，其实只是一个最基础的工具，大多数 Linux 系统自带了，不排除有些最小化系统没有自带。如果在上面的安装步骤中报错了，则可以先通过下面的方式手动安装，命令如下：

```
yum/dnf install -y curl wget zip unzip
#或者
apt/apt-get install -y curl wget zip unzip
```

vim 还有很多功能强大的插件，用户可以根据自己的个人需要进行安装配置，这里举几个例子，如 YouCompleteMe 代码自动补全工具、Autoformat 一键格式化代码工具、nerdtree 文件树工具实现在 vim 中浏览文件夹、rainbow_parentheses 使用不同的颜色高亮匹配的括号、vim-airline 提供了加强版的状态栏、ale 异步语法检测等。

目前主要的编辑器都有恢复功能，vim 也有这个功能。vim 是通过"保存"文件来恢复数据的。每当在用 vim 编辑时，vim 都会自动地在被编辑的文件的目录下面再新建一个名为 filename.swap 的文件。这是一个暂存文件，对文件 filename 所做的操作都会被记录到这个文件中。如果系统意外崩溃，导致文件没有正常保存，则这个暂存文件就会发挥作用，也就是说，当系统因为某些原因而导致类似宕机的情况时，还可以利用这个恢复功能将之前未保存的数据找回来，即找回 vim 的缓存文件、恢复与开启时的警告信息等。

当非正常情况下退出 vim，例如断电关机、程序异常被结束等，或者在不同的终端打开了这个文件，再来编辑这个文件，这时会出现一些信息，右下角会出现 6 个命令项，其作用及说明如下。

(O)pen Read-Only：打开此文件使其成为只读文件，可以用在只想查阅该文件内容而不进行编辑行为时。一般来讲，在上课时，如果登入同学的计算机去查看他的某个文件，结果发现此同学正在编辑此文件，则可以使用这种模式。

(E)dit anyway：还是用正常的方式打开要编辑的那个文件，并不会载入暂存盘的内容。如果两个人都在编辑这个文件，则很容易出现互相改变对方文件等问题。

(R)ecover：加载暂存盘的内容，用在要恢复之前未保存的内容。不过恢复内容后保存此文件并离开 vim 后，还是要手动自行删除那个暂存文件。

(D)elete it：如果确定那个暂存文件是无用的，则在打开文件前会先将这个暂存文件删除。

(Q)uit：输入 q 就离开 vim，不会执行任何动作而回到命令提示字符。

(A)bort：忽略这个编辑行为，效果与 quit 非常类似。

其实，目前大部分 Linux 发行版本都以 vim 取代了 vi。为什么要用 vim 呢？因为 vim 具有高亮显示功能，并且还支持许多程序语法(syntax)和相应的提示信息。查看自己的 vi 是不是被 vim 代替，可以用 alias 命令查看是不是有 alias vi=vim 这一行。

以下列出了一些用到的选项和说明，当对 vim 有一定的掌握之后，可以根据表 4-1 的内容不断地提高快捷键的使用，每次掌握几个使用技巧，从而让自己成为一名优秀的 vim 使用者，从而大幅提高自己的编程效率。

(1) 进入插入模式命令，见表 4-1。

表 4-1 进入插入模式命令

命令	说明	命令	说明
i	在光标前插入文本	o	在当前行之下新开一行
a	在光标后插入文本	O	在当前行之上新开一行

(2) 光标移动命令，见表 4-2。

表 4-2 光标移动命令

命令	说明	命令	说明
gg，:0	将光标转到首行行首	{}	段落移动
G，:$	将光标转到末行行首	H	将光标定位到屏幕顶部
0	将光标移到本行行首	M	将光标定位到屏幕中间
$	将光标移到本行行尾	L	将光标定位到屏幕底部
n+	将光标下移 *n* 行	w	将光标向前移动一个单词(word)的位置
n−	将光标上移 *n* 行	b	将光标向后移动一个单词(back)的位置
nG，:n	将光标移至 *n* 行行首	e	将光标移动到当前单词的结尾(end)
Ctrl+U	上翻半屏(up)	zt	将当前行变为屏幕的第 1 行(top)
Ctrl+D	下翻半屏(down)	zz	将当前行变为屏幕中间行
Ctrl+B	上翻一屏(backwards)	zb	将当前行变为屏幕尾行
Ctrl+F	下翻一屏(forward)	Ctrl+E	屏幕上移一行但光标位置不变
()	句子移动	Ctrl+Y	屏幕下移一行但光标不变

(3) 删除复制和替换命令,见表 4-3。

表 4-3　删除复制和替换命令

命　　令	说　　明
dd	删除整行
d0	从当前位置删至行首
d$,D	从当前位置删至行尾
ndd	删除 *n* 行
dl	删除光标位置一个字符
dw	删除从当前位置至单词结尾的内容
cc	删除当前行并进入插入模式,cl 和 cw 类似于 d
yy	复制当前行,yl 和 yw 类似于 d
p	粘贴
r	修改光标所在位置字符
s	删除光标所在位置字符并进入插入模式
u	撤销上一次的操作
Ctrl+R	恢复上一次的操作

(4) 查找和替换命令,见表 4-4。

表 4-4　查找和替换命令

命　　令	说　　明
/pattern	从光标处开始向文件尾搜索 pattern,在 pattern 后加\c 可以不区分大小写
? pattern	从光标处开始向文件首搜索 pattern
n	在同一方向重复上一次搜索命令
N	在反方向重复上一次搜索命令
: nohlsearch (noh)	取消搜索结果的高亮显示
:s/p1/p2/g	将当前行中所有 p1 用 p2 替代
:n1,n2s/p1/p2/g	将第 n1 至 n2 行中所有 p1 均用 p2 替代
*	向文件尾搜索匹配光标所在字
#	向文件首匹配光标所在字

(5) 寄存器命令,见表 4-5。

表 4-5　寄存器命令

命　　令	说　　明
""	默认寄存器,文本来源命令 d/c/s/x/y
"0	复制缓存,来源为 yy 命令
"1-"9	删除缓存,来源为 dd 命令
"a-"z	自定义的寄存器,不会被系统自动删除,总是存储最后一次使用的值,"A-"Z: 向"a-"z 寄存器中追加新内容而不是覆盖,虽然"A-"Z 本身不是寄存器,但是可以引用

续表

命　令	说　明
"ayy	复制当前行并将其存放在"a 寄存器中
"_	黑洞寄存器，只进不出
:reg	查看寄存器里的值（全名为:registers）

（6）文件操作命令，见表 4-6。

表 4-6　文件操作命令

命　令	说　明
v	可视行
Ctrl+V	可视列
Ctrl+G	查看当前文件信息（文件名和行数）
:! command	暂时退出 vi，执行 command 命令并输出结果
!! command	执行 command 命令并将执行结果输出到当前行（覆盖方式）
!}command	执行 command 命令并将执行结果输出到当前行和之后的行中（覆盖方式）
:r hello	将 hello 文件读入当前文件中
:n1,n2 w >> fox	将 n1 至 n2 追加到 fox 文件中
:Ex	（:Explore）开启目录浏览，可以浏览当前目录下的所有文件，可以选择
:Sex	（:Sexplore）水平分隔当前窗口，并在一个窗口中开启目录浏览器
:Shell	不关闭 vi 切换到 Shell 命令行。当退回到 vi 时可使用:exit
.	重复上一个操作

（7）多文件编辑命令，见表 4-7。

表 4-7　多文件编辑命令

命　令	说　明
$ vi f1 f2 f3	同时打开 f1、f2、f3 文件
:n	切换到下一个文件（:next）
:bn	切换到下一个文件（:bnext）
:prev	切换到上一个文件（:previous）
:bp	切换到上一个文件（:bprevious）
:n#	切换最近两个文件
:e#	
Ctrl+6	
:buffers	显示缓冲区的文件列表
:ls	
:b buffnum	切换到 buffnum 对应的文件，buffnum 是缓冲文件列表的值
:bd buffnum	关闭 buffnum 对应的文件（:bdelete ）
:rewind	切换到第 1 个文件
:e f4	在缓冲区添加新的文件，和之前打开的文件属于并列关系

续表

命　令	说　明
:e!	重新载入当前文件,用于撤销当前所做的修改
:mksession! [name.vim]	保存多文件会话状态
$vim-S name.vim	vim 重载之前的多文件会话状态
:source name.vim	手动重载之前的会话

(8) 多标签命令,见表 4-8。

表 4-8　多标签命令

命　令	说　明	命　令	说　明
$vim-p f1 f2 f3	以多标签的方式打开多个文件	:tabo	关闭其他的 Tab,只留当前一个
gt	向右切换标签	:tabs	查看所有打开的 Tab
gT	向左切换标签	:tabp	前一个
:tabnew filename	添加一个新标签	:tabn	后一个
:tabc	关闭当前的 Tab		

(9) 编辑操作命令,见表 4-9。

表 4-9　编辑操作命令

命　令	说　明
K	跳转到光标所在函数或命令的 man 手册
J	将当前行的下一行合并到当前行
%	跳转到匹配“{”对应的“}”的位置
gd	跳到局部的变量定义处,不能跨文件
gf	打开光标所在位置的文件名,一般是头文件用组合键 Ctrl+W+F 分屏打开文件
>	缩进。“<:”表示反缩进
Ctrl+o	跳转到上一视图,可用于搜索后、使用 gg|G 跳转或 Tag 跳转的返回
''(两个单引号)	在上一视图和本视图之间切换
ma	设置标签 a,之后可以通过'a 跳转到设置的标签 a 处,类似的标签: a-z
~	可转换光标所在位置的字母大小写
gg=G	整个文件重置缩进
2G=15G	第 2～15 行重置缩进
:set ft=c	将文件类型设置为 c(filetype)
:filetype	显示与当前文件类型相关的设置

(10) 文件比较命令,见表 4-10。

表 4-10　文件比较命令

命　令	说　明
$vimdiff f1 f2	直观地比较 f1 和 f2 的不同(vimdiff 是 Shell 下的一个链接命令,指向 vim)
:vertical diffsplit xxx	以垂直方式比较当前文件和 xxx 文件

续表

命　　令	说　　明
zo	打开光标下面的一个折叠(open)
zO	打开光标下面的所有折叠
zc	关闭光标下面的一个折叠(close)
zC	关闭光标下面的所有折叠
:set noscrollbind	取消文件比较中的同步滚屏功能
]c	跳到下一个修改点
[c	跳到上一个修改点
:diffupdate	在比较过程中,修改过一个文件后更新比较状态
dp	把光标所在窗口的差异改到另一个窗口(:diffput)
do	把光标所在窗口的差异改为另一个窗口的(:diffget) o=obtain
:diffoff!	强制关闭比较模式

(11) 窗口分隔命令,见表 4-11。

表 4-11　窗口分隔命令

命　　令	说　　明
:split xxx	打开 xxx 文件并与当前文件水平排列
:vsplit xxx	打开 xxx 文件并与当前文件垂直排列
:15split xxx	以占据 15 行的窗口打开文件 xxx
:new [xxx]	新建(打开)一个与当前文件水平排列的文件
:vnew [xxx]	新建(打开)一个与当前文件垂直排列的文件
Ctrl+W w	在打开的文件中跳转
Ctrl+W [hjkl]	跳转到[左下上右]的窗口
Ctrl+W [tb]	跳转到最上/最下的窗口
Ctrl+W [HJKL]	把当前窗口移动到最[左下上右]边
Ctrl+W +	扩大窗口(默认一行),5Ctrl+W+(扩大 5 行)
Ctrl+W =	平分窗口
Ctrl+W _	扩大窗口到最大,带参数{height}Ctrl+W _
:res(ize) num	将窗口大小调整为 num 行
:res(ize) +num	窗口大小增加 num 行
:vertical res(ize) num	将窗口大小调整为 num 列
:close Ctrl+W c	关闭当前(不能是最后一个)的窗口
:only	关闭除当前窗口外的所有窗口
:qall	关闭所有打开的窗口
:wall	保存所有的打开的窗口文件
:wqall	保存并退出
$ vim-o f1 f2 f3	以水平排列方式打开 3 个文件
$ vim-O f1 f2 f3	以垂直排列方式打开 3 个文件

续表

命　　令	说　　明
:all	为已经打开的多个文件分配水平的窗口
:vertical all	为已经打开的多个文件分配垂直的窗口
Ctrl+W+o	只显示当前窗口

（12）ctags 命令，见表 4-12。

表 4-12　ctags 命令

命　　令	说　　明
$ ctags--list-languages	显示 ctags 支持的语言
$ ctags--list-maps	默认支持的文件扩展名
$ ctags-R	给当前文件夹下的所有文件建立 tags
～set tags=/tags	在.vimrc 文件中设置 tags 的路径，如果有多个 tags，则可以用“,”分隔，或者使用 set tags+=/tags 进行添加
:tag main	可以从打开的文件中跳到 main 函数处，即使打开的文件中没有 main 函数（在别的文件中也可以跳过去）
Ctrl+]	以光标所在位置的单词为 Tag 跳转
Ctrl+T	跳回之前的位置，可以在前面加上跳转的深度，3Ctrl+T：跳回之前三层之上的位置
:tags	列出已经跳转到过哪些 Tag
:tag /^block <tab>	查找以 block 开头的可能的 Tag
Ctrl+W+]	分割当前窗口并跳转到光标所在位置的 Tag 处
:stag xxx	
$ vim-t tag	找到 Tag(函数，结构体等)所在文件并打开
:tn	当有多个匹配 Tags 时跳转下一个(:tnext)
:tp	当有多个匹配 Tags 时跳转上一个(:tprevious)

vim 的功能远不止这些，这里只是把日常使用频率较高的功能记录下来，若想了解 vim 的全部功能，则可查阅帮助手册，或者查询指定命令的用法，如 help xx。

第5章 Linux 系统配置

操作系统安装完成以后，为了提高工作效率及满足某些应用的安装和配置，需要对Linux系统进行配置。本章以CentOS系统进行举例，系统安装完成以后，可以安装一些基础的网络工具，方便后续的网络配置检测和使用，其他类型的Linux系统的原理和安装与此类似，命令如下：

```
yum install -y lsof net-tools wget procps psmisc iputils telnet curl tcpdump traceroute
```

5.1 Linux 网卡配置

网络配置对操作系统来讲是一个非常重要的配置，不管是下载软件还是访问服务都需要合理地配置好网络，一个系统可以根据网卡的情况配置多个IP，每个IP配置不同的网段访问不同的服务。在云计算环境中，通常会有很多个网络，需要配置后进行访问，也需要进行网络隔离，所以掌握网络的基本概念和配置是非常有必要的。

1. 静态IP地址

进入Linux系统后，可以通过多种方式查看当前机器的网卡信息及IP地址，命令如下：

```
ip addr
ifconfig
```

查看不同网段IP的路由情况，命令如下：

```
route
#或者
route -n
```

进入网卡配置目录，命令如下：

```
/etc/sysconfig/network-scripts/
```

在网卡配置里，分为静态IP配置和动态IP配置。为什么要用静态IP？静态IP最大的好处是，当系统重启或者断电关机后，如果业务系统恢复后，则还是原来的IP配置，不用动态地修改。这一点在云计算环境中很重要，云计算环境中对IP地址的配置基本上是固定的，前期规划好，不能轻易地修改，否则其中一个节点宕机后再恢复时如果IP变了，则会引起很多关联服务无法访问。动态IP配置应用得也很广泛，常用的有无线路由器，终端接入后，自动分配IP地址进行上网。在进行IP配置之前，有几个概念需要了解一下。

1）DNS

DNS是域名系统（Domain Name System）的缩写，它是由解析器和域名服务器组成的。域名服务器是指保存着该网络中所有主机的域名和对应IP地址并具有将域名转换为IP地址功能的服务器，其中域名必须对应一个IP地址，而IP地址不一定有域名。域名系统采用类似目录树的等级结构。域名服务器为客户机/服务器模式中的服务器方，它主要有两种形式：主服务器和转发服务器。将域名映射为IP地址的过程称为"域名解析"。在Internet中域名与IP地址之间是一对一（或者多对一）的，域名虽然便于人们记忆，但机器之间只能互相认识IP地址，它们之间的转换工作称为域名解析，域名解析需要由专门的域名解析服务器来完成，DNS就是进行域名解析的服务器。DNS命名用于Internet等TCP/IP网络中，通过用户友好的名称查找计算机和服务。当用户在应用程序中输入DNS名称时，DNS服务器可以将此名称解析为与之相关的其他信息，如IP地址。在上网时输入的网址是通过域名解析系统解析后找到了相对应的IP地址才能上网。其实，域名的最终指向是IP。

2）网关

顾名思义，网关（Gateway）就是一个网络连接到另一个网络的"关口"。按照不同的分类标准，网关也有很多种。TCP/IP里的网关是最常用的，在这里所讲的"网关"均指TCP/IP下的网关。那么网关到底是什么呢？网关实际上是一个网络通向其他网络的IP地址。例如有网络A和网络B，网络A的IP地址范围为192.168.1.1～192. 168.1.254，子网掩码为255.255.255.0；网络B的IP地址范围为192.168.2.1～192.168.2.254，子网掩码为255.255.255.0。在没有路由器的情况下，两个网络之间是不能进行TCP/IP通信的，即使是两个网络连接在同一台交换机（或集线器）上，TCP/IP也会根据子网掩码（255.255.255.0）判定两个网络中的主机处在不同的网络里，而要实现这两个网络之间的通信，则必须通过网关。如果网络A中的主机发现数据包的目的主机不在本地网络中，就把数据包转发给它自己的网关，再由网关转发给网络B的网关，网络B的网关再转发给网络B的某个主机。网络B向网络A转发数据包的过程也是如此。

所以说，只有设置好网关的IP地址，TCP/IP才能实现不同网络之间的相互通信。那么这个IP地址是哪台机器的IP地址呢？网关的IP地址是具有路由功能的设备的IP地址，具有路由功能的设备有路由器、启用了路由协议的服务器（实际上相当于一台路由器）、代理服务器（也相当于一台路由器）。

什么是默认网关？如果搞清了什么是网关，默认网关也就好理解了。就好像一个房间可以有多扇门一样，一台主机可以有多个网关。默认网关的意思是一台主机如果找不到可用的网关，就把数据包发给默认指定的网关，由这个网关来处理数据包。现在主机使用的网关，一般指的是默认网关。

如何设置默认网关？一台计算机的默认网关是不可以随便指定的，必须正确地指定，否则一台计算机就会将数据包发给不是网关的计算机，从而无法与其他网络的计算机通信。默认网关的设定有手动设置和自动设置两种方式。手动设置适用于计算机数量比较少、TCP/IP 参数基本不变的情况，例如只有几台到十几台计算机。因为这种方法需要在联入网络的每台计算机上设置"默认网关"，非常费时，一旦因为迁移等原因导致必须修改默认网关 IP 地址的情况，就会给网管带来很大的麻烦，所以不推荐使用。需要特别注意的是，默认网关必须是计算机自己所在的网段中的 IP 地址，而不能填写其他网段中的 IP 地址。自动设置就是利用 DHCP 服务器来自动给网络中的计算机分配 IP 地址、子网掩码和默认网关。这样做的好处是一旦网络的默认网关发生了变化，只要更改了 DHCP 服务器中默认网关的设置，那么网络中所有的计算机均获得了新的默认网关的 IP 地址。这种方法适用于网络规模较大，TCP/IP 参数有可能变动的网络。另外一种自动获得网关的办法是通过安装代理服务器软件(例如 MS Proxy)的客户端程序来自动获得，其原理和方法与 DHCP 有相似之处。

3) 修改 IP

进入网卡配置目录后，可通过 ls 命令查看相关文件，使用编辑命令修改网卡配置，命令如下：

```
vim ifcfg-eth0
```

其中，ifcfg-eth0 根据实际生成的网卡名字选择，修改以下内容：

```
BOOTPROTO = static                   #将 dhcp 改为 static
ONBOOT = yes                         #开机启用本配置
IPADDR = 192.168.7.106               #静态 IP
GATEWAY = 192.168.7.1                #默认网关
NETMASK = 255.255.255.0              #子网掩码
DNS1 = 192.168.7.1                   #DNS 配置
```

修改后通过 cat 命令查看，命令如下：

```
cat ifcfg-eth0
```

输出的内容类似如下内容：

```
HWADDR = 00:15:5D:07:F1:02
TYPE = Ethernet
BOOTPROTO = static                   #将 dhcp 改为 static
```

```
DEFROUTE = yes
PEERDNS = yes
PEERROUTES = yes
IPV4_FAILURE_FATAL = no
IPV6INIT = yes
IPV6_AUTOCONF = yes
IPV6_DEFROUTE = yes
IPV6_PEERDNS = yes
IPV6_PEERROUTES = yes
IPV6_FAILURE_FATAL = no
NAME = eth0
UUID = bb3a302d - dc46 - 461a - 881e - d46cafd0eb71
ONBOOT = yes                          #开机启用本配置
IPADDR = 192.168.7.106                #静态 IP
GATEWAY = 192.168.7.1                 #默认网关
NETMASK = 255.255.255.0               #子网掩码
DNS1 = 192.168.7.1                    #DNS 配置
```

最后，重启网络服务以便生效，命令如下：

```
systemctl restart network
```

添加 DNS，修改配置文件/etc/resolv.conf 中的内容，编辑该文件，命令如下：

```
vim /etc/resolv.conf
```

根据自己的需要添加或修改，内容与如下内容类似：

```
#访问公网 DNS
nameserver 8.8.8.8
nameserver 114.114..114.114
#访问内网 DNS
nameserver 10.85.152.99
```

这里分享一个笔者经历的有趣的小案例，在云计算环境集群搭建中，有很多台物理服务器，遇到了一个节点之间网络不通的情况，大家都以为是交换机 VLAN、防火墙、虚拟路由器、网关等的问题，进行抓包测试，花费了一两小时后才发现是网线接口松动了，网线没有被接好，重新插拔接好网线，系统恢复正常。这里要说明的是开发经验可以帮助快速定位，节省大量的时间和精力，如果以前遇到过类似的问题，可能就不会浪费一两小时的时间和精力了。

查看网卡对应的网线是否插拔好及是否连接正常，可以用 ethtool 命令进行查看，示例命令如下：

```
ethtool eth0
```

输出的内容类似如下的内容：

```
Settings for eth0:
        Supported ports: [ TP ]
        Supported link modes: 10baseT/Half 10baseT/Full
                              100baseT/Half 100baseT/Full
                              1000baseT/Half 1000baseT/Full
        Supports auto-negotiation: Yes
        Advertised link modes: 100baseT/Half 100baseT/Full
                              1000baseT/Half 1000baseT/Full
        Advertised auto-negotiation: Yes
        Speed: 1000Mb/s
        Duplex: Full
        Port: Twisted Pair
        PHYAD: 0
        Transceiver: external
        Auto-negotiation: off
        Link detected: yes
```

通过 Link detected：yes 可以判定网卡的网线连接正常。

2. 多网卡配置

现在很多公司组建了规模不小的内部网络，在内部网络提供了很多服务，例如 OA 系统、财务系统、Git 代码仓库、Wiki 知识管理系统、Jira 项目管理系统等，将这些服务放在内网有很多优势，一是可以节省资源成本；二是可以减少一定的安全风险。这些服务可能会被划分为不同的网段分配 IP，如果同时想访问不同的网段的服务，则可以通过不同网卡配置不同网段的 IP 地址进行访问。配置步骤跟前面讲的步骤类似，只需根据实际的网段情况进行配置。

对于单网卡多 IP 的配置，在/etc/sysconfig/network-scripts/下，例如存在 ifcfg-enp0s3 文件，则说明 ifcfg-enp0s3 是原来网址的配置文件，只要将 ifcfg-enp0s3 复制到 ifcfg-enp0s3:0 中，修改里面的 IP 地址，就会在 enp0s3 对应的网卡下添加新 IP，以此类推，如果还要添加 IP，则可新添加配置文件 ifcfg-enp0s3:1。注意配置文件里面有个 UUID，这个是对网卡的唯一标识，如果是对不同的网卡添加 IP，则为了简便而复制已存在的配置文件时一定要注意应将里面的 hwaddr 字段修改为对应网卡的 MAC 地址，以及 UUID。查看 UUID 的命令为 nmcli con show，查看 MAC 地址的方法为 ip addr 或者 nmcli device show [interface]。有时查看某个网卡所对应的 UUID 时可能会提示有两个，出现这种情况的原因是此网卡所对应的配置文件里的 UUID 和系统分配的 UUID 不一致，将配置文件里的 UUID 改成系统分配的 UUID 后重启计算机，则此情况将会消失。

3. 常用网络配置操作

关于使用 ip 命令的一些操作，命令格式如下：

```
ip [选项] 操作对象{link|addr|route...}
ip link show                          #显示网络接口信息
```

```
ip link set eth0 upi                                   #开启网卡
ip link set eth0 down                                  #关闭网卡
ip link set eth0 promisc on                            #开启网卡的混合模式
ip link set eth0 promisc offi                          #关闭网卡的混合模式
ip link set eth0 txqueuelen 1200                       #设置网卡队列长度
ip link set eth0 mtu 1400                              #设置网卡最大传输单元
ip addr show                                           #显示网卡 IP 信息
ip addr add 192.168.0.1/24 dev eth0                    #将 eth0 网卡的 IP 地址设置为 192.168.0.1
ip addr del 192.168.0.1/24 dev eth0                    #删除 eth0 网卡的 IP 地址
ip route list                                          #查看路由信息
ip route add 192.168.4.0/24 via 192.168.0.254 dev eth0          #将 192.168.4.0 网段的网关设置
#为 192.168.0.254,数据通过 eth0 接口传输
ip route add default via 192.168.0.254 dev eth0        #将默认网关设置为 192.168.0.254
ip route del 192.168.4.0/24                            #删除 192.168.4.0 网段的网关
ip route del default                                   #删除默认路由
```

查看经过的IP地址，命令如下：

```
traceroute -n baidu.com
```

找出IP对应的主机名称，命令如下：

```
nslookup 192.168.2.1
```

telnet用来监测对应端口的服务状况，类似的命令还有bye、netstat、netcat(nc)，命令如下：

```
telnet 192.168.2.55 3306
```

使用tcpdump命令进行数据包捕获，类似的命令还有ethereal，捕捉eth0网卡的数据包，命令如下：

```
tcpdump -i eth0 -nn
```

只捕捉21号端口的数据包，命令如下：

```
tcpdump -i eth0 -nn port 21
```

ifconfig、ifup、ifdown这3个命令都用于启动网络接口，不过，ifup与ifdown仅可对/etc/sysconfig/network-scripts内的ifcfg-ethx(x为数字)进行启动或关闭操作，并不能直接修改网络参数，除非手动调整ifcfg-ethx文件才行。至于ifconfig则可以直接手动给予某个接口IP或调整其网络参数。

ifconfig 主要用于手动启动、观察与修改网络接口的相关参数，可以修改的参数很多，包括 IP 参数及 MTU 等都可以修改，它的语法如下：

```
ifconfig {interface} {up|down}      <== 观察与启动接口
ifconfig interface {options}        <== 设置与修改接口
```

一般来讲，直接输入 ifconfig 命令就会列出目前已经被启动的网卡，不论这个网卡是否设置了 IP 都会被显示出来，而如果是输入 ifconfig eth0，则会显示出这个接口的相关数据，而不管该接口是否启动，所以如果想要知道某个网卡的 Hardware Address，则可直接输入"ifconfig 网络接口名称"查看。在上述代码中出现的各项数据的意义如下。

eth0：网卡的代号，也有 lo 这个 loopback。

HWaddr：网卡的硬件地址，习惯性地称为 MAC。

inet addr：IPv4 的 IP 地址，后续的 Bcase、Mask 分别代表的是 Broadcast 与 Netmask。

inet6 addr：IPv6 版本的 IP，很少使用，可以根据业务的实际需要配置。

RX：那一行代表的是网络由启动到目前为止的数据包接收情况，packets 代表数据包数、errors 代表数据包发生错误的数量、dropped 代表数据包由于有问题而遭丢弃的数量等。

TX：与 RX 相反，为网络由启动到目前为止的传送情况。

collisions：代表数据包碰撞的情况，如果发生了很多次，则表示网络状况不太好。

txqueuelen：代表用来传输数据的缓冲区的储存长度。

RX Bytes、TX Bytes：总传送、接收的字节总量。

Interrupt、Memory：网卡硬件的数据，IRQ 岔断与内存地址。

设置网络接口，同时设置 MTU 的数值，命令如下：

```
ifconfig eth0 192.168.100.100 netmask 255.255.255.128  mtu 8000
```

在该网络接口上再仿真一个网络接口，即在一个网卡上设置多个 IP，命令如下：

```
ifconfig eth0:0 192.168.50.50
```

关掉 eth0:0 这个接口。如果启动 eth1，并且不设置任何网络参数，则命令如下：

```
ifconfig eth0:0 down
```

将 eth0 设置成混杂模式以嗅探(sniffing)数据包，命令如下：

```
ifconfig eth0 promisc
```

以 dhcp 模式启用 eth0，命令如下：

```
dhclient eth0
```

如果发现了以 dhcp 模式启动的网卡，并且此网卡没有被分配到 IP 地址，则可以手动执行上面的命令获取 IP 来进一步排查问题，这个问题在云计算环境开发的 Ubuntu 系统镜像中出现过，可以结合 tcpdump 抓包进一步排查出现问题的原因。

要启动某个网络接口，但又不让它具有 IP 参数时，则可直接执行 ifconfig eth0 up 命令。这个操作经常在无线网卡中进行，因为需要启动无线网卡去检测 AP 是否存在。实时地手动修改一些网络接口参数，可以利用 ifconfig 实现，如果要直接配置文件，即在/etc/sysconfig/network-scripts 里面的 ifcfg-ethx 等文件中设置参数后启动，就要通过 ifup 或 ifdown 实现了，用法如下：

```
ifup  {interface}
ifdown {interface}
```

例如启动 eth0 网卡，命令如下：

```
ifup eth0
```

禁用一个 eth0 网络设备，命令如下：

```
ifdown eth0
```

ifup 与 ifdown 比较简单，这两个程序其实是脚本而已，它会直接到/etc/ sysconfig/network-scripts 目录下搜索对应的配置文件，例如 ifup eth0 命令，它会找出 ifcfg-eth0 文件的内容，然后加以配置运行。

5.2 Linux 环境配置

系统安装完成后，一般情况下需要进行一些必要的配置，方便应用的部署和机器管理，尤其对于大规模机器进行管理和配置，统一的规则和配置非常有必要，例如大公司里面对系统的 hostname 都需要按照一定的规则进行配置和管理。下面从几个常用的方面进行说明，这些配置在云计算环境搭建开始前都需要进行配置，若想节省精力则需要提前规划好，配置好这些选项后再开始业务的部署。

1. hostname 配置

在 Linux 系统中标示一个主机的名字，通常设置为永久的，命令如下：

```
hostnamectl set - hostname -- static server - 01
```

如果有多台 Linux 系统在同一个网络里组建集群或者同一类型的服务，则可以配置 hosts 文件通过主机名访问，查看文件命令如下：

```
cat /etc/hosts
```

输出的类似的内容如下：

```
172.20.xx.31 server - 31
172.20.xx.32 server - 32
172.20.xx.33 server - 33
```

2. ssh 配置

不管是物理服务器 Linux 还是虚拟机创建的服务器 Linux，配置 ssh 远程链接都是一个不错的选择，可以实现在主机上进行命令粘贴、文件上传/下载、远程操作等，编辑 ssh 配置文件，命令如下：

```
vim /etc/ssh/sshd_config
```

需要修改的地方如下：

```
#允许 root 认证登录
PermitRootLogin yes

#允许密钥认证
#RSAAuthentication(rsa 认证)是只支持第 1 代 ssh 通信协议所使用的配置项，在
#CentOS 7.4 中被废除了
#而且前面提到过 CentOS 7 开始预设使用第 2 代通信协议，在 CentOS 7.4 中没有找到指定协议版
#本的配置行
RSAAuthentication yes

#第 2 代 ssh 通信协议的密钥验证选项是
PubkeyAuthentication yes

#默认公钥存放的位置
AuthorizedKeysFile .ssh/authorized_keys

#可使用密码进行 ssh 登录
PasswordAuthentication yes
```

3. firewall 配置

有些情况下 firewall 处于关闭状态，这是因为由 iptables 进行端口服务拦截访问。在进行云计算环境搭建时，也不需要用 firewall，而选用 iptables 进行端口拦截访问及端口服务重定向。如果没有使用 iptables，而是使用了 firewall 进行防火墙拦截，则可以通过以下操作进行端口拦截和访问。

查看 firewall 的服务状态，命令如下：

```
systemctl status firewalld
```

可以对 firewall 进行开启、重启、关闭操作，命令如下：

```
#开启
service firewalld start
#重启
service firewalld restart
#关闭
service firewalld stop
```

查看 firewall 的状态，命令如下：

```
firewall-cmd --state
```

查看防火墙规则，命令如下：

```
firewall-cmd --list-all
```

查询、开放、关闭端口，命令如下：

```
#查询端口是否开放
firewall-cmd --query-port=8080/tcp
#开放 80 端口
firewall-cmd --permanent --add-port=80/tcp
#移除端口
firewall-cmd --permanent --remove-port=8080/tcp

#重启防火墙(修改配置后要重启防火墙)
firewall-cmd --reload
```

以上参数的解释和含义如下。

firwall-cmd：由 Linux 提供的操作 firewall 的一个工具。

--permanent：表示设置为持久。

--add-port：标识添加的端口。

4. iptables 配置

因为云计算环境大量用到 iptables，这里进行一下详细的介绍。iptables 其实是 Linux 下的一个开源的信息过滤程序，包括地址转换和信息重定向等功能，它是由四表五链组成的，信息过滤功能十分强大，而所谓的硬件防火墙其实是由一个 Linux 核心加页面操作程序实现的，可以用于添加、编辑和移除规则。

如果主机上有一块网卡，当用户请求到达时，首先会到达硬件设备，能够在硬件上接收数据并且能够做后续处理的只有内核，而内核中用于网络属性管理的是 TCP/IP 协议栈，其实就是 TCP/IP 模块。一个报文由网卡到达本主机的 TCP/IP 协议栈后就要判断它的目标 IP 了，所以在 TCP/IP 协议栈有一个路由表，此路由表是由本机的路由模块实现的，如果它发现目标 IP 就是本机的 IP 地址，就会继续检查它的目标端口，如果目标端口被本机上的某个用户进程注册使用了，这个进程就监听在这个套接字上，所以检查到的这个端口的确是主机的某处进程在监听，这个报文就会通过这个套接字由用户空间转发给对应的进程，所以这个报文就到达本机的内部了。

如果路由检查机制发现目标 IP 不是本机的 IP 地址，就要检查路由是否允许进行网络间的转发，如果允许向外转发，那它就不会进入用户空间，在内核中直接交给另一块网卡(假如主机上有两块网卡)或另一个 IP 转发出去，相当于在内核中走一圈又出去了。

什么叫内部转发？如果主机上有两块网卡，或者说一块网卡有两个地址，一个地址可以接收请求，另一个地址可以把请求发出去，这就是网络间的转发机制，然而常说的防火墙其实是由 iptables 和 netfilter 两部分组成的，iptables 负责在 netfilter 上写规则，而 netfilter 相当于事先设好的卡哨，5 个卡哨组合起来叫作 netfilter，而 iptables 只负责在卡哨上填充规则，规则由真正检查者制定，卡哨可以将通路都挡掉，而在内核中这些卡哨被称为钩子函数，所以规则才是真正起防护作用的机制，而 netfilter 只是让这些规则得以生效。对 Linux 来讲，这些卡哨都有各自的名字，每个钩子函数都有自己的名字，根据这些报文的流向定义名称，而这些名称在 iptables 上被称为链，iptables 上的链有 5 条，这就是常说的 5 个钩子函数。

(1) INPUT：从本机进来的。

(2) OUTPUT：从本机出去的。

(3) FORWARD：从本机转发的，本机内部出去了，无论如何也不会经过 FORWARD。

(4) POSTROUTING：路由之后。

(5) PREROUTING：路由之前。

数据包控制方式包括以下 6 种行为。

(1) ACCEPT：允许数据包通过。

(2) DROP：直接丢弃数据包，不给出任何回应信息。

(3) REJECT：拒绝数据包通过，必要时会给数据发送端一个响应信息。

(4) LOG：在/var/log/messages 文件中记录日志信息，然后将数据包传递给下一条规则。

(5) QUEUE：防火墙将数据包移交到用户空间。

(6) RETURN：防火墙停止执行当前链中的后续 Rules，并返回调用链(the calling chain)。

iptables 其实不是真正的防火墙，可以把它理解成一个客户端代理，用户通过 iptables 这个代理，将用户的安全设定执行到对应的“安全框架”中，这个“安全框架”才是真正的防火墙，这个框架的名字叫 netfilter。netfilter 才是防火墙真正的安全框架(Framework)，netfilter 位于内核空间。iptables 其实是一个命令行工具，位于用户空间，用这个工具操作真正的框架，所以说，虽然使用 service iptables start 启动 iptables 服务，但是其实准确地讲，iptables 并没有一个守护进程，所以并不能算是真正意义上的服务，而应该算是内核提供的功能。

iptables 的结构：iptables→Tables→Chains→Rules。简单地讲，Tables 由 Chains 组成，而 Chains 又由 Rules 组成。Tables 包括 Filter、NAT、Mangle、Raw 共 4 种表。Chains 包括 Input、Output、Forward、Prerouting、Postrouting 共 5 种链。Rules 用于指定所检查包的特征和目标。如果包不匹配，则将送往该链中下一条规则检查；如果匹配，则下一条规则由目标值确定。该目标值可以是用户定义的链名，或是某个专用值，如 ACCEPT[通过]、DROP[删除]、QUEUE[排队]或者 RETURN[返回]。

filter 表主要用于对数据包进行过滤，根据具体的规则决定是否放行该数据包，如 DROP、ACCEPT、REJECT、LOG。filter 表对应的内核模块为 iptable_filter，包含以下 3 个规则链。

(1) INPUT 链：INPUT 针对那些目的地是本地的包。

(2) FORWARD 链：FORWARD 用于过滤所有不是本地产生的并且目的地不是本地(本机只是负责转发)的包。

(3) OUTPUT 链：OUTPUT 用来过滤所有本地生成的包。

nat 表主要用于修改数据包的 IP 地址、端口号等信息(网络地址转换，如 SNAT、DNAT、MASQUERADE、REDIRECT)。属于一个流的包(因为包的大小限制导致数据可能会被分成多个数据包)只会经过这个表一次。如果第 1 个包被允许做 NAT 或 Masqueraded，则余下的包都会自动地被执行相同的操作，也就是说，余下的包不会再通过这个表。表对应的内核模块为 iptable_nat，包含以下 3 个链。

(1) PREROUTING 链：在包刚刚到达防火墙时改变它的目的地址。

(2) OUTPUT 链：改变本地产生的包的目的地址。

(3) POSTROUTING 链：在包就要离开防火墙之前改变其源地址。

mangle 表主要用于修改数据包的 ToS(Type of Service，服务类型)、TTL(Time To Live，生存周期)及为数据包设置 Mark 标记，以实现 QoS(Quality of Service，服务质量)调整及策略路由等应用，由于需要相应的路由设备支持，因此应用并不广泛。其包含了 5 个规则链，即 PREROUTING、POSTROUTING、INPUT、OUTPUT、FORWARD。

raw 表是自 1.2.9 以后版本的 iptables 新增的表，主要用于决定数据包是否被状态跟踪机制处理。在匹配数据包时，raw 表的规则要优先于其他表，包含两条规则链，即 OUTPUT、PREROUTING。

iptables 中数据包和被跟踪连接的 4 种不同状态如下。

(1) NEW：该包想要开始一个连接(重新连接或将连接重定向)。

(2) RELATED：该包属于某个已经建立的连接所建立的新连接。例如 FTP 的数据传输连接就是控制连接所关联出来的连接。-icmp-type 0（ping 应答）就是-icmp-type 8(ping 请求)所关联出来的。

（3）ESTABLISHED：只要发送并接到应答，一个数据连接从 NEW 变为 ESTABLISHED，而且该状态会继续匹配这个连接的后续数据包。

（4）INVALID：数据包不能被识别属于哪个连接或没有任何状态，例如内存溢出，收到不知属于哪个连接的 ICMP 错误信息，一般应该丢弃这种状态的任何数据。

防火墙处理数据包的方式(规则)有以下几种。

（1）ACCEPT：允许数据包通过。

（2）DROP：直接丢弃数据包，不给任何回应信息。

（3）REJECT：拒绝数据包通过，必要时会给数据发送端一个响应的信息。

（4）SNAT：源地址转换。在进入路由层面的 route 后，出本地的网络栈前，改写源地址，目标地址不变，并在本机建立 NAT 表项，当数据返回时，根据 NAT 表将目的地址数据改写为数据发送出去时的源地址，并发送给主机。解决内网用户用同一个公网地址上网的问题。

（5）MASQUERADE：是 SNAT 的一种特殊形式，适用于像 ADSL 这种临时会变的 IP 上。

（6）DNAT：目标地址转换。和 SNAT 相反，IP 包经过 route 前，DNAT 会重新修改目标地址，源地址不变，在本机建立 NAT 表项，当数据返回时，根据 NAT 表将源地址修改为数据发送过来时的目标地址，并发给远程主机。可以隐藏后端服务器的真实地址。

（7）REDIRECT：是 DNAT 的一种特殊形式，将网络包转发到本地 host 上(不管 IP 头部指定的目标地址是什么)，方便在本机进行端口转发。

（8）LOG：在/var/log/messages 文件中记录日志信息，然后将数据包传递给下一条规则。

除去最后一个 LOG，前 3 条规则匹配数据包后，该数据包不会再往下继续匹配了，所以编写的规则顺序极其关键。

iptables 编写规则，命令格式如下。

（1）[-t 表名]：该规则所操作的哪个表可以使用 filter、nat 等，如果没有指定，则默认为 filter。

（1）-A：将一条规则新增到该规则链列表的最后一行。

（2）-I：插入一条规则，原本该位置上的规则会往后按顺序移动，如果没有指定编号，则为 1。

（3）-D：从规则链中删除一条规则，要么输入完整的规则，要么指定规则编号加以删除。

（4）-R：替换某条规则，规则替换不会改变顺序，而且必须指定编号。

（5）-P：设置某条规则链的默认动作。

（6）-nL：-L、-n，查看当前运行的防火墙规则列表。

（7）chain 名：指定规则表的哪个链，如 INPUT、OUPUT、FORWARD、PREROUTING 等。

(8) [规则编号]：插入、删除、替换规则时用-line-numbers 显示号码。

(9) [-i|o 网卡名称]：i 用于指定数据包从哪块网卡进入，o 用于指定数据包从哪块网卡输出。

(10) [-p 协议类型]：可以指定规则应用的协议，包含 TCP、UDP 和 ICMP 等。

(11) [-s 源 IP 地址]：源主机的 IP 地址或子网地址。

(12) [--sport 源端口号]：数据包的 IP 的源端口号。

(13) --line-number：查看规则列表时，同时显示规则在链中的顺序号。

(14) [-d 目标 IP 地址]：目标主机的 IP 地址或子网地址。

(15) [--dport 目标端口号]：数据包的 IP 的目标端口号。

(16) -m：extend matches，这个选项用于提供更多的匹配参数，代码如下：

```
-m state - state ESTABLISHED,RELATED
-m tcp - dport 22
-m multiport - dports 80,8080
-m icmp - icmp-type 8
```

(17) <-j 动作>：处理数据包的动作，包括 ACCEPT、DROP、REJECT 等。

iptables 的基本操作有以下几种。

启动 iptables，命令如下：

```
service iptables start
```

关闭 iptables，命令如下：

```
service iptables stop
```

重启 iptables，命令如下：

```
service iptables restart
```

查看 iptables 的状态，命令如下：

```
service iptables status
```

保存 iptables 的配置，命令如下：

```
service iptables save
```

查看 iptables 的服务配置文件，命令如下：

```
cat /etc/sysconfig/iptables-config
```

查看 iptables 的规则保存文件，命令如下：

```
cat /etc/sysconfig/iptables
```

打开 iptables 转发，命令如下：

```
echo "1"> /proc/sys/net/ipv4/ip_forward
```

iptables 应用非常广泛，涉及很多个与网络相关的领域，这里列举几个开发中常用的一些小例子。

【例 5-1】 后端服务器迁移，前端或移动端固定的 IP，故需兼容两个 IP。Shell 脚本命令如下：

```
#!/bin/bash

OLD_IP = A1.A2.A3.A4
NEW_IP = B1.B2.B3.B4
OLD_PORT = 12345
NEW_PORT = 12345
#允许 IP 进行转发
echo 1 > /proc/sys/net/ipv4/ip_forward

#将旧的 IP 端口的流量重定向到新的 IP 端口
iptables -t nat -A PREROUTING -p tcp --dport $OLD_PORT -j DNAT --to-destination $NEW
_IP:$NEW_PORT
iptables -t nat -A POSTROUTING -p tcp -d $NEW_IP --dport $NEW_PORT -j SNAT --to-
source $OLD_IP


#最后修改相应的 IP (MASQUERADE)
iptables -t nat -A POSTROUTING -j MASQUERADE



service iptables stop

service iptables save

service iptables restart
```

查询 NAT 规则表，命令如下：

```
#PRETOURING 链下 NAT 表,默认查询 FILTER 表
iptables -t nat -L PREROUTING
```

规则链删除，命令如下：

```
#查询 NAT 规则表
iptables -t nat -L -n --line-numbers
#NAT 规则链删除
#1 表示行号
iptables -t nat -D PREROUTING 1
iptables -t nat -D POSTROUTING 1
```

【例 5-2】 将请求进来的 443 端口映射到 3306 端口。

使用 iptables 命令进行端口重定向，命令如下：

```
iptables -t nat -A PREROUTING -s 10.28.80.11 -p tcp --dport 443 -i eth0 -j REDIRECT --
to 3306

iptables -t nat -nvL
```

使用 tcpdump 命令对指定 IP 的 443 端口进行抓包，命令如下：

```
tcpdump -vv host 10.28.80.11 and tcp port 443
```

常用的 iptables 操作可应用于很多种场景，例如，对现有 iptables 规则进行修改调整。

(1) 删除 iptables 的现有规则，命令如下：

```
iptables -F
```

(2) 查看 iptables 的规则，命令如下：

```
iptables -L(iptables -L -v -n)
```

(3) 将一条规则增加到最后，命令如下：

```
iptables -A INPUT -i eth0 -p tcp --dport 80 -m state --state
NEW,ESTABLISHED -j ACCEPT
```

(4) 将一条规则添加到指定位置，命令如下：

```
iptables -I INPUT 2 -i eth0 -p tcp --dport 80 -m state --state
NEW,ESTABLISHED -j ACCEPT
```

(5) 删除一条规则，命令如下：

```
iptabels -D INPUT 2
```

(6) 修改一条规则，命令如下：

```
iptables -R INPUT 3 -i eth0 -p tcp --dport 80 -m state --state
NEW,ESTABLISHED -j ACCEPT
```

(7) 设置默认策略，命令如下：

```
iptables -P INPUT DROP
```

(8) 允许远程主机进行 SSH 连接，命令如下：

```
iptables -A INPUT -i eth0 -p tcp --dport 22 -m state --state
NEW,ESTABLISHED -j ACCEPT
iptables -A OUTPUT -o eth0 -p tcp --sport 22 -m state --state ESTABLISHED -j ACCEPT
```

(9) 允许本地主机进行 SSH 连接，命令如下：

```
iptables -A OUTPUT -o eth0 -p tcp --dport 22 -m state --state
NEW,ESTABLISHED -j ACCEPT
iptables -A INTPUT -i eth0 -p tcp --sport 22 -m state --state ESTABLISHED -j ACCEPT
```

(10) 允许 HTTP 请求，命令如下：

```
iptables -A INPUT -i eth0 -p tcp --dport 80 -m state --state
NEW,ESTABLISHED -j ACCEPT
iptables -A OUTPUT -o eth0 -p tcp --sport 80 -m state --state ESTABLISHED -j ACCEPT
```

(11) 限制 ping 192.168.146.3 主机的数据包数，平均 2 个每秒，最多不能超过 3 个每秒，命令如下：

```
iptables -A INPUT -i eth0 -d 192.168.146.3 -p icmp --icmp-type 8 -m limit --limit 2/
second --limit-burst 3 -j ACCEPT
```

(12) 限制 SSH 连接速率(默认策略是 DROP)，命令如下：

```
iptables -I INPUT 1 -p tcp --dport 22 -d 192.168.146.3 -m state --state ESTABLISHED -j ACCEPT
iptables -I INPUT 2 -p tcp --dport 22 -d 192.168.146.3 -m limit --limit 2/minute --
limit-burst 2 -m state --state NEW -j ACCEPT
```

有时候需要清除所有规则，重新按需要配置 iptables，下面对常用的一些操作进行举例。

(1) 删除现有规则，命令如下：

```
iptables -F
```

(2) 配置默认链策略,命令如下:

```
iptables -P INPUT DROP
iptables -P FORWARD DROP
iptables -P OUTPUT DROP
```

(3) 允许远程主机进行 SSH 连接,命令如下:

```
iptables -A INPUT -i eth0 -p tcp - dport 22 -m state - state
NEW,ESTABLISHED -j ACCEPT
iptables -A OUTPUT -o eth0 -p tcp - sport 22 -m state - state ESTABLISHED -j ACCEPT
```

(4) 允许本地主机进行 SSH 连接,命令如下:

```
iptables -A OUTPUT -o eth0 -p tcp - dport 22 -m state - state
NEW,ESTABLISHED -j ACCEPT
iptables -A INPUT -i eth0 -p tcp - sport 22 -m state - state ESTABLISHED -j ACCEPT
```

(5) 允许 HTTP 请求,命令如下:

```
iptables -A INPUT -i eth0 -p tcp - dport 80 -m state - state
NEW,ESTABLISHED -j ACCEPT
iptables -A OUTPUT -o eth0 -p tcp - sport 80 -m state - state ESTABLISHED -j ACCEPT
```

使用 iptables 抵抗常见攻击,这是非常有用的操作方式。

(1) 防止 syn 攻击。

方法一,限制 syn 的请求速度(这种方式需要调节一个合理的速度,否则会影响正常用户的请求),命令如下:

```
iptables -N syn-flood

iptables -A INPUT -p tcp --syn -j syn-flood

iptables -A syn-flood -m limit --limit 1/s --limit-burst 4 -j RETURN

iptables -A syn-flood -j DROP
```

方法二,限制单个 IP 的最大 syn 连接数,命令如下:

```
iptables - A INPUT - i eth0 - p tcp --syn -m connlimit --connlimit-above 15 -j DROP
```

(2) 防止 DOS 攻击。

利用 recent 模块抵御 DOS 攻击,命令如下:

```
iptables -I INPUT -p tcp -dport 22 -m connlimit --connlimit-above 3 -j DROP
```

单个 IP 最多连接 3 个会话，命令如下：

```
iptables -I INPUT -p tcp --dport 22 -m state --state NEW -m recent --set --name SSH
```

只要是新的连接请求，就把它加入 SSH 列表中，命令如下：

```
iptables -I INPUT -p tcp --dport 22 -m state NEW -m recent --update --
seconds 300 --hitcount 3 --name SSH -j DROP
```

如果 5min 内尝试次数达到 3 次，则拒绝提供 SSH 列表中的这个 IP 服务。被限制 5min 后即可恢复访问。

(3) 防止单个 IP 访问量过大，命令如下：

```
iptables -I INPUT -p tcp --dport 80 -m connlimit --connlimit-above 30 -j DROP
```

(4) 木马反弹，命令如下：

```
iptables -A OUTPUT -m state --state NEW -j DROP
```

(5) 防止 ping 攻击，命令如下：

```
iptables -A INPUT -p icmp --icmp-type echo-request -m limit --limit 1/m -j ACCEPT
```

(6) 批量转发配置，如将 10.10.10.1 的 1000-10000 端口的流量映射到 20.20.20.1 的 1000-10000 端口上，命令如下：

```
iptables -t nat -A PREROUTING -p tcp -m tcp --dport 1000:10000 -j DNAT --to-
destination 20.20.20.1:1000-10000
iptables -t nat -A PREROUTING -p udp -m udp --dport 1000:10000 -j DNAT --to-
destination 20.20.20.1:1000-10000
iptables -t nat -A POSTROUTING -d 20.20.20.1 -p tcp -m tcp --dport 1000:10000 -j SNAT
--to-source 10.10.10.1
iptables -t nat -A POSTROUTING -d 20.20.20.1 -p udp -m udp --dport 1000:10000 -j SNAT
--to-source 10.10.10.1

#保存配置
iptables-save
#查看配置
iptables -t nat -L
```

为了防止在FORWARD上被丢弃，添加规则允许通过，命令如下：

```
iptables -I FORWARD -d 220.181.111.188 -p tcp --dport 80 -j ACCEPT
iptables -I FORWARD -s 220.181.111.188 -p tcp --sport 80 -j ACCEPT
```

配置静态路由，使流量通过局域网传输，命令如下：

```
server1:ip route add 20.20.20.1/32 via 192.168.1.2
server2:ip route add 10.10.10.1/32 via 192.168.1.1
```

5.3 Linux 镜像换源

1. 系统镜像源配置

因为在线安装需要在服务器上下载所需软件和依赖关系文件，所以下载的速度很影响使用体验。Linux默认的源安装和更新速度很慢，所以安装好系统后一般会选择换源。一般情况下，CentOS 7的更新源文件放置在/etc/yum.repos.d目录下，这个目录下有多个以“.repo”为后缀的更新源文件，在更新软件时，最常用的是其中的centos-Base.repo文件，为了保证在国内网络环境下能够较快地完成更新，操作系统安装完成以后，可以对系统的yum源进行更换，以此提升软件安装的速度。常用的有清华源、阿里源等，下面以CentOS 7为例列出几个国内常用的源。

阿里源的网址如下：

```
http://mirrors.aliyun.com/repo/centos-7.repo
```

清华源的网址如下：

```
https://mirror.tuna.tsinghua.edu.cn/help/centos/
```

腾讯源的网址如下：

```
http://mirrors.cloud.tencent.com/repo/centos7_base.repo
```

网易源的网址如下：

```
http://mirrors.163.com/.help/centos7-Base-163.repo
```

以上这些源的网址都可以在浏览器打开查看，它们其实是一个文本，只是文本内容所包含的不同URL网址分别指向不同的服务器，以更换阿里源为例，更换的命令如下：

```
mv /etc/yum.repos.d/centos-Base.repo /etc/yum.repos.d/centos-Base.repo.backup

wget -O /etc/yum.repos.d/centos-Base.repo\
http://mirrors.aliyun.com/repo/centos-7.repo
```

推荐添加 EPEL 源，因为很多软件包和工具在 Base 源里面没有，但添加 EPEL 源后就可以安装了，添加命令如下：

```
wget -O /etc/yum.repos.d/epel.repo\
http://mirrors.aliyun.com/repo/epel-7.repo
```

更换或者完成添加源操作后，清理缓存并生成新的缓存，命令如下：

```
yum clean all
yum makecache
```

对于不同的操作系统类型，其更换方式可能有些小区别，但是原理是一样的，对于同一种操作系统的不同版本也有多种实现方式。

CentOS 5 的命令如下：

```
wget -O /etc/yum.repos.d/centos-Base.repo\
http://mirrors.aliyun.com/repo/centos-5.repo
#或者
curl -o /etc/yum.repos.d/centos-Base.repo\
http://mirrors.aliyun.com/repo/centos-5.repo
```

CentOS 6 的命令如下：

```
wget -O /etc/yum.repos.d/centos-Base.repo\
http://mirrors.aliyun.com/repo/centos-6.repo
#或者
curl -o /etc/yum.repos.d/centos-Base.repo\
http://mirrors.aliyun.com/repo/centos-6.repo
```

CentOS 7 的命令如下：

```
wget -O /etc/yum.repos.d/centos-Base.repo\
http://mirrors.aliyun.com/repo/centos-7.repo
#或者
curl -o /etc/yum.repos.d/centos-Base.repo\
http://mirrors.aliyun.com/repo/centos-7.repo
```

CentOS 8 的命令如下：

```
wget -O /etc/yum.repos.d/centos-Base.repo\
http://mirrors.cloud.tencent.com/repo/centos8_base.repo
#或者
curl -o /etc/yum.repos.d/centos-Base.repo\
http://mirrors.cloud.tencent.com/repo/centos8_base.repo
```

2. 软件镜像源配置

在 Linux 系统中，安装或者搭建应用通常用到的是 pip 源，因为使用 C 或者 C++语言编写的应用编译打包是基于本地的 C 库执行 make && make install 命令来完成的；基于 Go 或者 Java 语言的应用或者软件在开发完成后都会编译出二进制 bin 文件或者 jar 包文件，不需要到 Linux 系统服务器上编译，但很多基于 Python 开发的开源项目和应用需要到 Linux 系统服务器上编译后执行安装，这应该也是绝大多数 Linux 系统自带 Python 安装的一个原因。在云计算环境搭建过程中，绝大多数项目是基于 Python 开发的，因此更换一个速度更快的 pip 源对提升工作效率非常有帮助。

与系统镜像源类似，也有很多 pip 源可以选择，常用的有清华源、阿里源等，下面列出几个国内常用的源。

阿里云的网址如下：

```
https://mirrors.aliyun.com/pypi/simple/
```

豆瓣(douban)的网址如下：

```
https://pypi.douban.com/simple/
```

清华大学的网址如下：

```
https://pypi.tuna.tsinghua.edu.cn/simple/
```

中国科学技术大学的网址如下：

```
https://pypi.mirrors.ustc.edu.cn/simple/
```

163pip 源地址的网址如下：

```
https://mirrors.163.com/pypi/
```

当需要使用某个 pip 源临时安装一个包时，可以在使用 pip 时加参数-i 进行安装，命令如下：

```
pip install SomePackage -i https://pypi.tuna.tsinghua.edu.cn/simple
```

这样就会从清华大学的镜像去安装 SomePackage 库。

如果想永久地配置一个 pip 源进行使用，则可以使用命令进行配置，命令如下：

```
vim ~/.pip/pip.conf
```

以配置豆瓣源为例(其他源只需替换对应的域名)，内容如下：

```
[global]
timeout = 6000
index-url = https://pypi.douban.com/simple/
[install]
trusted-host = pypi.douban.com
```

以后在其他地方使用 pip 进行包下载时，默认都会使用豆瓣源下载，比官方的源要快很多，也不容易因出现超时而失败的情况，极大地提高了工作效率。

5.4 Linux 系统与应用更新

1. 内核更新

新版本的 Linux 内核可能会支持很多新的特性和功能，尤其是某些新一点的应用软件，对 Linux 的内核有依赖性，所以有时为了安装应用软件也需要更新 Linux 内核。另外，云环境的搭建需要 Linux 内核 3.2 以上，如果不想重装系统，则可以采用内核升级的方式解决，一般情况下，CentOS 7.5 及以上的版本可以满足需求。

如果需要对 Linux 内核进行升级，这里以 CentOS 系统举例，则执行以下步骤即可完成。

(1) 查看当前内核版本，命令如下：

```
uname -r
#或者
uname -a
#或者
cat /etc/redhat-release
```

(2) 升级内核，通过命令进行安装。

更新 yum 源仓库，命令如下：

```
yum -y update
```

启用 ELRepo 仓库，ELRepo 仓库是基于社区的企业级 Linux 仓库，提供对 Red Hat

Enterprise(RHEL)和其他基于 RHEL 的 Linux 发行版(CentOS、Scientific、Fedora 等)的支持。ELRepo 聚焦于和硬件相关的软件包,包括文件系统驱动、显卡驱动、网络驱动、声卡驱动和摄像头驱动等。

导入 ELRepo 仓库的公共密钥,命令如下:

```
rpm --import https://www.elrepo.org/RPM-GPG-KEY-elrepo.org
```

安装 ELRepo 仓库的 yum 源,命令如下:

```
rpm -Uvh http://www.elrepo.org/elrepo-release-7.0-3.el7.elrepo.noarch.rpm
```

(3) 查看可用的系统内核包,命令如下:

```
yum --disablerepo="*" --enablerepo="elrepo-Kernel" list available
```

执行命令后会出现类似如下的内容,当然随着时间的推移及版本的更新迭代,看到的信息不可能和下面完全一致,这里可以看到 4.4 和 4.18 两个版本。

```
Loaded plugins: fastestmirror
Loading mirror speeds from cached hostfile
 * elrepo-Kernel: mirrors.tuna.tsinghua.edu.cn
elrepo-Kernel
| 2.9 kB 00:00:00
elrepo-Kernel/primary_db
| 1.8 MB 00:00:03
Available Packages
Kernel-lt.x86_64
4.4.155-1.el7.elrepo
elrepo-Kernel
Kernel-lt-devel.x86_64
4.4.155-1.el7.elrepo
elrepo-Kernel
Kernel-lt-doc.noarch
4.4.155-1.el7.elrepo
elrepo-Kernel
Kernel-lt-headers.x86_64
4.4.155-1.el7.elrepo
elrepo-Kernel
Kernel-lt-tools.x86_64
4.4.155-1.el7.elrepo
elrepo-Kernel
Kernel-lt-tools-libs.x86_64
4.4.155-1.el7.elrepo
elrepo-Kernel
```

```
Kernel-lt-tools-libs-devel.x86_64
4.4.155-1.el7.elrepo
elrepo-Kernel
Kernel-ml.x86_64
4.18.7-1.el7.elrepo
elrepo-Kernel
Kernel-ml-devel.x86_64
4.18.7-1.el7.elrepo
elrepo-Kernel
Kernel-ml-doc.noarch
4.18.7-1.el7.elrepo
elrepo-Kernel
Kernel-ml-headers.x86_64
4.18.7-1.el7.elrepo
elrepo-Kernel
Kernel-ml-tools.x86_64
4.18.7-1.el7.elrepo
elrepo-Kernel
Kernel-ml-tools-libs.x86_64
4.18.7-1.el7.elrepo
elrepo-Kernel
Kernel-ml-tools-libs-devel.x86_64
4.18.7-1.el7.elrepo
elrepo-Kernel
perf.x86_64
4.18.7-1.el7.elrepo
elrepo-Kernel
python-perf.x86_64
4.18.7-1.el7.elrepo
elrepo--Kernel
```

(4) 安装最新版本内核，命令如下：

```
yum --enablerepo=elrepo-Kernel install Kernel-ml
```

--enablerepo 选项用于开启 CentOS 系统上的指定仓库。默认开启的是 ELRepo 仓库，这里用 elrepo-Kernel 替换。

(5) 设置 grub2，内核安装好后，需要设置为默认启动选项，这样重启后才会生效。

查看系统上的所有可用内核，命令如下：

```
sudo awk -F\' '$1=="menuentry " {print i++ " : " $2}' /etc/grub2.cfg
```

出现的内容类似如下：

```
0 : CentOS Linux (4.18.7 - 1.el7.elrepo.x86_64) 7 (Core)
1 : CentOS Linux (3.10.0 - 862.11.6.el7.x86_64) 7 (Core)
2 : CentOS Linux (3.10.0 - 514.el7.x86_64) 7 (Core)
3 : CentOS Linux (0 - rescue - 063ec330caa04d4baae54c6902c62e54) 7 (Core)
```

将新的内核设置为grub2的默认版本，服务器上存在4个内核，假如要使用4.18版本，则可以通过grub2-set-default 0命令或编辑/etc/default/grub文件进行设置。

方法一，通过grub2-set-default 0命令设置，其中0是上面查询出来的可用内核，命令如下：

```
grub2 - set - default 0
```

方法二，通过编辑/etc/default/grub文件，设置GRUB_DEFAULT=0，以上面查询显示的编号为0的内核作为默认内核，命令如下：

```
vim /etc/default/grub
```

编辑内容类似如下：

```
GRUB_TIMEOUT = 5
GRUB_DISTRIBUTOR = "$(sed 's, release . * $,,g' /etc/system - release)"
GRUB_DEFAULT = 0
GRUB_DISABLE_SUBMENU = true
GRUB_TERMINAL_OUTPUT = "console"
GRUB_CMDLINE_LINUX = "crashKernel = auto rd.lvm.lv = cl/root rhgb quiet"
GRUB_DISABLE_RECOVERY = "true"
```

生成grub配置文件并重启，命令如下：

```
grub2 - mkconfig  - o /boot/grub2/grub.cfg
```

执行命令后会看到类似如下的提示：

```
Generating grub configuration file ...
Found Linux image: /boot/vmlinuz - 4.18.7 - 1.el7.elrepo.x86_64
Found initrd image: /boot/initramfs - 4.18.7 - 1.el7.elrepo.x86_64.img
Found Linux image: /boot/vmlinuz - 3.10.0 - 862.11.6.el7.x86_64
Found initrd image: /boot/initramfs - 3.10.0 - 862.11.6.el7.x86_64.img
Found Linux image: /boot/vmlinuz - 3.10.0 - 514.el7.x86_64
Found initrd image: /boot/initramfs - 3.10.0 - 514.el7.x86_64.img
Found Linux image: /boot/vmlinuz - 0 - rescue - 063ec330caa04d4baae54c6902c62e54
```

```
Found initrd image: /boot/initramfs-0-rescue-063ec330caa04d4baae54c6902c62e54.img
done
```

重启系统生效,命令如下:

```
reboot
```

(6) 验证内核是否安装成功,以及当前内核的版本信息。

查看内核,命令如下:

```
uname -r
```

看到的内容类似如下:

```
4.18.7-1.el7.elrepo.x86_64
```

(7) 删除旧内核,节省磁盘资源(可选)。

查看系统中全部的内核,命令如下:

```
rpm -qa | grep Kernel
```

看到的内容类似如下:

```
Kernel-3.10.0-514.el7.x86_64
Kernel-ml-4.18.7-1.el7.elrepo.x86_64
Kernel-tools-libs-3.10.0-862.11.6.el7.x86_64
Kernel-tools-3.10.0-862.11.6.el7.x86_64
Kernel-3.10.0-862.11.6.el7.x86_64
```

方法一,使用 yum remove 命令删除旧内核的 RPM 包,命令如下:

```
yum remove Kernel-3.10.0-514.el7.x86_64 \
Kernel-tools-libs-3.10.0-862.11.6.el7.x86_64 \
Kernel-tools-3.10.0-862.11.6.el7.x86_64 \
Kernel-3.10.0-862.11.6.el7.x86_64
```

方法二,使用 yum-utils 工具,需要注意的是,如果安装的内核不多于 3 个,则 yum-utils 工具不会删除任何一个。只有在安装的内核大于 3 个时,才会自动删除旧内核。

安装 yum-utils 工具,命令如下:

```
yum install yum-utils
```

删除旧版本，命令如下：

```
package - cleanup -- oldKernels
```

2. 应用更新

Linux 系统中应用软件的更新可以分为指定软件更新和全部更新，可以根据需要选择不同的更新。更新软件时，系统会列出相关的依赖，如果存在冲突的情况，则需要选择保留还是都更新。大多数情况下不会有冲突，yum 软件仓库会自动管理好相关的依赖情况，如果安装的软件依赖于一些额外的库，则这些库也会被自动安装，这也是 yum 软件仓库一个比较优秀的地方。

列出所有已安装的软件包，命令如下：

```
yum list installed
```

列出所有已安装但不在 Yum Repository 内的软件包，命令如下：

```
yum list extras
```

列出所指定软件包，命令如下：

```
yum list < package_name >
```

使用 yum 获取软件包信息，命令如下：

```
yum info < package_name >
```

列出所有已安装的软件包信息，命令如下：

```
yum info installed
```

列出所有可更新的软件包信息，命令如下：

```
yum info updates
```

列出所有已安装但不在 Yum Repository 内的软件包信息，命令如下：

```
yum info extras
```

列出所有可更新的软件清单，命令如下：

```
yum check - update
```

列出所有可更新的软件包，命令如下：

```
yum list updates
```

安装所有更新软件，命令如下：

```
yum update
```

仅安装指定的软件，命令如下：

```
yum install <package_name>
```

仅更新指定的软件，命令如下：

```
yum update <package_name>
```

列出所有可安装的软件清单，命令如下：

```
yum list
```

5.5 Linux 软件安装与卸载

Linux 常见的安装命令有 tar、zip、gz、rpm、deb、bin 等，主要可以分为三类，第一类是打包或压缩文件的 tar、zip、gz 等，一般解压后即完成安装或者解压后运行 sh 文件完成安装；第二类是对应的有管理工具的 deb、rpm 等，通常这类安装文件可以通过第三方的命令行或 UI 来简单地安装，例如用 Ubuntu 中的 apt 来安装 deb，用 Red Hat 中的 yum 来安装 rpm；第三类是. bin 类，其实就是把 sh 和 zip 打包为 bin，或把 sh 和 rpm 打包为 bin 等，当在命令行运行 bin 安装文件时，其实就是用 bin 里面的 sh 来解压 bin 中的 zip 或安装 rpm 的过程。

1. yum 软件安装与卸载

rpm 安装与卸载，这种软件包就像 Windows 的 exe 可执行文件一样，各种文件已经编译好，并打了包，哪个文件该放到哪个文件夹都指定好了，安装非常方便，在图形界面里只需双击就能自动安装，但是有一点不好，就是包的依赖关系需要手动解决。

rpm 安装软件包的步骤如下：

(1) 找到相应的软件包，例如 soft. version. rpm，下载到本机某个目录。

(2) 打开一个终端，su 成 root 用户。

(3) 通过 cd 命令进入 soft. version. rpm 所在的目录。

(4) 输入 rpm-ivh soft. version. rpm 命令进行安装。

rpm 更新软件包：

输入 rpm-Uvh soft. version. rpm 命令进行更新。

rpm 卸载软件包的步骤如下：

(1) 查找欲卸载的软件包 rpm-qa | grep xxxx。

(2) 例如找到软件 mysql-4. 1. 22-2. el4_8. 4，执行命令 rpm-e mysql-4. 1. 22-2. el4_8. 4。

如果需要查询软件的安装目录，则可以使用命令 rpm-ql mysql-4. 1. 22-2. el4_8. 4。

以. bin 结尾的安装包，这种安装包的安装方式类似于 rpm 包的安装，也比较简单。

bin 安装软件包的步骤如下：

(1) 打开一个 Shell 终端。

(2) 用 cd 命令进入源代码压缩包所在的目录。

(3) 给文件加上可执行属性 chmod +x . bin（中间是字母 x，小写）。

(4) 执行命令. /. bin 或者直接执行 sh ****** . bin 进行安装(＊代表压缩包名称)。

bin 卸载：

把安装时选择的安装目录删除，例如 rm-rf /usr/local/mysql/。

tar. gz(bz 或 bz2 等)结尾的源代码包里面存放的都是源程序，没有编译过，需要编译后才能安装。

源代码安装的步骤如下：

(1) 打开一个 Shell 终端。

(2) 用 cd 命令进入源代码压缩包所在的目录。

(3) 根据压缩包类型解压缩文件(＊代表压缩包名称)，命令如下：

```
tar - zxvf ****.tar.gz
tar - jxvf ****.tar.bz(或 bz2)
```

(4) 用 cd 命令进入解压缩后的目录。

(5) 输入编译文件命令. /configure(有的压缩包已经编译过，这一步可以省略)。

(6) 执行命令 make。

(7) 最后执行安装文件命令 make install。

安装过程中也可以通过. /configure--help 来查看配置软件的功能；大多软件提供了. /configure 配置软件的功能；少数的也没有。如果没有提供的就不用. /configure，可直接使用 make && make install 命令进行安装；. /configure 比较重要的一个参数是--prefix，用--prefix 参数可以指定软件安装目录。

源代码卸载的步骤如下：

(1) 打开一个 Shell 终端。

(2) 用 cd 命令进入编译后的软件目录，即安装时的目录。

(3) 执行反安装命令 make uninstall。

yum 是 rpm 的管理工具，用于管理一个软件库，可以很好地解决依赖关系。一般情况下推荐使用 yum 进行软件的安装和卸载。如果想安装一个软件，只知道它和某方面有关，但又不能确切地知道它的名字，这时可以使用 yum 的查询功能，用 yum search keyword 命令搜索。例如要安装一个 Instant Messenger，但又不知到底有哪些，这时不妨用 yum search messenger 命令进行搜索，yum 会搜索所有可用 rpm 的描述，列出所有描述中和 messeger 有关的 rpm 包，如可以得到 gaim、kopete 等相关软件包的信息，并从中选择需要的软件包进行安装。

有时还会碰到安装了一个包，但又不知道其用途，可以用 yum info packagename 命令获取信息。

安装指定版本的 Redis 版本，先查询获取可用的版本，命令如下：

```
yum --enablerepo=remi list redis --showduplicates | sort -r
```

再执行命令进行安装，命令如下：

```
yum --enablerepo=remi install redis-6.0.6 -y
```

清除 yum 缓存：

yum 会把下载的软件包和 header 存储在 cache 中，而不会自动删除。如果觉得它们占用了磁盘空间，则可以使用 yum clean 命令进行清除，更精确的方法是用 yum clean headers 清除 header，用 yum clean packages 清除下载的 rpm 包，用 yum clean all 清除所有。

清除缓存目录(/var/cache/yum)下的软件包，命令如下：

```
yum clean packages
```

清除缓存目录(/var/cache/yum)下的 headers，命令如下：

```
yum clean headers
```

清除缓存目录(/var/cache/yum)下旧的 headers，命令如下：

```
yum clean oldheaders
```

清除缓存目录(/var/cache/yum)下的软件包及旧的 headers，命令如下：

```
yum clean, yum clean all
#跟下面命令的效果相同
yum clean packages && yum clean oldheaders
```

下面对 yum 命令工具的使用进行举例说明，注意"#"号在 Shell 代码中代表注释信息说明，在命令执行时不起作用，示例如下：

```
yum update                          # 升级系统
yum install packagename             # 安装指定软件包
yum update packagename              # 升级指定软件包
yum remove packagename              # 卸载指定软件
yum erase packagename               # 删除指定软件
yum grouplist                       # 查看系统中已经安装的和可用的软件组,可用的可以安装
yum groopinstall packagename        # 安装上一个命令显示的可用的软件组中的一个
yum groopupdate packagename         # 更新指定软件组中的软件包
yum groopremove packagename         # 卸载指定软件组中的软件包
yum deplist packagename             # 查询指定软件包的依赖关系
yum list yum\ *                     # 列出所有以 yum 开头的软件包
yum localinstall packagename        # 从硬盘安装 rpm 包并使用 yum 解决依赖
```

在系统中安装中文字体,命令如下:

```
yum groupinstall "fonts"
```

安装完成后查看是否成功地安装了中文语言包,命令如下:

```
locale -a |grep "zh_CN"
```

可能显示的内容如下:

```
zh_CN
zh_CN.gb18030
zh_CN.GB2312
zh_CN.gbk
zh_CN.utf8
```

以上内容说明安装成功。

2. apt 软件安装与卸载

Linux 系统的发行版本有很多个,每个系统命令略有不同,大多数情况下只是前缀不同,后面的命令都是一样的。apt/apt-get 命令适用于 deb 包管理式的 Linux 操作系统(Debian、Ubuntu 等),主要用于自动从互联网软件仓库中搜索、下载、安装、升级、卸载软件或操作系统,类似 yum 的使用,不过命令之前经常要求加上 sudo,否则命令无法执行,apt/apt-get 的主要使用方法如下:

```
apt-get install package                 # 安装软件包
apt-get install Package=Version         # 安装指定包的指定版本
apt-get reinstall package               # 重新安装包
apt-get upgrade                         # 更新已安装的包
apt-cache rdepends package              # 查看该包被哪些包依赖
```

```
apt - cache depends package                    #了解使用依赖
apt - get clean && apt - get autoclean         #清理无用的包
apt - cache show package                       #获取包的相关信息,如说明、大小、版本等
apt - get remove package                       #删除包
apt - get purge package                        #删除包,包括删除配置文件等
apt - get autoremove                           #自动删除不需要的包
apt - get full - upgrade                       #在升级软件包时自动处理依赖关系
apt - get search                               #搜索应用程序
apt - get show                                 #显示软件包信息
apt - get build - dep Package                  #安装源代码包所需要的编译环境
apt - get  - f install                         #修复依赖关系
apt - get source Package                       #下载软件包的源代码
```

对于不在 Ubuntu 软件源中的软件,可以使用 deb 软件包进行安装。这就像 Windows 中的 exe 安装文件。例如,下载了百度云的 deb 软件包后,可以使用下面的命令安装百度云软件:

```
dpkg  - i baidunetdisk_3.4.1_amd64.deb
```

关于 dpkg 管理软件的一些常用的方法总结如下。

查看所有已安装的软件,命令如下:

```
dpkg  - l
```

依靠 grep 命令可查看某个软件是否已安装,命令如下:

```
dpkg  - l | grep software - name
```

安装 deb 软件包,命令如下:

```
dpkg  - i xxx.deb
```

删除软件包,命令如下:

```
dpkg  - r xxx.deb
```

连同配置文件一起删除,命令如下:

```
dpkg  - r  -- purge xxx.deb
```

查看软件包信息,命令如下:

```
dpkg  - info xxx.deb
```

查看文件复制详情，命令如下：

```
dpkg -L xxx.deb
```

连同软件包的配置文件一起删除，命令如下：

```
dpkg -r --purge xxx.deb
```

查看软件包信息，命令如下：

```
dpkg -info xxx.deb
```

重新配置软件包，命令如下：

```
dpkg-reconfigure xxx.deb
```

云计算管理与配置篇

云计算(Cloud Computing)是分布式计算的一种,指的是通过网络“云”将巨大的数据计算处理程序分解成无数个小程序,然后通过多部服务器组成的系统进行处理和分析,最后将这些小程序得到的结果返给用户。云计算早期,简单地说就是简单的分布式计算,解决任务分发问题,并将计算结果进行合并。因而,云计算又称为网格计算。通过这项技术,可以在很短的时间内(几秒)完成数以万计数据的处理,从而达到强大的网络服务能力。现阶段所讲的云服务已经不单单是一种分布式计算,而是分布式计算、效用计算、负载均衡、并行计算、网络存储、热备份冗杂和虚拟化等计算机技术混合演进并跃升的结果。现在提出的云原生概念也基于资源和数据的计算与分配,这对企业整合资源、节省开销及解决并发访问问题等非常有用,本篇详细介绍云计算的应用与原理、搭建云计算环境及使用,另外给初、中级云计算开发人员提供一些参考和借鉴。

本篇基于实战项目,从项目分析、技术选型、项目实现、组件优化、应用实现等各方面进行介绍。对于不满足项目业务背景的组件基于源代码做了一定的开发和修改,读者亦可选择一个自己喜欢的组件,读懂源代码后,积极贡献代码,成为开源项目的贡献者。掌握OpenStack组件的原理,不仅能快速地查看问题和解决问题,提升工作效率,还能够提升自己的技术,更容易扩展自己的技术圈,也更容易理解很多优秀的开源项目的底层设计原理。

云计算管理与配置篇包括了以下几章。

第6章　云计算的发展及应用

介绍云计算的发展历史、发展趋势、本质和优势及应用场景。

第7章　OpenStack核心组件

介绍OpenStack核心组件的概念及原理,并对大部分组件的功能进行介绍,以及对类似组件进行比较和应用场景特点介绍。

第8章　实战项目分析及技术选型

基于一个大型项目进行简化,对业务背景进行分析,结合业务特点进行技术选型。

第9章　云计算环境安装及部署

根据项目业务和技术栈进行云环境的搭建和部署。

第 10 章　云计算环境多网络配置

为了满足项目的高安全性需求，在云环境中划分了 4 种网络，并进行配置和使用。

第 11 章　Zun 组件功能开发与配置

对于业务有特殊需要的部分，根据需要对组件功能进行定制开发和修改。

第 12 章　云计算环境镜像上传

介绍云计算环境中多种镜像上传的方案和实现。

第 13 章　云计算环境上传文件

介绍云计算环境中多种文件上传的方案和实现。

第 14 章　云计算环境验证及部署

对于部署好的云计算环境进行组件状态服务验证、网络验证、应用部署验证。

第 15 章　云计算环境部署规范

为了更加规范地使用云计算环境，结合实际大型项目开发经验，对虚拟机和容器部署制定初始化标准，也方便前后端的二次开发。

第 16 章　搭建通用镜像制作环境

为了能够降低镜像制作难度，介绍如何快速搭建好可以制作虚拟机镜像和容器镜像的工作环境。

第 17 章　镜像制作的多种方案

基于不同的虚拟平台工具制作云计算环境中可以正常运行和使用的镜像。

第 18 章　常见问题及解决方案

对于云计算环境中常见的问题提供很多思路和解决方案。

通过本篇的学习，读者可以了解云计算的新特性、生态环境、发展战略、开发者机遇、技术架构等；学会安装和配置云计算环境，对云计算环境中的组件原理、技术选型、镜像制作等能够掌握并进行开发，并能够编写小型项目的架构方案和项目落地；掌握云计算的原理和使用知识。

第6章 云计算的发展及应用

云计算是分布式计算的一种，指的是通过网络“云”将巨大的数据计算处理程序分解成无数个小程序，然后通过多部服务器组成的系统进行处理和分析，最后将这些小程序得到的结果返给用户。云计算早期，简单地说就是简单的分布式计算，解决任务分发问题，并对计算结果进行合并。因而，云计算又称为网格计算。通过这项技术，可以在很短的时间内(几秒)完成数以万计数据的处理，从而达到强大的网络服务能力。现阶段所讲的云服务已经不单单是一种分布式计算，而是分布式计算、效用计算、负载均衡、并行计算、网络存储、热备份冗杂和虚拟化等计算机技术混合演进并跃升的结果。

6.1 云计算的历史

互联网自20世纪60年代开始兴起，主要用于军方、大型企业等之间的纯文字电子邮件或新闻集群组服务。直到20世纪90年代才开始进入普通家庭，随着Web网站与电子商务的发展，网络已经成为目前人们离不开的生活必需品之一。云计算这个概念首次在2006年8月的搜索引擎会议上被提出，成为互联网的第3次革命。

云计算这个概念从提出到今天，已经十多年了。在这十多年间，云计算取得了飞速的发展与翻天覆地的变化。现如今，云计算被视为计算机网络领域的一次革命，因为它的出现，社会的工作方式和商业模式也在发生巨大的改变。追溯云计算的根源，它的产生和发展与之前所提及的并行计算、分布式计算等计算机技术密切相关，都促进了云计算的成长。

云计算的历史可以追溯到1956年，Christopher Strachey发表了一篇有关于虚拟化的论文，正式提出虚拟化。虚拟化是今天云计算基础架构的核心，是云计算发展的基础，而后随着网络技术的发展，逐渐孕育了云计算的萌芽。在20世纪90年代，计算机网络呈爆炸式发展，出现了以思科为代表的一系列公司，随即网络出现泡沫。在2004年，Web 2.0会议举行，Web 2.0成为当时的热点，这也标志着互联网泡沫破灭，计算机网络发展进入了一个新的阶段。在这一阶段，让更多的用户方便快捷地使用网络服务成为互联网发展亟待解决的问题，与此同时，一些大型公司也开始致力于开发大型计算能力的技术，为用户提供更加强大的计算处理服务。在2006年8月9日，谷歌首席执行官埃里克·施密特(Eric Schmidt)

在搜索引擎大会(SES San Jose 2006)上首次提出“云计算”的概念。这是云计算发展史上第1次正式地提出这一概念,有着巨大的历史意义。

2007年以来,“云计算”成为计算机领域最令人关注的主题之一,同样也是大型企业、互联网建设领域着力研究的重要方向。因为云计算的提出,互联网技术和IT服务出现了新的模式,引发了一场变革。在2008年,微软发布了公共云计算平台(Windows Azure Platform),由此拉开了微软的云计算大幕。同样,云计算在国内也掀起一场风波,许多大型网络公司纷纷加入云计算的阵列。2009年1月,阿里软件在江苏省南京市建立首个“电子商务云计算中心”。同年11月,中国移动云计算平台“大云”计划启动。2019年8月17日,北京互联网法院发布《互联网技术司法应用白皮书》,北京互联网法院互联网技术司法应用中心揭牌成立。到现阶段,云计算已经发展到较为成熟的阶段。

6.2 云计算的趋势

国际云计算市场发展状况:根据Gartner数据,2017年全球公共云服务市场规模达到2602亿美元,较2016年增长18.5%,继续保持较高增长速度。国内云计算市场发展状况:据运营商世界网发布的报告,2017年中国云计算市场规模达到690亿元,比2016年增长超过33.6%,增速明显超过全球增速。

云计算发展的趋势主要有以下特点:

(1) 云计算市场集中化趋势进一步加剧。从国内外看,云计算市场的寡头垄断特征越来越明显。全球方面市场份额不断向头部公司集中。据市场研究机构Synergy Research Group公布的2017年第四季度全球云基础设施市场数据,AWS占全球市场份额的32%,位居第一,其后的微软、谷歌和IBM分别占14%、8%和4%,阿里云约占3%~4%,五家公司合计约占全球六成份额;与2016年第四季度相比,AWS、微软、谷歌、阿里云份额分别增长0.5%、3%、1%、1%,IBM减少0.5%,之后10名厂商的市场份额累计减少1%,其他厂商的市场份额减少4%。国内方面,阿里云的主导地位不断强化。据市场调研机构IDC的数据,2017年上半年,阿里云占国内IaaS市场份额达47.6%,比2016年年底增长7%。从市场影响力、服务能力、可靠性和价格等因素考虑,用户都更加倾向于选择各巨头的云服务,预计未来市场集中化趋势将日益加剧。

(2) 巨头通过合作及优势互补不断地强化市场地位。2017年,各大云服务商在技术上不断寻求新突破,不仅持续推出新产品与新服务,还通过结盟快速积累规模效应,以争取更大的市场份额。如SaaS巨头Salesforce与IaaS巨头AWS、谷歌云强强联手,整合双方优势产品和服务,共同向全球市场扩张;阿里云、腾讯云分别与中国联通展开深度合作,相互开放云计算资源,共同开拓市场;AWS联手AMD,共同打造大型图像处理云平台;谷歌和思科联合打造混合云解决方案;微软与腾讯微信合作推出Office 365微助理,提供移动办公云服务。巨头们通过抱团的方式实现优势互补,提供更优质全面的服务,有利于共同争夺市场,进一步强化其市场优势地位,全球云计算市场将进一步整合,中小云服务商的生存空间可能面临进一步被挤压的风险。

(3)“人工智能云”正成为新型云计算服务。2017年,人工智能发展掀起新一波热潮,各大企业加快研发并推出人工智能技术和产品。人工智能具有开源、开放的发展特征,云端部署可以更好地发挥这一优势,加快促进其发展和应用,已有不少云计算厂商以云服务模式推出人工智能开放平台,提供人工智能服务、算法和计算能力。未来,随着人工智能的快速发展,其应用将在诸多行业领域展开,而各大厂商将人工智能与云计算相结合,提供便捷、易获取的人工智能技术和能力,将成为众多用户使用和部署人工智能业务的重要方式。以推动人工智能技术创新和应用发展作为主要内容的云服务业务,将成为各大企业竞相推出的新服务,也将加快推动人工智能和云计算共赢发展。

(4)云计算与边缘计算正进入协同发展阶段。2017年,云计算厂商对边缘计算更为重视,纷纷推出边缘计算相关产品和服务。微软在其开发者大会上表示,其云战略正在朝着边缘计算方向发展,并在之后推出预览版 Azure IoT Edge,将 Azure 云端的串流分析服务、机器学习、认知服务等赋予边缘设备,以加快对异常事件的预警反应,就近提供人工智能服务。亚马逊发布边缘计算软件 AWS Greengrass,将计算、信息传输、数据缓存带到边缘设备。华为发布了基于边缘计算的物联网解决方案,将边缘计算和云管理引入物联网领域,就近提供智能服务。思科与SAS合作,计划将商用智能分析技术带到边缘设备。开源社群 Linux 基金会成立了 EdgeX Foundry 项目,计划为边缘计算建立可互相沟通和协作的通用标准。SAP 推出了边缘计算解决方案,把云端的机器学习和预测分析服务带到边缘设备。未来,随着主要厂商若干边缘计算解决方案的推出,将推动边缘计算加快走向落地应用,并给云计算的角色带来变化。边缘计算让云计算去中心化,将云向更靠近用户的方向延伸,便于满足低延时、高带宽等新兴应用需求,云端则更多地提供对延时等要求不高的应用和边缘设备没有能力处理的计算服务,扮演着集中协调管理的角色,负责支撑各边缘设备的正常运转。伴随物联网、虚拟现实、人工智能等对实效和带宽要求较高的新兴应用的发展,云计算和边缘计算这种互相配合、各负其责的服务趋势将开始显现。

(5)计算正助推量子计算走向商业化应用。近几年,量子计算成为科技领域创新的热点,诸多企业和研究机构正加大力度推动科研攻关。2017年,主要云计算厂商加大了量子计算布局的力度,并探索通过云服务的方式提供量子计算服务。一方面,量子计算大大提升了云服务计算能力,有利于满足未来大规模并行计算的需求;另一方面,量子计算以云服务方式对外提供,也有利于量子计算的推广应用,与行业结合解决用户实际问题,促进量子计算产业化。未来,随着量子计算的快速发展和行业需求的增加,量子计算云服务的落地应用将逐渐展开。

(6)一些地方加大支持力度推动“企业上云”。2017年,浙江、江苏、山东等地出台了“企业上云”专门政策,加大资金支持力度,加快推动企业使用云服务。各地“企业上云”工作取得了积极成效,为全国“企业上云”工作提供了可借鉴的经验。目前,工业和信息化部正在研究制定推动“企业上云”的政策措施,从政策引导和操作指导方面加快推动企业上云。随着相关文件的出台,企业上云将在全国范围展开,各地将出台促进“企业上云”的政策措施,加大宣传力度，营造良好氛围，推动云服务商和企业有序对接，建立和完善配套支撑服务体系，有步骤、有计划地加快推进“企业上云”进程。

(7) 多云管理工具助推多云模式更加普及。2017 年，云服务商顺应多云趋势，开始推出多云管理工具。微软发布了多云管理服务 Cloud Services Map，可将其 Azure 云服务与其他云服务进行对比，帮助企业更轻松地管理多云环境，快速部署同时使用 Azure 与其他云服务的多云解决方案，并可便捷实现其他云服务向 Azure 的迁移。VMware 在其 VMworld 大会推出的 7 个云服务也侧重了多云管理服务，通过跨云控制帮助企业更好地实现多云管理的便捷性和灵活性。这些管理工具的推出能够帮助用户更便捷地部署多个厂商的云服务，并对其进行管理和控制。多云模式通过灵活搭配多个云厂商的产品，形成契合企业需求的最佳云服务组合，达到更低的总成本，缓解由于单一供应商设备宕机带来的风险，并能减少被单一厂商“绑定”的风险，这些优势让多云模式日益受到用户的青睐。在市场需求下，预计会有更多的多云管理工具被推出，帮助解决异构环境中部署或迁移应用、跨云跨网络运行应用、多云运行状态监控、多云计费等长期困扰用户的问题，促进多云模式成为企业采用云服务的常态，据 IDC 的调查数据，超过 85%的企业将在 2018 年年底前实施多云策略。

(8) 公有云巨头加码加速混合云落地实施。2017 年，混合云进入了以大型公有云厂商为主导的圈地阶段，公有云巨头通过与相关企业合作，大力拓展混合云市场。混合云兼具开放性与安全性的优势，成为不少企业的选择，根据 IDC 的调查数据，目前大约有 80%的大型企业使用混合云，预计 2018 年这一比例将达到 85%。公有云巨头混合云解决方案的日益完善，将为其现有用户和潜在用户便捷地部署混合云创造更好的条件，吸引用户根据自身需求加快部署混合云，推动混合云市场的快速发展。

6.3 云计算的本质

“云”实际上就是一个网络，狭义上讲，云计算就是一种提供资源的网络，使用者可以随时获取“云”上的资源，按需求量使用，并且可以无限扩展，只要按使用量付费就可以了，“云”就像自来水厂一样，用户可以随时接水，并且不限量，按照自己家的用水量付费给自来水厂就可以了。从广义上讲，云计算是与信息技术、软件、互联网相关的一种服务，这种计算资源共享池叫作“云”，云计算把许多计算资源集合起来，通过软件实现自动化管理，只需很少的人参与就能快速地提供资源。也就是说，计算能力作为一种商品，可以在互联网上流通，就像水、电、煤气一样，可以方便地取用，并且价格较为低廉。总之，云计算不是一种全新的网络技术，而是一种全新的网络应用概念，云计算的核心概念是以互联网为中心，在网站上提供快速且安全的云计算服务与数据存储，让每个使用互联网的人都可以使用网络上的庞大计算资源与数据中心。

云计算是继互联网、计算机后在信息时代的一种新的革新，云计算是信息时代的一个大飞跃，未来的时代可能是云计算的时代，虽然目前有关云计算的定义有很多，但总体上来讲，云计算的基本含义是一致的，即云计算具有很强的扩展性和需要性，可以为用户提供一种全新的体验，云计算的核心是可以将很多的计算机资源协调在一起，因此，使用户通过网络就可以获取无限的资源，同时获取的资源不受时间和空间的限制。

通常，它的服务类型分为三类：基础设施即服务(IaaS)、平台即服务(PaaS)和软件即服务(SaaS)。这3种云计算服务有时被称为云计算堆栈，因为它们构建堆栈，并且位于彼此之上，以下是这3种服务的概述。

1. 基础设施即服务

基础设施即服务是主要的服务类别之一，它向云计算提供商的个人或组织提供虚拟化计算资源，如虚拟机、存储、网络和操作系统。提供给消费者的所有能力包括处理能力、网络存储能力和其他基本的计算能力，用户能够依此运行任意软件，其中包括操作系统和一些应用程序。消费者不管理也不控制底层的云计算基础设施，但是能控制操作系统、储存、部署的应用，也有可能选择网络组件。

2. 平台即服务

平台即服务是一种服务类别，为开发人员提供通过全球互联网构建应用程序和服务的平台。PaaS为开发、测试和管理软件应用程序提供按需开发环境。提供给消费者的能力就是使客户可以利用供应商提供的开发语言和工具将创建的应用程序全部部署到云计算基础设施上。客户不需要控制或管理底层的云计算基础设施、操作系统、服务器、网络、存储，但是消费者可以控制所部署的应用程序，也可以控制那些托管的应用配置。

3. 软件即服务

软件即服务也是其服务的一类，通过互联网提供按需付费软件，云计算提供商托管和管理这些软件应用程序，允许其用户连接到这些软件并通过全球互联网访问应用程序。用户所能获得的能力是运营商已经设定好的一种软件服务，可以通过客户端进行访问，例如通过浏览器访问。消费者不需要控制或管理底层的云计算基础设施、服务器、存储、操作系统，甚至单个应用程序的功能。

6.4　云计算的优势

云计算的可贵之处在于高灵活性、可扩展性和高性价比等，与传统的网络应用模式相比，其具有以下优势与特点。

1. 虚拟化技术

虚拟化技术是云计算的核心，虚拟化突破了时间、空间的界限，是云计算最为显著的特点，虚拟化技术包括应用虚拟和资源虚拟两种。众所周知，物理平台与应用部署的环境在空间上没有任何联系，可通过虚拟平台对相应终端进行操作以便完成数据备份、迁移和扩展等。

2. 动态可扩展

云计算具有高效的运算能力，在原有服务器的基础上增加云计算功能能够使计算速度迅速提高，最终实现动态地扩展虚拟化以达到对应用进行扩展的目的。

3. 按需部署

计算机包含许多应用、软件等，由于不同的应用对应的数据资源库不同，所以用户运行不同的应用需要较强的计算能力对资源进行部署，而云计算平台能够根据用户的需求快速地配备计算能力及资源。

4. 灵活性高

目前市场上的大多数 IT 资源、软件、硬件支持虚拟化，例如存储网络、操作系统和软件、硬件等。虚拟化要素统一放在云系统资源虚拟池中进行管理，可见云计算的兼容性非常强，不仅可以兼容低配置机器、不同厂商的硬件产品，还能够使外设获得更高性能的计算能力。

5. 可靠性高

倘若某台服务器出现故障也不会影响计算与应用的正常运行。因为单点服务器出现故障后可以通过虚拟化技术对分布在不同物理服务器上的应用进行恢复或利用动态扩展功能部署新的服务器进行计算。

6. 性价比高

将资源放在虚拟资源池中进行统一管理在一定程度上优化了物理资源，用户不再需要昂贵、存储空间大的主机，可以选择相对廉价的 PC 组成云，一方面减少费用；另一方面计算性能也不逊于大型主机。

7. 可扩展性

用户可以利用应用软件的快速部署能力更为简单快捷地对自身所需的已有业务及新业务进行扩展，如云计算系统中出现了设备故障，对于用户来讲，无论是在计算机层面上，还是在具体运用上均不会受到阻碍，可以利用云计算具有的动态扩展功能对其他服务器进行有效扩展。这样一来就能够确保任务得以有序完成。在对虚拟化资源进行动态扩展的情况下，能够高效扩展应用，提高云计算的操作水平。

总体来讲，云计算是按需自助服务的，消费者可以根据自己的意愿单方面部署处理能力，如果不需要，则可以不部署。云计算可以通过互联网取得各种功能，还可以通过多个客户端进行推广。云计算通常按使用的资源付费，宽带和资源的消耗按月根据使用的情况进行收费，这可以促进资源的充分利用。

计算能力是衡量一个国家国力和科学研究能力的一项重要指标。目前个人计算机每个 CPU 的处理能力大约是 200MIPS，而最近 Yahoo 公司报道其实现了具有一万个节点，也就是一万台个人计算机连接的分布式系统，总处理能力可以达到 2 000 000MIPS。这样的计算速度就是世界上运行最快的芯片也无法达到，因为在一定的面积上芯片的运算速度有限。目前世界著名的超级计算机 TOP500，大约每秒可执行几百万亿次指令，并且都是采用分布式设计的，曾经世界第一的 IBM 的超级计算机采用的是 32 部机架，而且每部机架部署了大约 768 个 CPU，它所使用的系统都是 Linux 系统。据不完全统计，中国的个人计算机的数目达到了 5 亿台，其中只有 30％的个人计算机的运算能力被应用，那些没有被利用的计算机如果通过云计算的技术将其有机地结合在一起，其计算能力可以想象，中国总的计算速度可以超越其他国家。

6.5 云计算的场景

云计算在商业上有着巨大的潜力，众所周知亚马逊是世界上最大的网上图书零售商，而亚马逊为了支持企业的快速发展，在美国部署了 IT 技术设施，其中包括宽带、CPU、存储服务器等资源。为了充分地支持这些企业的发展，亚马逊将一些富裕部分的宽带、CPU、存储服务器租给了第三方，最初由个人开发，后来由一些小型企业，最后到中型企业，而 2006 年亚马逊成立了 AWS（网络服务部门），这是为企业提供云计算基础构架的一个平台，用户可以通过这个平台获得宽带、存储、CPU 等资源，同时还可以获得 IT 服务。

云计算是建立在先进互联网技术基础之上的，其实现形式众多，主要通过以下几种形式完成：

（1）软件服务。通常用户提出服务需求，云系统通过浏览器向用户提供资源和程序等。值得一提的是，利用浏览器应用传递服务信息不花费任何费用，供应商亦是如此，只要做好应用程序的维护工作即可。

（2）网络服务。开发者能够在 API 的基础上不断改进、开发出新的应用产品，大大提高了单机程序的操作性能。

（3）平台服务。一般服务于开发环境，协助中间商对程序进行升级与研发，同时完善用户下载功能，用户可通过互联网下载，具有快捷、高效的特点。

（4）互联网服务整合。利用互联网发出指令时，也许同类服务众多，云系统会根据终用户端需求匹配相适应的服务。

（5）商业服务平台。构建商业服务平台的目的是给用户和提供商提供一个沟通平台，从而需要为管理服务和软件搭配应用。

（6）管理服务提供商。此种应用模式并不陌生，常服务于 IT 行业，常见服务内容有扫描邮件病毒、监控应用程序环境等。

较为简单的云计算技术已经普遍服务于现如今的互联网服务中，最为常见的是网络搜索引擎和电子邮箱。最为常用的搜索引擎莫过于谷歌和百度了，在任何时刻，只要通过移动终端就可以在搜索引擎上搜索任何自己想要的资源，通过云端共享数据资源，而电子邮箱也是如此，在过去，寄一封邮件是一件比较麻烦的事情，同时也是一个很慢的过程，而在云计算技术和网络技术的推动下，电子邮箱成为社会生活中的一部分，只要在网络环境下，就可以实现实时的邮件寄发了。其实，云计算技术已经融入现今的社会生活。下面列举几个在日常生活经常使用的例子：

（1）存储云，又称云存储，是在云计算技术上发展起来的一个新的存储技术。云存储是一个以数据存储和管理为核心的云计算系统。用户可以将本地的资源上传至云端，可以在任何地方连入互联网获取云上的资源。所熟知的谷歌、微软等大型网络公司均有云存储服务，在国内，百度云和微云则是市场占有量最大的存储云。存储云向用户提供了存储容器服务、备份服务、归档服务和记录管理服务等，大大方便了使用者对资源的管理。

(2) 医疗云是指在云计算、移动技术、多媒体、4G 通信、大数据及物联网等新技术基础上结合医疗技术，使用“云计算”创建医疗健康服务云平台，实现了医疗资源的共享和医疗范围的扩大。因为云计算技术的运用与结合，医疗云提高了医疗机构的效率，方便了居民就医。像现在医院的预约挂号、电子病历、医保等都是云计算与医疗领域结合的产物，医疗云还具有数据安全、信息共享、动态扩展、布局全国的优势。

(3) 金融云是指利用云计算的模型，将信息、金融和服务等功能分散到庞大分支机构构成的互联网“云”中，旨在为银行、保险和基金等金融机构提供互联网处理和运行服务，同时共享互联网资源，从而解决现有问题并且达到高效、低成本的目标。在 2013 年 11 月 27 日，阿里云整合阿里巴巴旗下资源并推出阿里金融云服务。其实，这就是现在基本普及了的快捷支付，因为金融与云计算的结合，现在只需在手机上进行简单操作，便可以完成存款、购买保险和基金买卖。现在，不仅阿里巴巴推出了金融云服务，像苏宁金融、腾讯等企业也推出了自己的金融云服务。

(4) 教育云，实际上是指教育信息化。具体地，教育云可以将所需要的任何教育硬件资源虚拟化，然后将其传入互联网中，以向教育机构、学生和老师提供一个方便快捷的平台。现在流行的慕课是教育云的一种应用。慕课(MOOC)指的是大规模开放的在线课程。现阶段慕课的三大优秀平台为 Coursera、edX 及 Udacity，在国内，中国大学 MOOC 也是非常好的平台。在 2013 年 10 月 10 日，清华大学推出 MOOC 平台——学堂在线，许多大学现已使用学堂在线开设了一些课程的 MOOC。

6.6 公有云的应用

公有云通常指第三方提供商为用户提供的云，公有云一般可通过 Internet 使用，可能免费，也可能价格低廉，公有云的核心属性是共享资源服务。这种云有许多实例，可在当今整个开放的公有网络中提供服务。能够以低廉的价格，提供有吸引力的服务，创造新的业务价值，公有云作为一个支撑平台，还能够整合上游的服务(如增值业务、广告等)、提供者和下游的最终用户，打造新的价值链和生态系统。

Amazon Web Services 是亚马逊公司旗下的云计算服务平台，为全世界范围内的客户提供云解决方案。以 Web 服务的形式向企业提供 IT 基础设施服务，通常称为云计算。其主要优势之一是能够根据业务发展的需要以较低可变成本来替代前期基础设施费用。亚马逊网络服务所提供的服务包括亚马逊弹性计算网云(Amazon EC2)、亚马逊简单存储服务(Amazon S3)、亚马逊简单数据库(Amazon SimpleDB)、亚马逊简单队列服务(Amazon Simple Queue Service)及 Amazon CloudFront 等。

Windows Azure 是微软基于云计算的操作系统，名为 Microsoft Azure，Azure Services Platform 是微软“软件和服务”技术的名称。Windows Azure 的主要目标是为开发者提供一个平台，帮助开发可运行在云服务器、数据中心、Web 和 PC 上的应用程序。云计算的开发者能使用微软全球数据中心的存储、计算能力和网络基础服务。Azure服务平台包括的主要组件：Windows Azure；Microsoft SQL数据库服务，Microsoft .NET服务；用于分享、存储和同步文件的Live服务；针对商业的Microsoft SharePoint和Microsoft Dynamics CRM服务。Azure是一种灵活和支持互操作的平台，它可以被用来创建云中运行的应用或者基于云的特性来加强现有应用。它开放式的架构给开发者提供了Web应用、互联设备的应用、个人计算机、服务器或者最优在线复杂解决方案。Windows Azure以云技术为核心，提供了软件+服务的计算方法。它是Azure服务平台的基础。Azure能够将处于云端的开发者个人能力同微软全球数据中心网络托管的服务(例如存储、计算和网络基础设施服务)紧密结合起来。微软会保证Azure服务平台自始至终的开放性和互操作性，企业的经营模式和用户从Web获取信息的体验将会因此改变。最重要的是，这些技术将使用户有能力决定，是将应用程序部署在以云计算为基础的互联网服务上，还是将其部署在客户端，或者根据实际需要将二者结合起来。

阿里云创立于2009年，是全球领先的云计算及人工智能科技公司，致力于以在线公共服务的方式，提供安全、可靠的计算和数据处理能力，让计算和人工智能成为普惠科技。阿里云服务着制造、金融、政务、交通、医疗、电信、能源等众多领域的企业，包括中国联通、12306、中石化、中石油、飞利浦、华大基因等大型企业客户，以及微博、知乎、锤子科技等明星互联网公司。在天猫双11全球狂欢节、12306春运购票等极富挑战的应用场景中，阿里云保持着良好的运行纪录。阿里云在全球各地部署了高效节能的绿色数据中心，利用清洁计算为万物互联的新世界提供源源不断的动力，开服的区域包括中国(华北、华东、华南、香港)、新加坡、美国(美东、美西)、欧洲、中东、澳大利亚、日本。

除此之外，目前国内公有云应用还有很多，例如腾讯云、华为云、百度云、七牛云等。公有云的供应商主要分为几类：三大运营商、ICT巨头、互联网巨头、IDC转型企业、特殊创新企业。

6.7　私有云的应用

私有云(Private Clouds)是为一个客户单独使用而构建的，因而提供对数据、安全性和服务质量的最有效控制。该公司拥有基础设施，并可以控制在此基础设施上部署应用程序的方式。私有云可部署在企业数据中心的防火墙内，也可以将它们部署在一个安全的主机托管场所，私有云的核心属性是专有资源。

私有云可以搭建在公司的局域网上，与公司内部的监控系统、资产管理系统等相关系统打通，从而更有利于公司内部系统的集成管理。私有云可由公司自己的IT机构，也可由云提供商进行构建。在此“托管式专用”模式中，像Sun和IBM这样的云计算提供商可以安装、配置和运营基础设施，以支持一个公司数据中心内的专用云。此模式赋予公司对于云资源使用情况的极高水平的控制能力，同时带来建立并运作该环境所需的专门知识。

私有云虽然数据安全性方面比公有云高，但是维护的成本也相对较大(对于中小企业而言),因此一般只有大型企业才会采用这类的云平台,因为对于这些企业而言,业务数据这条生命线不能被任何其他的市场主体获取。与此同时,一个企业尤其是互联网企业发展到一定程度后,自身的运维人员及基础设施都已经比较充足和完善了,搭建自己的私有云有时成本反而会比公有云低(所谓的规模经济)。举个例子,百度绝对不会使用阿里云,不仅是出于自己数据安全方面的考虑,成本也是一个比较大的影响因素。

目前国内对私有云的需求主要集中在金融、电信、政府、能源、教育、交通等行业。与公有云不同的是,私有云的客户主要是大中型企业。这些企业具有几大特点:资金充裕、有资源、有需求。资金充裕:上述相关行业中的大中型企业,具备充足的IT预算;有资源:此类企业在行业中所处位置使企业相对容易获取资源和人才;有需求:有国家政策推动、有创新扶持、有实际业务复杂度和性能弹性等需求、有安全类需求等。

私有云的服务通常会根据客户的特点体现为有较多的定制,如组织架构、内部审批流程、定制化的计算服务、统一资源管控、统一监控、自动化部署等,而在技术上,私有云往往会体现异构资源纳管(多种资源类型、多种虚拟化)、对接企业现有的4A、外部监控、ITSM、CMDB等系统。

私有云的供应商主要分为几类:传统ICT厂商、OpenStack厂商、公有云厂商转做私有云。

在中国,目前很多企业为了追求数据安全和可控,应对新技术,以及节省成本,基本上每个稍微大型一点的企业都会组建自己的私有云,掌握云计算的开发,在当前形势下是一种非常有利的技术。

6.8 混合云的应用

混合云融合了公有云和私有云,是近年来云计算的主要模式和发展方向。私有云主要面向企业用户,出于安全考虑,企业更愿意将数据存放在私有云中,但是同时又希望可以获得公有云的计算资源,在这种情况下混合云被越来越多地采用,它将公有云和私有云进行混合和匹配,以获得最佳的效果,这种个性化的解决方案,达到了既省钱又安全的目的。

混合云目前并不是简单的"私有云+公有云"形态,而更多体现为"私有云+",即在构建完成私有云的基础上,借助公有云的能力形成混合云。混合云管理平台(CMP)会体现一些与私有云管理平台差异化的特征,如跨云的资源和服务编排、云费用分摊和成本优化等。

私有云的安全性通常超越公有云,而公有云的计算资源又是私有云无法企及的。在这种矛与盾的情况下,混合云解决了这个问题,它既可以利用私有云的安全,将内部重要数据保存在本地数据中心;同时也可以使用公有云的计算资源,更高效快捷地完成工作,相比私有云或公有云更完善。混合云突破了私有云的硬件限制,利用公有云的可扩展性,可以随时获取更高的计算能力。企业通过把非机密功能移动到公有云区域,可以降低对内部私有云的压力和需求。混合云可以有效地降低成本,它既可以使用公有云又可以使用私有云,企业可以将应用程序和数据放在最适合的平台上,获得最佳的利益组合。

混合云客户一般已经具备了私有云，希望通过对接公有云满足以下几方面的需求：

(1) 跨国，例如某大型公司在美国销售电子类产品，需要在美国连接该企业的销售系统，通过本地私有云加 AWS 公有云实现。

(2) 灾备，将一部分系统或者数据定期备份到公有云上。

(3) 性能和高可用，利用公有云的 CDN、全局负载均衡等能力提供更好的可用性和性能。

(4) 爆发，客户业务需要短时爆发(bursting)，满足业务需求，同时节省成本。

混合云提供了许多重要的功能，可以使各种形式和规模的企业受益。这些新功能使企业能够利用混合云，以前所未有的方式扩展 IT 基础架构，混合云主要有以下优点：

(1) 降低成本，降低成本是云计算最吸引人的优势之一，也是驱使企业管理层考虑云服务的重要因素。升级预置基础设施的增量成本很高，增加预置的计算资源需要购置额外的服务器、存储、电力及在某些极端情况下新建数据中心的需求。混合云可以帮助企业降低成本，利用“即用即付”云计算资源来消除购买本地资源的需求。

(2) 增加存储和可扩展性，混合云为企业扩展存储提供了经济高效的方式，云存储的成本相比等量本地存储要低得多，是备份、复制 VM 和数据归档的不错选择。除此之外，增加云存储没有前置成本和本地资源需求。

(3) 提高可用性和访问能力，虽然云计算并不能保证服务永远正常，但公有云通常会比大多数本地基础设施具有更高的可用性。云内置有冗余功能并提供关键数据的地域复制。另外，像 Hyper-V 副本和 SQL Server Always On 可用性组等技术可以利用云计算来改进 HA 和 DR。云还提供了几乎无处不在的连接，使全球组织可以从几乎任何位置访问云服务。

(4) 提高敏捷性和灵活性，混合云最大的好处之一是灵活性。混合云能够将资源和工作负载从本地迁移到云，反之亦然。对于开发和测试而言，混合云使开发人员能够轻松创建新的虚拟机和应用程序，而无须 IT 运维人员的协助。利用具有弹性伸缩的混合云，可以将部分应用程序扩展到云中以满足峰值处理需求。云还提供了各种各样的服务，如 BI、分析、物联网等，可以随时使用这些服务，而不需要自己构建。

(5) 获得应用集成优势，许多应用程序都提供了内置的混合云集成功能。例如，如前所述，Hyper-V 副本和 SQL Server Always On 可用性组都具有内置的云集成功能。SQL Server 的 Stretch Databases 功能等新技术也能够将数据库从内部部署到云中。

混合云供应商主要包含公有云提供商、私有云供应商和混合云创新企业等。

第7章

OpenStack 核心组件

OpenStack 是一个由 NASA 和 Rackspace 合作研发并发起的，以 Aapache 许可证授权的自由软件和开放源代码项目。为公有云及私有云的建设与管理提供软件的开源项目，覆盖了网络、虚拟化、操作系统、服务器等各方面。OpenStack 是一个旨在为公共私有云的建设与管理提供软件的开源项目，它的社区拥有超过 130 家大型企业，OpenStack 的价值在于其开放性和标准化的 API。

云平台用户在经过 Keystone 服务认证授权后，通过 Horizon 或者 Reset API 模式创建虚拟机服务，创建过程中包括利用 Nova 服务创建虚拟机实例，虚拟机实例采用 Glance 提供镜像服务，然后使用 Neutron 为新建的虚拟机分配 IP 地址，并将其纳入虚拟网络中，之后通过 Cinder 创建的卷(Volume)为虚拟机挂载存储块，整个过程都在 Ceilometer 模块资源的监控下，Cinder 产生的卷和 Glance 提供的镜像(Image)可以通过 Swift 的对象存储机制进行保存。

部署云计算环境的项目有很多，但 OpenStack 是非常优秀和出名的一个项目，主要在于它有很多独特的优势，OpenStack 在控制性、兼容性、可扩展性、灵活性、开源性方面具备优势，它已经成为云计算领域的行业事实标准。

(1) 控制性：完全开源的平台，模块化的设计，提供相应的 API，方便与第三方技术集成，从而满足自身业务需求。

(2) 兼容性：OpenStack 兼容其他公有云，方便用户进行数据迁移。

(3) 可扩展性：OpenStack 采用模块化的设计，支持主流发行版本的 Linux，可以通过横向扩展，增加节点、添加资源。

(4) 灵活性：用户可以根据自己的需要建立基础设施，也可以轻松地为自己的群集增加规模。

(5) 开源性：OpenStack 项目采用了 Apache 2 许可，意味着第三方厂家可以重新发布源代码。

(6) 行业标准：众多 IT 领军企业加入了 OpenStack 项目，这也促使了 OpenStack 成为云计算行业的事实标准。

OpenStack 云最常见的架构如图 7-1 所示，整个 OpenStack 由控制节点、计算节点、网络节点、存储节点四大部分组成。

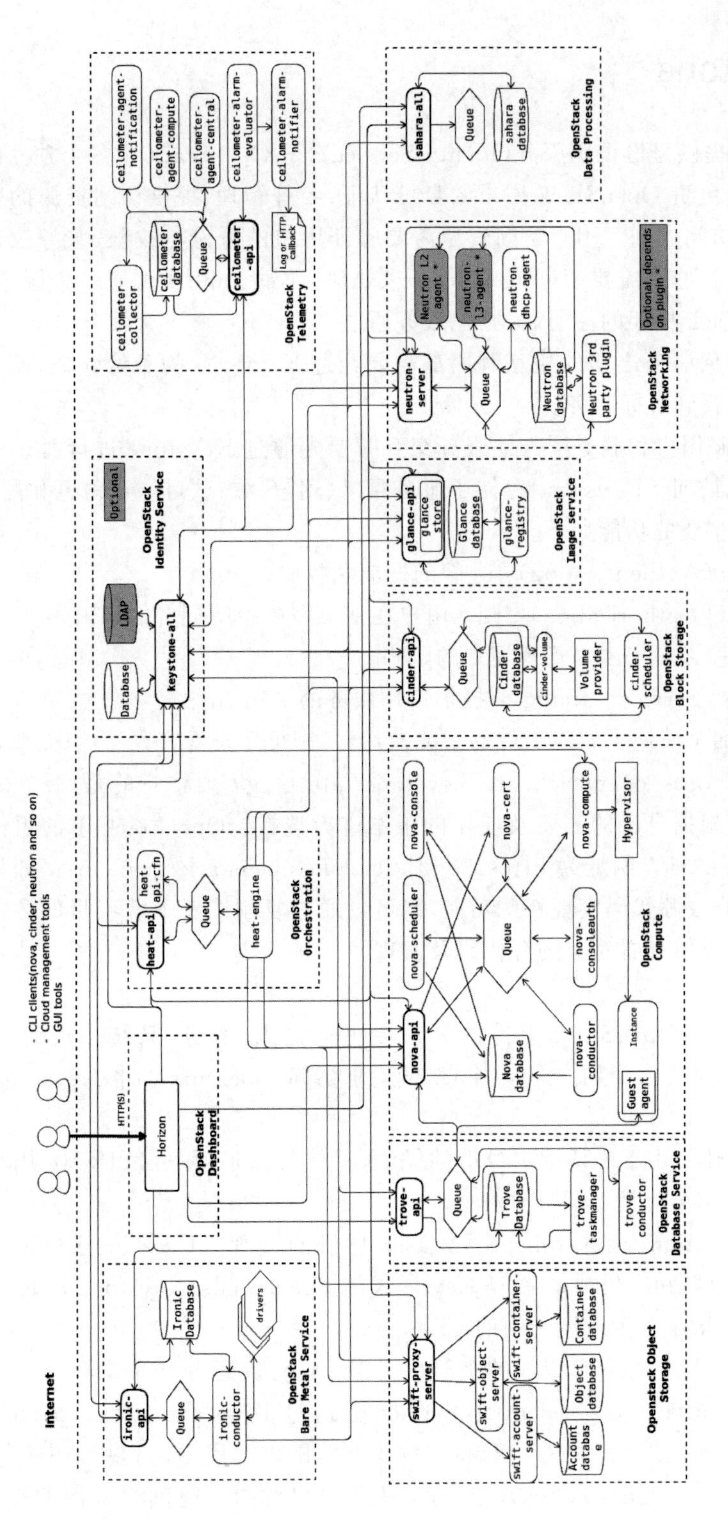

图 7-1 OpenStack 架构图

7.1 Keystone

Keystone可提供身份识别服务(Identy Service),是OpenStack中一个独立的提供安全认证的模块,主要负责OpenStack用户的身份认证、令牌管理、提供访问资源的服务目录及基于用户角色的访问控制。用户访问资源需要验证用户的身份与权限,服务执行操作也需要进行权限检测,这些都需要通过Keystone来处理。Keystone类似于一个服务总线,或者说是整个OpenStack框架的注册表,其他服务通过Keystone来注册服务的Endpoint(服务访问的URL),任何服务之间的相互调用都需要经过Keystone的身份验证,通过获得目标服务的Endpoint找到目标服务。

当OpenStack用户和服务同其他服务交互时要先通过Keystone进行身份验证以获得令牌,然后才可以访问。Keystone存储了服务目录、用户、域、项目、组、角色和配额等信息。

Keystone的主要的功能如下。

(1) 身份认证(Authentication):令牌的发放和校验。

(2) 用户授权(Authorization):授予用户在一个服务中所拥有的权限。

(3) 用户管理(Account):管理用户的账户。

(4) 服务目录(Service Catalog):提供可用服务的API端点。

如果想要更加全面地了解该组件的功能及用法,则可以查看官方文档,获取最新文档可访问网址https://docs.openstack.org/keystone/latest/。需要注意的是,版本之间存在一些差异,查看时应根据自己的需要及使用的版本进行选择。OpenStack下的组件都属于开源项目,Keystone的官方网址为https://github.com/openstack/keystone。如果对源代码感兴趣或者需要修改源代码实现特殊功能,则可以通过复制或者下载项目的源代码切换到需要的分支版本,以便查看对应的源代码及实现。

1. 基本概念

(1) User:使用OpenStack组件的客户端可以是人、服务、系统。任何客户端访问OpenStack组件都需要一个用户名。当User请求访问OpenStack时,Keystone会对其进行验证。

(2) Credentials:用于确认用户身份的凭证,具体可以是用户名和密码、用户名和API Key、一个Keystone分配的身份Token。

(3) Authentication:Keystone验证User身份的过程。User访问OpenStack时向Keystone提交用户名和密码或者API Key形式的Credentials,Keystone验证通过后会给User签发一个Token作为后续访问的Credential。

(4) Token:由数字和字母组成的字符串,User成功认证后由Keystone分配给User。Token用作访问Service的Credential,Service会通过Keystone验证Token的有效性。Token还有scope的概念,表明这个Token对什么范围内的资源起作用,例如某个Project范围或者某个Domain范围,Token只能用于认证用户对指定范围内资源的操作。Token

并不是长久有效的，而是有时效性的，具体的有效时间是可以配置的，在有效的时间内可以访问资源。

Keystone 提供以下几种 Token，可以根据需要配置使用某种 Token。

(1) UUID Token：服务 API 收到带有 UUID Token 的请求时，必须到 Keystone 验证 Token 的合法性，验证通过后才能响应用户请求。随着集群规模的扩大，Keystone 需处理大量验证 UUID Token 的请求，在高并发下容易出现性能问题。

(2) PKI Token：携带更多用户信息并附上了数字签名，服务 API 收到 PKI Token 时无须再去 Keystone 验证，但是 PKI Token 所携带的信息可能随着 OpenStack Region 的增多而变得非常长，很容易超出 HTTP Server 允许的最大 HTTP Header(默认为 8KB)，从而导致 HTTP 请求失败。

(3) PKIZ Token：PKI Token 的压缩版，但压缩效果有限，无法很好地处理 Token 长度过大问题。

(4) Fernet Token：携带了少量的用户信息，大小约为 255B，采用了对称加密，无须存储于数据库中。前 3 种 Token 都会持久性存储于数据库中，与日俱增的大量 Token 会引起数据库性能下降，所以用户需经常清理数据库的 Token，但 Fernet Token 没有这样的需要。

在 Ocata 版本中 Fernet 成为默认的 Token Provider。PKI 和 PKIZ Token Provider 被移除。

(5) Project 用于将 OpenStack 的资源(计算、存储和网络)进行分组和隔离。在企业私有云中，Project 可以是一个部门或者项目组，和公有云的 VPC(虚拟私有网络)概念类似。资源的所有权属于 Project，而不是 User。每个 User(包括 admin)必须挂在 Project 里才能访问该 Project 的资源，一个 User 可以属于多个 Project。

(6) Role：本质上是一堆 ACL 的集合，用于划分权限。可以通过给 User 指定 Role 使 User 获得 Role 对应的操作权限。Keystone 返给 User 的 Token 包含了 Role 列表，被访问的 Services 会判断访问它的 User 和 User 提供的 Token 中所包含的 Role，以及每个 Role 访问资源或者进行操作的权限。系统默认使用管理 Role Admin 和成员 Role User(过去的普通用户角色是_member_)。User 验证时必须带有 Project(Tenant)。

(7) Policy：对于 Keystone Service 来讲，Policy 就是一个 JSON 文件，默认为/etc/keystone/policy.json。通过配置这个文件，Keystone 实现了对 User 基于 Role 的权限管理。OpenStack 对 User 的验证除了 OpenStack 的身份验证以外，还需要鉴别 User 对某个 Service 是否有访问权限。Policy 机制用来控制 User 对 Project(Tenant)中资源的操作权限。

(8) Service：即服务，OpenStack 的 Service 包括 Compute (Nova)、Block Storage (Cinder)、Object Storage (Swift)、Image Service (Glance)、Networking Service (Neutron)等。每个 Service 都会提供若干个 Endpoint，User 通过 Endpoint 访问资源和执行操作。

(9) Endpoint：一个可以通过网络访问和定位某个 OpenStack Service 的地址，通常是一个 URL。不同的 Region 有不同的 Endpoint(可以通过 Endpoint 的 Region 属性定义多个 Region)。当 Nova 需要访问 Glance 服务以获取 p_w_picpath 时,Nova 先通过访问 Keystone 获得 Glance 的 Endpoint,然后通过访问该 Endpoint 获取 Glance 服务。Endpoint 分为以下三类。

admin url:供 admin 用户使用,端口为 35357。

internal url:供 OpenStack 内部服务使用,以此与别的服务进行通信,端口为 5000。

public url:互联网用户可以访问的地址,端口为 5000。

(10) Catalog:用户和服务可以使用 Keystone 管理的 Catalog 定位到其他的服务,Catalog 是一个由 OpenStack 部署的相关服务的集合,每个服务都有一个或者多个 Endpoint(可访问的 URL 网址),即 Catalog=Services+Endpoint。每个 Endpoint 可以分为 3 种类型:admin、internal 和 public。在生产环境中,不同的 Endpoint 类型位于不同的网络并为不同的用户使用(提高安全性)。

public API:对整个互联网可见,这样客户就可以方便地管理自己的云了。

admin API:应该严格限定只有管理云基础设施的组织内的运营商才能使用该 API。

internel API:应该被限定为只有那些安装了 OpenStack 服务的主机才能使用该 API。

(11) Regions:OpenStack 支持多个可扩展的 Regions。为了简单起见,一般使用管理网络的 IP 地址作为所有 Endpoint 类型(3 种 API)的 IP,并且所有的 Endpoint 类型(3 种 API)都使用一个区域,即 Regionone 区。每个部署的 OpenStack 服务都需要绑定 Endpoint (存储在 Keystone 中),以此来提供一个服务的入口,因此需要部署的组件就是 Keystone。

(12) V3 版本更新:Tenant 更改为 Project;添加了 Domain(对系统资源进行限额);添加了 Group(组的概念为了更好地管理用户,例如 Linux 下对组授权,其组下面的用户也有了相应的权限);Member 更改为 User。

(13) Group 是一个 Domain 部分 User 的集合,其目的是方便分配 Role。只要给一个 Group 分配 Role,其结果会给 Group 内的所有 Users 分配这个 Role。

(14) Domain 表示 Project、Group 和 User 的集合,在公有云或者私有云中常常表示一个客户,和 VDC(虚拟机数据中心)的概念类似。Domain 可以看作一个命名空间,就像域名一样,全局唯一。在一个 Domain 内,Project、Group、User 的名称不可以重复,但是在两个不同的 Domain 内,它们的名称可以重复,因此,在确定这些元素时,需要同时使用它们的名称和它们的 Domain 的 ID 或者 Name。

(15) Service 与 Endpoint 关系的介绍:在 OpenStack 中,每个 Service 都有 3 种 Endpoint:admin、public 和 internal(创建完 Service 后需要为其创建 API Endpoint)。admin 用作管理用途,例如能修改 user/tenant(project);public 用于让客户调用,例如部署在外网上让客户可以管理自己的云;internal 供 OpenStack 内部调用的。3 种 Endpoint 在网络上开放的权限一般也不同。admin 通常只能对内网开放,public 通常可以对外网开放,internal 通常只能对安装了 OpenStack 服务的机器开放。

2. 交互流程

OpenStack 服务通过 Keystone 注册其 Endpoint(服务访问的 URL),任何服务之间的相互调用都需要先经过 Keystone 的身份验证，以便获得目标服务的 Endpoint，然后调用对应的服务，对应的交互流程如图 7-2 所示。

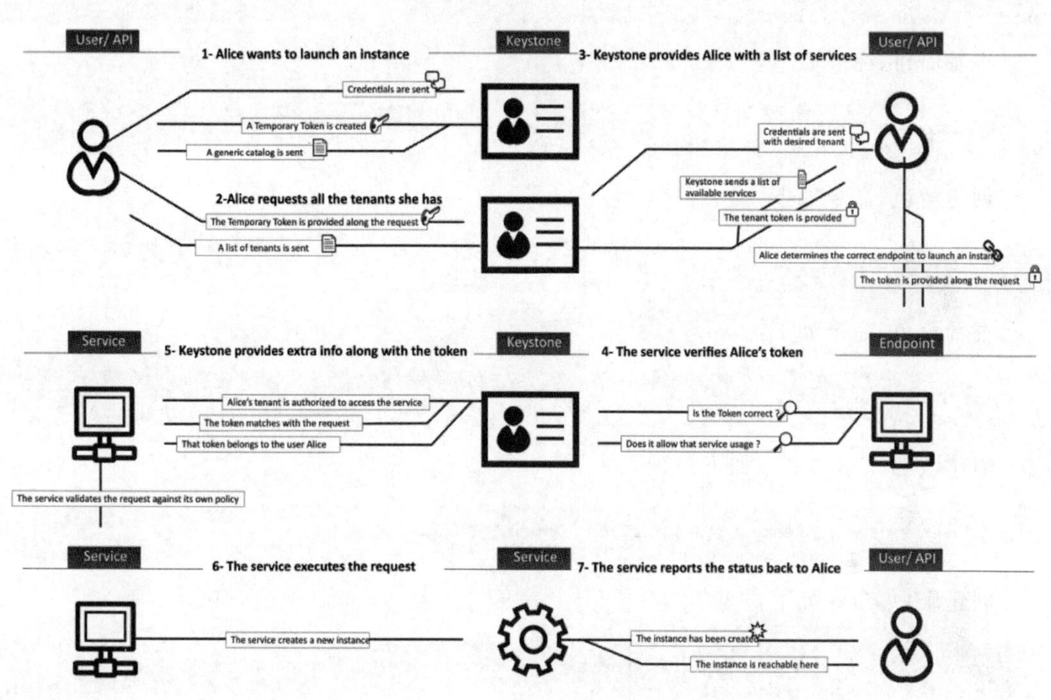

图 7-2 Keystone 交互流程

Keystone 的认证流程如下：

(1) 客户端想创建一个实例，首先会将自己的 Credentials 发给 Keystone。认证成功后，Keystone 会颁给用户/API 一个临时的令牌(Token)和一个访问服务的 Endpoint。

(2) 客户端把临时 Token 提交给 Keystone，Keystone 收到临时 Token 后返回一个 Tenant(Project)。

(3) 客户端向 Keystone 发送带有特定租户的凭证，告诉 Keystone 用户/API 在哪个项目中，Keystone 收到请求后，会将一个项目的 Token 发送到客户端。第 1 个 Token 用来验证用户/API 是否有权限与 Keystone 通信，第 2 个 Token 用来验证客户端是否有权限访问 Keystone 的其他服务。客户端用 Token 和 Endpoint 找到可访问的服务。

(4) 服务向 Keystone 进行认证，即认证 Token 是否合法，判断是否允许访问及使用该服务。

(5) Keystone 向对应的服务提供额外的信息。

(6) 服务执行客户端发起的请求，创建实例。

(7) 服务会将状态报告给客户端，最后返回实例创建的结果。

3. 常用操作

创建项目，命令如下：

```
openstack project create --domain default --description "Service Project" service
```

查看项目，命令如下：

```
openstack project list
```

创建角色，命令如下：

```
openstack role create user
```

查看角色，命令如下：

```
openstack role list
```

创建域 Domain，命令如下：

```
openstack domain create --description "Domain" example
```

创建用户，命令如下：

```
openstack user create --domain default --password-prompt demo
```

将用户角色添加到项目和用户，命令如下：

```
openstack role add --project service --user demo user
```

查看 Endpoint，命令如下：

```
openstack endpoint list
```

删除用户，命令如下：

```
openstack user delete <用户名或者用户 id 都可以>
```

更新用户的信息，命令如下：

```
openstack user set -name Frank -email ycj52011@icloud.com
```

列出认证服务目录，命令如下：

```
openstack catalog list
```

7.2　Glance

Glance可提供镜像服务(Image Service),即提供虚拟机磁盘镜像的注册、发现和分发服务。

磁盘镜像的类型包括QCOW2、VMDK、VHDK、ISO、RAW等。Glance支持本地文件系统、对象存储系统(Swift)和HTTP远端存储等方式。在Glance里镜像被当作模板来存储,用于启动新实例。Glance还可以从正在运行的实例建立快照用于备份虚拟机的状态。

Glance服务提供了一个RESTful API,能够查询虚拟机镜像元数据和检索的实际镜像。通过镜像服务提供的虚拟机镜像可以存储在不同的位置,从文件系统对象存储到类似OpenStack对象存储系统。默认情况下,上传的虚拟机镜像的存储路径为/var/lib/glance/images/。

Glance的具体功能如下:

(1) 提供RESTful API,以便用户能够查询和获取镜像的元数据和镜像本身。

(2) 支持多种方式存储镜像,包括普通的文件系统、Swift、Ceph等。

(3) 对实例执行快照,以便创建新的镜像。

如果想要更加全面地了解该组件的功能及用法,则可以查看官方文档,最新文档的网址为https://docs.openstack.org/glance/latest/。需要注意的是,版本之间存在一些差异,查看时可根据自己的需要及使用的版本进行选择。OpenStack下的组件都属于开源项目,Glance的官方网址为https://github.com/openstack/glance。如果对源代码感兴趣或者需要修改源代码实现特殊功能,则可以通过复制或者下载项目的源代码切换到需要的分支版本,以便查看对应的源代码及实现。

1. 基本概念

1) 磁盘格式

不同的虚拟化应用场景有不同的虚拟机镜像的磁盘格式,主要的格式有以下几种。

(1) RAW:RAW即常说的裸格式,它其实没有格式,最大的特点是简单,数据写入什么就是什么,不做任何修饰,所以在性能方面很不错,甚至不需要启动这个镜像的虚拟机,只需挂载此文件便可以直接读写内部数据,并且由于RAW格式简单,因此RAW和其他格式之间的转换也更容易。在KVM的虚拟化环境下,有很多使用RAW格式的虚拟机。

(2) QCOW2:它是QEMU的Copy On Write特性的磁盘格式,主要特性是磁盘文件大小可以随着数据的增加而增大。譬如创建一个10GB的虚拟机,实际虚拟机内部只用了5GB,那么初始的QCOW2磁盘文件的大小就是5GB。与RAW相比,使用这种格式可以节省一部分空间资源。

(3) VHD、VHDX:VHD也是一种通用的磁盘格式。微软公司的Virtual PC和Hyper-V使用的就是VHD格式。VirtualBox也提供了对VHD的支持。如果要在OpenStack上使用Hyper-V的虚拟化,则应该上传VHD格式的镜像文件。

(4) VMDK：由VMware创建的一个虚拟机磁盘格式，目前是一个开放的通用格式，除了VMware自家的产品外，QEMU和VirtualBox也提供对VMDK格式的支持。

(5) VDI：Oracle公司的VirtualBox虚拟软件所使用的格式。

(6) ISO：一种存档数据文件在光盘上的格式。

(7) AKI、ARI、AMI：Amazon公司的AWS所使用的镜像格式。

容器(Container)格式是指虚拟机映像是否包含一个文件格式，该文件格式还包含实际虚拟机的元数据，主要的格式有以下几种。

(1) BARE：没有容器的一种镜像元数据格式。

(2) OVF：开放虚拟化格式。

(3) OVA：开放虚拟化设备格式。

(4) AKI、ARI、AMI：Amazon公司的AWS所使用的镜像格式。

(5) DOCKER：存储为tar的Docker容器镜像格式。

2) 镜像权限

镜像的访问权限主要有以下几种。

(1) public(公共的)：可以被所有的项目使用。

(2) private(私有的/项目的)：只能被Image Owner所在的Project使用(只能在一个项目中使用)。

(3) shared(共享的)：一个非共享的Image可以共享给其他Project。

(4) protected(受保护的)：受保护的Image不能被删除。

3) 镜像及任务的各种状态

镜像及任务的各种状态主要有以下几种。

(1) queued：没有上传Image数据，只有DB中的元数据，这是一种初始化镜像状态，在镜像文件刚刚被创建时，在Glance数据库中已经保存了镜像标识符，但还没有上传至Glance中，此时的Glance对镜像数据没有任何描述，其存储空间为0。

(2) saving：正在上传Image Data，这是镜像的原始数据在上传中的一种过渡状态，它产生在镜像数据上传至Glance的过程中，一般来讲，Glance收到一个Image请求后，才将镜像上传给Glance。

(3) active：镜像上传完毕后，就可以被使用了，此时属于active状态。

(4) deactivated：表示任何非管理员用户都无权访问镜像数据，禁止下载镜像，也禁止镜像导出和镜像复制之类的操作(请求镜像数据的操作)。

(5) killed：表示上传过程中发生错误，并且镜像不可读。

(6) deleted：Glance已经保存了该镜像的数据，但是该镜像不再可用，处于该状态的镜像将在不久后被自动删除。

(7) pending_delete：类似于deleted，Glance还没有清除镜像数据，处于该状态的镜像不可恢复。

4) Glance 组件

Glance 包含的组件主要有以下几种。

(1) glance-api：接收 API 请求，并提供相应操作，包括发现、检索、存储，默认监听端口 9292。

(2) glance-registry：用于与 MariaDB 数据库交互、存储、处理、检索镜像的元数据，元数据包括镜像大小、类型等，默认监听端口 9191。

(3) Store Adapter：通过提供的存储接口获取镜像。

(4) Database：Image 的 Metadata 会保存到 Database 中，大多数使用 MySQL 或者 SQLite。

(5) Storage repository for image files：指的是存储镜像文件的仓库或者称为 backend，可以是以下几种。

① 本地文件存储（或者任何挂载到 glance-api 控制节点的文件系统）。

② 对象存储 Object Storage(Swift)。

③ 块存储 RADOS(Ceph)。

④ VMware 数据存储。

⑤ HTTP。

5) Glance 后端存储

Glance 支持多种后端存储，主要包括以下几种。

(1) A directory on a local file system：默认配置，在本地的文件系统里保存镜像。

(2) GridFS：使用 MongoDB 存储镜像。

(3) Ceph RBD：使用 Ceph 的 RBD 接口存储到 Ceph 集群中。

(4) Amazon S3：亚马逊的 S3。

(5) Sheepdog：专为 QEMU/KVM 提供的一个分布式存储系统。

(6) OpenStack Block Storage (Cinder)。

(7) OpenStack Object Storage (Swift)。

(8) HTTP：可以使用互联网上的 HTTP 服务获取镜像，这种方式只能只读。

(9) VMware ESX/ESXi 或 vCenter。

具体使用哪种 backend，可在/etc/glance/glance-api.conf 中配置。

6) Glance 服务关系

Glance 与 OpenStack 及其他服务的关系，对 Glance 来讲，它的客户端 Glance Client 可以是以下几种：

(1) Glance 的命令行工具；

(2) Horizon 组件 Web 管理工具；

(3) Nova 组件；

(4) 其他应用。

同 Keystone 一样，Glance 是 IaaS 的另外一个中心，Keystone 是关于权限的中心，而

Glance 是关于镜像的中心。Glance 可以被终用户端或者 Nova 服务访问：接收磁盘或者镜像的 API 请求和定义镜像元数据的操作。

2. 交互流程

镜像可以作为模板进行存储。实例是在计算节点上运行的单个虚拟机，计算节点管理这些实例。用户可以用同一个镜像启动任意数量的实例。每个启动的实例都是基于镜像的一个副本，所以在实例上的任何修改都不会影响镜像。可以对正在运行的实例执行快照操作，并可以用快照启动另一个新的实例。

当启动一个实例时，需要指定 flavor。flavor 定义了实例可以有多少个虚拟 CPU、多大的 RAM 及根磁盘、临时磁盘的大小。Glance 包含一定数量的镜像，Compute Node 包含可用的 VCPU、内存和本地磁盘资源，cinder-volume 包含一定数量的 volume，主要执行流程如图 7-3 所示。

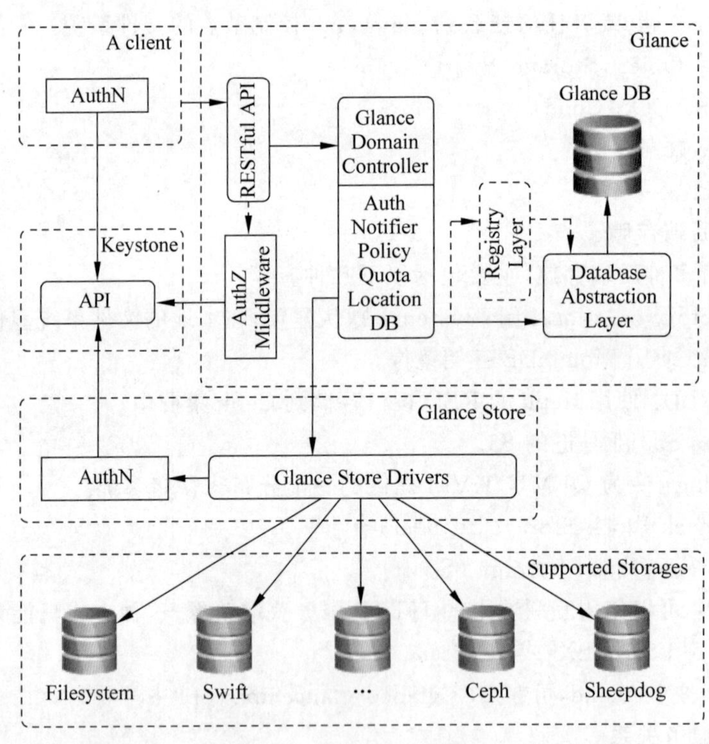

图 7-3 Glance 交互流程

其交互流程如下。

A client：使用 Glance 服务的应用程序，可以是命令行工具、horizon、nova 等。

RESTful API：Glance 是一个 client-server 架构，提供一个 RESTful API，而使用者可通过 RESTful API 来执行关于镜像的各种操作。

Glance Domain Controller：Glance 内主要的中间件实现，相当于调度员，其作用是将 Glance 内部服务的操作分发到各层（Auth 认证、Notifier、Policy 策略、Quota、Location、DB

数据库连接),具体任务由每层实现,主要有以下7层。

第1层:Auth用于验证镜像自己或者它的属性是否可以被修改,只有管理员和镜像的拥有者才可以执行修改操作,否则保存。

第2层:Property Protection是由Glance Domain Controller控制的7层组件。可选层,只有在Glance的配置文件中设置了property_protection_file参数才会生效,它提供了以下两种类型的镜像属性。

(1) 核心属性,在镜像参数中指定。

(2) 元数据属性,即任意可以被附加到一个镜像上的key-value。

该层的功能是通过调用Glance的public API来管理对meta属性的访问,也可以在它的配置文件中限定这个访问。

第3层:Notifier用于把下列信息添加到queue队列中。

(1) 关于所有镜像修改的通知。

(2) 在使用过程中发生的所有异常和警告。

第4层:Policy用于执行策略与规则,主要有以下两个规则。

(1) 定义操作镜像的访问规则,这些规则都定义在/etc/policy.json文件中。

(2) 监控规则的执行。

第5层:Quota,如果只针对一个用户,则管理员会为其规定好它能够上传的所有镜像的大小,此处的Quota层用来检测用户上传是否超出限制。

(1) 如果没有超出限制,则添加镜像的操作成功。

(2) 如果超出了限制,则添加镜像的操作失败并且报错。

第6层:Location用于与Glance Store交互,如上传、下载等。由于可以有多个存储后端,所以不同的镜像存放的位置都由该组件管理,主要有以下几种情况。

(1) 当一个新的镜像位置被添加时,检测该URI是否正确。

(2) 当一个镜像位置被改变时,负责从存储中删除该镜像。

(3) 阻止镜像位置的重复。

第7层:DB(数据库层)实现数据的交互,主要有以下功能。

(1) 实现与数据库API的交互。

(2) 将镜像转换为相应的格式以记录在数据库中,并且将从数据库接收的信息转换为可操作的镜像对象。

Registry Layer:可选层,用来确保安全,通过这个单独的服务来控制Glance Domain Controller与Glance DB之间的通信。

Clance DB:Glance服务使用同一个核心库Glance DB,该库对Glance内部所有依赖数据库的组件来讲都是共享的。

Glance Store用来组织及处理Glance和各种存储后端的交互。所有的文件操作都通过调用Glance Store库执行,它负责与外部存储端和(或)本地文件存储系统进行交互。Glance Store提供了一个统一的接口,用于访问后端的存储。

3. 常用操作

共享镜像，命令如下：

```
glance member - create fa47923c - 2d3b - 4d71 - 80cf - a047ba3bf342
eb3913b9ae5f41b09f2632389a1958d8
```

删除共享镜像，命令如下：

```
glance member - delete fa47923c - 2d3b - 4d71 - 80cf - a047ba3bf342
eb3913b9ae5f41b09f2632389a1958d8
```

列出私有镜像，命令如下：

```
glance image - list -- is - public = False
```

列出公有镜像，命令如下：

```
glance image - list -- is - public = True
```

删除镜像，命令如下：

```
glance image - delete 镜像 ID
```

上传镜像，命令如下：

```
glance image - create -- name = CentOS_7.4_x64_globalegrow -- is - public = True -- container -
format bare -- disk - format raw -- property cloudinit_updated = True -- property can_live_resize =
Yes -- property os_type = Linux -- property os_name = CentOS -- file = CentOS_7.4_x64.img

glance image - create -- name "镜像名字" -- file 镜像文件名字 -- disk - format raw --
container - format bare -- is - public = False -- property os _ type = Linux -- property
cloudinit_updated = True -- owner 项目 ID -- progress
```

下载镜像，命令如下：

```
glance image - download -- file test_image f1bffb27 - 340f - 4b0b - bd62 - 310b49e22c5b
```

查看镜像的详细信息，命令如下：

```
openstack image show 镜像 ID
```

7.3 Nova

Nova 可提供计算机服务(Compute),Nova 是 OpenStack 最核心的服务模块,负责管理和维护云计算环境的计算资源,以及负责整个云环境虚拟机生命周期的管理。类似于 Amazon 的 EC2,提供计算资源池的自动化管理服务,Nova 不是虚拟机管理软件(Hypervisor),而是处于其上的编排调度可用的计算资源。支持的虚拟机管理软件主要有 KVM、Xen、VMware、ESXi、Hyper-V 等,还对容器技术进行支持,例如 Docker、LEC。

OpenStack 作为开放的云操作系统,支持业界各种优秀的技术。这种开放的架构使 OpenStack 能够在技术上保持先进性,具有很强的竞争力,同时又不会造成厂商锁定(Lock-in)。OpenStack 的这种开放性的一个重要方面就是采用了基于 Driver 的框架。以 Nova 为例,OpenStack 的计算节点支持多种 Hypervisor,包括 KVM、Hyper-V、VMware、Xen、Docker、LXC 等。nova-compute 为这些 Hypervisor 定义了统一的接口,Hypervisor 只需实现这些接口便可以 Driver 的形式即插即用到 OpenStack 中。

Nova 自身并没有提供任何虚拟化能力,相反它使用 libvirt API 来与被支持的 Hypervisors 交互。Nova 通过一个与 Amazon Web Services(AWS)EC2 API 兼容的 Web Services API 对外提供服务。

Nova 主要有以下功能和特点。

(1) 实例生命周期管理。

(2) 管理计算资源。

(3) 网络和认证管理。

(4) RESTful 风格的 API。

(5) 异步的一致性通信。

(6) Hypervisor 透明,支持 Xen、XenServer/XCP、KVM、UML、VMware vSphere 和 Hyper-V。

(7) 分布式,由多个逻辑和物理上均可分离的组件组成,可实现灵活部署。

(8) 无中心,可以通过增加组件来部署实例,以此实现水平扩展。

(9) 无状态,所有组件无本地持久化状态数据。

(10) 异步执行,大部分执行流通过消息机制实现异步执行。

(11) 插件化、可配置,大量地使用插件机制、配置参数实现灵活的扩展与变更。

(12) RESTful API 支持以 RESTful 方式访问的 API,方便客户端访问,以及方便集成到其他应用系统。

(13) 可水平扩展,通过增加控制节点和计算节点实现简单方便的系统扩容。

(14) 通常将 nova-api、nova-scheduler、nova-conductor 组件合并部署在控制节点上。

(15) 通过部署多个控制节点实现 HA 和负载均衡。

如果想要更加全面地了解该组件的功能及用法,则可以查看官方文档,最新文档的网址为 https://docs.openstack.org/nova/latest/。需要注意的是，版本之间存在一些差异，查看时应根据自己的需要及使用的版本选择。OpenStack 下的组件都属于开源项目，Nova 的官方网址为 https://github.com/openstack/nova。如果对源代码感兴趣或者需要修改源代码实现特殊功能，则可以通过复制或者下载项目的源代码切换到需要的分支版本，以便查看对应的源代码及实现。

1. 基本概念

1）主要组件

主要组件包括 API Server（nova-api）、Message Queue（rabbit-mq server）、Compute Workers（nova-compute）、Network Controller（nova-network）、Volume Worker（nova-volume）、Scheduler（nova-scheduler），以下分别对每个组件进行简单介绍。

（1）API Server（nova-api），API Server 对外提供一个与云基础设施交互的接口，也是外部可用于管理基础设施的唯一组件。管理时可先使用 EC2 API 通过 Web Services 调用来实现，然后 API Server 通过消息队列（Message Queue）轮流与云基础设施的相关组件进行通信。作为 EC2 API 的另外一种选择，OpenStack 也提供了一个供内部使用的 OpenStack API。

（2）Message Queue（Rabbit MQ Server），OpenStack 节点之间通过消息队列使用 AMQP（Advanced Message Queue Protocol）完成通信。Nova 通过异步调用请求响应，使用回调函数在收到响应时触发。因为使用了异步通信，所以不会有用户长时间卡在等待状态。许多 API 调用预期的行为非常耗时，例如加载一个实例，或者上传一个镜像。MQ 主要提高了以下几项功能：

① 解耦各子服务。子服务不需要知道其他服务在哪里运行，只需将消息发送给 Messaging 就能完成调用。

② 提高性能。异步调用使调用者无须等待返回的结果。这样可以继续执行更多的工作，从而提高系统总的吞吐量。

③ 提高伸缩性。子服务可以根据需要进行扩展，启动更多的实例处理更多的请求，在提高可用性的同时也提高了整个系统的伸缩性，而且这种变化不会影响到其他子服务，也就是说变化对别人是透明的。

（3）Compute Worker（nova-compute），Compute Worker 用于处理及管理实例生命周期。它们通过 Message Queue 接收实例生命周期管理的请求，并承担操作工作。在一个典型的生产环境云部署中有一些 Compute Worker。一个实例部署在哪个可用的 Compute Worker 上取决于调度算法。nova-compute 在计算节点上运行，负责管理节点上的实例。OpenStack 对实例的操作最后都交给 nova-compute 来完成。nova-compute 与 Hypervisor 一起实现 OpenStack 对实例生命周期的管理。nova-compute 通过 Driver 架构支持多种 Hypervisor。nova-compute 为各种 Hypervisor 定义了统一的接口，Hypervisor 只需实现这些接口就可以 Driver 的形式即插即用到 OpenStack 系统中。可以在/nova/nova/virt/目录下查到 OpenStack 源代码中已经自带了上面这几个 Hypervisor 的 Driver。某个特定的计算节点上只会运行一种 Hypervisor，只需在该节点 nova-compute 的配置文件/etc/nova/

nova.conf 中配置所对应的 compute_driver 就可以了。nova-compute 的功能可以分为以下两类：

① 定时向 OpenStack 报告计算节点的状态。

每隔一段时间，nova-compute 就会报告当前计算节点的资源使用情况和 nova-compute 服务状态。可以查看日志/var/log/nova/nova-compute.log。这样 OpenStack 就能得知每个计算节点的 VCPU、RAM、Disk 等信息。这样 nova-scheduler 的很多 Filter 才能根据计算节点的资源使用情况进行过滤，选择符合 flavor 要求的计算节点。

② 实现实例生命周期管理。

OpenStack 对实例最主要的操作都是通过 nova-compute 实现的，包括实例的启动、关闭、重启、暂停、恢复、删除、调整实例大小、迁移、创建快照等。当 nova-scheduler 选定了部署实例的计算节点后，会通过消息中间件 RabbitMQ 向选定的计算节点发出创建实例的命令。该计算节点上运行的 nova-compute 收到消息后会执行实例创建操作。日志/var/log/nova/nova-compute.log 会记录整个操作过程。

(4) Network Controller(nova-network)，Network Controller 用于处理主机的网络配置，它包括 IP 地址分配、为项目配置 VLAN、实现安全组、配置计算节点网络。

(5) Volume Workers(nova-volume)，Volume Workers 用来管理基于 LVM(Logical Volume Manager)的实例卷。Volume Workers 有卷的相关功能，例如新建卷、删除卷、为实例附加卷，以及为实例分离卷。卷为实例提供了一个持久化存储，因为根分区是非持久化的，当实例终止时对它所做的任何改变都会丢失。当一个卷从实例分离或者实例终止(这个卷附加在该终止的实例上)时，这个卷保留着存储在其上的数据。当把这个卷附加重载相同实例或者附加到不同实例上时，这些数据依旧能被访问。

(6) Scheduler(nova-scheduler)，调度器 Scheduler 把 nova-API 调用后映射为 OpenStack 组件。由决策选择在哪个计算节点上启动实例。调度器作为一个称为 nova-scheduler 的守护进程运行，通过恰当的调度算法从可用资源池获得一个计算服务。Scheduler 会根据诸如负载、内存、可用域的物理距离、CPU 构架等做出调度决定。nova scheduler 实现了一个插入式的结构。当创建实例时，用户会提出资源需求，例如 CPU、内存、磁盘各需要多少。OpenStack 将这些需求定义在 flavor 中，用户只需指定用哪个 flavor 就可以了。nova-scheduler 会按照 flavor 去选择合适的计算节点。OpenStack 的虚拟机调度策略主要是由 FilterScheduler 和 ChanceScheduler 实现的，其中 FilterScheduler 作为默认的调度器实现了基于主机过滤(filtering)和权重计算(weighing)的调度算法，而 ChanceScheduler 则是基于随机算法来选择可用主机的简单调度器。

FilterScheduler 调度过程分为以下两步：

① 通过过滤选择满足条件的计算节点(运行 nova-compute)。

② 通过权重计算选择在最优(权重值最大)的计算节点上创建实例。

当前 nova-scheduler 实现了以下几种基本的调度算法。

① 随机算法：计算主机在所有可用域内随机选择。

② 可用域算法：与随机算法相仿，但是计算主机在指定的可用域内随机选择。

③ 简单算法：这种方法选择负载最小的主机运行实例。负载信息可通过负载均衡器获得。

(7) nova-console，虚拟机控制台，用户可以通过以下几种方式访问虚拟机的控制台：

① nova-novncproxy：基于 Web 浏览器的 VNC 访问。

② nova-spicehtml5proxy：基于 HTML5 浏览器的 SPICE 访问。

③ nova-xvpnvncproxy：基于 Java 客户端的 VNC 访问。

④ nova-consoleauth：负责对访问虚拟机控制台的请求提供 Token 认证。

⑤ nova-cert：提供 x509 证书支持。

(8) nova-conductor，nova-compute 需要获取和更新数据库中实例的信息，但 nova-compute 并不会直接访问数据库，而是通过 nova-conductor 实现数据的访问：

① 实现更高的系统安全性。在 OpenStack 的早期版本中，nova-compute 可以直接访问数据库，但这样存在非常大的安全隐患。因为 nova-compute 服务是部署在计算节点上的，为了能够访问控制节点上的数据库，就必须在计算节点的/etc/nova/nova.conf 中配置访问数据库的连接信息。如果任意一个计算节点被黑客入侵，则会导致部署在控制节点上的数据库面临极大风险。为了解决这个问题，从 G 版本开始，Nova 引入了一个新服务，即 nova-conductor，将 nova-compute 访问数据库的全部操作都放到 nova-conductor 中，而且 nova-conductor 是部署在控制节点上的。这样就避免了 nova-compute 直接访问数据库，从而增加了系统的安全性。

② 实现更好的系统伸缩性。nova-compute 与 nova-conductor 是通过消息中间件交互的。这种松散的架构允许配置多个 nova-conductor 实例。在一个大规模的 OpenStack 部署环境里，管理员可以通过增加 nova-conductor 的数量来应对日益增长的计算节点对数据库的访问。

2) Nova 体系结构

Nova 主要由 API、Compute、Conductor、Scheduler 核心服务组成，这些服务之间通过 AMQP 消息队列进行通信。

Client：Nova Client 能够让 Tenant 管理员或用户终端提交指令，是 OpenStack 官方为了简化用户对 RESTful API 的使用所提供的 API 封装，Client 能够将用户的请求转换为标准的 HTTP 请求。

API(nova-api service)：nova-api service 能够接收和响应 Client 的 Compute API 调用，所以 API 就是 Client 进入 Nova 的 HTTP 接口。

Compute(nova-compute service)：nova-compute service 是一个通过 Hypervisor API (虚拟化层 API)实现创建和终止虚拟机实例的守护进程，Compute 通过和 VMM 的交互来运行虚拟机并管理虚拟机的生命周期。

Scheduler(nova-scheduler service)：nova-scheduler service 会从 Queue 中接收一个虚拟机实例的请求，并确定该实例能够运行在哪一台 Compute Server 中。Scheduler 通过读

取数据库的内容，从可用的池中选择最合适的 Compute Node 创建新的虚拟机实例。

Conductor(nova-conductor)：nova-conductor module 能够协调 nova-compute service 和 database 之间的交互，Conductor 为数据库访问提供了一层安全保障。

Queue：Queue 是 Nova 服务组件之间传递信息的枢纽。通常使用 AMQP 的 RabbitMQ 消息队列实现。

注意：因为 Scheduler 只能读取数据库内容，并且可以和 API 通过 Policy 机制来限制数据库的访问，所以 Scheduler 和 API 这两个服务都可以直接访问数据库，但是在引入了 Conductor 服务后，更加规范的方法是通过 Conductor 服务对数据库进行操作。

3）虚拟机实例化流程

步骤 1：用户首先执行由 Nova Client 提供的用于创建虚拟机的指令。

步骤 2：nova-api service 在监听到来自 Nova Client 的 HTTP 请求并将这些请求转换为 AMQP 消息后加入消息队列 Queue。

步骤 3：通过消息队列 Queue 调用 nova-conductor service。

步骤 4：nova-conductor service 从 Queue 接收到虚拟机实例化请求消息后，进行一些准备工作(例如汇总 HTTP 请求中所需要实例化的虚拟机参数)。

步骤 5：nova-conductor service 通过 Queue 告诉 nova-scheduler 去选择一个合适的 Compute Node 来创建虚拟机，此时 nova-scheduler 会读取数据库的内容。

步骤 6：nova-conductor 从 nova-scheduler 得到了合适的 Compute Node 的信息后，再通过 Queue 通知 nova-compute service 实现虚拟机的创建。

2. 交互流程

如前所述，OpenStack 对实例最主要的操作都是通过 nova-compute 实现的，包括实例的启动、关闭、重启、暂停、恢复、删除、调整实例大小、迁移、创建快照等。

当 nova-scheduler 选定了部署实例的计算节点后，会通过消息中间件 RabbitMQ 向选定的计算节点发出创建实例的命令。该计算节点上运行的 nova-compute 收到消息后会执行实例创建操作，日志文件/var/log/nova/nova-compute.log 中会记录整个操作过程，虚拟机创建流程如图 7-4 所示。

虚拟机创建交互流程如下：

(1) 界面或命令行通过 RESTful API 向 Keystone 获取认证信息。

(2) Keystone 通过用户请求认证信息，正确后生成 Token 返给对应的认证请求。

(3) 界面或命令行通过 RESTful API 向 nova-api 发送一个创建虚拟机的请求(携带 Token)。

(4) nova-api 接收请求后向 Keystone 发送认证请求，查看 Token 是否为有效用户。

(5) Keystone 验证 Token 是否有效，如有效则返回有效的认证和对应的角色(注：有些操作需要有角色权限才能操作)。

(6) 通过认证后 nova-api 检查创建虚拟机参数是否有效，合法后和数据库通信。

(7) 当所有的参数有效后初始化新建虚拟机的数据库记录。

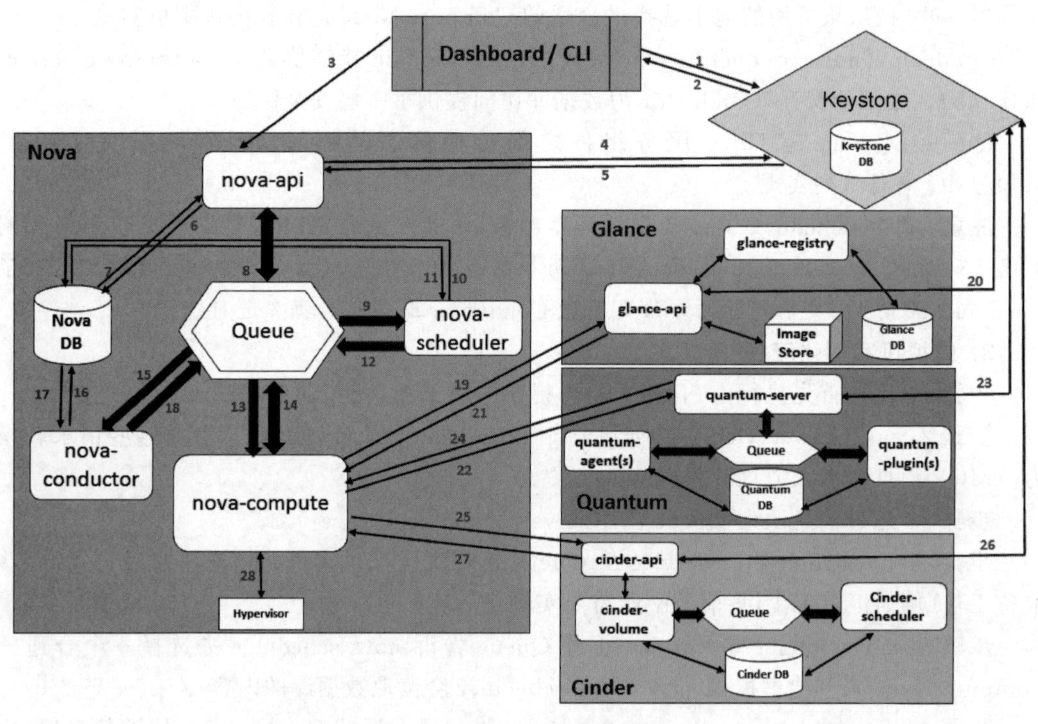

图 7-4　虚拟机创建交互流程

(8) nova-api 通过 rpc. call 向 nova-scheduler 请求是否有创建虚拟机的资源(Host ID)。

(9) nova-scheduler 进程侦听消息队列,获取 nova-api 的请求。

(10) nova-scheduler 通过查询 Nova 数据库中计算资源的情况,并通过调度算法计算符合虚拟机创建所需要的主机。

(11) 对于符合虚拟机创建的主机,nova-scheduler 会更新数据库中虚拟机对应的物理主机信息。

(12) nova-scheduler 通过 rpc. cast 向 nova-compute 发送对应的创建虚拟机请求的消息。

(13) nova-compute 会从对应的消息队列中获取创建虚拟机请求的消息。

(14) nova-compute 通过 rpc. call 向 nova-conductor 请求获取虚拟机消息。

(15) nova-conductor 从消息队列中获得 nova-compute 请求消息。

(16) nova-conductor 根据消息查询虚拟机对应的信息。

(17) nova-conductor 从数据库中获得虚拟机对应的信息。

(18) nova-conductor 把虚拟机信息以消息的方式发送到消息队列中。

(19) nova-compute 从对应的消息队列中获取虚拟机信息消息。

(20) nova-compute 通过 Keystone 的 RESTful API 获得认证的 Token,并通过 HTTP 请求 glance-api 获取创建虚拟机所需要的镜像。

（21）glance-api 向 Keystone 认证 Token 是否有效，并返回验证结果。

（22）Token 验证通过，nova-compute 获得虚拟机镜像信息（URL）。

（23）nova-compute 通过 Keystone 的 RESTful API 获得认证的 Token，并通过 HTTP 请求 neutron-server 获取创建虚拟机所需要的网络信息。

（24）neutron-server 向 Keystone 认证 Token 是否有效，并返回验证结果。

（25）Token 验证通过，nova-compute 获得虚拟机网络信息。

（26）nova-compute 通过 Keystone 的 RESTful API 获得认证的 Token，并通过 HTTP 请求 cinder-api 获取创建虚拟机所需要的持久化存储信息。

（27）cinder-api 向 Keystone 认证 Token 是否有效，并返回验证结果。

（28）Token 验证通过，nova-compute 获得虚拟机持久化存储信息。

3. 常用操作

查看 OpenStack 版本，命令如下：

```
nova - manage version
```

查看节点，命令如下：

```
nova host - list
```

查看计算节点，命令如下：

```
nova hypervisor - list
```

查看计算节点上有哪些虚拟机，命令如下：

```
nova hypervisor - servers compute1
```

查看虚拟机列表，命令如下：

```
nova list
```

查看镜像列表，命令如下：

```
nova image - list
```

查看卷列表，命令如下：

```
nova volume - list
```

查看密钥对列表，命令如下：

```
nova keypair - list
```

查看 flavor 列表，命令如下：

```
nova flavor - list
```

查看浮动 IP 列表，命令如下：

```
#方式一
nova - manage floating list
#方式二
nova floating - ip - list
```

查看安全组列表，命令如下：

```
nova secgroup - list
```

查看安全组规则列表，命令如下：

```
nova secgroup - list - rules default
```

查看浮动 IP，命令如下：

```
nova floating - ip - list
```

查看虚拟机，命令如下：

```
nova show ID
```

挂起/恢复/启动/关闭/删除虚拟机，命令如下：

```
nova suspend/resume/srart/stop/delete ID
```

（硬）重启虚拟机，命令如下：

```
nova reboot ( -- hard) ID
```

救援模式，命令如下：

```
nova rescue VM_ID
```

重启虚拟机，由救援模式进入正常模式，命令如下：

```
nova unrescue VM_ID
```

使用指定镜像进入救援模式，命令如下：

```
nova rescue --rescue_image_ref IMAGE_ID VM_ID
```

在线迁移，命令如下：

```
nova live-migration ID computer
```

创建密钥，命令如下：

```
#创建密钥文件
nova keypair-add oskey > oskey.priv
#对密钥文件进行权限修改
chmod 600 oskey.priv
```

创建/删除浮动 IP 池，命令如下：

```
nova floating-ip-bulk-create/delete 192.168.0.200/29
```

创建浮动 IP，命令如下：

```
nova floating-ip-create
```

删除浮动 IP，命令如下：

```
nova floating-ip-delete xxx.xxx.xxx.xxx
```

绑定/解绑浮动 IP，命令如下：

```
nova floating-ip-associate ID xxx.xxx.xxx.xxx
```

新建虚拟机，命令如下：

```
nova boot --image image-ID --flavor m1.medium --key_name abc --availability_zone nova:
compute1.cloud.internal? vmname
```

通过块设备新建虚拟机，命令如下：

```
#创建块设备
cinder create --image-id IMAGE_ID --name VOLUME_NAME SIZE_IN_GB
#创建虚拟机
nova boot --falvor FLAVOR_IDsource=volume,id=VOLUME_ID,dest=volume,shutdown=preserve,
bootindex=0 VMNAME
```

添加/删除浮动IP，命令如下：

```
nova add/remove-floating-ip ID xxx.xxx.xxx.xxx
```

挂载云硬盘，命令如下：

```
nova volume-attach ID VOLNAME /dev/sdb
```

卸载云硬盘，命令如下：

```
nova volume-detach ID VOLNAME
```

创建快照，命令如下：

```
nova image-create ID "snapshot 1"
```

调整虚拟机资源，命令如下：

```
nova resize VM_NAME FLAVOR_ID --poll
```

确认调整虚拟机资源，命令如下：

```
nova resize-confirm VM_ID
```

如果资源调整失败，则回滚，命令如下：

```
nova resize-revert VM_ID
```

数据库同步，命令如下：

```
nova-manage db sync
```

查看错误日志，命令如下：

```
nova-manage logs errors
```

7.4 Neutron

Neutron可提供网络服务(Networking Service),用户可以利用它管理虚拟网络资源和IP地址。用户可以通过门户面板、命令行和应用编程接口来创建、查看、修改和删除自己的网络、子网、端口、防火墙规则和路由器。Neutron包含插件、代理和驱动器的模块化架构,可以提供增强的网络功能,例如Linux Bridge、Open vSwitch、LoadBalance等。

Neutron是OpenStack核心项目之一,也是最复杂的组件项目,提供云计算环境下的虚拟网络功能。OpenStack网络(Neutron)管理OpenStack环境中所有虚拟网络基础设施(VNI),以及物理网络基础设施(PNI)的接入层。Neutron网络可为OpenStack云更灵活地划分网络,在多租户的环境下提供给每个租户独立的网络环境。Neutron混合实施了第2层的VLAN和第3层的路由服务,它可为支持的网络提供防火墙、负载均衡及IPSec VPN等扩展功能。由于互联网的快速发展,传统的网络管理方式(手动配置和维护设备)已无法适应云环境,为快速响应业务的需求对网络管理提出了更高的要求,软件定义网络(Software-Defined Networking, SDN)所具有的灵活性和自动化优势使其成为云时代网络管理的主流。

Neutron主要有以下功能和特点。

1) Neutron网络

Neutron为整个OpenStack环境提供网络支持,包括二层交换、三层路由、负载均衡、防火墙和VPN等。Neutron提供了一个灵活的框架,通过配置,无论是开源还是商业软件都可以被用来实现这些功能。

2) 二层交换(Switching)

(1) Nova的Instance是通过虚拟交换机连接到虚拟二层网络的。Neutron支持多种虚拟交换机,包括Linux原生的Linux Bridge和Open vSwitch。Open vSwitch(OVS)是一个开源的虚拟交换机,它支持标准的管理接口和协议。

(2) 利用Linux Bridge和OVS,Neutron除了可以创建传统的VLAN网络,还可以创建基于隧道技术的Overlay网络,例如VxLAN和GRE(Linux Bridge目前只支持VxLAN)。

3) 三层路由(Routing)

(1) Instance可以配置不同网段的IP,Neutron的router(虚拟路由器)可实现Instance跨网段通信。router通过IP forwarding和iptables等技术实现路由和NAT。

(2) Neutron路由器是一个三层(L3)的抽象,其模拟物理路由器,为用户提供路由、NAT等服务,在OpenStack网络中,不仅子网之间的通信需要路由器,网络与外部网络之间的通信更需要路由器。

(3) Neutron既可提供虚拟路由器,又支持物理路由器。例如,两个隔离的VLAN网络之间需要实现通信,可以通过物理路由器实现,由物理路由器提供相应的IP路由表,确保两个IP子网之间的通信,将两个VLAN网络中的虚拟机的默认网关分别设置为路由器的接口A和B的IP地址。VLAN A中的虚拟机要与VLAN B中的虚拟机通信时，数据包将通过VLAN A中的物理网卡到达路由器，由物理路由器转发到VLAN B中的物理网卡，再到目标的虚拟机。

4）负载均衡（Load Balancing）

（1）OpenStack在Grizzly版本第一次引入了Load-Balancing-as-a-Service（LBaaS），提供了将负载分发到多个Instance的能力。

（2）LBaaS支持多种负载均衡产品和方案，不同的实现以Plugin的形式集成到Neutron，目前默认的Plugin是HAProxy。

5）防火墙（Firewalling）

（1）Neutron通过Security Group和Firewall-as-a-Service两种方式来保障Instance和网络的安全性。

（2）Security Group通过iptables限制进出的Instance的网络包。

（3）Firewall-as-a-Service（FWaas）通过iptables限制进出虚拟路由器的网络包。

如果想要更加全面地了解该组件的功能及用法，可以查看官方文档，最新文档的访问网址为https://docs.openstack.org/neutron/latest/。需要注意的是，版本之间存在一些差异，查看时可根据自己的需要及使用的版本进行选择。OpenStack下的组件都属于开源项目，Neutron的官方网址为https://github.com/openstack/neutron。如果对源代码感兴趣或者需要修改源代码实现特殊功能，则可以通过复制或者下载项目的源代码切换到需要的分支版本，以便查看对应的源代码及实现。

1. 基本概念

网络类型主要分为内部网络（管理网络、数据网络）和外部网络（外部网络、API网络）。每种网络的主要作用如下。

（1）管理网络：用于OpenStack各组件之间的内部通信。管理网络、OpenStack各个模块之间的交互、连接数据库、连接Message Queue都是通过这个网络进行的。

（2）数据网络：用于云部署中虚拟数据之间的通信，虚拟机之间的数据传输通过这个网络进行，例如一个虚拟机要连接到另一个虚拟机，虚拟机所要连接的虚拟路由都是通过这个网络进行的。

（3）外部网络：又称公共网络，外部或Internet可以访问的网络，创建出来的虚拟机要访问外网，或者外网通过SSH连接虚拟机都需要通过这个网络。

（4）API网络：暴露所有的OpenStack APIs，包括OpenStack网络提供API给租户调用。

将这几个网络隔离，一方面是出于安全的原因，在虚拟机里面，无论采用什么手段，干扰的仅仅是Data Network，都不可能访问数据库；另一方面可实现流量分离，Management Network的流量不是很大，而且一般会比较优雅地使用，而Data Network和External Network需要有流量控制策略。

（5）网络：在实际的物理环境下，使用交换机或集线器把多台计算机连接起来形成了网络。在 Neutron 的世界里，网络也是将多台不同的云主机连接起来。

(6) 子网：在实际的物理环境下，在一个网络中，可以将网络划分为多个逻辑子网。在 Neutron 的世界里，子网也隶属于网络。

(7) 端口：在实际的物理环境下，每个子网或每个网络都有很多端口，例如交换机端口用来供计算机连接。在 Neutron 的世界里端口也隶属于子网，云主机的网卡会对应到一个端口上。

(8) 路由器：在实际的网络环境下，不同网络或不同逻辑子网之间如果需要通信，则需要通过路由器进行路由。在 Neutron 里路由也有这个作用，用来连接不同的网络或子网。

(9) TAP/TUN/VETH：当提到 Neutron 的虚拟网络功能实现时，不得不先提基于 Linux 内核级的虚拟设备。TAP/TUN/VETH 是 Linux 内核实现的一对虚拟网络设备，TAP 工作在二层，收发的是 MAC 层数据帧；TUN 工作在三层，收发的是 IP 层数据包。Linux 内核通过 TAP/TUN 设备向绑定该设备的用户程序发送数据，反之，用户程序也可以像操作硬件网络设备一样，通过 TAP/TUN 设备接收数据。基于 TAP 设备，实现的是虚拟网卡的功能，当一个 TAP 设备被创建时，在 Linux 的设备文件目录下将会生成一个对应的字符设备文件(/dev/tapX 文件)，而运行于其上的用户程序便可以像使用普通文件一样打开这个文件进行读写。VETH 设备总是成对出现的，接收数据的一端会从另一端发送出去，可理解为一根虚拟的网线。

Neutron 的核心架构如图 7-5 所示。

Neutron 的主要组件如下。

(1) Neutron Server：对外提供 OpenStack 网络 API，接收请求，并调用 Plugin 处理请求。

(2) Plugin：处理 Neutron Server 发来的请求，维护 OpenStack 逻辑网络状态，并调用 Agent 处理请求。

(3) Agent：处理 Plugin 的请求，负责在 Network Provider 上真正实现各种网络功能。

(4) Network Provider：提供网络服务的虚拟或物理网络设备，例如 Linux Bridge、Open vSwitch 或者其他支持 Neutron 的物理交换机。

(5) Queue：Neutron Server、Plugin 和 Agent 之间通过 Messaging Queue 进行通信和调用。

(6) Database：存放 OpenStack 的网络状态信息，包括 Network、Subnet、Port、Router 等。

Neutron 的主要网络概念：

(1) VLAN 网络：VLAN 网络允许用户使用外部物理网络中的 VLAN ID 创建多个租户或供应商网络。VLAN 网络通过 VLAN ID 进行二层网络的隔离，相同 VLAN ID 内部的实例可以实现自由通信，而不同 VLAN 之间的实例通信则需要经过三层路由的转发。由于 VLAN 网络可以实现灵活多样的网络划分与隔离，故 VLAN 网络是生产环境中使用最为普遍的网络，而在云计算环境中，VLAN 网络主要用于私有云环境中，对于大型公有云数据中心，在租户增加的情况下，VLAN ID 的限制是 VLAN 网络的一大弊端(最大只有 4096 个)。

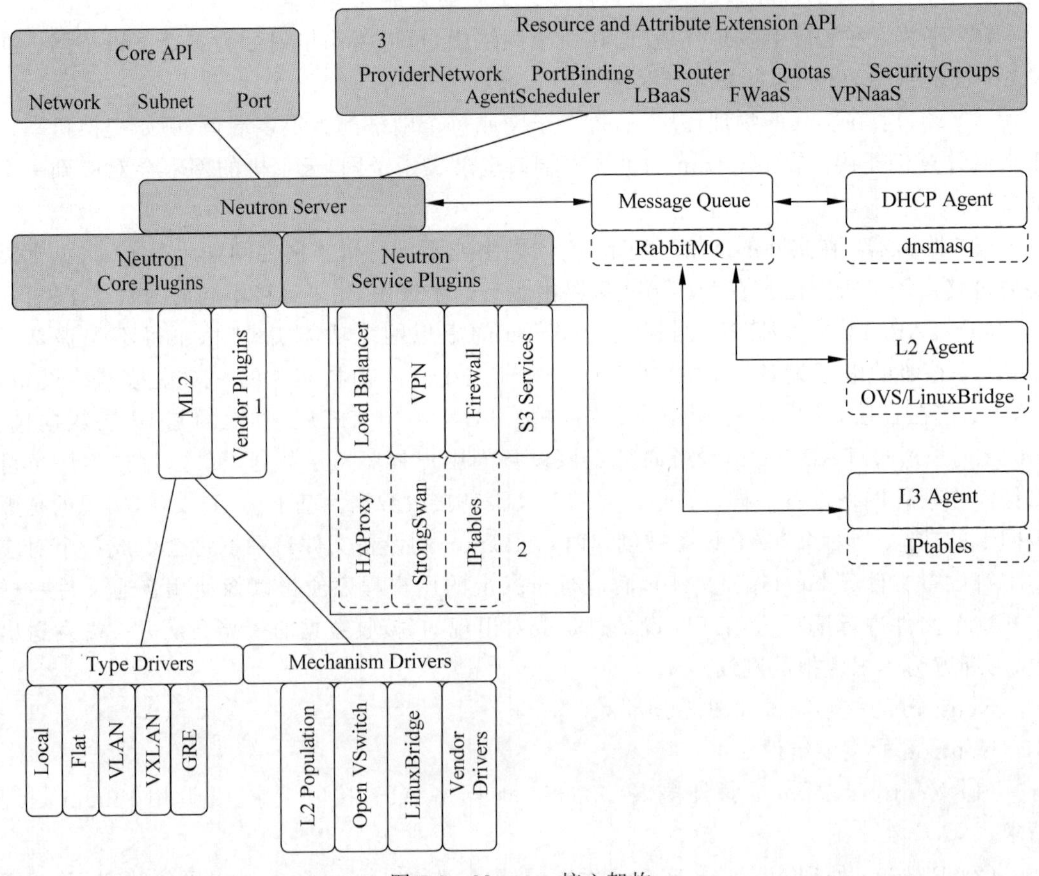

图 7-5 Neutron 核心架构

(2) Flat 网络(大二层网络)：为了创建丰富的网络拓扑，Neutron 提供了两种网络类型，即租户网络(Project Network)和供应商网络(Provider Network)。在租户网络中，每个租户可以创建多个私有网络，租户可以自定义私有网络的 IP 地址范围，此外，不同的租户可以同时使用相同的 IP 地址或地址段。与租户网络不同，供应商网络由云管理员创建，并且必须与现有的物理网络匹配。为了实现不同租户网络互相隔离，Neutron 提供了几种不同的网络拓扑与隔离技术，Flat 网络便是其中之一。在 Flat 网络中，不同计算节点的全部实例接入同一个大二层网络内，全部实例共享此网络，不存在 VLAN 标记或其他网络隔离技术。接入 Flat 网络的全部实例通过数据中心核心路由接入 Internet，相对于其他的网络类型，Flat 网络是最简单的网络类型。在 Neutron 的网络实现中，可以同时部署多个隔离的 Flat 网络，但是每个 Flat 网络都要独占一个物理网卡，这意味着要通过 Flat 网络实现多租户的隔离，尤其是在公有云环境中，这种方法似乎不太现实。

(3) GRE 和 VxLAN 网络：GRE 和 VxLAN 是一种网络封装协议，基于这类封装协议可以创建重叠(overlay)网络以实现和控制不同计算节点实例之间的通信。GRE 和

VxLAN 的主要区别在于 GRE 网络通过 IP 包进行数据传输，而 VxLAN 通过 UDP 包进行数据传输，GRE 或 VxLAN 数据包在流出节点之前会被打上相应的 GRE 或 VxLAN 网络 ID(Segmentation ID)，而在进入节点后对应的 ID 会被剥离，之后再进入节点内部的虚拟网络进行数据转发。GRE 和 VxLAN 网络中的数据流要进入外部网络，必须配有路由器，而且要将租户网络与外部网络互联，路由器也是必备的。在 GRE 和 VxLAN 网络中，路由器的主要作用在于通过实例浮动 IP 提供外部网络对实例的直接访问。在很多公有云环境中，GRE 和 VxLAN 网络被广泛使用，因此用户在公有云上创建实例后，通常需要向供应商购买或申请通信运营商 IP 和一个虚拟路由器，并将运营商 IP 作为实例浮动 IP，这样才能通过 Internet 访问自己的公有云实例。

(4) 端口(Port)：在 OpenStack 网络中是一种虚拟接口设备，用于模拟物理网络接口。在 Neutron 中，端口是网络设备连接到某个虚拟网络的接入点，如虚拟机的 NIC 只能通过端口接入虚拟网络，端口还描述了与网络相关的配置，如配置到端口上的 MAC 和 IP。

(5) 子网(Subnet)：代表的是一个 IP 段和相关的配置状态。子网 IP 和网络配置信息通常被认为是网络服务为租户网络和供应商网络提供的原生 IPAM。当某个网络上有新的端口被创建时，网络服务便会使用子网提供的 IP 段为新端口分配 IP。

(6) 子网池(Subnet Pool)：一般来讲，终用户端可以在没有任何约束的情况下使用有效的 IP 创建子网，不过有时需要为 admin 或租户预先定义可用 IP 池，并在创建子网时从此 IP 池中自动分配地址。通过子网池，便可要求每个创建的子网必须在预定义的子网池中，从而约束子网所能使用的 IP。此外，子网池的使用还可以避免 IP 被重复使用和不同子网使用重叠的 IP。

(7) 路由(Router)：在 Neutron 网络中，路由是用以在不同网络中进行数据包转发的逻辑组件，即路由是虚拟设备，在特定插件支持下，路由还提供 L3 和 NAT 功能，以使外部网络(不一定是 Internet)与租户私有网络之间实现相互通信。在 Neutron 中，虚拟路由通常位于网络节点上，而租户私有网络要实现与外部 Provider 物理网络(或 Public 网络)的通信，则必须经过虚拟路由。Neutron 网络节点虚拟路由连接租户网络和外部网络的示意图如图 7-6 所示。

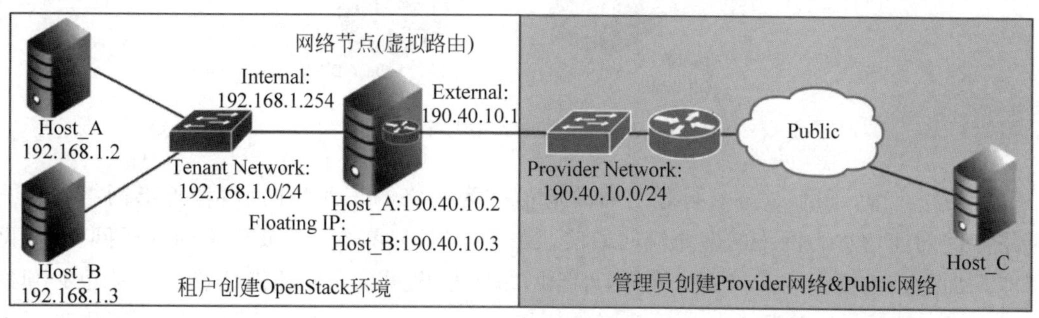

图 7-6 虚拟路由

路由通常包含内部接口和外部接口，如图 7-6 所示，位于租户网络中的主机 Host_A 和主机 Host_B 通过内部接口接入路由，并通过路由公共网关(外部接口)访问外部 Provider 网络和 Public 中的主机 Host_C，但是 Host_C 要访问租户私网中的 Host_A 和 Host_B 主机，则必须通过路由 DNAT 功能才能实现，因此需要为 Host_A 和 Host_B 主机配置 Floating IP。

(8) 安全组(Security Group)：虚拟防火墙的规则集合，这些防火墙规则对外部访问实例和实例访问外部的数据包实现了端口级别(Port Level)的控制。安全组使用默认拒绝策略(Default Deny Policy)，其仅包含允许特定数据流通过的规则，每个端口都可以通过附加的形式添加到一个或多个安全组中，防火墙驱动会自动将安全组规则转换为底层的数据包过滤技术，如 iptables。在 Neutron 中，每个项目(Project)都包含一个名为 default 的默认安全组，default 安全组允许实例对外网全部访问，但是拒绝全部外网对实例的访问。如果在创建实例时未指定安全组，则 Neutron 会自动使用默认安全组 default。同样，如果创建端口时没有指定安全组，则 default 安全组也会被默认用到此端口。要访问特定实例中某个端口的应用程序，必须在该实例的安全组中开通应用程序要访问的端口。

(9) 网络东西流向和网络南北流向：在云计算网络中，一个租户可以有多个租户子网，租户子网通常称为内部网络(简称内流网)，不同内网中通常会接入不同用途的实例。租户内部子网之间的数据访问通常称为东西流向通信。此外，位于租户内网中的应用要对外提供服务，则必须实现外部网络与租户网络彼此之间的通信，这包括外网访问内网和内网访问外网两种方式，通常内外网之间的访问称为南北流向通信。网络东西流向通信和南北流向通信的示意图如图 7-7 所示。

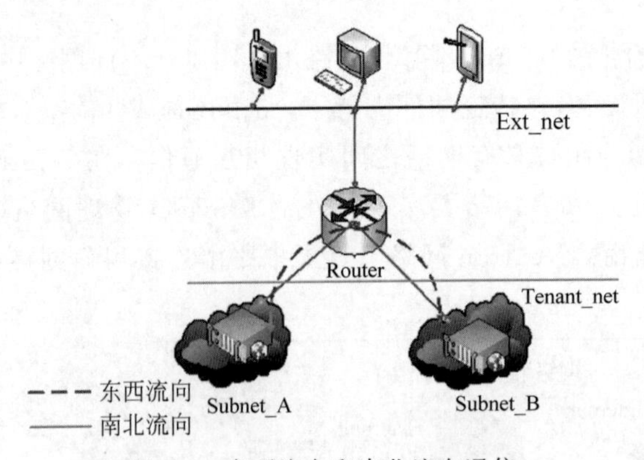

图 7-7 东西流向和南北流向通信

在图 7-7 中，子网 A 与子网 B 之间的通信称为网络的东西流向通信，外部网络与租户网络之间的通信称为网络的南北流向通信。由于子网 A 和子网 B 属于不同的子网，因此网络东西向通信需要 Router 转发，同样，外部网络与租户网络之间的南北流向通信也必须经过 Router 转发才能实现。在云计算网络环境中，Router 的东西流向转发实现了内部子网之间的通信，而南北流向转发实现了内部网络与外部网络之间的通信。

(10) 源地址转换(Source Network Address Transfer, SNAT)：主要用于控制内网对外网的访问，SNAT通常只需一个外部网关，而无须属于外部网络的浮动IP，便可以实现内网全部实例对外网的访问。在内网存在大量实例的情况下，相对于DNAT，SNAT可以节约大量外网IP。在SNAT中，尽管内部私网可以访问外网，但是外网却不能访问内部私网，因而SNAT具有很好的安全防护机制。很多企业为了防止外网入侵，会使用SNAT实现内网对Internet的访问，而在OpenStack网络中，SNAT主要用来实现租户虚拟机实例对外网的访问。SNAT的工作原理是，内部私网TCP/IP数据包在进入路由后，数据包中的私网源IP会被路由上的外网网关IP替换，这是源地址转换的核心步骤，即将数据包中源IP转换为外网网关地址。这里再次指出，在私有或者公有云中，虚拟机要访问外网，并不意味着必须为虚拟机分配Floating IP，而只需创建路由并为路由设置外网网关，将内网接入路由便可以实现内网实例对外网的访问。由于SNAT是在数据包经过路由之后再进行的IP替换，因此SNAT又称为POST-Routing。

(11) 目的地址转换(Destination Network Address Transfer, DNAT)：主要用于外网对内网的访问，由于外网要访问位于内网中的某个特定实例，因此必须向位于外网中的访问客户端提供具体的目的IP，而这个实例目的IP通常称为Floating IP。Floating IP并不属于内网地址，而是外网地址。Floating IP与内网实例地址是一一绑定的关系，它们之间的地址转换便是DNAT。一旦为实例绑定了Floating IP，位于外网中的访问客户端便可通过该Floating IP直接访问内网中的实例。目前很多公有云供应商是通过DNAT的形式，利用电信运营商提供的公网IP段创建一个Floating IP，并将其绑定到租户的特定虚拟机上，从而允许租户基于Internet访问位于供应商数据中心的虚拟机。DNAT的工作原理是，在外网数据包进入路由之前，将数据包中的目的地址(属于外网)替换为内部私网地址(租户内网网关地址)，这也是目的地址转换的核心步骤。经过DNAT之后，数据包目的地址被替换并进入路由，路由便将数据包转发到对应的虚拟机。DNAT过程发生在进入路由之前，即先将外网目的IP替换为内网私有IP再进入路由进行转发(地址替换发生在路由之前)，因此，DNAT又称PRE-Routing。

(12) 网络命名空间(Network Namespace)：在Linux系统中，网络命名空间是一个虚拟的网络设备，网络命名空间有独立的路由表、iptables策略和接口设备等，网络命名空间彼此之间完全隔离。假设系统中有eth0和eth1两个网卡设备，并且eth0属于命名空间namespace1，而eth1属于命名空间namespace2，则eth1和eth2类似于两个独立网络设备上的接口，彼此相互独立，而且只有进入各自的命名空间后，才能对命名空间中的接口设备进行配置、更改与查看。因此，如果eth0和eth1加入各自的命名空间后，在Linux系统中，针对全局系统的网络配置命令ifconfig，则不能看到这两个网卡设备的相关配置信息，必须进入各自的命名空间并使用此命令才能看到相关信息。在Linux系统中，使用命令ip netns可以查看系统中的全部网络命名空间，要配置或者查看命名空间中的设备，则需要进入特定命名空间并在命名空间中执行相应命令。例如，当前系统中有一个路由命名空间

qrouter-xxx，想要查看该命名空间中的接口和IP配置情况，可以执行的命令如下：

```
ip netns exec qrouter - xxx ip addr show
```

其中，ip netns exec qrouter-xxx 指明了运行 ip addr show 命令的命名空间。命名空间是Linux系统中使用非常广泛的技术，尤其是在网络技术领域，命名空间具有极佳的网络设备模拟能力和配置隔离性，因此在Neutron项目中，网络命名空间被大量使用，例如不同的租户网络可以使用重叠的IP地址，就是因为不同租户具有独立的路由命名空间。

Network是一个隔离的二层广播域。Neutron支持多种类型的Network，包括Local、Flat、VLAN、VxLAN和GRE。

① Local网络与其他网络和节点隔离。Local网络中的Instance只能与位于同一节点同一网络的Instance通信，主要用于单机测试。

② Flat网络是无VLAN Tagging的网络。Flat网络中的Instance能与位于同一网络的Instance通信，并且可以跨多个节点。

③ VLAN网络是具有802.1q tagging的网络，是一个二层的广播域，同一VLAN中的Instance可以通信，不同VLAN只能通过Router通信。VLAN网络可跨节点，是应用最广泛的网络类型。

④ VxLAN是基于隧道技术的重叠网络。VxLAN网络通过唯一的Segmentation ID（也叫作VNI）与其他VxLAN网络区分。VxLAN中数据包会通过VNI封装成UDP包进行传输。因为二层的包通过封装在三层传输，能够克服VLAN和物理网络基础设施的限制。

⑤ GRE是与VxLAN类似的一种重叠网络，其主要区别在于使用IP包而非UDP进行封装。

Subnet是一个IPv4或者IPv6地址段。Instance的IP从Subnet中分配。每个Subnet需要定义IP地址的范围和掩码。

① Network与Subnet是一对多的关系。同一个Network的Subnet可以是不同的IP段，但CIDR不能重叠。

有效配置，例如，如下网络划分：

```
Network A
Subnet A - a:10.10.1.0/24 {"start":"10.10.1.1","end":"10.10.1.200"}
Subnet A - b:10.10.2.0/24 {"start":"10.10.2.1","end":"10.10.2.200"}
```

无效配置（同一个Network），例如，如下网络划分：

```
Network B
Subnet B - a:10.10.1.0/24 {"start":"10.10.1.1","end":"10.10.1.100"}
Subnet B - b:10.10.1.0/24 {"start":"10.10.1.101","end":"10.10.1.200"}
```

② 不同 Network 的 Subnet 的 CIDR 和 IP 都可以重叠。因为 Neutron 的 Router 是通过 Linux Network Namespace 实现的，例如，如下的网络划分：

```
Network A Subnet A-a:10.10.1.0/24 {"start":"10.10.1.1","end":"10.10.1.200"}
Network B Subnet B-a:10.10.1.0/24 {"start":"10.10.1.1","end":"10.10.1.200"}
```

③ Network Namespace 是一种网络的隔离机制，通过网络命名空间的每个 Router 都有自己独立的路由表。如果两个 Subnet 是通过同一个 Router 路由，根据 Router 的配置，则只有指定的一个 Subnet 可被路由。如果两个 Subnet 是通过不同 Router 路由，因为 Router 的路由表是独立的，所以两个 Subnet 都可以被路由。

Port 是虚拟交换机上的一个端口。Port 上定义了 MAC 地址和 IP 地址，当 Instance 的虚拟网卡 VIF(Virtual Interface)绑定到 Port 时，Port 会将 MAC 和 IP 分配给 VIF。

Project、Network、Subnet、Port 之间的关系：Project 1 ：m Network 1 ：m Subnet 1 ：m Port 1 ：1 VIF m ：1 Instance。

(13) Neutron 层次模型：neutron-server 提供一组 API 定义网络连接和 IP 地址，供 Nova 等客户端调用，它本身也采用分层模型设计，Neutron 包括 4 个层次，自上而下依次如下。

① RESTful API：直接对客户端 API 服务，属于最前端的 API，包括 Core API 和 Extension API 两种类型。Core API 提供管理网络、子网和端口核心资源的 RESTful API；Extension API 提供网络管理路由器、负载均衡、防火墙、安全组等扩展资源的 RESTful API。

② Commnon Server：通过服务，负责对 API 请求进行检验、验证，并授权。

③ Neutron Core：核心处理程序，调用相应的插件 API 来处理 API 请求。

④ Plugin API：定义插件的抽象功能集合，提供调用通用插件的 API，包括 Core Plugin API 和 Extension Plugin API 两种类型。Neutron Core 通过 Core Plugin API 调用相应的 Core Plugin，通过 Extension Plugin API 调用相应的 Service Plugin。

(14) 插件、代理与网络提供者：Neutron 遵循 OpenStack 的设计原则，采用开放架构，通过插件、代理与网络提供者的配合实现各种网络功能。

插件是 Neutron 的一种 API 的后端实现，其目的是增强扩展性，插件按照功能可分为 Core Plugin 和 Service Plugin 两种类型，Core Plugin 提供基础二层虚拟机网络支持，实现网络、子网和端口核心资源的支持，Service Plugin 是指 Core Plugin 之外的其他插件，提供路由器、防火墙、安全组、负载均衡等服务支持，值得一提的是，直到 OpenStack 的 Havana 版本，Neutron 才开始提供一个名为 L3 Router Service Plugin 的插件支持路由服务。

插件由 neutron-server 的 Core Plugin API 和 Extension Plugin API 调用，用于确定具体的网络功能，即需要配什么样的网络。插件处理 neutron-server 发来的请求，主要职责是在数据库中维护 Neutron 网络的状态信息(更新 Neutron 数据库)，通知相应的代理实现具体的网络功能，每个插件支持一组 API 资源并完成特定操作，这些操作最终由插件通过

RPC 调用相应的代理来完成。

代理处理插件转来的请求,负责在网络提供者上真正实现各种网络功能。代理使用物理网络设备或者虚拟化技术来完成实际的操作任务,如用于路由具体操作 L3 Agent。

插件和代理与网络提供者配套使用,例如网络提供者是 Linux Bridge,就需要使用 Linux Bridge 的插件和代理,如换成 Open Vswitch 则需要改成相应的插件和代理。

(15) ML2 插件:Neutron 可以通过开发不同的插件和代理来支持不同的网络技术,这是一种相当于开发的架构。不过随着所支持的网络提供者种类的增加,开发人员发现了两个明显的问题。一个问题是多种网络提供者无法共存,Core Plugin 负责管理和维护 Neutron 二层的虚拟网络的状态信息,一个 Neutron 网络只能由一个插件管理,而 Core Plugin 插件与相应的代理是一一对应的,如果使用的是 Linux Bridge 插件,则只能选择 Linux Bridge 代理,并且必须在 OpenStack 的所有节点上使用 Linux Bridge 作为虚拟交换机;另一个问题是开发插件的工作量太大,所有传统的 Core Plugin 之间存在大量重复的代码(如数据库访问代码)。

为了解决这两个问题,从 OpenStack 的 Havana 版本开始,Neutron 实现了一个插件 ML2(Moduler Layer 2),为了取代所有 Core Plugin,允许在 OpenStack 网络中同时使用多种二层的网络技术,不同的节点可以使用不同的网络实现机制,ML2 能够与现在所有的代理无缝集成,以前使用的代理无须变更,只需将传统的 Core Plugin 替换成 ML2。ML2 使对新的网络技术支持更为简单,无须重新开发新的 Core Plugin,只需开发相应的机制驱动,便可大大减少要编写和维护的代码。

ML2 对二层的网络进行抽象,解锁了 Neutron 所支持的网络类型(Type)与访问这些网络类型的虚拟网络实现机制,并通过驱动的形式进行拓展,不同的网络类型对应不同的网络类型的驱动(Type Driver),由类型管理器(Type Manager)进行管理。不同的网络实现机制对应不同的机制驱动,由机制管理器进行管理。这种实现框架使 ML2 具有弹性,易于扩展,能够灵活支持多种网络类型和实现机制。

① 类型驱动:Neutron 支持的每种网络类型都有一个对应的 ML2 类型驱动,类型驱动负责维护网络类型的状态、执行验证、创建网络等工作。目前 Neutron 已经实现的网络类型包括 Flat、Local、VLAN、VxLAN、GRE。

② 机制驱动:Neutron 支持的每种网络机制都有一个对应的 ML2 机制驱动。机制驱动负责获取类型网络驱动所维护的网络状态,并确保在相应的网络设备(物理或虚拟的)上正确地实现这些状态。

举例:类型驱动 VLAN 和机制驱动 Linux Bridge,如果创建 vlan10,则 VLAN 类型驱动会确保将 vlan10 的信息保存到 Neutron 数据库中,包括网络的名称、vlanID 等;而 Linux Bridge 机制驱动会确保各个节点上的 Linux Bridge 代理在物理网卡上创建 ID 为 10 的 VLAN 设备和 Bridge 设备,并将二者进行桥接。

目前 Neutron 已经实现的网络机制有以下 3 种类型。

基于代理(agent-based):包括 Linux Bridge、Open vSwitch。

基于控制器(controller-based)：包括 OpenStacDaylight、VMware NSX 等。

基于物理交换：包括 Cisco Nexus、Arista、Mellanox 等。

③ 扩展资源，ML2 作为一个 Core Plugin，在实现网络、子网和端口核心资源的同时，也实现了包括端口绑定(Port Bindings)、安全组(Security Group)等部分扩展资源。目前 ML2 插件已经成为 Neutron 的首选插件。

(16) Linux Bridge 代理，Linux Bridge 是成熟可靠的 Neutron 二层网络虚拟化技术，支持 Local、Flat、VLAN、VxLAN 共 4 种类型网络，目前不支持 GRE。

Linux Bridge 可以将一台主机上的多个网卡桥接起来，充当一台交换机，它既可以桥接物理网卡，又可以桥接虚拟网卡，用于桥接虚拟机网卡的是 Tap 接口，这是一个虚拟出来的网络设备，称为 Tap 设备，作为网桥的一个端口，Tap 接口在逻辑上与物理接口具有相同的功能，可以接收和发送数据包。

如果选择 Linux Bridge 作为代理，则在计算节点上数据包从虚拟机发送到物理网卡需要经过以下设备。

① Tap 接口(Tap Interface)：用于网桥虚拟机的网卡，命名为 tapxxx。

② Linux 网桥(Linux Bridge)：作为二层交换机，命名为 brqxxxx。

③ VLAN 接口(VLAN Interface)：在 VLAN 网络中用于连接网桥，命名为 ethx. y (ethx 为物理网卡名称，y 为 VLAN ID)。

④ VxLAN 接口(VxLAN Interface)：在 VxLAN 网络中用于连接网桥，命名为 vxlan-z(z 是 VNID)。

⑤ 物理网络接口：用于连接到物理网络。

(17) Open vSwitch 代理：与 Linux Bridge 相比，Open vSwitch(可简称为 OVS)具有几种管控功能，而且性能更好，支持更多功能，目前在 OpenStack 领域成为主流。它支持 Local、Flat、VLAN、VxLAN、GRE 和 Geneve 等网络类型。

Open vSwitch 的设备类型如下。

① Tap 设备：用于网桥连接虚拟网卡。

② Linux 网桥：桥接网卡接口，包括虚拟接口。

③ VETH 对(VETH Pair)：直接相连的一对虚拟机网络接口，发送 VETH 对一端的数据包由另一端接收，在 OpenStack 中，它用来连接两个虚拟网桥。

④ OVS 网桥：Open vSwitch 的核心设备，包括一个 OVS 集成网桥(Integration Bridge)和一个 OVS 物理连接网桥。将所有在计算节点上运行的虚拟机连接到集成网桥，Neutron 通过配置集成网桥上的端口实现虚拟机网络隔离。物理机连接网络直接连接到物理网卡。这两个 OVS 网络通过一个 VETH 对连接，Open vSwitch 的每个网桥都可以看作一个真正的交换机，可以支持 VLAN。

Open vSwitch 数据包流程，如果选择 Open vSwitch 代理，则在计算节点上的数据包从虚拟机发送到物理网卡上需要依次经过以下设备。

① Tap 接口：用于网桥虚拟机的网卡，命名为 tapxxx。

② Linux 网桥：与 Linux Bridge 不同，命名为 qbrxxx（其中编号 xxx 与 tapxxx 中的 xxx 相同）。

③ VETH 对：两端分别命名为 qvbxxx 和 qvoxxx（其中编号 xxx 与 tapxxx 中的 xxx 保持一致）。

④ OVS 集成网桥：命名为 br-int。

⑤ OVS PATCH 端口：两端分别命名为 int-br-ethx 和 phy-br-ethx（x 为物理网卡名称的编号）。

⑥ OVS 物理连接网桥：分别为两种类型，在 Flat 和 VLAN 网络中使用 OVS 提供者网桥，命名为 br-ethx（x 为物理网卡名称的编号）；在 VxLAN、GRE 和 Geneve 叠加网络中使用 OVS 隧道网桥（Tunnel Bridge），命名为 br-tun，另外在 Local 网络中不需要任何 OVS 物理连接网桥。

⑦ 物理网络接口：用于连接到物理网络，命名为 ethx（x 为物理网卡名称中的编号）。

Open vSwitch 网络的逻辑结构，与 Linux Bridge 代理不同，Open vSwitch 代理不通过 eth1.101、eth1.102 等 VLAN 接口隔离不同的 VLAN，所有的虚拟机都连接到一个网桥 br-int，Open vSwitch 通过配置 br-int 和 br-ethx 上的流规则（Flow Rule）进行 VLAN 转换，进而实现 VLAN 之间的隔离，例如内部标签分别为 1 和 2，而物理网络的 VLAN 标签是 101 和 102，当 br-eth1 网桥上的 phy-br-eth1 端口接收到一个 vlan1 标记的数据包时，会将其中的 vlan1 转换为 vlan101；当 br-int 网桥上的 init-br-eth1 端口收到一个 vlan101 标记的数据包时，会将其中的 vlan101 转换为 vlan1。

(18) DHCP 代理：OpenStack 的实例在启动过程中能够从 Neutron 提供的 DHCP 服务自动获取 IP 地址。

DHCP 的主要组件如下。

① DHCP 代理（neutron-dhcp-agent）：为项目提供 DHCP 功能，提供元数据请求（Metadata Request）服务。

② DHCP 驱动：用于管理 DHCP 服务器，默认为 DNSmasq，这是一个提供 DHCP 和 DNS 服务的开源软件，用于提供 DNS 缓存和 DHCP 服务功能。

③ DNCP 代理调度器（Agent Scheduler）：负责 DHCP 代理与网络（Network）的调度。

DHCP 代理的主要任务是为 Neutron DHCP 提供两类 RESTful API：Agent Management Extension API 和 Agent Scheduler Extension API，这两类 API 都是 Extension API DHCP 代理，是核心组件，用于完成以下任务：

① 定期报告 DHCP 代理的网络状态，通过 RPC 报告给 neutron-server，然后通过 Core Plugin 报告给数据库并更新网络状态。

② 启动 dnsmasq 进程，检测 qdhcp-xxx 名称（Namespace）中的 ns-xxx 端口接收的 DHCPDISCOVER 请求，在启动 dnsmasq 进程的过程中，决定是否需要创建名称空间中的 ns-xxx 端口，是否需要配置名称空间中的 iptables，以及是否需要刷新 dnsmasq 进程所需的配置文件。

③ 创建网络(Network)并在子网(Subnet)上启用DHCP时，网络节点上的DHCP代理会启动一个dnsmasq进程，以此为网络提供DHCP服务。dnsmasq与网络是一一对应的关系，一个dnsmasq进程可为统一网络中所有启动DHCP的子网提供服务。

DHCP代理配置文件是/etc/neutron/dhcp_ agent. ini，其中重要的配置选项有以下两个。

① interface_driver：用来创建Tap设备的接口驱动，如果使用Linux Bridge连接，则应将该值设为neutron. agent. Linux. interface. BridgeInterfaceDriver；如果选择Open vSwitch，则应将该值设为neutron. agent. Linux. interface. OVSInterfaceDriver。

② dhcp _ driver：用于指定DHCP启动，默认值为neutron. agent. Linux. dhcp. Dnsmasq，表示dnsmasq进程实现DHCP服务。

DHCP代理的工作机制：DHCP代理运行在网络节点上，DHCP为项目网络提供DHCP服务，IP地址动态分配，另外还会提供源数据请求服务。通过DHCP获取IP地址的过程如下：

① 创建实例时，Neutron会随机生成MAC并从配置数据中分配一个固定的IP地址，一起保存到dnsmasq的hosts文件中，让dnsmasq进程做好准备。

② 与此同时，Nova-compute会设置MAC地址。

③ 实例启动，发出DHCPDISCOVER广播，该广播消息在整个网络中都可以被收到。

④ 广播消息到达dnsmasq监听Tap接口，dnsmasg收到后检查hosts文件，如果发现了对应项，则以DHCPOFFER消息将IP和网关IP发到虚拟机实例。

⑤ 虚拟机实例发回DHCPREQUEST消息以确认收到DHCPOFFER。

⑥ dnsmasq发回确认消息DHCPACK，整个过程结束。

(19) Linux网络名称空间：在介绍DHCP服务时提到的Linux网络名称空间是Linux提供的一种内核级别的网络环境隔离方法，NameSpace也可以翻译成为命名空间或者名字空间。当前Linux支持6种不同类型的名称空间，网络名称空间只是其中一种，在二层网络上，VLAN可以将一个物理交换机分为几个独立的虚拟交换机。类似地，在三层网络上，Linux网络名称空间可以将一个物理三层网络分成几个独立的虚拟三层网络，以此作为一种资源虚拟机隔离机制。

① Linux网络名称空间概述。

在Linux系统中，网络空间可以被认为是隔离的拥有单独网线栈(网络接口、路由、iptables等)的环境，它经常用来隔离网络资源(设备和服务)，只有拥有同样网络名称空间的设备才能分批次访问。它还能提供在名称空间内运行进程的功能，后台进程可以运行在不同名称空间内的相同端口上，用户还可以虚拟出一块网卡。

可以创建一个完全独立的全新网络环境，包括独立的网络接口、路由表、ABR表、IP地址表、iptables或ebtables等，并且与网络有关的组件都是独立的。

通常情况下可以使用ip netns add命令添加新的网络名称空间，使用ip netns list命令查看所有的网络名称空间。

可以执行以下命令进入指定的网络名称空间，命令如下：

```
ip netns exec netns 名称 命令
```

可以在指定的虚拟环境中运行任何命令，打开 bash，命令如下：

```
ip netns exec net001 bash
```

为虚拟网络环境 netns0 的 eth0 接口增加 IP 地址，命令如下：

```
ip netns exec netns0 ip address add 10.0.1.1/24 eth0
```

在网络名称空间内部进行通信没有问题，但是如果被隔离的网络名称空间之间要进行通信，就必须采用特定的方法，如 VETH 对，VETH 对是一种成对出现的网络设备，它们像一根虚拟的网络线，可用于连接两个名称空间，向 VETH 对一端输入的数据将自动转发到另外一端。例如创建两个网络名称空间 netns1 和 netns2 并使它们进行通信，可以执行以下步骤。

创建两个网络名称空间，命令如下：

```
ip netns add netns1
ip netns add netns2
```

创建一个 VETH 对，命令如下：

```
ip link add veth1 type veth peer name veth2
```

以上创建的一对 VETH 虚拟接口类似于管道（pipe），发给 veth1 的数据包可以在 veth2 收到，发给 veth2 的数据包也可以在 veth1 收到，相当于安装了两个接口并用网线连接起来。

将上述两个 VETH 虚拟接口分别放置到另外一个网络名称空间中，命令如下：

```
ip link set veth1 netns netns1
ip link set veth1 netns netns2
```

这样两个 VETH 虚拟接口就分别出现在两个网络名称空间中，即两个空间就可以进行通信了，其中对应的设备就可以相互访问了。

② Linux 网络名称空间实现 DHCP 服务隔离。

Neutron 通过网络名称空间为每个网络提供独立的 DHCP 和路由服务，从而允许项目创建重叠的网络，如果没有这种隔离机制，网络就不能重叠，这样就失去了灵活性。每个 dnsmasq 进程都位于独立的网络名称空间，命名为 qdhcp-xxx。

以创建 Flat 网络为例，Neutron 自动新建该网络对应的网桥 brqxxx，以及 DHCP 的 Tap 设备 tapxxx。物理主机本身也有一个网络名称空间，称为 root，并且拥有一个回环设备(Loopback Device)。如果将 DHCP 的 Tap 虚拟接口放置到 qdhcp-xxx 名称空间，则该 Tap 虚拟接口将无法直接与 root 名称空间中的网桥设备 brqxxx 连接。为此，Neutron 使用 VETH 对来解决这个问题，添加 VETH 对 tapxxx 与 ns-xxx，让 qdhcp-xxx 连接到 brqxxx。

③ Linux 网络名称空间实现路由器。

Neutron 允许在不同网络中的子网 CIDR 和 IP 地址重叠，具有相同的 IP 地址的两个虚拟机也不会产生冲突，这是由于 Neutron 的路由器通过 Linux 网络名称空间实现，每个路由器有自己独立的路由表。

(20) Neutron 路由器是一个三层网络的抽象，其模拟物理路由器，为用户提供路由、NAT 等服务，在 OpenStack 网络中，不同子网之间的通信需要路由器，项目网络与外部网络之间的通信更需要路由器。

Neutron 提供虚拟路由器，也支持物理路由器。例如，如果两个隔离的 VLAN 网络之间需要实现通信，则可以通过物理路由器实现，由物理路由器提供相应的 IP 路由表，确保两个 IP 子网之间的通信，将两个 VLAN 网络中的虚拟机的默认网关分别设置为路由器接口 A 和 B 的 IP 地址。当 VLAN A 中的虚拟机要与 VLAN B 中的虚拟机进行通信时，数据包将通过 VLAN A 中的物理网卡到达路由器，由物理路由器转发到 VLAN B 中的物理网卡，再到目的虚拟机。

Neutron 的虚拟路由器使用软件模拟物理路由器，路由器实现机制相同，Neutron 的路由服务由 L3 代理提供。

(21) Neutron 中 L3 代理(neutron-l3agent)具有相当重要的地位。它不仅可以提供虚拟机路由器，还可以通过 iptables 提供地址转换、浮动地址和安全组功能，L3 代理利用 Linux IP 栈、路由和 iptables 实现内部网络中不同网络的虚拟机实例之间的通信，以及虚拟机实例和外部网络之间的网络流量路由和转发，L3 代理可以部署在控制节点或者网络节点上。

① 虚拟路由的作用。

L3 代理提供的虚拟机路由器通过虚拟接口连接到子网，一个子网对应一个接口，该接口的地址是该子网的网关地址，虚拟机的 IP 地址栈如果发现数据包的目的 IP 地址不在本网段，则会将其发送到路由器上对应子网的虚拟机接口，然后虚拟机路由器根据配置的路由规则和目的 IP 地址将包转发到目的端口后发出。

L3 代理会为每个路由器创建一个网络名称空间，通过 VETH 对与 Tap 相连，然后将网关 IP 配置在位于名称空间的 VETH 接口上，这样就能够提供路由，网络节点如果不支持 Linux 名称空间，则只能运行一个虚拟路由器。

② 通过网络名称空间支持网络重叠。

在云环境下，用户可以按照自己的规划创建网络，不同项目(租户)的网络 IP 地址可能会重叠。为实现此功能，L3 代理使用 Linux 网络名称空间来提供隔离的转发上下文，以便隔离不同项目(租户)的网络,每个L3代理运行在一个名称空间中。每个名称空间由 * grouter- * 方式命名。

③ 源地址转换与iptables。

L3代理通过在iptables表中增加POSTROUTING链实现源地址转换,当内网计算机访问外网时,发起访问的内网IP地址(源IP地址)将被转换为外网网关的IP地址。这种功能让虚拟机实例能够直接访问外网。不过外网计算机还不能直接访问虚拟机实例,因为实例没有外网IP地址,而目的地址转换就能解决这一问题。

当项目(租户)网络连接到Neutron路由器时,通常将路由器作为默认的网关。当路由器收到实例的数据包并将其转发到外网时,路由器会将数据包的源地址修改成自己的外网地址,以此确保可将数据包转发到外网,并能够从外网返回,路由器可修改返回的数据包,并转发之前发起访问的实例。

④ 目的地址转换与浮动IP地址。

Neutron需要设置浮动IP地址以支持从外网访问项目(租户)网络中的实例。每个浮动IP对应一个路由器;浮动IP先到关联的端口,再到所在的子网,最后到包含该子网及外部子网的路由器。创建浮动IP时,在Neutron分配IP地址后,通过RPC通知该浮动IP地址对应的路由器去设置该浮动IP对应的iptabels规则。从外网访问虚拟机实例时,目的IP地址为实例的浮动IP地址,因此必须由iptables将其转化成固定的IP地址,然后将其路由到实例。L3代理通过在iptables表中增加POSTROUTING链实现地址转换。

浮动IP地址用于提供静态NAT功能,建立外网IP地址与实例所在的项目(租户网络)IP地址的一对一映射,浮动IP地址配置在路由器提供的网关的外网接口上,而不是在实例中,路由器会根据通信的方向修改数据包的源或者目的地址,这是通过在路由器上应用iptables的NAT规则实现的。

一旦设置了浮动IP地址,源地址转换就不再使用外网关的IP地址了,而是直接使用对应的浮动IP地址,虽然相关的NAT规则依然存在,但是neutron-l3-agent-float-snat比neutron-l3-agent-snat更早执行。

⑤ 安全组规则作用。

安全组定义了哪些进入的网络流量能被转发给虚拟机实例。安全组包含一些防火墙策略,称为安全组规则,可以定义若干个安全组。每个安全组可以有若干条规则,并且可以给每个实例绑定若干个安全组。

安全组的原理是通过iptables对所在的计算机节点的网络流量进行过滤。安全组规则作用在实例的端口上,具体是在连接实例的计算节点的Linux网桥上实施。

(22) FWaas防火墙功能。

① FWaas的主要作用。

FWaas是一种基于Neutron L3 Agent的虚拟防火墙,是Neutron的一个高级服务。通过它,OpenStack可以将防火墙应用到项目(租户)、路由器、路由器端口和虚拟机端口,在子网边界上对三层和四层的流量进行过滤。

传统网络中的防火墙一般设置在网关上，用来控制子网之间的访问。FWaas 的原理与此相同，在 Neutron 路由上应用防火墙规则，控制进出项目（租户）网络的数据。防火墙必须关联某个策略。策略是规则的集合，防火墙会按顺序执行策略中的每条规则。规则是访问控制的规则，由源目的子网 IP、源目的端口、协议、允许（Allow）和拒绝（Deny）动作组成。

安全组是最早的网络安全模块，其应用对象是虚拟网卡，在计算机节点上通过 iptables 规则控制进出实例虚拟网卡的流量。FWaas 的应用对象是虚拟路由器，可以在安全组之前控制从外部传入的流量，但是对于同一个子网内的流量不进行限制。安全组保护的是实例，而 FWaas 保护的是子网，两者互为补充，通常部署 FWaas 和安全组实现双重防护。

② FWaas v1 与 FWaas v2 的差异。

FWaas v1 是传统防火墙方案，对路由器提供保护，当将防火墙应用到路由器时，该路由器的所有内部端口受到保护，其中虚拟机 2 进出的数据流都会得到防火墙保护。

新的版本 FWaas v2 提供了更具细粒度的安全服务，防火墙的概念由防火墙组（Firewall Group）代替，一个防火墙包括两项策略：入口策略（Ingress Policy）和出口策略（Egress Policy）。防火墙组不再用于路由器级（路由器全部端口）而是用于路由器端口，注意，FWaas v2 的配置仅提供命令行工具，不支持图形页面。

2. 交互流程

Neutron 仅有一个主要服务进程 Neutron-server，它运行于控制节点上，对外提供 OpenStack 网络 API 作为访问 Neutron 的入口，收集请求后调用插件进行处理，最终由计算节点和网络节点上的各种代理完成请求。

网络提供者是指提供 OpenStack 网络服务的虚拟机或者物理网络设备，如 Linux Bridge、Open vSwitch 或者其他支持 Neutron 的物理交换机。与其他服务一样，Neutron 的各个组件服务之间需要相互协调通信，Neutron-server、插件、代理之间通过消息队列（默认用 RabbitMQ 实现）进行通信和相互协调。

数据库（默认使用 MariaDB）用于存放 OpenStack 的网络状态信息，包括网络、子网、端口、路由器等。

客户端是指使用 Neutron 服务的应用程序，可以是命令行工具（脚本）、Horizon（OpenStack 图形化操作界面）和 Nova 计算服务等。

OpenStack 中可以为每个租户创建网络，创建租户网络的流程如图 7-8 所示。

创建租户网络的主要步骤如下：

(1) 为这个 Tenant 创建一个 Private Network，不同的 Private Network 需要通过 VLAN tagging 进行隔离，互相进行广播（broadcast）时不能到达，这里用的是 GRE 模式，也需要一个类似 VLAN ID 的东西，称为 Segment ID。

(2) 为 Private Network 创建一个 Subnet，Subnet 才是真正配置 IP 网段的地方，对于私网，常用 192.168.0.0/24 网段。

(3) 为这个 Tenant 创建一个 Router，这样才能访问外网。

(4) 将 Private Network 连接到 Router 上。

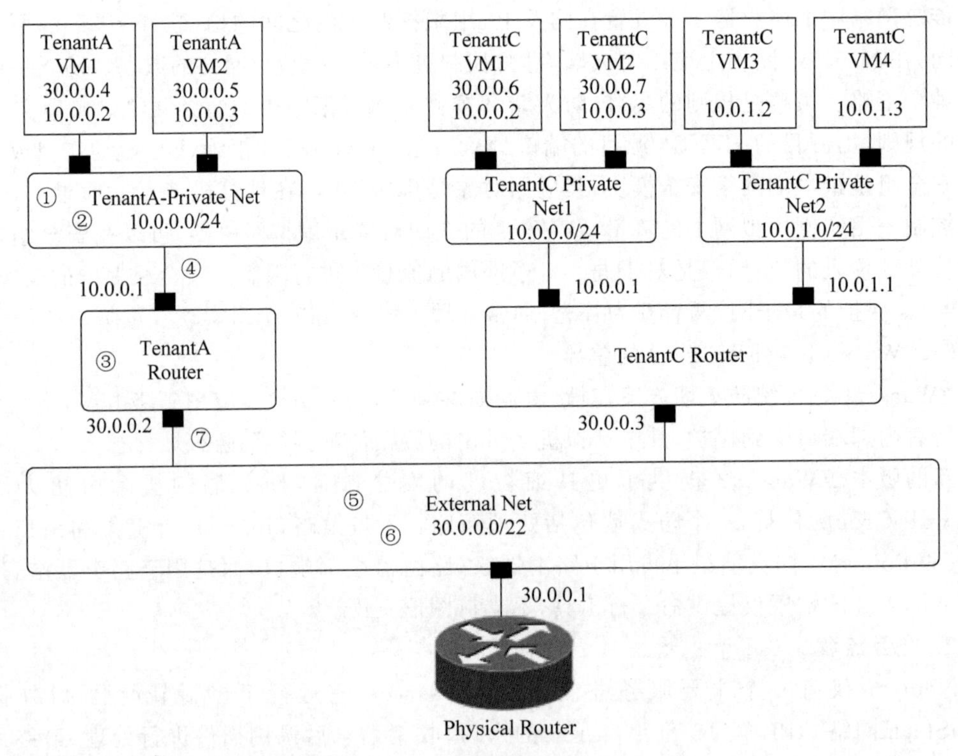

图 7-8　租户网络创建流程

(5) 创建一个 External Network。

(6) 创建一个 External Network 的 Subnet，这个外网逻辑上代表了数据中心的物理网络，通过这个物理网络可以访问外网。因而 PUBLIC_GATEWAY 应该设为数据中心里的 Gateway，PUBLIC_RANGE 也应该和数据中心的物理网络的 CIDR 一致，否则连不通。之所以设置 PUBLIC_START 和 PUBLIC_END，是因为在数据中心不可能将所有的 IP 地址都给 OpenStack 使用。另外，有可能搭建了 VMware Vcenter，可能有物理机，所以仅分配一个区间给 OpenStack 使用。

(7) Router 连接到 External Network。

经过以上流程，从虚拟网络到物理网络在逻辑上便可以进行通信了。

Neutron 网络虚拟实现结构如图 7-9 所示。

Neutron 网络虚拟实现如下：

(1) 一层的服务器及其 VM（由 Linux Kernel 创建的 qbr、tap/tun、veth、iptables 这些设备分别实现相应功能）。

(2) 二层的网络设备（由 Open vSwitch、dnsmasq 创建的 qvo、br-int、br-tun、br-ex、qrouter、qdhcp 等设备分别实现相应功能）。

(3) 最后，三层的传输程序（由 patch-int/patch-tun 等分别实现相应的功能）。

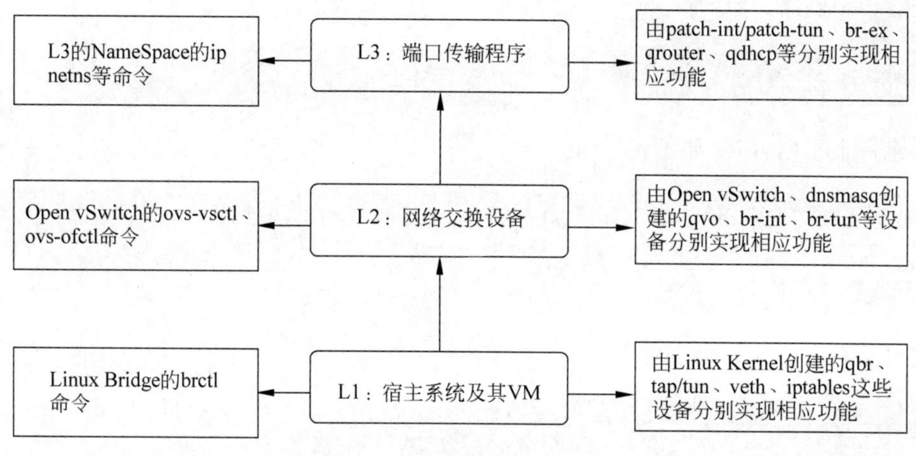

图 7-9　虚拟网络实现结构

3. 常用操作

在 Neutron 虚拟网络中，除了 Neutron 本身的命令外，还包括了 Linux Bridge 的 brctl 命令；Open vSwitch 的 ovs-vsctl、ovs-ofctl 命令和 L3 的 NameSpace 的 ipnetns 等命令。

列出当前租户的所有网络，命令如下：

```
neutron net-list
```

列出所有租户的所有网络，命令如下：

```
neutron net-list --all-tenants
```

查看浮动 IP，命令如下：

```
neutron floatingip-list --all-tenants
```

创建一个网络，命令如下：

```
neutron net-create public_net_32 --provider:network_type vlan --
provider:physical_network physnet1 --provider:segmentation_id 32 --
tenant-id <tenant-id>
```

查看一个网络的详细信息，命令如下：

```
neutron net-show <name-or-id>
```

删除一个网络,命令如下:

```
neutron net-delete <name-or-id>
```

创建一个子网,命令如下:

```
neutron subnet-create public_net_32 10.192.32.0/24 --gateway_ip
10.192.32.254 --dns_nameservers list=true 114.114.114.114 8.8.8.8 --
tenant-id <tenant-id>
```

列出所有的 agent,命令如下:

```
neutron agent-list
```

创建 Provider Network,命令如下:

```
#VLAN 类型的
neutron net-create NAME --provider:network_type vlan --
provider:physical_network PHYS_NET_NAME --provider:segmentation_id VID

#GRE 类型的
neutron net-create NAME --provider:network_type gre --
provider:segmentation_id TUNNEL_ID

#VxLAN 类型的
neutron net-create NAME --provider:network_type vxlan --
provider:segmentation_id TUNNEL_ID
```

列出所有的 agent,命令如下:

```
neutron agent-list
```

创建端口,命令如下:

```
neutron port-create public (--fixed-ip ip_address=10.0.0.1)
```

查看端口列表,命令如下:

```
neutron port-list
```

ovs-dpctl、datapath 控制器可以创建及删除 DP,控制 DP 中的 FlowTables,最常使用 show 命令。

查看 FlowTables,命令如下:

```
ovs-dpctl show -s
```

ovs-ofctl 流表控制器用于控制 Bridge 上的流表,以及查看端口统计信息等,常用命令如下:

```
ovs-ofctl show, dump-ports, dump-flows, add-flow, mod-flows, del-flows
```

ovsdb-tool 用于专门管理 ovsdb 的 client,常用命令如下:

```
ovsdb-tools show-log -m
```

ovs-vsctl 为最常用的命令之一,通过操作 ovsdb 管理相关的 bridge 和 ports,以及查看网桥和端口,命令如下:

```
ovs-vsctl show
```

7.5 Cinder

Cinder 可提供块存储服务(Block Storage Service),类似于 Amazon 的 EBS,用户可以利用它创建卷,并由 Nova 实例加载为磁盘设备。块存储是永久性的,其上的数据在 Nova 实例结束或毁坏后还依旧被保存着,块存储可以创建启动卷,块存储支持快照,用于备份保护。

OpenStack 块存储服务(cinder)为虚拟机添加持久存储功能,块存储提供一个基础设施是为了管理卷,以及和 OpenStack 计算服务进行交互,为实例提供卷。此服务也会激活管理卷的快照和卷类型的功能。

块存储服务通常包含下列组件。

(1) cinder-api:接收 API 请求,并将其路由到 cinder-volume 执行。

(2) cinder-volume:与块存储服务和 cinder-scheduler 的进程进行直接交互。它也可以与这些进程通过一条消息队列进行交互。cinder-volume 服务用于响应送到块存储服务的读写请求,并以此来维持状态。它也可以和多种存储提供者在驱动架构下进行交互。

(3) cinder-scheduler 守护进程:选择最优存储节点来创建卷,其与 nova-scheduler 组件类似。

(4) cinder-backup 守护进程:cinder-backup 服务用于将任何种类备份卷提供给一个备份存储提供者。就像 cinder-volume 服务,它与多种存储提供者在驱动架构下进行交互。

(5) 消息队列:在块存储的进程之间路由信息。

块存储服务主要提供以下功能:

(1) 提供 RESTful API 使用户能够查询和管理卷、卷快照及卷类型。

(2) 提供 scheduler 调度 volume 创建请求，以便合理优化存储资源的分配。

(3) 通过 driver 架构支持多种 back-end(后端)存储方式，包括 LVM、NFS、Ceph、GlusterFS 和其他(诸如 EMC、IBM 等)商业存储产品和方案。

如果想要更加全面地了解该组件的功能及用法，则可以查看官方文档，最新文档的访问网址为 https://docs.openstack.org/cinder/latest/。需要注意的是，版本之间存在一些差异，查看时应根据自己的需要及使用的版本进行选择。OpenStack 下面的组件都属于开源项目，Cinder 的官方网址为 https://github.com/openstack/cinder。如果对源代码感兴趣或者需要修改源代码实现特殊功能，则可以通过复制或者下载项目的源代码切换到需要的分支版本，以便查看对应的源代码及实现。

1. 基本概念

操作系统获得存储空间的方式一般有两种：

(1) 通过某种协议(SAS、SCSI、SAN、iSCSI 等)挂接裸硬盘，然后分区、格式化、创建文件系统，或者直接使用裸硬盘存储数据(数据库)。

(2) 通过 NFS、CIFS 等协议，挂载远程的文件系统。

第 1 种裸硬盘的方式叫作 Block Storage(块存储)，每个裸硬盘通常称作 Volume(卷)。第 2 种叫作文件系统存储。NAS 和 NFS 服务器，以及各种分布式文件系统提供的都是这种存储。

cinder 采用的是松散的架构理念，由 cinder-api 统一管理外部对 cinder 的调用，cinder-scheduler 负责调度合适的节点构建 volume 存储。volume-provider 通过 driver 负责具体的存储空间，然后 cinder 内部依旧通过消息队列 queue 沟通，解耦各子服务支持异步调用。主要架构如图 7-10 所示。

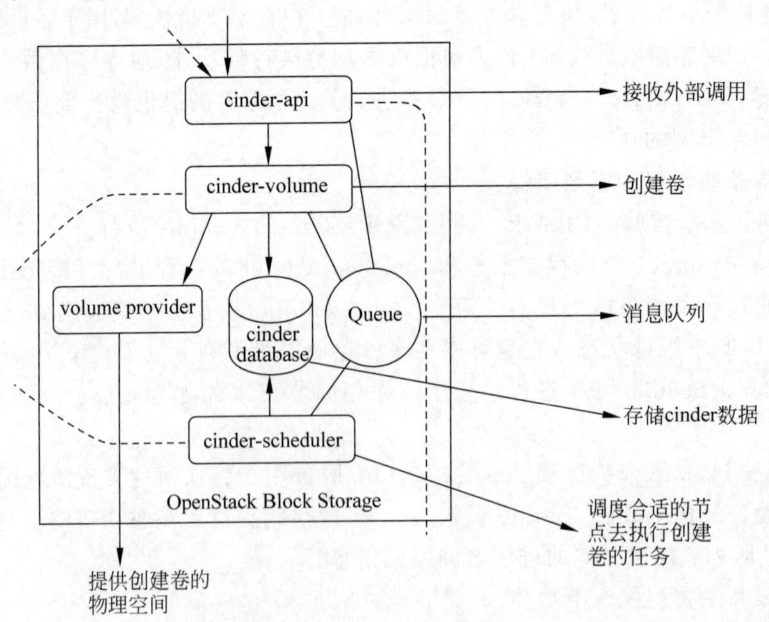

图 7-10 cinder 核心架构

各个模块主要负责不同的功能实现。

(1) cinder-api：向客户暴露cinder可以提供的功能，当客户需要执行volume相关的操作时，能且只能向cinder-api发送REST请求。这里的客户包括终用户端、命令行和OpenStack其余组件。接收API请求，调用cinder-volume执行操作。

(2) volume provider：数据的存储设备，为volume提供物理存储空间。

(3) cinder-volume：与块存储服务和cinder scheduler的进程进行交互，cinder-volume自身并不管理整个存储设备，存储设备是由Volume Provider管理的，cinder-volume与Volume Provider一起实现volume生命周期管理，它通过dirver架构支持多种Volume Provider。

(4) cinder-scheduler守护进程：scheduler通过调度算法选择最合适的存储节点创建volume，和nova-scheduler类似，创建volume时，cinder-scheduler会基于容量、Volume Type等条件并根据过滤算法和权重值选择最合适的存储节点，然后让其创建volume。

Host Filtering算法有很多种，其中默认的filter包括AvailabilityZoneFilter、CapacityFilter、CapabilitiesFilter。每种filter的主要特点如下：

① AvailabilityZoneFilter会判断Cinder Host的Availability Zone是不是与目的Availability Zone相同。如果不同，则被过滤掉。

② CapacityFilter会判断host上的剩余空间free_capacity_gb的大小，确保free_capacity_gb大于volume的大小。如果不够，则被过滤掉。

③ CapabilitiesFilter会检查host的属性是否和Volume Type中的Extra Specs完全一致。如果不一致，则被过滤掉。

经过以上Filter的过滤，cinder-scheduler会得到符合条件的host列表，然后进入weighting环节，根据weighting算法选出最优的host。如果得到空列表，则报No valid host was found错误。

在cinder.conf配置文件中，如果不对scheduler_default_filters进行设置，则cinder-scheduler默认使用这3个filter。

Host Weighting算法有多种可以选择，主要包含以下几种。

① AllocatedCapacityWeigher：有最小已使用空间的host胜出。可将allocated_capacity_weight_multiplier设置为正值来反转，其默认值为−1。

② CapacityWeigher：有最大可使用空间的host胜出。可将capacity_weight_multiplier设置为负值来反转算法，其默认值为1。

③ ChanceWeigher：随机从过滤出的host中选择一个host。

通过以上算法的筛选，cinder-scheduler将得到一个weighted_hosts列表，它会选择第1个host作为volume的目的host，把它添加到retry_hosts列表中，然后通过RPC调用上面的cinder-volume来创建volume。

在cinder.conf配置文件中，如果不对scheduler_default_weighers进行设置，则cinder-scheduler默认使用CapacityWeigher。

(5) cinder-backup daemon：备份进程，用于将任何种类备份卷提供给一个备份存储提供者。就像 Cinder- Volume 服务一样，它可与多种存储提供者在驱动架构下进行交互。

(6) 消息队列：Cinder 各个子服务通过消息队列实现进程间通信和相互协作。因为有了消息队列，子服务之间便实现了解耦，这种松散的结构也是分布式系统的重要特征。

(7) Database：Cinder 有一些数据需要存放到数据库中，一般使用 MySQL。数据库是安装在控制节点上的，例如在实验环境中可以访问名称为 cinder 的数据库。

对于本地存储，cinder-volume 可以使用 LVM 驱动，该驱动当前的实现需要在主机上事先用 LVM 命令创建一个 cinder-volume 的 vg，当该主机收到创建卷请求时，cinder-volume 在该 vg 上创建一个 LV，并且用 openiscsi 将这个卷当作一个 iscsi tgt 给 export。当然还可以将若干主机的本地存储用 sheepdog 虚拟成一个共享存储，然后使用 sheepdog 驱动。

LVM 是 Linux 环境下对磁盘分区进行管理的一种机制，其本质是建立在硬盘和分区之上的一个逻辑层，形成一个存储池。用来提高磁盘分区管理的灵活性。PV 是指物理卷(操作系统识别到的物理硬盘)，VG 是指卷组(也就是物理卷进行逻辑整合后形成的逻辑上连成一片的逻辑硬盘)，LV 是指逻辑卷(将整块的 VG 根据功能或者其他因素划分为不同的分区，每个分区为一个 LV)。

Ceph 是另一种分布式文件系统，其作用同样主要用于管理磁盘，将硬件磁盘在逻辑上整合起来，然后提供给外部使用。当外部需要存储一个文件时，其实这个文件是被分割成小块后随机存储到不同的物理硬盘中的，所以做容灾备份时也是各部分做各部分的镜像。

2. 交互流程

以创建卷为例，Cinder 的工作流程如图 7-11 所示。

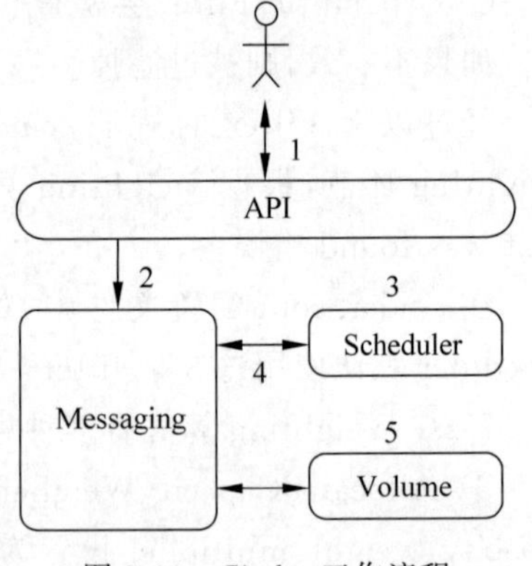

图 7-11　Cinder 工作流程

主要工作流程如下：

(1) 用户向 cinder-api 发送创建 volume 的请求。

(2) cinder-api 对请求做一些必要处理后，通过 Messaging 将创建消息发送给 cinder-scheduler。

(3) cinder-scheduler 从 Messaging 获取 cinder-api 发给它的消息，然后执行调度算法，从若干存储点中选出节点 A。

(4) cinder-scheduler 通过 Messaging 将创建消息发送给存储节点 A。

(5) 存储节点 A 的 cinder-volume 从 Messaging 中获取 cinder-scheduler 发给它的消息，然后通过 driver 在 Volume Provider 上创建 volume。

3. 常用操作

显示存储卷列表(和 nova volume-list 命令的功能相同)，命令如下：

```
cinder list
```

显示存储卷类型列表，命令如下：

```
cinder type-list
```

列表展示 zone，命令如下：

```
cinder availability-zone-list
```

创建存储卷，命令如下：

```
cinder create --display-name VOLNAME SIZE(SIZE 的单位为 GB)
```

创建基于镜像的块设备，命令如下：

```
cinder create --name test --image-id IMAGE_ID SIZE_IN_GB
```

在 NovaZone 中创建基于 CirrOS 的卷设备，命令如下：

```
cinder create SIZE_IN_GB --display-name boot_volume_cirros --image-id
IMAGE_ID --availability-zone nova
```

分配卷设备，命令如下：

```
nova volume-attach VM_ID VOLUME_ID /dev/vdb
```

分离卷设备，命令如下：

```
nova volume-detach VM_ID VOLUME_ID
```

重置卷状态，命令如下：

```
cinder reset-state id --state available
```

重置卷设备大小，命令如下：

```
cinder extend VOLUME_ID SIZE_IN_GB
```

删除存储卷，命令如下：

```
cinder delete VOLNAME-OR-ID
#强制删除
cinder force-delete VOLNAME-OR-ID
```

重命名存储卷，命令如下：

```
cinder rename VOLNAME-OR-ID NEW-VOLNAME
```

显示存储卷信息，命令如下：

```
cinder show VOLNAME-OR-ID
```

存储卷元数据，命令如下：

```
cinder metadata VOLNAME-OR-ID set KEY=VALUE
cinder metadata VOLNAME-OR-ID unset KEY
```

创建存储卷备份，命令如下：

```
cinder backup-create --display-name BACKUP-VOLNAME VOLNAME-OR-ID
```

删除存储卷备份，命令如下：

```
cinder backup-delete VOLNAME-OR-ID
```

显示存储卷备份信息，命令如下：

```
cinder backup-show VOLNAME-OR-ID
```

显示存储卷备份列表，命令如下：

```
cinder backup-list
```

创建存储卷快照，命令如下：

```
cinder snapshot-create --display-name SNAPSHOT-VOLNAME VOLNAME-OR-ID
```

删除存储卷快照，命令如下：

```
cinder snapshot-delete VOLNAME-OR-ID
```

重命名存储卷快照，命令如下：

```
cinder snapshot-rename VOLNAME-OR-ID NEW-VOLNAME
```

显示存储卷快照信息，命令如下：

```
cinder snapshot - show VOLNAME - OR - ID
```

显示存储卷快照列表，命令如下：

```
cinder snapshot - list
```

上传存储卷（作为镜像），命令如下：

```
cinder upload - to - image VOLNAME - OR - ID IMAGE - NAME - OR - ID
```

列出所有 volume 类型，命令如下：

```
cinder type - list
```

列出所有快照，命令如下：

```
cinder snapshot - list
```

列出所有备份，命令如下：

```
cinder backup - list
```

列出所有 qos，命令如下：

```
cinder qos - list
```

列出所有服务，命令如下：

```
cinder service - list
```

列出所有 transfer，命令如下：

```
cinder transfer - list
```

列出所有扩展，命令如下：

```
cinder list - extensions
```

创建 volume，命令如下：

```
cinder create < size > -- dispaly - name -- volume - type
```

创建快照，命令如下：

```
cinder snapshot-create <volume> --dispaly-name
```

创建备份，命令如下：

```
cinder backup-create <volume> --dispaly-name
```

创建 qos，命令如下：

```
cinder qos-create <name> <key=value>
```

创建类型，命令如下：

```
cinder type-create <name>
```

创建传输，命令如下：

```
cinder transfer-create <volume> --dispaly-name
```

显示 volume 详情，命令如下：

```
cinder show <volume>
```

显示 volume 下的元数据，命令如下：

```
cinder metadata-show <volume>
```

显示 backup 详情，命令如下：

```
cinder backup-show <backup>
```

显示 qos 详情，命令如下：

```
cinder qos-show <qos>
```

显示快照详情，命令如下：

```
cinder snapshot-show <snapshot>
```

显示快照元数据详情，命令如下：

```
cinder snapshot-metadata-show <snapshot>
```

显示传输详情，命令如下：

```
cinder transfer - show <transfer>
```

显示一个租户下面的 quota 详情，命令如下：

```
cinder quota - show <tenant_id>
```

7.6 Swift

Swift 可提供对象存储服务(Object Storage Service)，类似于 Amazon 的 S3，提供安全的、持久的和高可扩展的云存储。用户可以创建账户、容器和对象(如各种类型的文件)。在 Swift 后端，每个文件都可以跨数据中心存储于多个服务器的磁盘中，并实现文件复制功能。

OpenStack Object Storage(Swift)是 OpenStack 开源云计算项目的子项目之一。Swift 使用普通的服务器来构建冗余的、可扩展的分布式对象存储集群，存储容量可达 PB 级。Swift 使用 Python 开发，前身是 Rackspace Cloud Files 项目，随着 Rackspace 加入 OpenStack 社区，Rackspace 也将 Cloud Files 的代码贡献给了社区，并逐渐形成现在的 Swift。

Swift 的目的是使用普通硬件来构建冗余的、可扩展的分布式对象存储集群，存储容量可达 PB 级。

Swift 并不是文件系统或者实时的数据存储系统，它是对象存储，用于永久类型的静态数据的长期存储，这些数据可以检索、调整，必要时可以更新。最适合存储虚拟机镜像、图片和邮件等。

Swift 无须采用 RAID(磁盘冗余阵列)，也没有中心单元或主控节点。Swift 通过在软件层面引入一致性哈希技术和数据冗余性，牺牲一定程度的数据一致性来达到高可用性(High Availability，HA)和可伸缩性，支持多租户模式、容器和对象读写操作，适合解决互联网的应用场景下非结构化数据存储问题。

Swift 采用完全对称、面向资源的分布式系统架构设计，所有组件都可扩展，避免因单点失效而扩散，从而影响整个系统运转；通信方式采用非阻塞式 I/O 模式，提高了系统吞吐和响应能力。

Swift 提供的服务与 AWS S3 相同，有以下几种功能和用途：

(1) 作为 IaaS 的存储服务。

(2) 与 OpenStack Compute 对接，为其存储镜像。

(3) 文档存储。

(4) 存储需要长期保存的数据，例如 log。

(5) 存储网站的图片、缩略图等。

(6) Swift 使用 RESTful API 对外提供服务。

(7) 极高的数据持久性(Durability)。

(8) 完全对称的系统架构:"对称"意味着 Swift 中各节点可以完全对等,能极大地降低系统维护成本。

(9) 无限的可扩展性:一是数据存储容量无限可扩展;二是 Swift 性能(如 QPS、吞吐量等)可线性提升。

(10) 无单点故障:Swift 的元数据存储是完全均匀随机分布的,并且与对象文件存储一样,元数据也会存储多份。在整个 Swift 集群中,没有一个角色是单点的,并且在架构和设计上保证无单点业务是有效的。

(11) 简单、可依赖、访问控制、权限控制。

(12) 对大文件的支持无上限,单个文件最大 5GB,大于 5GB 的文件在客户端进行切分后上传,并上传 manifest 文件。

(13) 临时对象存储(过期对象自动删除)。

(14) 存储请求速率限制。

(15) 临时链接(让任何用户可访问对象,不需要使用 Token)。

(16) 表单提交(直接从 HTML 表单将文件上传到 Swift 存储,依赖于临时链接)。

(17) 静态 Web 站点(用 Swift 作为静态站点的 Web 服务器)。

如果想要更加全面地了解该组件的功能及用法,则可以查看官方文档,最新文档的访问网址为 https://docs.openstack.org/swift/latest/。需要注意的是,版本之间存在一些差异,查看时应根据自己的需要及使用的版本进行选择。OpenStack 下的组件都属于开源项目,Swift 的官方网址为 https://github.com/openstack/swift。如果对源代码感兴趣或者需要修改源代码实现特殊功能,则可以通过复制或者下载项目的源代码切换到需要的分支版本,以便查看对应的源代码及实现。

1. 基本概念

Account:账户/租户。Swift 是原生支持多租户的。如果使用 OpenStack Keystone 进行用户校验,则 Account 与 OpenStack project/tenant 的概念相同。Swift 租户的隔离性体现在元数据上,而不是体现在 Object Data 上。数据包括自身元数据和容器列表,被保存在 SQLite 数据库中。

Container:容器,类似于文件系统中的目录,由用户自定义,它包含自身的元数据和容器内的对象列表。数据保存在 SQLite 数据库中。在新版中,Swift 支持在容器内添加文件夹。

Object:对象,包括数据和数据的元数据,以文件形式保存在文件系统中。

Containers 是由用户创建的,用来保持对象。对象可以是 0B,或者包含数据。容器中的对象最大大小为 5GB;如果超过,会做特殊处理。每个对象使用它的名字来被查阅,Swift 没有目录概念。在对象名中可以使用任意的可以被 URL 编码的字符,最大长度为 1034 个字符。对象名中可以带"/"字符,它会被误认为采用了目录结构,例如 dir/dir2/name,即使看起来像目录,但是它仍然只是一个对象名。如果一个容器所有对象的大小为

0,则它将看起来像一个目录。

客户端可使用 HTTP 或者 HTTPS 访问 Swift,包括读、写、删除对象。也支持复制操作,它会创建一个新的对象,使用一个新的对象名,包含旧对象的数据。没有重命名操作,它会首先复制出一个新的,然后将旧的删除。

环(Ring):Ring 是 Swift 中最重要的组件,用于记录存储对象与物理位置间的映射关系。在涉及查询 Account、Container、Object 信息时需要查询集群的 Ring 信息。

Swift 主要组件架构如图 7-12 所示。

Swift 主要有以下特性。

1)数据存放位置

Swift 将每个对象保存为多份,它按照物理位置的特点,尽量将这些对象放在不同的物理位置上,以此来保证数据在地理位置上的可靠性,它主要考虑以下几种位置属性。

Region:地理位置上的区域,例如不同城市甚至不同国家的机房,这主要是从灾备方面考虑的。

Zone:一个数据中心根据物理网络、供电、空调等基础设施分开的独立的域,往往将一个机架(Rack)内的服务器分在一个 Zone 内。

Node(节点):物理服务器。

Disk(磁盘):物理服务器上的磁盘。

2)数据一致性

对象及其复制的对象被放置在某个磁盘上后,Swift 会使用 Replicators、Updaters 和 Auditors 等后台服务来保证数据的最终一致性。

Replicator:复制对象,确保系统的最终一致性(Replicate objects and make a system in a consistent state);恢复磁盘和网络错误(Recover disk failure, network outages situation)。

Updater:更新元数据(Update metadata),从容器和账户元数据高负载导致的问题上恢复(Recover failure caused by container, account metadata high load)。

Auditor:删除问题账户、容器和对象,然后从别的服务器上复制过来(Delete problematic account, container or objects and replicate from other server);恢复数据库和文件数据错误(Recover dbs or files which have bit rot problem)。

其中,Replicator 服务以可配置的间隔来周期性地启动,默认为 30s,它以 replication 为最小单位,以 node 为范围,周期性地执行数据复制。详细过程可参考文末的参考文档。考虑到 Swift 实现的是最终一致性而非强一致性,它不适合于需要数据强一致性的应用,例如银行存款和订票系统等。需要做 replication 的情形包括但不限于以下几种:

Proxy Server 在写入第三份时失败,它依然会向客户端返回成功,后台服务会写第三份。后台进程发现某个 replication 数据出现损坏时,它会在新的位置重新写入。

在跨 Region 的情况下,Proxy Server 只会对它所在 Region 的磁盘执行写入操作,远处 Region 上的数据由后台进程负责写入。在更换磁盘或者添加磁盘的情况下,数据需要重新平衡。

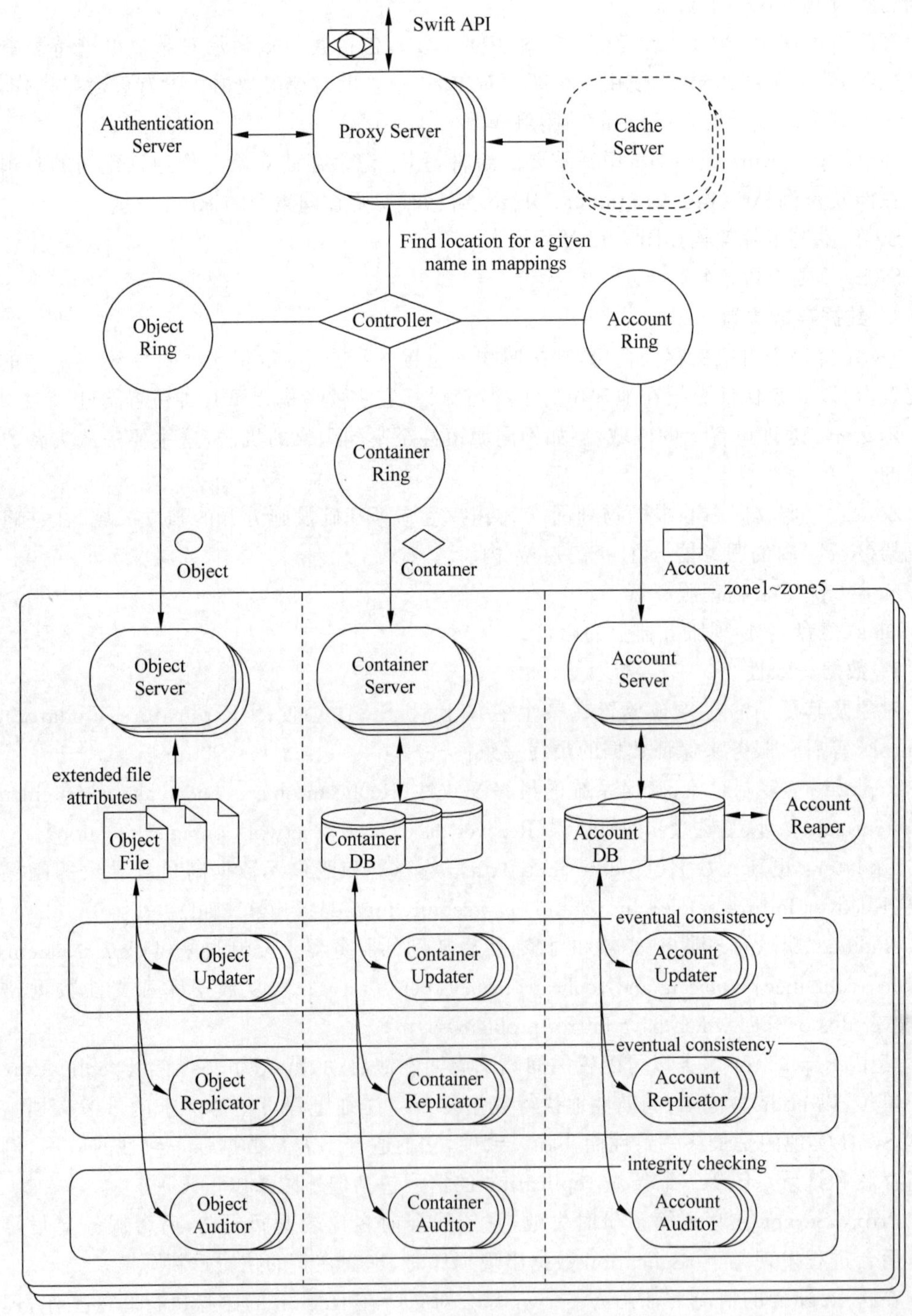

图 7-12　Swift 组件架构

一致性散列(Consistent Hashing),又称一致性哈希,面对海量级别的对象,需要存放在成千上万台服务器和硬盘设备上,首先要解决寻址问题,即如何将对象分布到这些设备的地址上。Swift 基于一致性散列技术,通过计算可将对象均匀地分布到虚拟空间的虚拟节点上,在增加或删除节点时可大大减少需要移动的数据量;虚拟空间的大小通常采用 2 的 n 次幂,便于进行高效移位操作,然后通过独特的数据结构 Ring(环)将虚拟节点映射到实际的物理存储设备上,完成寻址操作。

对象分段,Swift 对于小的文件不进行分段,而采用直接存放的形式;对于大的文件(大小阈值可以配置,默认为 5GB),系统会自动将其分段存放。用户也可以指定分段的大小来存放文件。例如,对于大小为 590MB 的文件,如果将分段大小设置为 100MB,则会被分为 6 段并以并行(in parallel)的方式上传到集群中。

3）主要服务

代理服务(Proxy Server)用于对外提供对象服务 API,会根据环的信息来查找服务地址并将用户请求转发至相应的账户、容器或者对象服务;由于采用无状态的 REST 请求协议,所以可以进行横向扩展来均衡负载。

认证服务(Authentication Server)用于验证访问用户的身份信息,并获得一个对象访问令牌(Token),在一定的时间内会一直有效;验证访问令牌的有效性并缓存下来直至过期。

缓存服务(Cache Server),缓存的内容包括对象服务令牌、账户和容器的信息,但不会缓存对象本身的数据;缓存服务可采用 Memcached 集群,Swift 会使用一致性散列算法来分配缓存地址。

账户服务(Account Server)用于提供账户元数据和统计信息,并维护所含容器列表的服务,每个账户的信息被存储在一个 SQLite 数据库中。

容器服务(Container Server)用于提供容器元数据和统计信息,并维护所含对象列表的服务,每个容器的信息也存储在一个 SQLite 数据库中。

对象服务(Object Server)用于提供对象元数据和内容服务,每个对象的内容会以文件的形式存储在文件系统中,元数据会作为文件属性存储,建议采用支持扩展属性的 XFS 文件系统。

复制服务(Replicator)会检测本地分区副本和远程副本是否一致,具体可通过对比散列文件和高级水印来完成,当发现不一致时会采用推式(Push)更新远程副本,例如对象复制服务会使用远程文件复制工具 rsync 同步;另外一个任务是确保被标记删除的对象从文件系统中移除。

更新服务(Updater),当对象由于高负载的原因而无法立即更新时,任务将会被序列化到本地文件系统中进行排队,以便服务恢复后进行异步更新;例如成功创建对象后容器服务器没有及时更新对象列表,这时容器的更新操作就会进入排队中,更新服务会在系统恢复正常后扫描队列并进行相应的更新处理。

审计服务(Auditor)用于检查对象、容器和账户的完整性,如果发现比特级的错误,则文件将被隔离,并复制其他的副本以覆盖本地损坏的副本;其他类型的错误会被记录到日志中。

账户清理服务(Account Reaper)用于移除被标记为删除的账户,删除其所包含的所有容器和对象。

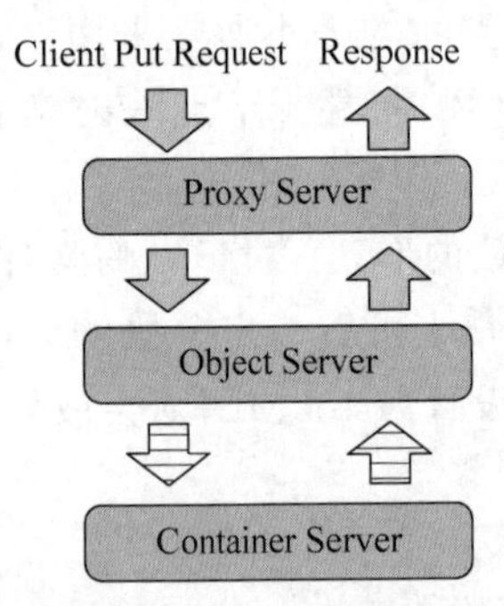

图 7-13 Swift 交互流程

2. 交互流程

数据交互流程如图 7-13 所示,数据放置和读取过程如下:

(1) 当收到一个需要保存的对象的 PUT 请求时,Proxy Server 会根据其完整的对象路径(/account[/container[/object]])计算其哈希值,哈希值的长度取决于集群中分区的总数。

(2) 将哈希值开头的 N 个字符映射为数目同 replica 值的若干 partition ID。

(3) 根据 partition ID 确定某个数据服务的 IP 和 port。

(4) 依次尝试连接这些服务的端口。如果有一半的服务无法连接,则拒绝该请求。

(5) 尝试创建对象,存储服务会将对象以文件的形式保存到某个磁盘上(Object Server 在完成文件存储后会异步地调用 Container Service 去更新 container 数据库)。

(6) 如果在 3 份复制中有两份被成功写入,则 Proxy Server 会向客户端返回成功。

(7) 当 Proxy Server 收到一个获取对象的 GET 请求时,它的(1)~(4)步同前面的 PUT 请求,确定存放所有 replica 的所有磁盘。

(8) 排序这些 Nodes,尝试连接第 1 个,如果成功,则将二进制数据返回客户端;如果不成功,则尝试下一个。直到成功或者都失败。

整个流程相对比较简单直观,这也符合 Swift 的总体设计风格。至于具体的哈希算法实现,有兴趣的读者可以看相关论文。大致来讲,它实现的是 unique-as-possible,即“尽量唯一”的算法,按照 Zone、Node 和 Disk 的顺序。对于一个 replica,Swift 首先会去选择一个没有该对象 replica 的 Zone,如果没有这样的 Zone,选择一个已使用 Zone 中的没用过的 Node;如果没有这样的 Node,就选择已使用的 Node 上的一个没使用过的 Disk。

3. 常用操作

Swift 的操作主要通过 RESTful API 的方式进行,这里通过 curl 工具进行说明。用户需要先向 Keystone 主机获取访问 Swift 的权限,然后使用已获取的 Token 访问 Swift 的 Proxy 节点。

获取 Token,命令如下:

```
curl -d '{"auth":{"tenantName": \
"adminTenant","passwordCredentials":{"username": "admin","password": \
"admin"}}}' -H "Content-type:application/json" \
http://192.168.1.126:35357/v2.0/tokens
```

查看当前存储信息，命令如下：

```
curl -k -v -X HEAD -H 'X-Auth-Token:4b7ef9e0c24e44c689ff37a15a7a6493'\
http://192.168.1.127:8080/v1/AUTH_0bb450946b3b4f0aa487cf42d54abe77
```

列出 container，命令如下：

```
curl -i -X GET -H 'X-Auth-Token:4b7ef9e0c24e44c689ff37a15a7a6493'\
http://192.168.1.127:8080/v1/AUTH_0bb450946b3b4f0aa487cf42d54abe77
```

创建 container，命令如下：

```
curl -i -X PUT -H 'X-Auth-Token:4b7ef9e0c24e44c689ff37a15a7a6493'\
http://192.168.1.127:8080/v1/AUTH_0bb450946b3b4f0aa487cf42d54abe77/dianxin
```

列出部分 container，命令如下：

```
curl -i -X GET -H 'X-Auth-Token:4b7ef9e0c24e44c689ff37a15a7a6493'\
http://192.168.1.127:8080/v1/AUTH_0bb450946b3b4f0aa487cf42d54abe77?limit=3
```

JSON 格式输出，命令如下：

```
curl -i -X GET -H 'X-Auth-Token:4b7ef9e0c24e44c689ff37a15a7a6493'\
http://192.168.1.127:8080/v1/AUTH_0bb450946b3b4f0aa487cf42d54abe77?format=json
```

XML 格式输出，命令如下：

```
curl -i -X GET -H 'X-Auth-Token:4b7ef9e0c24e44c689ff37a15a7a6493'\
http://192.168.1.127:8080/v1/AUTH_0bb450946b3b4f0aa487cf42d54abe77?format=xml
```

查看 container 的元数据，命令如下：

```
curl -i -X HEAD -H 'X-Auth-Token:4b7ef9e0c24e44c689ff37a15a7a6493'\
http://192.168.1.127:8080/v1/AUTH_0bb450946b3b4f0aa487cf42d54abe77/myfiles
```

删除 container，命令如下：

```
curl -i -X DELETE -H 'X-Auth-Token:4b7ef9e0c24e44c689ff37a15a7a6493'\
http://192.168.1.127:8080/v1/AUTH_0bb450946b3b4f0aa487cf42d54abe77/mss
```

创建 object，命令如下：

```
curl -k -i -X PUT -T "install.log" -H 'X-Auth-Token:2235c348d91445f09708af80150d58f2'
http://192.168.1.124:8080/v1/AUTH_f0cb916780504478b03da925451422d5/myfiles/install.log
```

列出刚上传的 object，命令如下：

```
curl -k -i -X GET -H 'X-Auth-Token:2235c348d91445f09708af80150d58f2'
http://192.168.1.124:8080/v1/AUTH_f0cb916780504478b03da925451422d5/myfiles
```

下载一个 object，命令如下：

```
curl -k -X GET -H 'X-Auth-Token:2235c348d91445f09708af80150d58f2'
http://192.168.1.124:8080/v1/AUTH_f0cb916780504478b03da925451422d5/myfiles/install.log >
install.log.backup
```

object 复制，命令如下：

```
curl -k -i -X PUT \
-H 'X-Auth-Token:2235c348d91445f09708af80150d58f2' \
-H 'X-Copy-From: /myfiles/install.log' -H 'Content-Length:0'http://192.168.1.124:8080/
v1/AUTH_f0cb916780504478b03da925451422d5/dianxin/install.log
```

删除 object，命令如下：

```
curl -k -i -X DELETE -H 'X-Auth-Token:2235c348d91445f09708af80150d58f2'
http://192.168.1.124:8080/v1/AUTH_f0cb916780504478b03da925451422d5/dianxin/install.log
```

设置对象的元数据，命令如下：

```
curl -k -i -X POST \
-H 'X-Auth-Token:2235c348d91445f09708af80150d58f2' \
-H 'X-Object-Meta-Breed: \
installinfo'\
http://192.168.1.124:8080/v1/AUTH_f0cb916780504478b03da925451422d5/myfiles/install.log
```

读取对象元数据，命令如下：

```
curl -k -i -X HEAD -H 'X-Auth-Token:2235c348d91445f09708af80150d58f2'
http://192.168.1.124:8080/v1/AUTH_f0cb916780504478b03da925451422d5/myfiles/install.log
```

7.7 Telemetry

OpenStack Telemetry 项目是 OpenStack big tent 下负责计量统计的组件，目前 Telemetry 包含四个子项目，即 Ceilometer、Aodh、Gnocchi 和 Panko，其中 Ceilometer 项目是 OpenStack 项目中最早负责计量统计的服务，但是由于云平台数据收集越来越多造成 Ceilometer 越来越复杂，因此从 Mitaka 版本开始 Ceilometer 项目分解为不同项目，并统称为 OpenStack Telemetry。

云监控告警服务，主要包括三部分：计量数据收集、计量数据存储、告警服务。

Ceilometer 意为计量服务(Telemetry)，Ceilometer 由 5 个重要组件和一个 Message Bus 组成。Ceilometer-agent-compute 收集计算节点上信息的代理，运行在计算节点上，是计算节点上数据收集的代理。Ceilometer-agent-central 运行在控制节点上，轮询服务的非持续化数据。Ceilometer-collector 运行在一个或多个控制节点上，监听信息总线 Message Bus，将收到的消息及相关数据写入数据库中。

Ceilometer 是 OpenStack 的计量与监控组件，官方的正式名称为 OpenStack Telemetry，用于获取和保存计量与监控的各种测量值，并根据测量值进行报警。同时这些保存下来的测量值也可以被第三方系统获取，用来进行更进一步的分析、处理或展示。

计量与监控是公有云运营的一个重要环节，计量是为了获取系统中用户对各种资源的使用情况，监控是为了确保资源处于健康的状态。

计量数据收集(Telemetry)服务提供以下功能：

(1) 计量相关 OpenStack 服务的有效调查数据。

(2) 通过监测通知收集来自各个服务发送的事件和计量数据。

(3) 将收集来的数据发布到多个目标，包括数据存储和消息队列。

(4) 当收集的度量或事件数据打破了界定的规则时，计量报警服务会发出报警。

如果想要更加全面地了解该组件库的功能及用法，则可以查看对应的官方文档，最新文档的访问网址为 https://docs.openstack.org/。需要注意的是，版本之间存在一些差异，查看时应根据自己的需要及使用的版本进行选择。OpenStack 下面的组件都属于开源项目，Telemetry 组件库的官方网址为 https://github.com/openstack/。如果对源代码感兴趣或者需要修改源代码实现特殊功能，则可以通过复制或者下载项目的源代码切换到需要的分支版本，以便查看对应的源代码及实现。

1. 基本概念

OpenStack Telemetry 的架构如图 7-14 所示，其中 Ceilometer 负责数据收集，Gnocchi 则负责 Meter 数据存储，Aodh 项目负责告警服务，Panko 负责 Event 数据存储。由于 Event 和 Meter 两种数据类型不同，Ceilometer 社区将两种数据分开处理。

1) Ceilometer 数据收集服务

(1) Ceilometer 服务主要用于数据收集，并提供两类数据的收集(Meter 和 Event)。

(2) Meter 数据由 Ceilometer 的 Polling Agent 主动获取。

(3) Event 数据来源于 OpenStack Service 的 notification，例如 instance/volume/network 等创建、更新、删除等。

2) Ceilometer 组件服务

(1) Polling Agent：定期轮询获取监控数据并将数据发送给 Ceilometer Notification Agent 做进一步处理，通过 libvirt 接口、snmp 或者 OpenStack Service API。Polling Agent 又根据 namespace 做了 metering 的区分，分别对应不同的 agent：

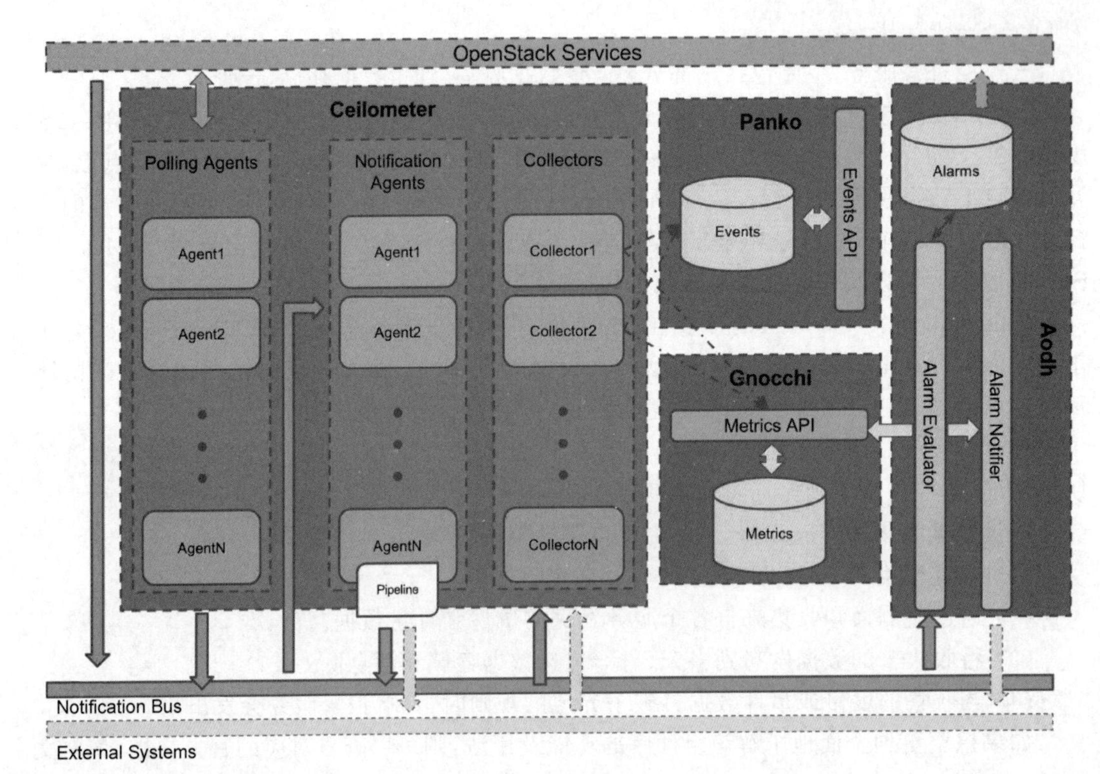

图 7-14 Telemetry 组件架构

① Central Polling Agent 主要通过 OpenStack API 进行云平台的数据收集。

② Compute Polling Agent 通过与 Hypervisor 的接口调用定期获取统计数据。

③ Impi Polling Agent 通过 ipmi 协议收集数据。

(2) Notification Agent：在 Mitaka 版本中，Notification Agent 通过监听 Message Queue，将 message 转化为 event 和 sample 并且执行 pipeline 处理。例如虚拟机的 CPU 利用率，libvirt 目前只提供 CPUTIME 的查询，如果为用户展示 CPU 利用率，则要做数据转换，Notification Agent 会根据 pipeline 中的定义执行数据转换，并将处理后的数据通过 Message Queue 发送给 Ceilometer Collector。

(3) Ceilometer-polling 服务：通过调用多个采集插件(采集插件在 setup. cfg 文件中有定义，ceilometer. poll. compute 对应的是采集插件)收集信息，这个服务收集的是有关虚拟机资源使用情况的数据，例如 CPU、内存占用率等，通过 libvirt 获取这些信息，并发送到 notifications. sample 队列中保存。

(4) Ceilometer-central 服务：也是采集数据的服务，但它通过 API 的轮询方式去获取一些服务的信息，采集的是 Ceilometer-polling 服务采集以外的信息，例如磁盘服务的状态和总共使用了多少。

(5) Ceilometer-agent-notification：polling 服务采集到的原始数据称为 Meter。Meter

是资源使用的计量项,它的属性包括名称(name)、单位(unit)、类型(cumulative:累计值,delta:变化值、gauge:离散或者波动值)及对应的资源属性等,如果不符合相关格式,则可以在发送数据前进行转换,这个转换称为 Transformer,一条 Meter 数据可以经过多个 Transformer 处理后再由 publisher 发送。这是处理数据并进行数据转换的服务,该服务先从 notifications. sample 队列中取出消息,然后经过处理和转换成 measure 结构后将数据发送到 gnocchi 服务中。

(6) Ceilometer-collector 服务:该服务在以前的版本中用于获取监控数据消息,然后统一处理后发给 Gnocchi-api 服务,但现在将 pipeline. yaml 配置文件的 publisher 配置为 gnocchi 后不经过 ceilometer-collector 中转便可直接发送到 gnocchi-api 服务里进行处理。

(7) ceilometer-api:聚合计量数据来消费(如计费引擎、分析工具等)。

(8) ceilometer-polling:通过以不同的命名空间注册的轮询插件(pollsters)来轮询不同类型的计量数据。

(9) ceilometer-agent-central:轮询诸如计算服务和镜像服务等其他 OpenStack 服务的公共的 RESTful API,为了保持已存在资源的标签,通过在中心轮询命名空间中注册的轮询插件实现。

(10) ceilometer-agent-compute:通过在计算轮询命名空间中注册的轮询插件轮询本地的 Hypervisor 或 libvirt 守护进程来为本地实例收集性能数据、消息,然后将数据发送到 AMQP。

(11) ceilometer-agent-ipmi:通过在 IPMI 轮询命名空间中注册的轮询插件轮询拥有 IPMI 支持的本地节点,这是为了收集 IPMI 传感器数据和 Intel 节点管理器的数据。

(12) ceilometer-agent-notification:其他 OpenStack 服务所消费的 AMQP 消息。

(13) ceilometer-collector:接收来自代理的 AMQP 通知,然后将这些数据分发到对应的数据存储。

(14) ceilometer-alarm-evaluator:告警评估器,根据设置的阈值决定何时进行报警。

(15) ceilometer-alarm-notifier,发起警告操作,例如调用一个带有警告状态转换描述的网络钩子(webhook)。

3) Ceilometer 单位计量

(1) Resource,被监控的资源对象,可以是一台虚拟机、一台物理机、一块云硬盘或者 OpenStack 其他服务组件。

(2) Meter,Ceilometer 定义的监控项,这些监控项分为以下 3 种类型。

① Cumulative:累积的,随着时间而增长(如磁盘读写)。

② Gauge:计量单位,离散的项目(如浮动 IP、镜像上传)和波动的值(如对象存储数值)。

③ Delta:增量,随着时间的改变而增加的值(如带宽变化)。

(3) Sample,采样值,是每个采集时间点上 Meter 对应的具体值。

(4) Alarm,Ceilometer 的报警系统,可以通过阈值或者组合条件报警,并设置报警时的触发动作。

4）Gnocchi 监控数据存储系统

对于存储系统的选择是非常关键的，公有云环境中随着用户和资源的增长，数据也会持续增长，这对云监控服务来讲是一个非常大的挑战。

对于计量统计服务来讲，存储服务的性能是非常关键的，其中一个是对它的存储量有很大的要求，公有云平台数量很大，每时每刻都有数据被写入系统里。对数据库的吞吐能力要求很高，然后是对查询性能要求很高。CERN 作为 OpenStack 最大规模的实践，也采用了 MongoDB 存储数据，但是一直以来 MongoDB 有两个缺点，一个是存储空间被大量占用；另一个是随着数据量增多响应时间变长。

Gnocchi 是 OpenStack Telemetry 的 Metric Serivce，开始于 2015 年，目的在于解决 Ceilometer 的监控数据存储的性能问题。Gnocchi 支持的存储驱动有文件系统、Swift、S3、Ceph 等，官方建议使用 Ceph，Gnocchi 对 Ceph 的数据存储做优化。

Gnocchi 架构如图 7-15 所示，包含两部分，即 index 和 storage。Gnocchi API 提供 RESTful API，收到数据存储请求时，会在数据库中创建 index，然后把数据写入临时待处理区，并加入时间戳。Metricd 服务则从待处理数据区获取带有时间戳的数据，将数据追加到统计数据文件中。Gnocchi 为了节省存储空间，在最新版本中加入了压缩算法。

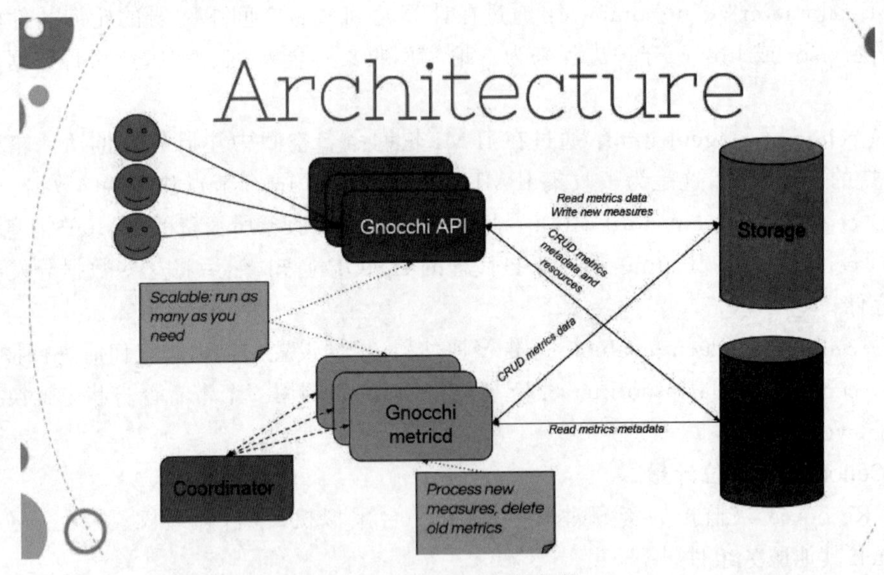

图 7-15　Gnocchi 组件架构

5）Ceilometer 服务组件

Gnocchi 服务主要实现对监控数据进行聚合计算，存储到后端存储并提供获取监控数据的 RESTful API。

（1）ceilometer-agent-compute：运行在每个计算节点上，轮询代理的一种，用于获取计算节点的测量值。

（2）ceilometer-agent-central：运行在管理服务器上，轮询代理的一种，用于获取

OpenStack 服务的测量值。

（3）ceilometer-agent-notification：通过监听 OpenStack 消息队列上的通知消息获取数据。

（4）ceilometer-collector（deprecated in Ocata）：采集和记录通知代理和轮询代理产生的事件和计量数据。

（5）ceilometer-api（deprecated in Ocata）：Ceilometer 提供的 RESTful API 服务。

（6）ceilometer-polling：周期性地调用不同的 Pollster 插件，轮询获得流水线中定义的测量值。

6）Meters 数据的收集

（1）Poller Agents：Compute Agent（ceilometer-agent-compute）运行在每个 compute 节点上，以轮询的方式通过调用 Image 的驱动获取资源使用统计数据。Central Agent（ceilometer-agent-central）运行在 Management Server 上，以轮询的方式通过调用 OpenStack 各个组件（包括 Nova、Cinder、Glance、Neutron 和 Swift 等）的 API 收集资源使用统计数据。

（2）Notificaiton Agents：Collector（ceilometer-collector）是一个运行在一个或者多个 Management Server 上的数据收集程序，它会监控 OpenStack 各组件的消息队列。队列中的 notification 消息会被它处理并转化为计量消息，再发到消息系统中。计费消息会被直接保存到存储系统中。

7）资源监控项

（1）Meter：资源使用的某些测量值（计量项、监控项），如内存占用、网络 I/O、磁盘 I/O 等。属性包含名称（name）、单位（unit）、类型（cumulative：累计值；delta：变化值；gauge：离散或者波动值）及对应的资源属性等。

（2）Sample：每个采集时间点上 Meter 对应的值（某时刻某个 resource 的某个 Meter 的值），收集数据具有时间间隔。属性包含测量值（Meter）、采样时间（Timestampe）和采样值（Volume）。

（3）Statistics：某个周期内（Period）的 Samples 聚合值，包括计数（Count）、最大（Max）、最小（Min）、平均（Avg）、求和（Sum）等。

（4）Resource：被监控的资源对象，如虚拟机、磁盘等，详细的资源监控项见表 7-1。

表 7-1　资源监控项

虚拟机		物理机	
项　目	说　明	项　目	说　明
CPU	CPU 使用时间	compute. node. cpu. percent	CPU 使用率
cpu_util	CPU 使用率	compute. node. cpu. total	CPU 总大小
vcpus	CPU 使用数量	compute. node. disk. total	磁盘总大小
disk. total. size	磁盘总大小	compute. node. disk. used	磁盘使用大小
memory	内存总大小	compute. node. memory. total	内存总大小

续表

虚拟机		物理机	
项目	说明	项目	说明
memory. usage	内存使用大小	compute. node. memory. used	内存使用大小
disk. read. Bytes	磁盘读字节数	compute. node. disk. read. Bytes	磁盘读字节数
disk. read. Bytes. rate	磁盘读速率	compute. node. disk. read. Bytes. rate	磁盘读速率
disk. write. Bytes	磁盘写字节数	compute. node. disk. write. Bytes	磁盘写字节数
disk. write. Bytes. rate	磁盘写速率	compute. node. disk. write. Bytes. rate	磁盘写速率
network. incoming. Bytes	网络 incoming 字节数	compute. node. network. incoming. Bytes	网络 incoming 字节数
network. incoming. Bytes. rate	网络 incoming 速率	compute. node. network. incoming. Bytes. rate	网络 incoming 速率
network. outgoing. Bytes	网络 outgoing 字节数	compute. node. network. outgoing. Bytes	网络 outgoing 字节数
network. outgoing. Bytes. rate	网络 outgoing 速率	compute. node. network. outgoing. Bytes. rate	网络 outgoing 速率

Gnocchi 可提供数据存储服务，是一个时间序列数据库，为 Ceilometer 提供存储后端，致力于解决 Ceilometer 应用中所面临的大规模存储和索引时间序列数据的性能问题。Gnocchi 不仅解决了大规模时间序列数据存取的性能问题，同时还把 OpenStack 云平台中多租户等特性考虑在内。

Gnocchi 主要有两个核心部件：API 和 Metricd，并且依赖于三个外部组件：Measure Storage、Aggregate Storage 和 Index。

Measure Storage：measures 是 Gnocchi 对数据的第 3 层划分，是实际的监控数据，因此 Measure Storage 用于保存实际监控数据，并且是临时保存的，在 Gnocchi 处理后会删除其中已处理的数据。例如这部分数据就可以保存到文件中，当然也支持保存到 Ceph，但这属于临时数据，所以用文件保存就可以了。

Aggregate Storage：Gnocchi 采用了一种独特的时间序列存储方法，它不是存储原始数据点，而是在存储它们之前对它们按照预定义的策略进行聚合计算，仅保存处理后的数据，所以 Gnocchi 在读取这些数据时会非常快，因为它只需读取预先聚合计算好的结果，因此 Aggregate Storage 用于保存用户看到的聚合计算后的结果数据。后端存储包括 File、Swift、Ceph、Influxdb，默认使用 File。可以保存到 Ceph 中，这样可在任意一个节点上获取，但存储的是大量的小文件，而大量的小文件对 Ceph 来讲并不友好。

Index：通常是一个关系型数据库，用于索引 resources 和 metrics，以便可以快速地从 Measure Storage 或 Aggregate Storage 中取出所需要的数据。

API：gnocchi-api 服务进程，通过 Indexer 和 Storage 的驱动，提供查询和操作 ArchivePolicy、Resource、Metric、Measure 的接口，并将新到来的 Measure 存入 Measure Storage。

Metricd：gnocchi-metricd 服务进程，根据 Metric 定义的 ArchivePolicy 规则，周期性地从 Measure Storage 中汇总聚合计算 measures，以及对 Aggregate Storage 中的数据执行数据聚合计算和清理过期数据等动作，并将聚合的结果数据保存到 Aggregate Storage。

在 Ceilometer Collector 中收集到的数据通过 Gnocchi 的 publisher 发到 gnocchi-api，再由 gnocchi-api 将收集到的数据写入 Measure Storage。Metricd 会周期性地检索 Measure Storage 是否有数据需要处理，并将 Measure Storage 中的数据依次取出进行聚合计算，在将计算结果保存到 Aggregate Storage 后也将 Measure Storage 中已处理的 measures 原始数据删除。

在 Gnocchi 中，API 和 Metricd 均被设计成无状态的服务，因此可以很方便地进行横向扩展，并且对于运行的 gnocchi-metriccd 守护程序或 gnocchi-API 端点的数量没有限制，可以根据系统的负载大小调整相关服务进程的数量，这样便可提升系统的处理能力。

Gnocchi 中有三层数据，其关系为 Resource→Metric→Measure，三层数据分别代表不同的作用：

(1) Resource 是 Gnocchi 对 OpenStack 监控数据的一个大体的划分，例如将虚拟机的磁盘的所有监控资源作为一个 Resource，可用命令 gnocchi resource list 查看。

(2) Metric 是 Gnocchi 对 OpenStack 监控数据的第 2 层划分，归属于 Resource，代表一个较具体的资源，例如 CPU 值，可用命令 gnocchi metric list 查看。

(3) Measure 是 Gnocchi 对 OpenStack 监控数据的第 3 层划分，归属于 Metric，表示在某个时间戳对应资源的值，可用命令 gnocchi measures show metric_id。

2. 交互流程

数据采集与存储的总体流程如图 7-16 所示。

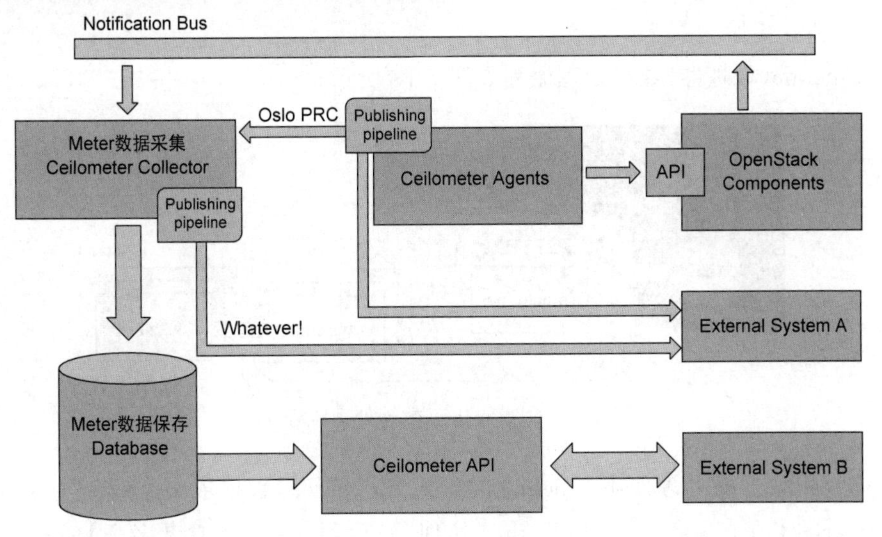

图 7-16　数据收集流程

1）Poller 方式

（1）Compute Agent（ceilometer-agent-compute）运行在每个 compute 节点上，以轮询的方式通过调用 Image 的驱动获取资源使用统计数据。

（2）Central Agent（ceilometer-agent-central）运行在 Management Server 上，以轮询的方式通过调用 OpenStack 各个组件（包括 Nova、Cinder、Glance、Neutron 和 Swift 等）的 API 收集资源使用统计数据。

2）Notificaiton 方式

Notificaiton 数据采集主要流程如图 7-17 所示。

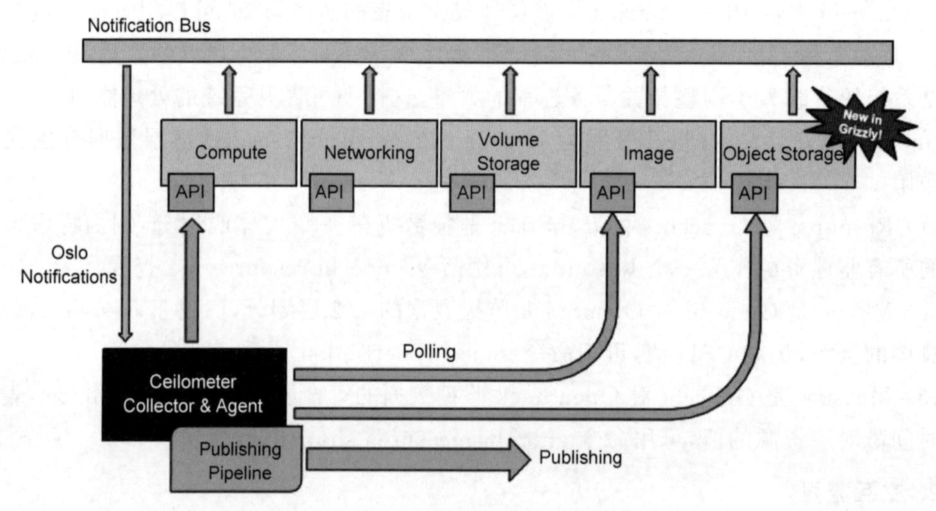

图 7-17　Notificaiton 数据获取流程

数据处理方式如下：

（1）Pipeline（处理器）数据处理流程如图 7-18 所示。

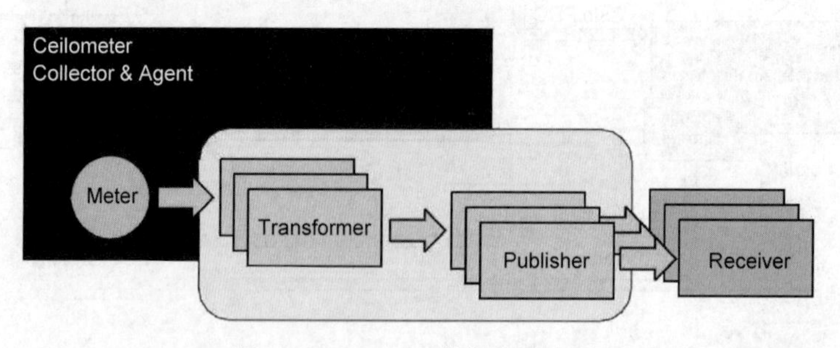

图 7-18　Pipeline 数据处理流程

① Meters 数据的处理使用 Pipeline 的方式，即 Meters 数据依次经过（零个或者多个）Transformer 和（一个或者多个）Publisher 处理，最后到达（一个或者多个）Receiver，其中 Recivers 包括 Ceilometer Collector 和外部系统。

② Ceilometer 根据配置文件/etc/ceilometer/pipeline. yaml 来配置 Meters 所使用的 Transformers 和 Publishers。

(2) Transformer(转换器)。

① unit_conversion：单位转换器，例如温度从华氏温度转换成摄氏温度。

② rate_of_change：计算方式转换器，例如根据一定的计算规则来转换一个 sample。

③ accumulator：累计器，如图 7-19 所示。

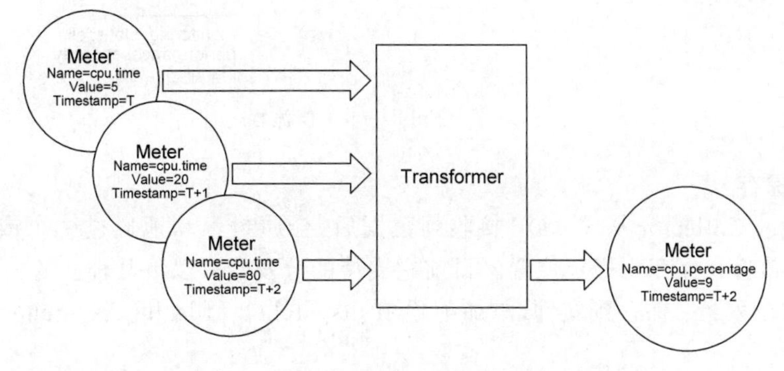

图 7-19 accumulator(累积器)工作流程

(3) Publisher(分发器)。

Ceilometer 支持多种分发器，每种分发器有不同的配置项，具体见表 7-2。

表 7-2 分发器使用说明

分发器	格 式	说 明	配 置 项	示 例
Notifier	notifier://? option1=value1&option2=value2	samples 数据被发到 AMQP 系统，然后被 Ceilometer Collecter 接收。默认的 AMQP Queue 是 metering_topic= metering，这是默认的方式	[publisher_notifier] metering_driver = messagingv2 metering_topic = metering	notifier://? policy=drop&max _ queue _ length=512
RPC	rpc://? option1=value1&option2=value2	与 notifier 类似，同样经过 AMQP，不过是同步操作，因此可能有性能问题	[publisher_rpc] metering_topic = metering	rpc://? per _ meter _ topic=1
UDP	udp://< host >:< port >/	经过 UDP port 发出。默认的 UDP 端口是 4952	udp_port=4952	udp://10.0.0.2:1234
File	file://path? option1=value1&option2=value2	发送到文件后保存		

可以在/etc/ceilometer/pipeline. yaml 文件中为某个 Meter 配置多个 Publisher，多个 Publisher 的工作流程如图 7-20 所示。

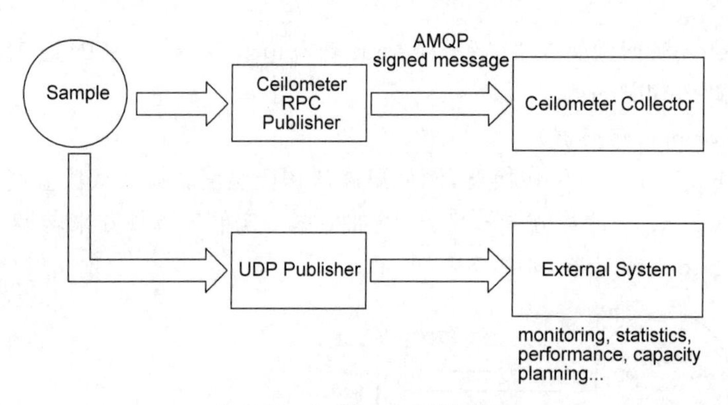

图 7-20 Publisher 工作流程

3）数据保存

Ceilometer Collector 从 AMQP 接收到数据后，会原封不动地通过一个或者多个分发器(Dispatcher)将它保存到指定位置。目前它支持的分发器有以下几种。

(1) 文件分发器：保存到文件，添加配置项 dispatcher＝file 和[dispatcher_file]部分的配置项。

(2) HTTP 分发器：保存到外部的 HTTP target，添加配置项 dispatcher＝http。

(3) 数据库分发器：保存到数据库，添加配置项 dispatcher＝database。

Ceilometer 支持同时配置多个分发器，其模式如图 7-21 所示，将数据保存到多个目的位置。每种数据库驱动支持的特性见表 7-3。

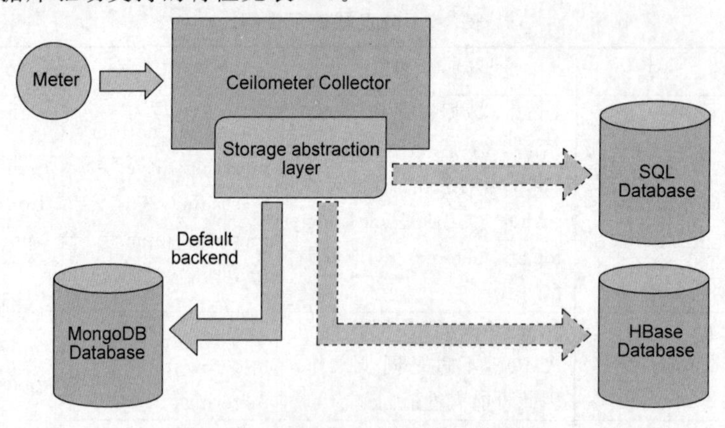

图 7-21 Ceilometer 分发器工作流程

表 7-3 数据库驱动特性

Driver	API querying	API statistics	Alarms
MongoDB	Yes	Yes	Yes
MySQL	Yes	Yes	Yes
PostgreSQL	Yes	Yes，except groupby	Yes
HBase	Yes	Yes	Yes
DB2	Yes	Yes	Yes

4）数据访问

外部系统通过 ceilometer-api 模块提供的 Ceilometer RESTful API 访问保存在数据库中的数据。API 有 v1 和 v2 两个版本，现在使用的是 v2。API Service 默认在 8777 端口监听，其流程如图 7-22 所示。

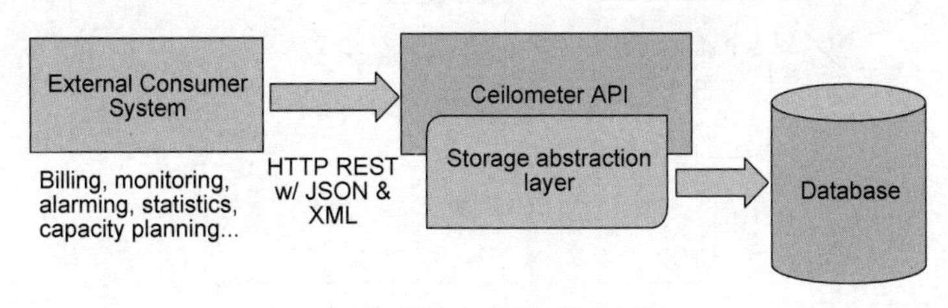

图 7-22　Ceilometer 数据访问流程

5）告警服务

（1）告警服务的逻辑架构如图 7-23 所示，主要流程如下：

① ceilometer-alarm-evaluator 使用 Ceilometer RESTful API 获取 statistics 数据。

② ceilometer-alarm-evaluator 生成 alarm 数据，并通过 AMQP 发给 ceilometer-alarm-notifier。

③ ceilometer-alarm-notifier 会通过指定方式把 alarm 发出去。

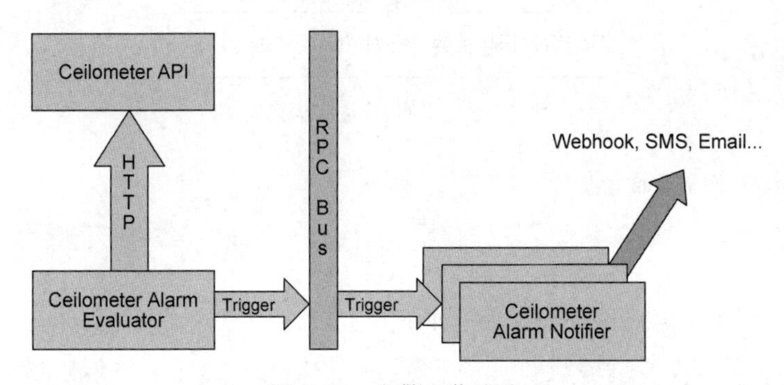

图 7-23　告警工作流程

（2）Heat 和 Ceilometer 通过 Ceilometer Alarm 进行交互实现实例自动扩容，其告警逻辑交互流程如图 7-24 所示，实例自动扩容流程如图 7-25 所示。

3. 常用操作

查询 Metric 列表，命令如下：

```
gnocchi metric list
```

查询 CPU 的 Metric，命令如下：

```
gnocchi metric list | grep cpu
```

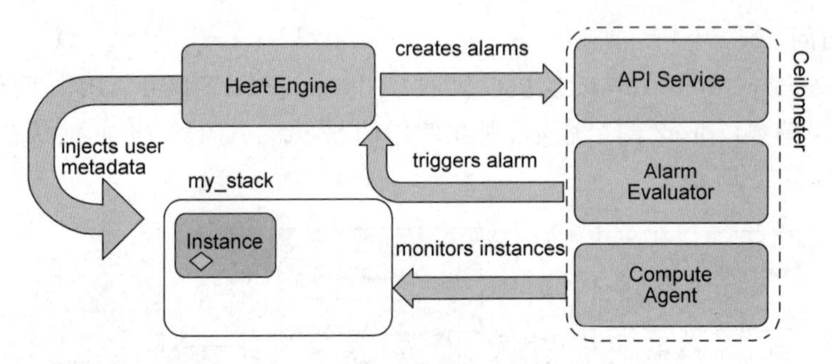

图 7-24　告警逻辑交互流程

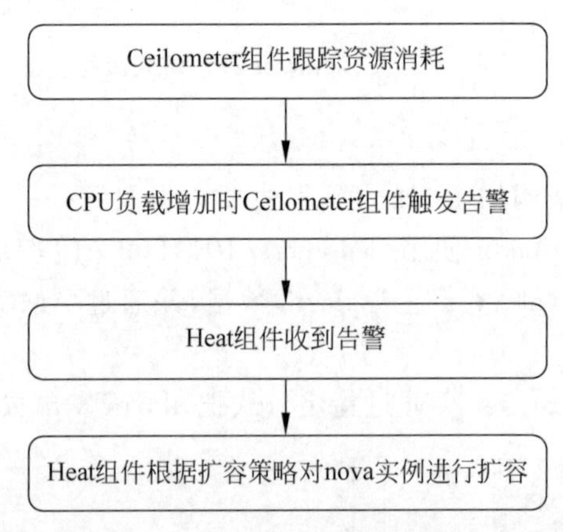

图 7-25　实例自动扩容流程

查询 resource 列表，命令如下：

```
gnocchi resource list
```

查询某种资源的 resource 列表，命令如下：

```
gnocchi resource list -- type
image/nova_compute/instance/instance_network_interface/instance_disk/… …
```

查询某个资源的详情，命令如下：

```
gnocchi measures show 839afa02 - 1668 - 4922 - a33e - 6b6ea7780715
```

查看虚拟机列表，命令如下：

```
nova list - all
```

查看虚拟机的所有 Metric 列表，命令如下：

```
gnocchi metric list | grep uuid
```

计算虚拟机的 CPU 使用率，命令如下：

```
gnocchi aggregates '( * (/ (aggregate rate:mean (metric cpu mean))\
300000000000) 100)' id = uuid
```

计算虚拟机的内存使用率，命令如下：

```
gnocchi aggregates '( * (/ (metric memory.usage mean)(metric memory mean))\
100)' id = uuid
```

计算虚拟机的网络流量资源列表，命令如下：

```
gnocchi resource list --type instance_network_interface | grep uuid
```

查看某个资源的详情，命令如下：

```
gnocchi resource show resource_id
```

查看某个 Metric 的详情，命令如下：

```
gnocchi measures show metric_id
```

当前使用 Swift 的容器，命令如下：

```
gnocchi measures show --resource-id 81930c5e-915a-447e-bd47-2d6675b84140\
--aggregation min storage.objects.containers
```

当对应账户下的容器数量大于 8 时，产生告警，命令如下：

```
ceilometer alarm-gnocchi-resources-threshold-create --name\
gnocchi_storage_objects_containers_large --description\
'storage.objects.containers' --alarm-action 'log://' --evaluation-periods\
3 --aggregation-method max --comparison-operator gt --threshold 8 -m\
storage.objects.containers --resource-type swift_account --resource-id\
81930c5e-915a-447e-bd47-2d6675b84140
```

查询告警状态，命令如下：

```
aodh alarm list
```

创建 Metric 告警，命令如下：

```
ceilometer alarm-gnocchi-aggregation-by-metrics-threshold-create --name\
metric_alarm001 --severity low --alarm-action 'log://' --granularity 60 -
```

```
- evaluation - periods 3 -- aggregation - method max -- comparison - operator gt -
- threshold 8 - m test
```

刷新告警,命令如下:

```
ceilometer alarm - gnocchi - aggregation - by - metrics - threshold - update\
bb032ca7 - f6a5 - 4374 - b654 - 9ce0c0112982 - m b733912a - eef6 - 4b08 - a92d - \
fd6441eb43e5 - m 37e5e476 - 40b1 - 4486 - ae36 - fa67e0dcec85
```

查看与该云主机相关的 Metric,命令如下:

```
gnocchi metric list | grep 3e968827 - 8f1b - 4d51 - b76e - 31dde39b34d9
```

查看计算后的数值,命令如下:

```
gnocchi measures show a89734c5 - 8e17 - 4905 - a402 - 9b739f53c42c
```

聚合计算策略表示最后数据存储到后端时是什么形态,间隔多少,保存多久,命令如下:

```
gnocchi archive - policy create - d points:60,granularity:0:01:00 - d\
points:48,granularity:0:30:00 - m mean thin4
```

points:60,granularity:0:01:00 表示只保存 60 个点,每个点间隔 1min,也就是只保存最新 1h 的数据。

points:48,granularity:0:30:00 表示只保存 48 个点,每个点间隔 30min,也就是只保存最新一天的数据。

7.8 Horizon

Horizon 可提供控制面板服务(Dashboard),Dashboard 为管理员提供了一幅图形化的接口。可以访问和管理基于云计算的资源包括计算、存储、网络等。Horizon 提供了很高的可扩展性,支持添加第三方的自定义模块,例如计费、监控和额外的管理工具,并且支持其他云计算提供商在 Dashboard 进行二次开发。

Horizon 是一个 Web 接口,通过 Apache 的 mod_uwgis 搭建,并通过 Python 模块实现与不同的 OpenStack API 进行交互,从而使云平台管理员及用户可以管理不同的 OpenStack 资源及服务。

Dashboard 是一个用于管理、控制 OpenStack 服务的 Web 控制面板,通过它可以实现绝大多数 OpenStack 的管理任务,如实例、镜像、密匙对、卷等。总结来讲,Horizon 主要有以下功能:

(1) 提供一个 Web 界面,用于操作 OpenStack 系统。

(2) 使用 Django 框架基于 OpenStack API 开发。

(3) 支持将 session 存储在 DB、Memcached 中。

(4) 支持 Region 和集群服务。

如果想要更加全面地了解该组件的功能及用法,可以查看官方文档,最新文档的访问网址为 https://docs.openstack.org/horizon/latest/。需要注意的是,版本之间存在一些差异,查看时应根据自己的需要及使用的版本进行选择。OpenStack 下面的组件都属于开源项目,Horizon 的官方网址为 https://github.com/openstack/horizon。如果对源代码感兴趣或者需要修改源代码实现特殊功能,则可以通过复制或者下载项目的源代码切换到需要的分支版本,以便查看对应的源代码及实现。

1. 基本概念

(1) 区域(Region):地理上的概念,可以理解为一个独立的数据中心,每个所定义的区域有自己独立的 Endpoint。

区域之间是完全隔离的,但多个区域之间共享同一个 Keystone 和 Dashboard(目前 OpenStack 中的 Dashboard 还不支持多个区域)。除了提供隔离的功能,区域的设计更多侧重地理位置的概念,用户可以选择离自己更近的区域来部署自己的服务,选择不同的区域主要考虑哪个区域更靠近自己,如用户在美国,可以选择离美国更近的区域。区域的概念是由 Amazon 在 AWS 中提出的,主要解决容错能力和可靠性。

可用性区域(Availability Zone,AZ)的主要作用如下:

① AZ 是在 Region 范围内的再次切分,例如可以把一个机架上的服务器划分为一个 AZ,划分 AZ 是为了提高容灾能力和提供廉价的隔离服务。

② AZ 主要通过冗余来解决可用性问题,在 Amazon 的声明中,Instance 不可用是指用户所有 AZ 中的同一个 Instance 都不可达才表明不可用。

③ AZ 是用户可见的一个概念,并可选择,是以物理方式隔离的,如果一个 AZ 不可用,则不会影响其他的 AZ,用户在创建 Instance 时可以选择创建到哪些 AZ 中。

(2) Host Aggregates:一组具有共同属性的节点集合,如以 CPU 作为区分类型的一个属性,以磁盘(SSD、SAS、SATA)作为区分类型的一个属性,以 OS(Windows、Linux)作为区分类型的一个属性。

(3) Cell:Nova 为了增加横向扩展及分布式、大规模(地理位置级别)部署的能力,同时又不增加数据库和消息中间件的复杂度,引入了 Cell 的概念,并引入了 nova-cell 服务。

Cell 主要用来解决 OpenStack 的扩展性和规模瓶颈。每个 Cell 都有自己独立的 DB 和 AMQP,不与其他模块共用 DB 和 AMQP,解决了大规模环境中 DB 和 AMQP 的瓶颈问题。Cell 实现了树形结构(通过消息路由)和分级调度(过滤算法和权重算法),Cell 之间通过 RPC 通信,解决了扩展性问题。

(4) Dashboard 日志:Dashboard 是一个 Django 的 Web 应用程序,默认运行在 Apache 服务器上,相应的运行日志也都记录在 Apache 的日志中,用户可以在/var/log/apache2/中查看。

(5) Nova 日志：OpenStack 计算服务日志位于/var/log/nova，默认权限拥有者是 Nova 用户。需要注意的是，并不是每台服务器都包含所有的日志文件，例如 nova-compute. log 仅在计算节点生成，主要日志类别如下。

nova-compute. log：虚拟机实例在启动和运行中产生的日志。

nova-network. log：关于网络状态、分配、路由和安全组的日志。

nova-manage. log：运行 nova-manage 命令时产生的日志。

nova-scheduler. log：有关调度的日志，将任务分配给节点及消息队列的相关日志。

nova-objectstore. log：与镜像相关的日志。

nova-api. log：用户与 OpenStack 交互及 OpenStack 组件间交互的消息相关日志。

nova-cert. log：nova-cert 过程的相关日志。

nova-console. log：关于 nova-console 的 VNC 服务的详细信息。

nova-consoleauth. log：关于 nova-console 服务的验证细节。

nova-dhcpbridge. log：与 dhckbridge 服务相关的网络信息。

(6) 存储日志：对象将 Swift 默认日志存储写到 syslog 中，在 Ubuntu 系统中，可以通过/var/log/syslog 查看，在其他系统中，可能位于/var/log/messages 中。块存储 Cinder 产生的日志默认存放在/var/log/cinder 目录中，主要日志类别如下。

cinder-api. log：关于 cinder-api 服务的细节。

cinder-scheduler. log：关于 Cinder 调度服务的操作细节。

cinder-volume. log：与 Cinder 卷服务相关的日志项。

(7) Keystone 日志：身份认证 Keystone 服务的日志记录在/var/log/keystone/keystone. log 中。

(8) Glance 日志：镜像服务 Glance 的日志默认存放在/var/log/glance 目录中，主要日志类别如下。

api. log：Glance API 相关的日志。

registry. log：Glance Registry 服务相关的日志。

根据日志配置的不同，会保存诸如元信息更新和访问记录信息。

(9) Neutron 日志：网络服务 Neutron 的日志默认存放在/var/log/neutron 目录中，主要日志类别如下。

dhcp-agent. log：关于 dhcp-agent 的日志。

l3-agent. log：与 l3 代理及其功能相关的日志。

metadata-agent. log：通过 Neutron 代理给 Nova 元数据服务的相关日志。

openvswitch-agent. log：与 Open vSwitch 相关操作的日志项，在具体实现 OpenStack 网络时，如果使用了不同的插件，就会有相应的日志文件名。

server. log：与 Neutron API 服务相关的日志。

(10) 日志的格式，OpenStack 的日志格式都是统一的，格式如下：

<时间戳><日志等级><代码模块><日志内容><源代码位置>

具体含义如下。

时间戳：日志记录的时间，包括年、月、日、时、分、秒、毫秒。

日志等级：分为 INFO、WARNING、ERROR、DEBUG 等。

代码模块：当前运行的模块。

Request ID：日志会记录连续不同的操作，为了便于区分和增加可读性，每个操作都被分配唯一的 Request ID，便于查找。

日志内容：这是日志的主体，记录当前正在执行的操作和结果等重要信息。

源代码位置：日志代码的位置，包括方法名称、源代码文件的目录位置和行号，这一项不是所有日志都有。

Dashbord 的功能及特性可以通过配置文件/etc/openstack-dashboard/local_settings 进行配置。

2. 交互流程

Horizon 组件服务架构如图 7-26 所示。

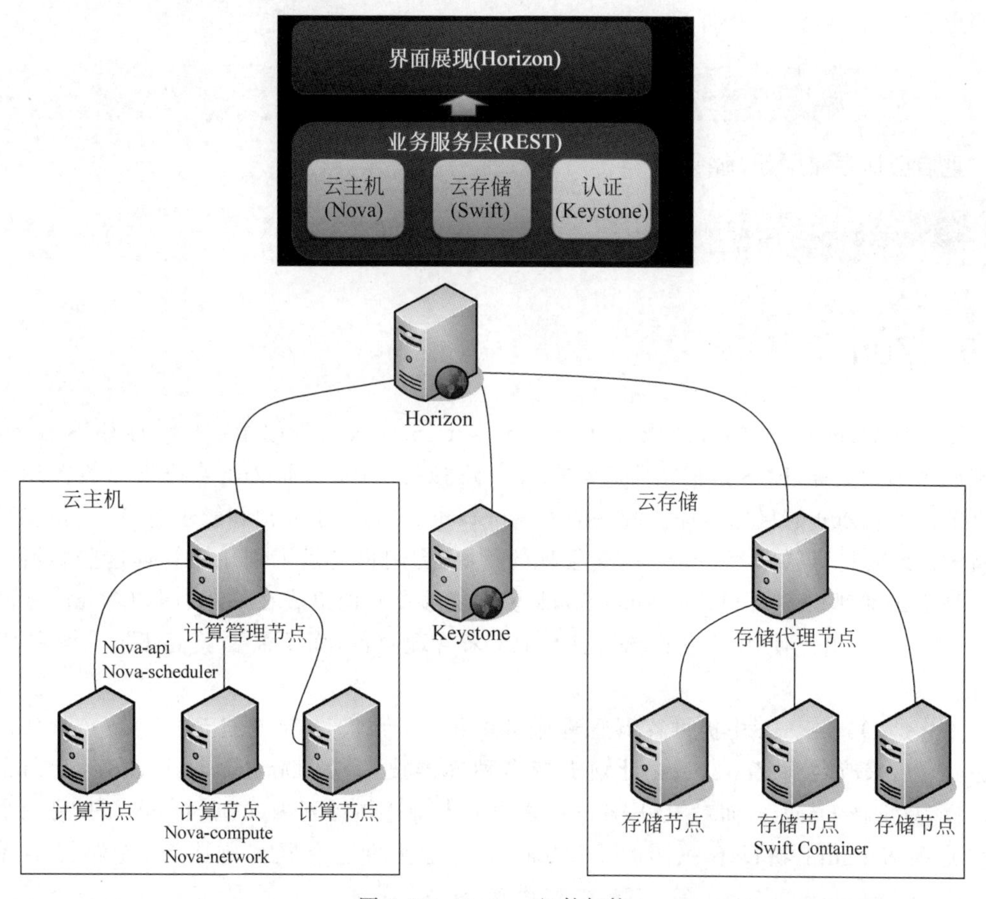

图 7-26 Horizon 组件架构

请求流程如下：

(1) 用户在浏览器访问 Horizon 服务，输入用户账号、密码。

(2) Horizon 后端通过输入的账号和密码到 Keystone 进行验证，获取授权 Token。

(3) 授权成功后，重定向到 Horizon 的 Project 页面。

(4) 在 Project 页面，用户可以对云主机、云存储、网络等资源进行增、删、查、改操作。

(5) 针对每种资源的操作，Horizon 通过对应资源的 URL 和 Keystone 授权的 Token 进行 API 请求对应的组件服务，并把操作结果进行展示。

(6) 通过轮询的方式请求 OpenStack 每种组件服务对应的资源状态，并在前端页面上刷新展示。

相对于其他组件来讲，Horizon 组件简单一些，它甚至可以不需要数据库，只是考虑到 session(会话)等中间状态的保存，以便有更好的用户体验，一般采用 Memcached 非关系型数据库对相关状态进行保存。

3. 常用操作

重启 Web 服务，命令如下：

```
systemctl restart httpd
```

重启会话存储服务，命令如下：

```
systemctl restart Memcached
```

7.9 Zun

Zun 是 OpenStack 的容器服务(Containers as Service)，类似于 AWS 的 ECS 服务，但实现原理不太一样，ECS 是把容器启动在 EC2 虚拟机实例上，而 Zun 会把容器直接运行在计算节点上。Zun 的目标是提供统一的 OpenStack API，用于启动和管理容器，支持多种容器技术。Zun 将容器作为 OpenStack 管理的资源，为用户提供了创建和管理这些容器的接口。被 Zun 管理的容器和其他 OpenStack 资源能够良好地集成在一起，例如 Neutron 网络和 Cinder 卷。用户使用统一的、简化的 API 来管理容器，而不需要关心不同容器技术的差异。

Zun 是 OpenStack 中提供容器管理服务的组件，于 2016 年 6 月建立。Zun 原来称为 Higgins，后来改名为 Zun。Zun 计划支持多种容器技术，如 Docker、Rkt、Clear Container 等，目前只支持 Docker，而对 Kubernetes 之类的支持还在计划中。和 OpenStack 另一个容器相关的 Magnum 项目不一样的是：Magnum 提供的是容器编排服务，能够提供弹性 Kubernetes、Swarm、Mesos 等容器基础设施服务，管理的单元是 Kubernetes、Swarm、Mesos 集群，而 Zun 提供的是原生容器服务，支持不同的 runtime，如 Docker、Clear

Container 等，管理的单元是 Container。

Zun 除了管理容器外，还引入了 capsule 的概念，capsule 类似于 Kubernetes 的 pod，一个 capsule 可包含多个 Container，这些 Container 共享 Network、IPC、PID Namespace 等。Zun 在 OpenStack 项目中负责提供容器服务，旨在通过与 Neutron、Cinder、Keystone 及其他核心 OpenStack 服务相集成以实现容器的快速普及。通过这种方式，OpenStack 的原有网络、存储及身份验证工具将全部适用于容器体系，从而确保容器能够满足安全性与合规性要求。

功能类似体现在以下几点：

(1) 通过 Neutron 提供网络服务。

(2) 通过 Cinder 实现数据的持久化存储。

(3) 都支持使用 Glance 存储镜像。

(4) 其他功能，如 quota、安全组等。

(5) 提供接近原生 Docker 的容器创建、管理功能。

如果想要更加全面地了解该组件的功能及用法，可以查看官方文档，最新文档的访问网址为 https://docs.openstack.org/zun/latest/。需要注意的是，版本之间存在一些差异，查看时应根据自己的需要及使用的版本进行选择。OpenStack 下面的组件都属于开源项目，Zun 的官方网址为 https://github.com/openstack/zun。如果对源代码感兴趣或者需要修改源代码实现特殊功能，则可以通过复制或者下载项目的源代码切换到需要的分支版本，以便查看对应的源代码及实现。

1. 基本概念

Zun 的目标是提供统一的 OpenStack API 用于启动和管理容器，支持多种容器技术，例如 Docker、Rkt、Clear Container、Kata Container 及用户自定义的容器技术。由于容器技术的火热，Zun 得以在 OpenStack 中迅速发展，通过与 Keystone、Neutron、Cinder、Glance 及其他核心的 OpenStack 组件集成，实现容器的网络、持久化存储等功能。OpenStack 架构中的网络、存储及身份验证工具全部适用于容器体系，从而确保容器能够满足安全性与合规性要求。

Zun 组件服务的架构如图 7-27 所示。

Zun 集成了多个 OpenStack 服务，其中 Keystone、Neutron、Kuryr-libnetwork 是运行 Zun 所需的服务，它们分别为 Zun 提供认证、网络、Neutron 网络与 Docker 网络之间的连接。集成 OpenStack 服务的优点在于，可以借助于 OpenStack 已存在的功能来扩展容器功能。

例如 Zun 容器可以使用 Neutron 分配 IP 地址，可以在 Nova 实例所在的隔离网络环境中创建容器，实现虚拟机和容器的单网络平面部署。虚拟机的网络安全组，也适用于 Zun 容器。在实际的业务场景中，通常需要对运营数据进行持久化存储，Zun 通过与 OpenStack Cinder 集成解决这个问题。创建容器时，用户可以选择将 Cinder 卷挂载给容器。Cinder 卷可以是租户中的现有卷或新创建的卷。每个卷将被绑定到容器文件系统路径中，并且存储

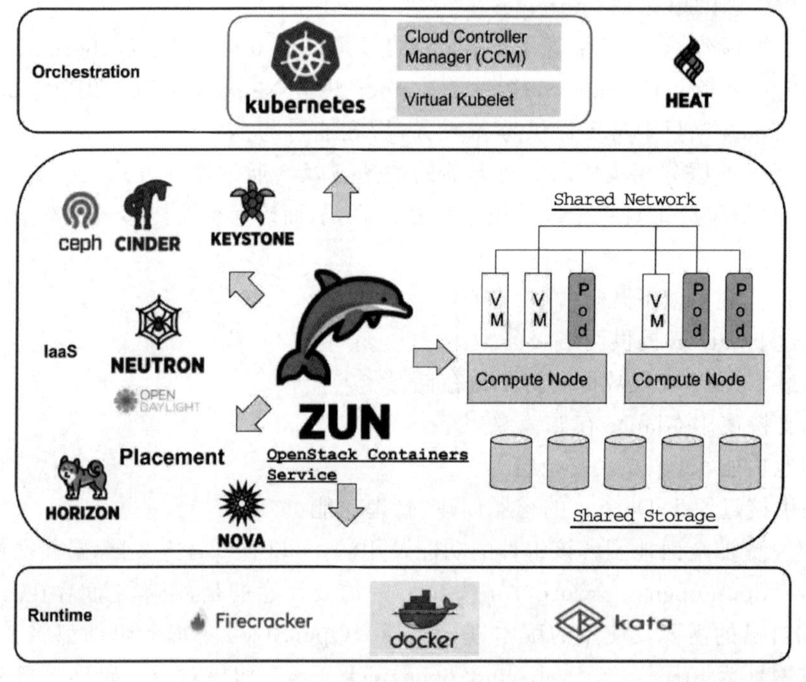

图 7-27 Zun 组件架构

在该路径下的数据将被持久化。

在 Orchestration 方面，与其他提供内置编排的容器平台不同，Zun 使用外部编排系统实现此目标，例如 Heat 与 Kubernetes。通过外部协调工具，最终用户可以使用该工具提供的 DSL 定义他们的容器化应用程序。

Zun 实现与 Glance、Neutron、Cinder 等组件的集成，但并不实现对容器编排引擎(Container Orchestration Engines)的部署调度。综上，Zun 提供了一种 OpenStack＋容器的解决方案，不仅将多个 OpenStack 服务与容器技术有效地结合到一起，提高了 OpenStack 管理容器的能力，而且简化了容器的使用，扩展了容器的功能。

Zun 组件的服务关系如图 7-28 所示。

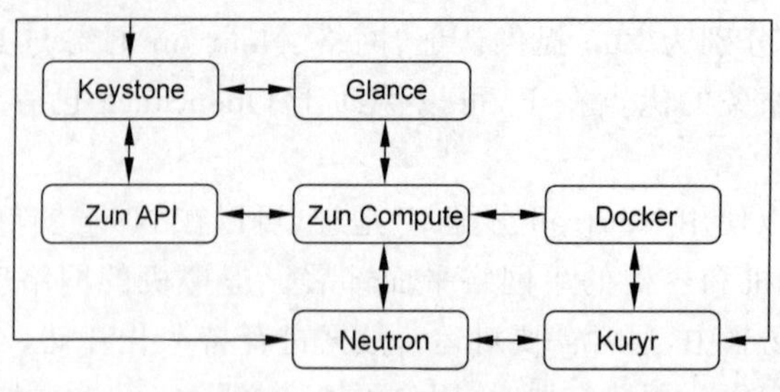

图 7-28 Zun 组件的服务关系

Zun API：处理 REST 请求并确认输入参数。

Zun Compute：启动容器并调度计算资源。

Keystone：认证系统。

Neutron：提供容器网络。

Glance：用于存储 Docker 镜像(另一种选择是使用 DockerHub)。

Kuryr：用于连接容器网络和 OpenStack Neutron 的一种插件，Kuryr 被分成两个子项目，kuryr-network 用于实现 CNM 接口，主要为支持原生的 Docker，而 kury-kubernetes 则用于实现 CNI 接口，主要为支持 Kubernetes，Kubernetes Service 还集成了 Neutron LBaa。

Cinder：提供容器数据卷，用于持久化存储。

Placement：统一的资源管理，例如资源的类型、记录、分配、消费等。也就是说 OpenStack 中的虚拟机、裸机、容器实例既存在资源共享，也存在资源竞争。

Horizon：官方的界面管理，zun-ui 作为其插件将容器操作集成到界面中。

Zun 主要由 zun-api 和 zun-compute 服务组成，zun-api 主要负责接收用户请求、参数校验、资源准备等工作，而 zun-compute 则真正负责容器的管理。Nova 的后端通过 compute_driver 配置，而 Zun 的后端则通过 container_driver 配置，目前只实现了 DockerDriver，因此调用 Zun 创建容器，最终就是 zun-compute 调用 Docker 创建容器。容器则可以通过 Websocket 接口实现远程交互访问。负责 Container 的 Websocket 转发的进程为 zun-wsproxy，zun-wsproxy 则可读取 Container 的 websocket_url 作为目标端进行转发。Zun 通过 Cinder 实现 Container 的持久化存储，把 Cinder Volume 挂载到物理机中。

Zun 创建容器，使用的就是 Neutron 网络，意味着容器和虚拟机完全等同地共享 Neutron 网络服务，虚拟机网络具有的功能，容器也能实现，例如多租户隔离、Floating IP、安全组、防火墙等。Docker 使用的是 Kuryr 网络插件，Zun 使用的是原生的 Docker，因此使用的是 kuryr-network 项目，实现的是 CNM 接口，通过 Remote Driver 的形式注册到 Docker Libnetwork 中，Docker 会自动向插件指定的 Socket 地址发送 HTTP 请求进行网络操作。

Zun 服务部署和 Nova、Cinder 部署模式类似，控制节点创建数据库、Keystone 创建 Service 及注册 Endpoints 等，最后安装相关包及初始化配置。计算节点除了安装 zun-compute 服务，还需要安装要使用的容器，例如 Docker。安装 Zun 服务之后，可以通过 zun 命令行及 Dashboard 创建和管理容器。Dashboard 支持 Cloud Shell，用户能够在 Dashboard 中交互式地输入 OpenStack 命令。原理就是通过 Zun 启动了一个 gbraad/openstack-client:alpine 容器。

对容器的一些基本操作包括更新、停止、重启、暂停、执行命令、删除等。Zun 的操作和 Docker 的操作基本一致，使用起来和原生 Docker 容器没有区别，并且现在可以和 OpenStack 的资源良好地结合在一起，统一管理，提高了 OpenStack 容器管理的灵活度。Virtual-kubelet 项目可以完成 Kubelet 到 Zun 的转换，需要在 virtual-kubelet 项目里注册 Zun 的 driver。

2. 交互流程

Zun 组件创建容器,组件交互流程如图 7-29 所示。

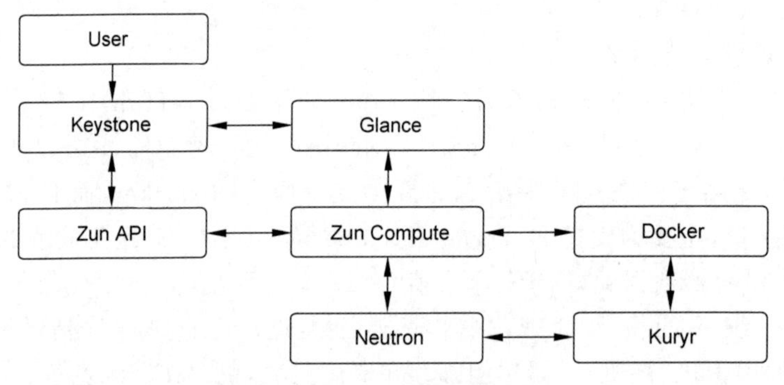

图 7-29　Zun 组件交互流程

主要的流程和步骤如下:

(1) policy 的检测。

(2) 安全组是否符合,去掉重复的,然后根据名字获取对应 ID。

(3) 检查 quotas。

(4) 设置运行时环境和主机名。

(5) 检查网络参数是否正确,只是检查,不进行任何修改操作。

(6) 检查心跳机制。

(7) 检查 CPU 内存分配,以及驱动等信息。

(8) 如果没有分配安全组或者其他的,则默认没有安全组策略。如果绑定端口 exposr-port,则自动创建一个安全组策略,也可以指定一个现有的安全组策略。

(9) 检查 volume,如果传入了 volume 的 id,检查是否合法,否则创建一个新的。这里如果想要持久化存储,就预先创建一个 volume,然后传入 id,这样删除容器时 volume 不会一起被删除。

下面以创建一个 container 为例,结合其内部原理及方法,简述其过程。

创建容器请求入口从 zun-api 开始,主要代码实现在 zun/api/controllers/v1/containers. py 及 zun/compute/api. py 文件中,创建容器的入口为 post()方法,zun-compute 负责 container 的创建,代码位于 zun/compute/manager. py 文件中,其调用过程如下。

(1) policy enforce:检查 policy,验证用户是否具有创建容器时对 API 进行调用的权限。

(2) check security group:检查安全组是否存在,根据传递的名称返回安全组的 ID。

(3) check container quotas:检查 quota 配额。

(4) build requested network:检查网络配置,例如 port 是否存在、network id 是否合法,最后构建内部的 network 对象模型字典。注意,这一步只检查并没有创建 port。

(5) create container object:根据传递的参数,构造 container 对象模型。

(6) build requeted volumes：检查 volume 配置，如果传递的是 volume id，则检查该 volume 是否存在；如果没有传递 volume id 但指定了 size，则调用 Cinder API 创建新的 volume。

(7) schedule container：使用 FilterScheduler 调度 container，返回宿主机的 host 对象。这和 nova-scheduler 非常类似，只是将 Zun 集成到 zun-api 中了。目前支持的 filters 包括 CPUFilter、RamFilter、LabelFilter、ComputeFilter、RuntimeFilter 等。

(8) image validation：检查镜像是否存在，这里会远程调用 zun-compute 的 image_search()方法，其实就是调用 docker search。这里主要为了实现快速失败，避免到了 compute 节点才发现 image 不合法。

(9) record action：和 Nova 的 record action 一样，用于记录 container 的操作日志。

(10) rpc cast container_create：远程异步调用 zun-compute 的 container_create()方法，zun-api 任务结束。

(11) wait for volumes available：等待 volume 创建完成，状态变为 available。

(12) attach volumes：挂载 volumes，挂载过程后面再介绍。

(13) checksupportdisk_quota：如果使用本地磁盘，则检查本地的 quota 配额。

(14) pull or load image：调用 Docker 拉取或者加载镜像。

(15) 创建 docker network、创建 neutron port。

(16) create container：调用 Docker 创建容器。

(17) container start：调用 Docker 启动容器。

到此一个完整容器创建及启动流程完成，以上调用 Dokcer 拉取镜像、创建容器、启动容器的代码位于 zun/container/docker/driver. py 文件中，该模块基本是对社区 Docker SDK for Python 的封装。

3. 常用操作

创建容器，命令如下：

```
openstack appcontainer run --name container --net network=$NET_ID cirros ping 8.8.8.8
```

查看容器列表，命令如下：

```
openstack appcontainer list
```

执行 sh 命令，命令如下：

```
openstack appcontainer exec --interactive container /bin/sh
```

验证网络，命令如下：

```
ping -c 4 openstack.org;exit
```

停止容器，命令如下：

```
openstack appcontainer stop container
```

删除容器，命令如下：

```
openstack appcontainer delete container
```

7.10 Other

1. 组件服务

OpenStack 的组件非常丰富，除了上面介绍的重要组件，还有很多种组件服务。在进行项目开发时，可根据系统的功能和业务的需要进行技术选型，确定需要的组件。主要组件的介绍如下：

Ironic：提供物理机的添加、删除、电源管理和安装部署等功能；

Trove：为虚拟机镜像提供注册服务，使用 Nova 启动数据库实例；依附虚拟机实例，提供数据存储、操作和管理，可以将数据库实例备份到 Swift 中；

Heat：可以编排 Cinder、Neutron、Nova、Glance 的各种资源。

Sahara：通过 Heat 编排集群配置，在 Swift 中保存数据或二进制文件；将任务分派给虚拟机实例处理，通过 Nova 运行数据处理实例，在 Glance 中注册 Hadoop 镜像。

Key Manager Service (barbican)：密钥管理服务。提供秘密数据的安全存储、配置和管理。包括对称密钥、非对称密钥、证书和原始二进制数据。

Resource Reservation Service (blazar)：资源预订服务，在一定时间内保留资源不被使用。

Rating Service (cloudkitty)：评级服务，针对资源的使用提供计费、评级服务，但是未实现汇率转换、限制资源。

Governance Service (congress)：治理服务，提供某种方式自动化管理 OpenStack 资源。例如为所有连接互联网的虚拟机的每个端口分配某个安全组。

Orchestration Service (heat)：编排服务，可以按照预定的规则创建 OpenStack 资源。例如创建一个虚拟机，使用什么安全组，安全组配置哪些规则，以及虚拟机执行什么脚本之类。

Bare Metal Service (ironic)：裸金属服务，意义在于管理物理服务器(电源管理、添加、删除等)。裸金属服务区别于虚拟机，虚拟机可以共享计算节点的资源，裸金属服务可以直接提供物理服务器资源。

Data Protection Orchestration Service (karbor)：数据保护编排服务，保护 OpenStack 资源(虚拟机、卷、镜像、租户、网络等)的数据和元数据。保护手段包括备份、恢复等。

Container Infrastructure Management service (magnum)：容器集群部署服务，目前

magnum 项目专注于部署容器集群(Swarm、Kubernetes)。

Shared File Systems Service (manila):共享文件系统服务,提供云上的文件共享,支持CIFS 协议和 NFS 协议。

Workflow Service (mistral):工作流服务,可以帮助自动地完成某些任务。例如定时地对所有虚拟机的内核进行升级操作。区别于 congress 服务,congress 针对的是限制 OpenStack 资源处于某种状态。

Application Catalog Service (murano):应用目录服务,实现服务与应用程序的一键发布、快速部署和生命周期管理,类似于应用中心。

Load-balancer Service (octavia):负载均衡服务,可以对虚拟机中的服务建立负载均衡器。例如两个虚拟机提供同样的服务,可以通过此组件负载这两个虚拟机中的服务,包含健康检查等一系列功能。过去的负载均衡通过 neutron-lbaas 实现,现在先将负载均衡服务剥离出来,然后通过 octavia 实现。

Function as a Service for OpenStack (qinling):方法即服务,上传代码即可运行,无须关心后端环境。

Data Processing Service (sahara):数据处理服务,创建和管理 Hadoop 及其他计算框架集群。

Clustering Service (senlin):集群服务,创建和管理多个云资源集群服务。

Software Development Lifecycle Automation Service (solum):软件开发生命周期自动化服务,类似于 CI/CD。

NFV Orchestration Service (tacker):NFV 编排服务,NFV(网络功能虚拟化,Network Function Virtualization,也可叫作 VNF),主要利用通用 x86 硬件平台和标准的 IT 虚拟化技术来做软硬件解耦合和功能抽象。NFV 是具体设备的虚拟化,编排则是应用生命周期管理,例如部署、更新。

Networking Automation Across Neutron Service (tricircle):Neutron 服务的网络自动化,可以将不同区域的 Neutron 统一起来。例如多个私有云,通过此组件实现多个私有云 Neutron 组件的覆盖。

Database Service (trove):数据库服务,可快速轻松地部署和管理各种数据库。为用户在 OpenStack 的环境提供可扩展和可靠的关系型和非关系型数据库引擎服务。主要目的是帮助用户在复杂管理时进行资源的隔离,方便进行自动化的管理操作。用户可以根据需要创建多个数据库。

Infrastructure Optimization Service (watcher):基础设施优化服务,例如自动计算负载,通过虚拟机的热迁移让 OpenStack 计算资源更加均衡。

Messaging Service (zaqar):消息服务,区别于传统消息队列。消息队列常用于 RPC,远程调用方法。zaqar 可以通过 RESTful、Websocket 长链接传递消息,是 OpenStack 的消息和通知服务。

2. 组件比较

1）容器组件比较

Magnum 是 OpenStack 中一个提供容器集群部署的服务，是一个 PaaS 层的 OpenStack 项目。Magnum 使用 Heat 部署一个包含 Docker 和 Kubernetes 的操作系统镜像，让容器集群运行在虚拟机（Virtual Machine）或者裸机（Bare Metal）中。Magnum 项目创建之初，项目目标以 CaaS 为宗旨，即容器即服务，但在后续的发展过程中，社区更倾向于分离容器的集群部署功能和 Docker 容器集群的管理功能，因此 Magnum 重新修改了项目目标，Magnum 本身专注于容器的集群部署功能。Zun 和 Magnum 的差异在于 Zun 的目标是提供管理容器的 API，而 Magnum 提供部署和管理容器编排引擎（COE）的 API。

2）存储组件比较

最后，对 OpenStack 中 3 种带有存储特性的组件进行总结和说明。OpenStack 中 Cinder、Swift、Glance 都带有存储的特性，它们的区别和应用场景主要如下：

Swift 用于提供对象存储（Object Storage），在概念上类似于 Amazon S3 服务，不过 Swift 具有很强的扩展性、冗余和持久性，也兼容 S3 API。

Glance 用于提供虚拟机镜像（Image）存储和管理，包括很多与 Amazon AMI Catalog 相似的功能。Glance 的后台数据从最初的实践来看存放在 Swift。

Cinder 用于提供块存储（Block Storage），类似于 Amazon 的 EBS 块存储服务，目前仅供虚拟机挂载使用。

Amazon 一直是 OpenStack 设计之初的假想对手和挑战对象，所以关键的功能模块都有对应项目。除了上面提到的 3 个组件，对于 AWS 中重要的 EC2 服务，在 OpenStack 中用 Nova 来对应，并且保持和 EC2 API 的兼容性，有不同的方法可以实现。

在这 3 个组件中，Glance 主要是虚拟机镜像的管理，所以相对简单；Swift 作为对象存储已经很成熟，连 CloudStack 也支持它。Cinder 是新出现的块存储，设计理念不错，并且和商业存储有结合的机会，所以厂商比较积极。

（1）Swift 的主要应用。

① 网盘存储。

Swift 的对称分布式架构和多 proxy 多节点的设计导致它从基因里就适合于多用户高并发的应用模式，最典型的应用莫过于类似 Dropbox 的网盘应用，Dropbox 已经突破一亿用户数，对于这种规模的访问，良好的架构设计是根本原因。

Swift 的对称架构使数据节点从逻辑上看处于同级别，每台节点上同时都具有数据和相关的元数据，并且元数据的核心数据结构使用的是哈希环，一致性哈希算法对于节点的增减都只需重定位环空间中的一小部分数据，具有较好的容错性和可扩展性。另外，数据是无状态的，每个数据在磁盘上都被完整地存储。这几点综合起来保证了存储本身的良好扩展性。

与应用的结合上，Swift 是基于 HTTP 传输的，这使应用和存储的交互变得简单，不需要考虑底层基础构架的细节，应用软件不需要进行任何修改就可以让系统整体上进行非常大的扩展。

② IaaS公有云。

Swift在设计中的线性扩展、高并发和多租户支持等特性使它非常适合作为IaaS公有云,公有云规模较大,会更多地遇到大量虚拟机并发启动的情况,所以对于虚拟机镜像的后台存储来讲,实际上的挑战在于大数据(超过GB)的并发读性能,Swift在OpenStack中一开始就作为镜像库的后台存储,经过RackSpace上千台机器的部署规模下的数年实践,Swift已经被证明是一个成熟的选择。

另外,如果基于IaaS提供上层的SaaS服务,则多租户是一个不可避免的问题,Swift的架构设计本身就支持多租户,这样对接起来更方便。

③ 备份归档。

RackSpace的主营业务是数据的备份归档,所以Swift在这个领域也是久经考验,同时还延展出一种新业务——“热归档”。由于长尾效应,数据可能被调用的时间窗越来越长,热归档能够保证应用归档数据在分钟级别重新获取,和传统磁带机归档方案中的数小时相比是一个很大的进步。

④ 移动互联网和CDN。

移动互联网和手机游戏等会产生大量用户数据,虽然每个用户的数据量不是很大,但是用户数很多,这也是Swift能够处理的领域。

至于CDN,如果使用Swift,云存储就可以直接响应移动设备,不需要专门的服务器去响应这个HTTP请求,也不需要在数据传输中再经过移动设备上的文件系统,而是直接用HTTP协议上传到云端。如果把经常被平台访问的数据缓存起来,利用一定的优化机制,数据则可以从不同的地点分发到用户那里,这样就能提高访问速度,Swift的开发社区在讨论视频网站应用和Swift相结合的可能性,这是一个值得关注的方向。

(2) Glance的主要应用。

Glance比较简单,是一个虚拟机镜像的存储。向前端Nova(或者安装了Glance-client的其他虚拟管理平台)提供镜像服务,包括存储、查询和检索。这个模块本身不存储大量的数据,需要挂载后台存储来存放实际的镜像数据。

Glance主要包括下面几部分。

① API Service: glance-api主要用来接收Nova的各种API调用请求,将请求放入RBMQ交由后台处理。

② Glacne-registry用来和MySQL数据库进行交互、存储或者获取镜像的元数据,注意,刚才在Swift中提到,Swift在自己的Storage Server中是不保存元数据的,此处的元数据是指保存在MySQL数据库中的关于镜像的一些信息,这个元数据是属于Glance的。

③ Image Store: 后台存储接口,通过它获取镜像,后台挂载的默认存储是Swift,但同时也支持Amazon S3等其他镜像。

Glance从某种角度上看起来有点像虚拟存储,也提供API,可以实现比较完整的镜像管理功能,所以理论上其他云平台也可以使用它。

(3) Cinder 的主要应用。

OpenStack 在 F 版本有比较大的改变，其中之一就是将之前在 Nova 中的部分持久性块存储功能(Nova-Volume)分离了出来，独立为新的组件 Cinder。它通过整合后端多种存储，用 API 为外界提供块存储服务，主要核心是对卷的管理，允许对卷、卷的类型、卷的快照进行处理。

Cinder 包含以下 3 个主要组成部分。

① API Service：Cinder-api 是主要服务接口，负责接收和处理外界的 API 请求，并将请求放入 RabbitMQ 队列，交由后端执行。Cinder 目前提供 Volume API v2。

② Scheduler Service：处理任务队列的任务，并根据预定策略选择合适的 Volume Service 节点执行任务。目前版本的 Cinder 仅仅提供了一个 Simple Scheduler，该调度器选择卷数量最少的一个活跃节点创建卷。

③ Volume Service：该服务运行在存储节点上，用来管理存储空间，并处理 Cinder 数据库的维护状态的读写请求，通过消息队列可直接在块存储设备或软件上与其他进程交互。每个存储节点都有一个 Volume Service，若干个这样的存储节点联合起来就可以构成一个存储资源池。

Cinder 通过添加不同厂商的指定驱动来支持不同类型和型号的存储。目前支持的商业存储设备有 EMC 和 IBM 中的几款，也能通过 LVM 支持本地存储和通过 NFS 协议支持 NAS 存储，所以 Netapp 的 NAS 应该也没问题，好像华为也在努力中。前段时间在 Cinder 的 blueprints 看到 IBM 的 GPFS 分布式文件系统可能在以后的版本会被添加进来。到目前为止，Cinder 主要和 OpenStack 的 Nova 进行交互，为之提供虚拟机实例所需要的卷，但是理论上也可以单独向外界提供块存储。

在部署上，可以把 3 个服务部署在一台服务器上，也可以独立部署到不同物理节点。OpenStack 经过很多年的发展，变得越来越庞大。对象存储、镜像存储和块存储的设计也是为了满足更多不同的需求，体现出开源项目灵活快速的特性。总的来讲，当选择一套存储系统时，如果考虑到将来会被多个应用所共同使用，则应该视为长期的决策。OpenStack 作为一个开放的系统，最主要是解决软硬件供应商锁定的问题，可以随时选择新的硬件供应商，将新的硬件和已有的硬件组成混合的集群，进行统一管理，当然也可以替换软件技术服务提供商，不用修改应用，这是开源的优势。

第8章 实战项目分析及技术选型

随着云计算的发展，很多企业和市政单位逐步实现资源的云化。本章就以一个企业实现办公云计算机为例进行分析。该项目主要是为了满足云上办公，提高办公效率，例如统一安装某些办公软件、资源高度共享，不同类型的操作系统可以按需创建，灵活的权限管理和网络管理，实现云盘资源与虚拟计算机的无缝挂载衔接，基于虚拟机和容器的服务能够便捷地部署和访问，整合硬件资源，按需规划和使用资源，节约办公设备成本。

8.1 业务需求

为了更好地满足企业日益变化的应用部署，以及不同操作系统和应用容器镜像的部署，减少搭建部署环境的时间，提升物理服务器资源的利用率，故设计一套云环境系统满足基于模板和镜像来创建虚拟机和容器的需要。

主要业务需求如下：

(1) 支持多用户使用，不同用户之间资源相互隔离。

(2) 在进入云环境后，支持部署不同类型的虚拟机和不同类型的Docker容器镜像。

(3) 在进入云环境后，支持上传主流格式的虚拟机镜像和Docker容器镜像。

(4) 在进入云环境后，支持创建个人私有卷并上传个人文档。

(5) 在部署虚拟机或者Docker容器后，支持对虚拟机和Docker容器进行启动、停止、重启、删除、查看详情等操作。

(6) 在部署虚拟机或者Docker容器后，支持远程连接进入虚拟机或者Docker容器内进行操作。

(7) 支持对虚拟机和应用容器镜像的物理主机资源进行实时统计，包括CPU、内存、硬盘等资源的统计。

(8) 支持按用户对虚拟机的CPU使用率、内存使用率、流量使用情况等进行统计。

(9) 支持上传公共资源文件，此类文件所有用户可见，并能下载使用，上传者和超级管理只对资源有编辑、删除等权限。

(10) 考虑安全性，虚拟机和应用容器不能从内部访问物理主机，即不能访问管理网；

虚拟机和应用容器可以访问的网络为外部网,需要隔离为独立的网段;远程连接到虚拟机和应用容器的网络为远控网,需要隔离为独立的网段;同一个用户下的虚拟机或应用容器之间数据交互的网络为数据网,需要隔离为独立的网段。

(11) 云计算环境系统的部署支持弹性部署,满足不同场景下不同物理主机的部署使用,除了满足多物理节点的部署,还应该满足最少3个物理节点的部署。

(12) 系统具有一定的扩展性,可以与其他的系统进行对接,可以定制一些其他的业务逻辑,从而提升用户体验。

8.2 功能分析

为了实现8.1节的业务需求,需要对业务需求进行功能分析并细化,转化为不同的功能点,使用不同的技术实现。

(1) 针对业务需求(1),其主要功能是多个不同系统可以登录同一系统进行使用,不同用户使用的网络、虚拟机、存储、密钥对、应用容器等资源相互隔离,可以采用OpenStack下的Keystone组件进行实现。

(2) 针对业务需求(2),要求能够部署不同类型的虚拟机和不同类型的Docker容器镜像。也就是说,需要支持Windows系统类别、Linux系统类别、Docker容器等镜像的部署,目前OpenStack下支持虚拟机部署的组件是Nova,支持Docker容器部署的组件有Zun、Magnum等。考虑对容器的操作更加接近原生Docker的操作,选择Zun组件实现更好。

(3) 针对业务需求(3),主要实现对虚拟机和应用容器镜像的保存,OpenStack下的Glance组件可以实现对镜像的保存、下载、关联等。

(4) 针对业务需求(4),用户登录系统后,可以上传私有的文件进行保存,即需要一块可以保存数据的存储空间,考虑跟虚拟机进行挂载更方便些,OpenStack下的Cinder组件可以实现个人私有卷功能,实现文件的上传、下载、挂载等功能。

(5) 针对业务需求(5),主要实现对虚拟机和应用容器的常规操作,目前这些功能可由OpenStack下的Nova组件和Zun组件所提供的相应接口实现。

(6) 针对业务需求(6),需要实现对虚拟机和应用容器的远程连接,OpenStack下的Nova组件中有proxy模块,支持RDP、Spice、VNC等协议的实现,OpenStack下的Zun组件中的wsproxy模块支持Websocket协议等的实现。

(7) 针对业务需求(7),支持对虚拟机和应用容器镜像的物理主机资源进行实时统计,包括对CPU、内存、硬盘等资源的统计,OpenStack下的Placement组件可以周期性地收集物理主机的资源使用情况,Nova组件和Zun组件也提供了接口去查询Placement组件上报的资源情况。

(8) 针对业务需求(8),按照用户进行历史资源统计,主要包括对CPU使用率、内存使用率、流量使用情况等进行统计,可以使用OpenStack下的Telemetry组件实现,主要通过

Telemetry 组件下的 Ceilometer 采集数据，Gnocchi 按照时间序列保存数据，Panko 保存事件数据，Aodh 基于计量和事件数据提供告警通知。

(9) 针对业务需求(9)，需要实现文件的上传、下载、删除等操作，也就是文件存储功能，并且可以共享给其他人，可以使用 OpenStack 下的 Swift 组件或者 Ceph 组件实现，两种组件各有优势，但都能满足基本的文件存储功能。

(10) 针对业务需求(10)，考虑网络的安全性，要实现管理网、外部网、数据网、远控网的划分，每种网络之间进行网络隔离，服务器至少需要 4 块网卡，可以使用 OpenStack 下的 Neutron 组件实现，划分不同的网段，并实现不同网络的隔离，还需要结合交换机的使用，划分不同的网段和 VLAN。

(11) 针对业务需求(11)，要满足大型和小型云计算环境的部署，根据物理服务器数量的多少进行灵活部署，可以通过把 OpenStack 组件分别安装到不同物理服务器实现，以及结合实际情况决定是否需要通过 HA 进行部署。

(12) 针对业务需求(12)，考虑业务需求需要有定制性，因此需要开发一个 Web 管理系统，实现业务系统的其他逻辑，并调用 OpenStack 相关组件的 API 实现其虚拟机和应用容器的操作和管理，因为 OpenStack 下的组件基本上使用 Python 语言开发，所以可以选择 Python 语言进行业务 Web 系统的开发。例如，可以使用 Tornado、Django、Flask 等常用 Web 架构，并结合 MySQL、Redis、MQ、ES 进行数据存储和异步任务的执行。Web 系统的开发与架构不是本书的重点，这里不进行详细介绍。考虑开发的便捷性，可以把相关的组件状态和应用显示在界面上供开发者查看和调试，可以使用 OpenStack 下的 Horizon 组件实现，原生支持整合并展示 OpenStack 下其他组件的状态和使用情况，可以通过界面查看或管理虚拟机、应用容器、对象存储、网络、用户信息等各种详细的资源。

通过对业务需求的分析，了解需要实现的功能及可以采用的技术，对业务需求有了大致的了解才能从总体上把握技术的选型，上面虽然是从每个业务需求进行了分析，但是在实际项目中，需要先对整个项目的业务做一个了解，确定核心功能，才能决定大的技术方向，结合业务的具体功能来确定技术栈。技术选型非常重要，尤其是大型的项目，例如业务复杂一些或者技术前沿一些的项目，不仅考验开发者对业务需求的理解，也考验开发者对技术领域掌握的广度和深度，需要不断积累、学习及实践，这样才能在项目技术选型和搭建项目架构时游刃有余。

8.3　组件选择

OpenStack 发展到现在已经有很多个版本，每年都会发布新版本，发布的版本信息可以访问网址 https://releases.openstack.org/查看，最新的版本已经更新到 X 版本。作为企业项目的开发，除了考虑所选择的版本要支持业务需求的实现，还要考虑版本的稳定性，一般情况下不宜选择最新的版本，除非团队中有一些该领域技术资深的人员。结合版本支持的组件功能，以及很多大型云计算团队的实践经验，目前推荐选择 OpenStack 的 T 版本。此版本性能稳定，并且涵盖绝大部分功能组件，当然也有不足，即发展时间比较短的组件（如 Zun 组件）在 T 版本中有一些功能没有，例如 CPU 超分、内存超分等。除此之外，Zun 计算节点的调度算法，没有 Nova 组件成熟，即使是 X 版本也仅支持顺序调度，而不支持其他的调度算法，但是相关功能写入了 TODO LIST（计划列表），在新的版本中可能会被支持。笔者一直从事云计算和大数据领域的开发，也对 OpenStack 下的 Zun 组件贡献了很多代码。如果你对 OpenStack 下的某一个组件非常感兴趣，那么建议你阅读其源代码，并可以贡献代码，以此提高自己的代码水平，因为 OpenStack 开源项目对代码水平要求比较高，必须经过多人审核和评估。学习优秀开发者所编写的代码能够快速提升自己，可以了解对应组件的实现流程和原理，不断提高对技术领域的理解深度。这里选择 OpenStack 的 T 版本进行开发，如果部分组件需要定制功能，则可修改源代码，后续会详细讲到。OpenStack 组件的选择见表 8-1。

表 8-1　云环境主要组件版本选择

主要组件	版　本	主要组件	版　本
Keystone	T	Zun	T
Nova	T	Swift	T
Glance	T	Horizon	T
Neutron	T	Haproxy	—
Cinder	T	Keepalived	—
Telemetry	T		

8.4 节点规划

考虑节点的变动性，物理节点可以很多，也可以很少，具体的部署方案需要根据实际的业务需求、性能需求、可靠性需求等方面综合考虑。节点划分有很多种方案，下面列举 3 种方案。

(1) 1 个控制节点，2 个计算节点。

(2) 1 个控制节点，1 个网络节点，2 个计算节点。

(3) 30 个控制节点，30 个网络节点，100 个计算节点，100 个存储节点。

根据实际需求准备多台虚拟机或者物理机，推荐使用物理机进行部署，每台机器最好有 4 个以上网口。如果需要做很细致的网络隔离，则需要准备一台带有 3 层混合模式的交换机，并且每台机器均有一个网口连接到交换机。本次考虑用比较少的节点进行规划和部署，使用 3 个物理节点进行部署，方便读者在资源较少的情况下进行实践，节点信息划分及配置见表 8-2（网卡名称及 IP 地址根据部署的真实环境而定）。

表 8-2 云环境节点信息划分及配置

节点名称	IP 地址	角色	备注
control01	enp175s0f0：192.168.24.235 enp175s0f1： enp175s0f2： enp175s0f3：	控制节点 网络节点 存储节点	根据磁盘的数量配置 Cinder、Swift 和 Glance，目前很多物理服务器所用的磁盘阵列可以当作单块磁盘使用
compute01	enp175s0f0：192.168.24.237 enp175s0f1： enp175s0f2： enp175s0f3：	计算节点	虚拟机部署
compute02	enp175s0f0：192.168.24.238 enp175s0f1： enp175s0f2： enp175s0f3：	计算节点	容器部署

8.5 环境配置

本次使用的 3 台物理服务器都配置了 64 核心 128GB 内存 5TB 硬盘，如果遇到物理服务器配置不一样的情况，则可以根据实际情况进行调整，在不同服务器上部署不同的节点，可以影响整个云计算环境的性能。例如，可以把 CPU 性能强的服务器用作控制节点，将内存空间较大的服务器用作计算节点，将硬盘空间较大的服务器用作存储节点，将网卡较多的服务器用作网络节点，等等。结合实际情况选择物理服务器部署节点，如果用虚拟机搭建，则可以缩减配置来创建不同的节点及安装操作系统，可以购买阿里云主机、腾讯云主机、华为云主机进行搭建虚拟机配置，或者在个人计算机上创建虚拟机，创建的控制节点的内存应不低于 8GB，以免影响搭建和使用，具体参考前面的章节及注意事项。OpenStack 主要支持的操作系统系列有 CentOS、Ubuntu、Debian、RHEL 等主流 Linux 操作系统，本书以 CentOS 系统为主进行实验，不同操作系统的部署方案和步骤类似，但是操作命令可能略有区别，以及不同应用文件所在操作系统中的目录位置可能有所不同，执行某些命令有些操作系统可能需要 sudo 命令，需要根据不同的操作系统进行相关调整。本次系统配置信息见表 8-3。

表 8-3 云环境服务器配置信息

节点	操作系统	磁盘划分	主机名	网卡数量	内网 IP 地址	远控 IP 地址	RAID
control01	CentOS 7.9	/boot:1GB /swap:8GB /:剩余	g1.cloud.com	4	10.20.8.11	10.10.2.13	raid5

续表

节点	操作系统	磁盘划分	主机名	网卡数量	内网 IP 地址	远控 IP 地址	RAID
compute01	CentOS 7.9	/boot:1GB /swap:8GB /:剩余	g2.cloud.com	4	10.20.8.12	10.10.2.12	raid5
compute02	CentOS 7.9	/boot:1GB /swap:8GB 预留 2TB /:剩余	g3.cloud.com	4	10.20.8.13	10.10.2.13	raid5

系统安装完成以后，对每台服务器的系统主要进行以下配置。

(1) 对管理网的网卡进行配置，修改为静态 IP 地址，配置 DNS 等，编辑命令如下：

```
vi /etc/sysconfig/network-scripts/ifcfg-enp175s0f0
```

内容配置类似如下：

```
TYPE=Ethernet
PROXY_METHOD=none
BROWSER_ONLY=no
BOOTPROTO=static
IPADDR=10.95.94.74
GATEWAY=10.95.94.65
NETMASK=255.255.255.0
DEFROUTE=yes
IPV4_FAILURE_FATAL=no
IPV6INIT=yes
IPV6_AUTOCONF=yes
IPV6_DEFROUTE=yes
IPV6_FAILURE_FATAL=no
IPV6_ADDR_GEN_MODE=stable-privacy
NAME=enp175s0f0
UUID=36915669-0601-4aa7-bc5a-1c6f6433ec44
DEVICE=enp175s0f0
ONBOOT=yes
DNS1=8.8.8.8
DNS2=4.2.2.2
DN3=114.114.114.114
```

重启，使服务生效，命令如下：

```
systemctl restart network
```

（2）安装 SSH 服务，命令如下：

```
yum install openssh-server -y
```

修改配置文件中几个必要的配置，内容如下：

```
#允许 root 认证登录
PermitRootLogin yes

#第 2 代 SSH 通信协议的密钥验证选项
PubkeyAuthentication yes

#默认公钥存放的位置
AuthorizedKeysFile .ssh/authorized_keys

#可使用密码进行 SSH 登录
PasswordAuthentication yes
```

启动 SSH 服务，命令如下：

```
systemctl enable sshd
systemctl start sshd
```

（3）对每个节点分别修改 hostname，每个名称分别如表 8.3 所示的主机名，命令如下：

```
hostnamectl set-hostname --static g1.cloud.com
```

（4）配置 host 映射关系，命令如下：

```
vi /etc/hosts
```

添加以下内容：

```
10.95.94.72 compute01
10.95.94.74 control01
10.95.94.73 compute02
```

（5）配置 SSH 免密登录，生成密钥命令如下（可以直接不设置密码，一直按 Enter 键直到完成即可）：

```
ssh-keygen
```

添加到每个节点，命令如下(后面分别输入每个节点的 root 登录密码)：

```
ssh-copy-id root@control01
ssh-copy-id root@compute01
ssh-copy-id root@compute02
```

(6) 对系统进行更新，命令如下：

```
yum update -y
reboot
```

第9章

云计算环境安装及部署

OpenStack项目是一个开源的云计算平台项目，是一种可以控制计算、网络和存储的分布式系统。搭建这样的一个云平台系统，可以提供IaaS(基础设施即服务)模式的云服务。

9.1 OpenStack部署方式

云计算环境的安装和部署方式有多种，根据使用场景的不同，可以大致分为小型云环境部署和大型云环境部署。

小型云环境部署主要有以下几种方式：

(1) DevStack部署：该方式主要通过配置参数，执行Shell脚本来安装一个OpenStack的开发环境。由于DevStack具有安装便捷、简单、自动配置等优点，所以是众多开发者的首选安装方式或工具。文档的下载网址如下：

```
https://github.com/openstack-dev/devstack
https://wiki.openstack.org/wiki/DevStack
http://docs.openstack.org/developer/devstack
```

(2) Rdo部署：Rdo是由Red Hat开源的一款部署OpenStack的工具，同DevStack一样，能够快速部署一套云计算环境，同时支持单节点和多节点部署，但Rdo只支持CentOS系列的操作系统。需要注意的是，该项目并不属于OpenStack官方社区项目。文档的下载网址如下：

```
https://www.rdoproject.org/install/quickstart
```

(3) 手动部署：手动部署方式主要根据官方的文档，灵活地部署各种组件，有多种部署模式，如all-in-one、multi-node、multi-HA-node。文档的下载网址如下：

```
https://docs.openstack.org/
```

大型云环境部署主要有以下几种方式：

(1) Puppet 部署：Puppet 由 Ruby 语言编写。应当说，Puppet 是进入 OpenStack 自动化部署的早期项目，历史还算悠久。目前，它的活跃开发群体是 Red Hat、Mirantis、UnitedStack 等。Red Hat 自从收购 Ansible 后，如今仍然在 Puppet 项目部署中贡献大量的代码，其技术实力不容小觑。在 Mirantis 出品的 Fuel 部署工具中，大量的模块代码使用的便是 Puppet。就国内而言，UnitedStack 是 Puppet 社区最大贡献者和最大用户。文档的下载网址如下：

```
https://github.com/openstack/puppet-keystone
http://governance.openstack.org/reference/projects/puppet-openstack.html
https://wiki.openstack.org/wiki/Puppet
```

(2) Ansible 部署：Ansible 是新近出现的自动化运维工具，已被 Red Hat 收购。基于 Python 开发，集合了众多运维工具（如 Puppet、CFEngine、Chef、SaltStack 等）的优点，实现了批量系统配置、批量程序部署、批量运行命令等功能，它一方面总结了 Puppet 设计上的得失；另一方面也改进了很多设计。例如基于 SSH 方式工作，故而不需要在被控端安装客户端。在与 OpenStack 的结合上没有历史包袱，能够轻装上阵，未来发展潜力不容小觑，号称"一直寻找的下一代 IaaS"的 Zstack，用到的部署工具也基于 Ansible。Openstack-ansible 项目最早由老牌 Rackspace 公司在 Launchpad 官网注册。在最新的 Ansible OpenStack 项目社区 Commit 贡献中，Rackspace 也可谓遥遥领先，而紧随其后的是 Red Hat、国内九州云等公司。文档的下载网址如下：

```
http://docs.openstack.org/developer/openstack-ansible
https://github.com/openstack/openstack-ansible
http://governance.openstack.org/reference/projects/openstackansible.html
http://www.ansible.com/openstack
```

(3) SaltStack 部署：SaltStack 也是一款开源的自动化部署工具，基于 Python 开发，实现了批量系统配置、批量程序部署、批量运行命令等功能，和 Ansible 类似。不同之处是 SaltStack 的 master 和 minion 认证机制和工作方式，需要在被控端安装 minion 客户端，再加上其他原因，与 Ansible 相比，其优缺点便很明显了。需要注意的是，使用 Saltstack 部署 OpenStack 并不属于 OpenStack 社区项目。目前，主要还处于用户自研自用的阶段。据笔者所知，目前国内的携程应该是使用 SaltStack 部署 OpenStack 规模最大的用户。文档的下载网址如下：

```
#SaltStack 部署 OpenStack 示例
https://github.com/luckpenguin/saltstack_openstack
#SaltStack 部署 OpenStack 模块
http://docs.saltstack.cn/zh_CN/latest/salt-modindex.html
```

(4) TripleO 部署：TripleO 项目最早由 HP 于 2013 年在 Launchpad 上注册 BP。用于完成 OpenStack 的安装与部署。TripleO 全称为 OpenStack on OpenStack，意思为“云上云”，可以简单地理解为利用 OpenStack 来部署 OpenStack，即首先基于 V2P(和 P2V 相反，V2P 指把虚拟机的镜像迁移到物理机上)的理念准备好一些 OpenStack 节点(计算、存储、控制节点)的镜像，然后利用已有 OpenStack 环境的裸机服务 Ironic 项目去部署裸机，软件安装部分的 diskimage-builder 最后通过 Heat 项目和镜像内的 DevOps 工具(Puppet 或 Chef)再在裸机上配置运行 OpenStack。和其他部署工具不同的是，TripleO 利用 OpenStack 本来的基础设施部署 OpenStack，基于 Nova、Neutron、Ironic 和 Heat 来自动化部署、扩展或缩小 OpenStack 集群。确切地说，TripleO 项目属于当前 OpenStack 社区主推的 Big Tent 开发模式下的 Big Tent Project(OpenStack 下的项目分为 3 种，Core Project：Nova/Neutron 等核心项目，Big Tent Project：非核心项目，但也被 OpenStack 基金会接受；第 3 种就是其他项目，只是放在 OpenStack 下，但是社区还没有接受)。在该项目的社区 Commit 贡献上，Red Hat 可谓遥遥领先，而紧随其后的是 IBM 等公司。文档的下载网址如下：

```
https://wiki.openstack.org/wiki/TripleO
http://docs.openstack.org/developer/tripleo-incubator
http://governance.openstack.org/reference/projects/tripleo.html
```

(5) Kolla 部署：在国内一些互联网资料上，常看到关于 Kolla 是 TripleO 项目的一部分的描述，其实这是不准确的。真实情况是，Kolla 项目起源于 TripleO 项目，时至今日，与它没有任何关系(虽然它们的目标都是实现自动化部署，但是走的道路却不同)。相比于 TripleO 和其他部署工具，Kolla 走的是 Docker 容器部署路线。Kolla 项目起源于 TripleO 项目，聚焦于使用 Docker 容器部署 OpenStack 服务。该项目由 Cisco 于 2014 年 9 月提出，是 OpenStack 的孵化项目。当前 Kolla 项目在 Kollaglue Repo 提供了以下服务的 Docker 镜像。Kolla 的优势和使用场景主要有原子性的升级或者回退 OpenStack 部署、基于组件升级 OpenStack、基于组件回退 OpenStack。Kolla 的最终目标是为 OpenStack 的每个服务都创建一个对应的 Docker Image，通过 Docker Image 将升级的粒度减小到 Service 级别，从而使升级时，对 OpenStack 影响达到最小，并且一旦升级失败，也很容易回滚。升级只需 3 步：第 1 步，Pull 新版本的容器镜像；第 2 步，停止老版本的容器服务；第 3 步，启动新版本容器。回滚时不需要重新安装包，直接启动老版本容器服务就行，非常方便。

Kolla 通过 Docker Compose 来部署 OpenStack 集群，现在主要针对裸机部署，所以在部署 Docker Container 时，默认的网络配置是 Host 模式。首先，只需通过一个命令就可以完成管理节点部署，这个命令调用 Docker Compose 来部署 OpenStack 的所有服务，然后可以在每个计算节点上通过 Docker Compose 安装计算节点所需要的服务，这样就能部署一个 OpenStack 集群。因为 Kolla 的 Docker Image 粒度很小，它针对每个 OpenStack 服务都有特定的 Image，也可以通过 Docker Run 来操作某个具体的 OpenStack 服务。文档的下载网址如下：

```
http://governance.openstack.org/reference/projects/kolla.html
https://wiki.openstack.org/wiki/Kolla
```

（6）Fuel部署：Fuel是针对OpenStack生产环境目标设计的一个端到端“一键部署”的工具，大量采用了Python、Ruby和JavaScript等语言。其功能涵盖自动的PXE方式的操作系统安装、DHCP服务、Orchestration服务和Puppet配置管理相关服务等，此外还有OpenStack关键业务健康检查和log实时查看等非常好用的服务。Fuel出自于Mirantis公司，Mirantis是一家技术实力非常雄厚的OpenStack服务集成商，是社区贡献排名前5名中唯一一个靠OpenStack软件和服务盈利的公司。Fuel的版本更新也很快，平均每半年就能提供一个相对稳定的社区版。使用Fuel的用户还是不少的，很多国内OpenStack初创公司的安装包就是基于Fuel进行修改的。文档的下载网址如下：

```
http://governance.openstack.org/reference/projects/fuel.html
https://www.mirantis.com/blog/
https://wiki.openstack.org/wiki/Fuel
```

9.2 大型集群部署方案

当处理大规模问题时，常用的策略是分治策略，其核心思想是将一个规模为N的问题分解为K个规模较小的子问题，这些子问题相互独立且与原问题性质相同，如果解决了子问题就能解决原问题。社区提出的多Region、多Cells及Cascading等方案都基于分而治之策略，但它们又有所区别，主要体现在分治的层次上，多Region和Cascading方案的思想都是将一个大的集群划分为一个个小集群，每个小集群几乎是一个完整的OpenStack环境，然后通过一定的策略把小集群统一管理起来，从而实现使用OpenStack来管理大规模的数据中心。在Grizzly版本引入的Nova Cells概念，其核心思想是将不同的计算资源划分为一个个的Cell，每个Cell都使用独立的消息队列和数据库服务，从而解决了数据库和消息队列的瓶颈问题，实现了规模的可扩展性。遗憾的是，目前社区还没有一个非常完美的OpenStack大规模部署方案，以上提到的方案都存在各自的优点和缺点，实际部署时应根据物理资源的分布情况、用户资源需求等因素综合选择。本书接下来将介绍OpenStack大规模部署问题，讨论前面提到的各个方案的优缺点及分别适用的场景。

1. 多Region方案

OpenStack支持将集群划分为不同的Region，所有的Region除了可以共享Keystone、Horizon、Swift服务外，每个Region都是一个完整的OpenStack环境，其架构如图9-1所示。

部署时只需部署一套公共的Keystone和Horizon服务，其他服务按照单Region方式部署，通过Endpoint指定Region。用户在请求任何资源时必须指定具体的区域。采用这

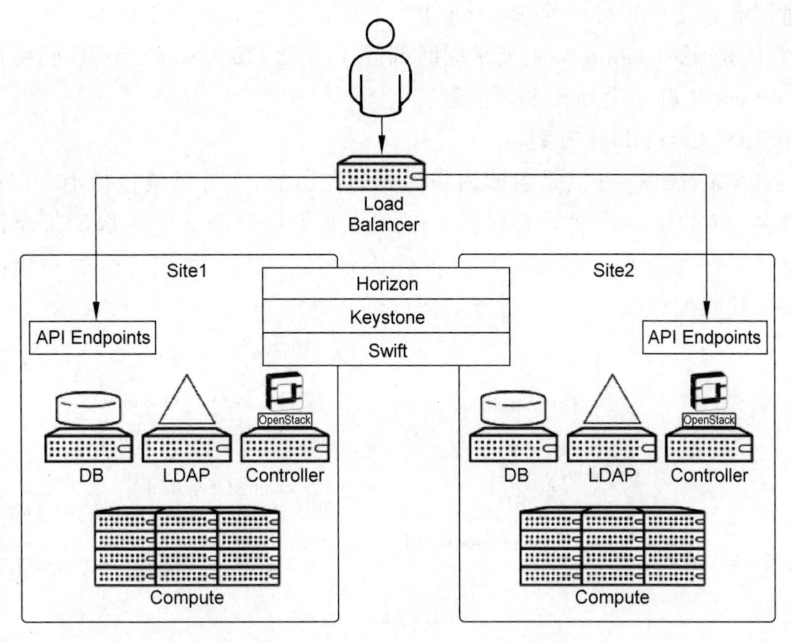

图 9-1　OpenStack 多 Region 架构

种方式能够把分布在不同的区域的资源进行统一管理，各个区域之间可以采取不同的部署架构甚至不同的版本，其优点如下：

(1) 部署简单：每个区域部署几乎不需要额外的配置，并且区域很容易实现横向扩展。

(2) 故障域隔离：各个区域之间互不影响。

(3) 灵活自由：各个区域可以使用不同的架构、存储、网络。

该方案也存在以下明显的不足：

(1) 各个区域之间完全隔离，彼此之间不能共享资源。例如在 Region A 创建的 Volume，不能挂载到 Region B 的虚拟机中。在 Region A 的资源，也不能分配到 Region B 中，可能出现 Region 负载不均衡问题。

(2) 各个区域之间完全独立，不支持跨区域迁移，其中一个区域集群发生故障，虚拟机不能疏散到另一个区域集群中。

(3) Keystone 成为最主要的性能瓶颈，必须保证 Keystone 的可用性，否则将影响所有区域的服务。该问题可以通过部署多 Keystone 节点解决。

OpenStack 多 Region 方案通过把一个大的集群划分为多个小集群进行统一管理，从而实现了大规模物理资源的统一管理，它特别适合跨数据中心并且分布在不同区域的场景，此时根据区域位置划分 Region，例如北京和上海，而对于用户来讲，还有以下优势：

(1) 用户能根据自己的位置选择离自己最近的区域，从而减少网络时延，加快访问速度。

(2) 用户可以在不同的 Region 间实现异地容灾。当其中一个 Region 发生重大故障时，能够快速把业务迁移到另一个 Region 中。

需要注意的是，多 Region 本质上是同时部署了多套 OpenStack 环境，确切地说并没有解决单 OpenStack 集群的大规模部署问题。

2. OpenStack Cascading 方案

OpenStack Cascading 方案是由国内华为公司提出的，支持场景包括 10 万台主机、百万个虚拟机、跨多 DC 的统一管理的大规模 OpenStack 集群部署。它采取的策略同样是分而治之，即把原来一个大的 OpenStack 集群拆分成多个小集群，并把拆分的小集群级联起来进行统一管理，其原理如图 9-2 所示。

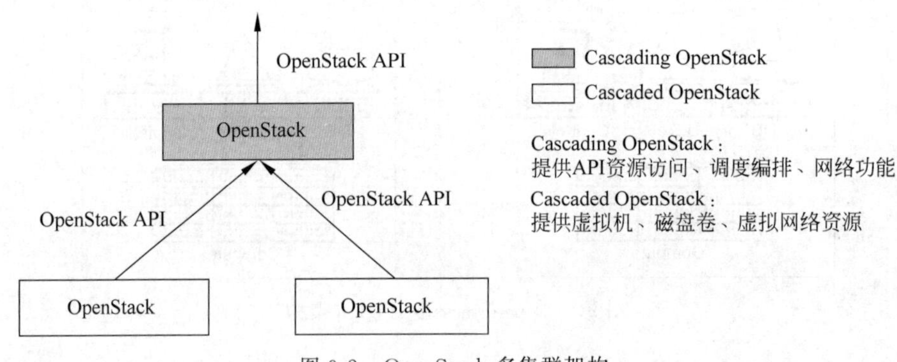

图 9-2 OpenStack 多集群架构

只有最顶层的 OpenStack 将标准 OpenStack API 暴露给用户，其包含若干子 OpenStack 集群。

底层的 OpenStack 负责实际的资源分配，但不将 API 暴露给用户，而必须通过其之上的 OpenStack 调度。

用户请求资源时，首先向顶层 OpenStack API 发起请求，顶层的 OpenStack 会基于一定的调度策略选择底层的其中的一个 OpenStack，被选中的底层 OpenStack 负责实际的资源分配。

该方案号称支持跨多达 100 个 DC，支持 10 万个计算节点部署规模，能同时运行 100 万个虚拟机，但该方案目前仍处于开发和测试阶段，尚无公开的实际部署案例。目前该方案已经分离出两个独立的 BigTent 项目，一个项目是 Tricircle，专门负责网络相关及对接 Neutron；另一个项目是 Trio2o，为多 Region OpenStack 集群提供统一的 API 网关。

3. Nova Cells 方案

前面提到的 OpenStack 多 Region 方案基于 OpenStack 环境切分，它对用户可见而非透明，并且单集群依然不具备支撑大规模的能力和横向扩展能力，而 Nova Cells 方案是针对服务级别划分的，其最终目标是实现单集群支撑大规模部署能力和具备灵活的扩展能力。Nova Cells 方案是社区支持的方案，因此本书将重点介绍，并且会总结在实际部署中遇到的问题。

1）Nova Cells 架构和原理介绍

Nova Cells 模块是 OpenStack 在 G 版本中引入的，其策略是将不同的计算资源划分成一个个 Cell，并以树的形式组织，如图 9-3 所示。

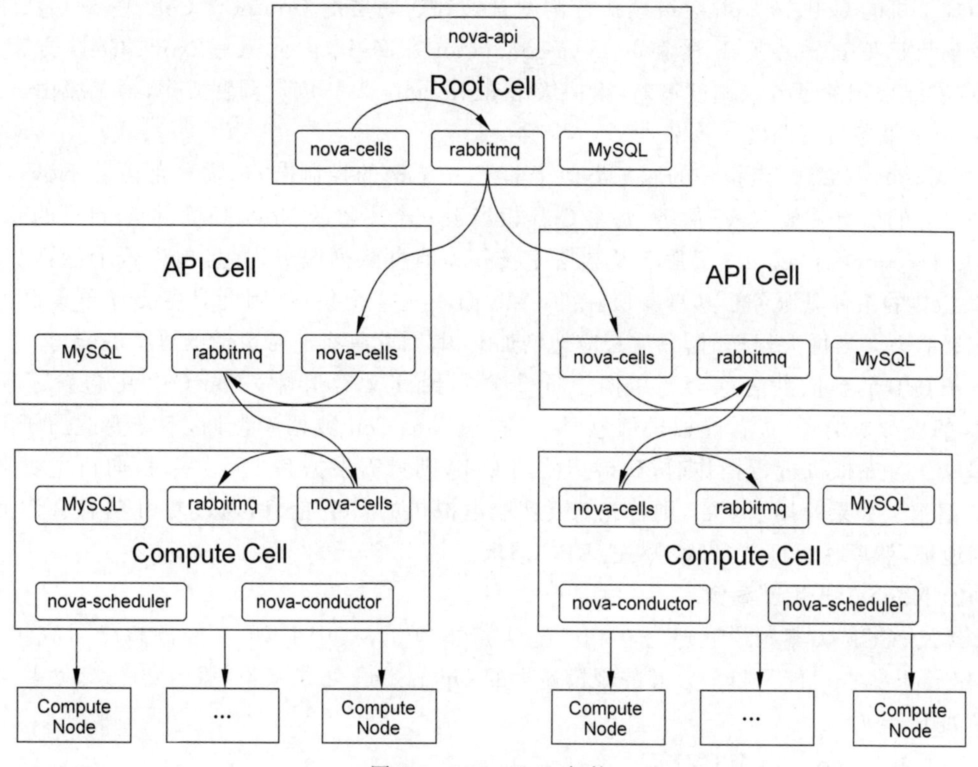

图 9-3 Nova Cells 架构

从图 9-3 可以看出，Cells 的结构是树形的，一个 Cell 可能包含若干子 Cell，以此逐级向下扩展。每个 Cell 都有自己独立的消息队列和数据库，从而解决了消息队列和数据库的性能瓶颈问题，Cell 与 Cell 之间主要通过 nova-cells 负责通信，一层一层通过消息队列传递消息，每个 Cell 都需要知道其 Parent Cell 及所有子 Cells 的消息队列地址，这些信息可以保存到该 Cell 的数据库中，也可以通过 JSON 文件指定。

根据节点所在树中位置及功能，分为以下两种 Cell 类型：

(1) API Cell：非叶子节点，该类型的 Cell 不包含计算节点，但包括一系列子 Cells，子 Cells 会继续调度直到到达叶子节点，即 Compute Vell 中，其中最顶层的根节点通常叫作 Top Cell。

(2) Compute Cell：叶子节点，包含一系列计算节点。负责将请求转发到其所在的 nova-conductor 服务。

注意：所有的 Nova 服务都隶属于某个 Cell，所有的 Cells 都必须指定 Cell 类型。

每个 Cell 节点都有从根节点到该节点的唯一路径，路径默认通过“!”分割，例如 root!

cell_1!cell_13 表示从 root 到 cell_1 再到 cell_13。根节点的 Cell 类型一定是 API，也就是说 Cell 对用户是完全透明的，和不使用 Cell 时是完全一样的，其中 nova-cells 服务是需要额外部署的新服务，该服务主要负责在创建虚拟机时从所有的子 Cell 中选择其中一个子 Cell 作为虚拟机的 Cell，子 Cell 会继续执行调度直到到达底层的 Compute Cell 中，最后将请求转发到目标 Compute Cell 所在的 nova-conductor 服务中，因此采用 Nova Cells 方案后，Nova 实际采用的是二级调度策略，第一级由 nova-cells 服务负责调度 Cell，第二级由 nova-scheduler 服务负责调度计算节点。

Compute Cell 节点担任的职责类似于非 Cell 架构的控制节点，需要部署除 Nova-API 服务以外的所有其他 Nova 服务，每个 Cell 相当于一个完整的 Nova 环境，拥有自己的 nova-conductor、nova-scheduler 等服务及数据库服务和消息队列服务，并且包含若干计算节点，每个 Cell 的组件只服务于其自身所在的 Cell，而不是整个集群，因此具备支撑单集群大规模部署能力。当增大规模时，只需相应地增加 Cell，因此具有非常灵活的可扩展能力。

子 Cell 的虚拟机信息会逐层向上同步复制到其父 Cell 中，Top Cell 中包含了所有 Cells 的虚拟机信息，查看虚拟机信息时，只需从 Top Cell 数据库查询，不需要遍历子 Cell 数据库。对虚拟机进行操作时，如果不使用 Cell，则只需根据其 Host 字段，向宿主机发送 RPC 请求。如果使用了 Cell，则首先需要获取虚拟机的 Cell 信息，通过 Cell 信息查询消息队列地址，然后往目标消息队列发送 RPC 请求。

2）Nova Cell 生产案例

Nova Cells 方案很早就已经存在一些生产案例了，其中 CERN（欧洲核子研究组织）OpenStack 集群可能是目前公开的规模最大的 OpenStack 部署集群，截至 2016 年 2 月部署规模如下：

（1）单 Region，33 个 Cell。

（2）2 个 Ceph 集群。

（3）大约 5500 个计算节点，5300KVM 和 200Hyper-V，总包含 140 000 Cores。

（4）超过 17 000 个虚拟机。

（5）大约 2800 个镜像，占 44TB 存储空间。

（6）大约 2000 个 Volumes，已分配 800TB。

（7）大约 2200 个注册用户，超过 2500 个租户。

其 Nova 部署架构如图 9-4 所示。

天河二号是国内千级规模的典型案例之一，于 2014 年初就已经在国家超算广州中心对外提供服务，其部署规模如下：

（1）单 Region，8 个 Cell。

（2）每个 Cell 包含 2 个控制节点和 126 个计算节点。

（3）总规模 1152 个物理节点。

（4）一次能创建大约 5000 个虚拟机。

（5）每秒可查询约 1000 个虚拟机信息。

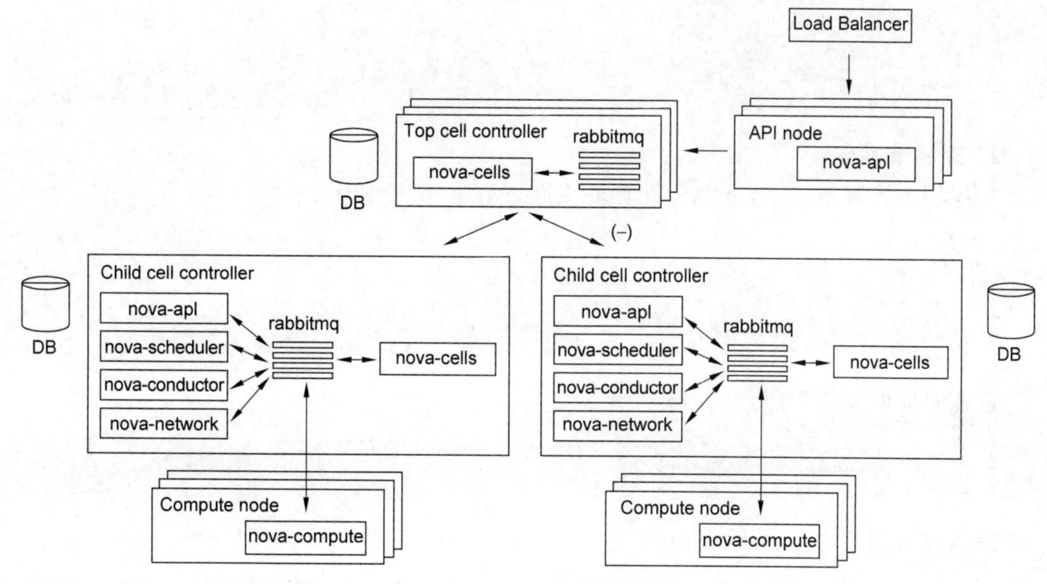

图 9-4 Nova 部署架构

除了以上两个经典案例外，Rackspace、NeCTAR、Godaddy、Paypal 等也采用了 Nova Cells 方案支持千级规模的 OpenStack 集群部署。这些生产案例证明了使用 Nova Cells 支持大规模 OpenStack 集群的可能性。

9.3 基于 PackStack 安装部署

基于 PackStack 的安装部署方式主要通过 RPM 包把应用直接安装到服务器上，组件通过 Service 方式进行启动、停止、重启。配置文件目录均在/etc/目录下，日志文件目录均在/var/log/目录下，按照不同的组件名称进行存放，用户可以进行查看或修改。

完成环境准备之后，可以通过下面的安装步骤实现云计算环境的安装和部署。在部署时难免会遇到各种疑问或者程序出错等问题，用正常的心态面对解决就好，换言之，出错越多，越能加深理解，可以在 https://gitee.com/book-info/cloud-compute/issues 页面，单击"新建 Issue"按钮，详细描述出错的原因及现象，进行提问，或者搜索已经存在的类似问题的解决方案。

1. 其他节点安装

在规划的节点中除了控制节点以外的其他所有节点安装部署云计算环境的基础依赖，命令如下：

```
yum -y install wget

wget -O other_node.sh https://gitee.com/book-info/cloud-compute/blob/master/centos/packstack/other_node.sh
```

```
chmod +x other_node.sh

sh other_node.sh
```

2. 控制节点安装

在规划的控制节点上，下载云计算环境部署脚本，命令如下：

```
yum -y install git

git clone https://gitee.com/book-info/cloud-compute.git
```

进入对应的安装程序目录，命令如下：

```
cd cloud-compute/centos/packstack/
```

编辑安装配置文件，命令如下：

```
vim install.txt
```

其他的内容可以不进行修改，主要修改的内容如下：

```
# Server on which to install OpenStack services specific to the
# controller role (for example, API servers or dashboard)
CONFIG_CONTROLLER_HOST=192.168.1.101

# List the servers on which to install the Compute service.
CONFIG_COMPUTE_HOSTS=192.168.1.104

# List of servers on which to install the network service such as
# Compute networking (nova network) or OpenStack Networking (neutron)
CONFIG_NETWORK_HOSTS=192.168.1.101

# (Unsupported!) Server on which to install OpenStack services
# specific to storage servers such as Image or Block Storage services
CONFIG_STORAGE_HOST=192.168.1.101

# (Unsupported!) Server on which to install OpenStack services
# specific to OpenStack Data Processing (sahara)
CONFIG_SAHARA_HOST=192.168.1.101

# IP address of the server on which to install the AMQP service.
CONFIG_AMQP_HOST=192.168.1.101

# IP address of the server on which to install MariaDB. If a MariaDB
```

```
# installation was not specified in CONFIG_MARIADB_INSTALL, specify
# the IP address of an existing database server (a MariaDB cluster can
# also be specified)
CONFIG_MARIADB_HOST = 192.168.1.101

# URL for the Identity service LDAP backend.
CONFIG_KEYSTONE_LDAP_URL = ldap://192.168.1.101

# IP address of the server on which to install the Redis server
CONFIG_REDIS_HOST = 192.168.1.101

# Size of the Object Storage loopback file storage device
CONFIG_SWIFT_STORAGE_SIZE = 4096G

# Size of Block Storage volumes group. Actual volume size will be
# extended with 3 % more space for VG metadata. Remember that the size
# of the volume group will restrict the amount of disk space that you
# can expose to Compute instances, and that the specified amount must
# be available on the device used for /var/lib/cinder
CONFIG_CINDER_VOLUMES_SIZE = 4096G
```

在这里有一个需要注意的地方，PackStack 工具不支持安装 Zun 组件，需要时再进行安装，Zun 计算节点可以和 Nova 计算节点安装在一起，但是在实际项目开发中，会遇到主机资源上报统计频繁刷新问题，所以 Zun 计算节点和 Nova 计算节点分开部署在不同的节点比较好，即在上面的配置文件中下列选项只配置 Nova 计算节点的 IP，预留 Zun 计算节点供后续安装，本次预留了 192.168.1.103 节点，Nova 计算节点只写了一个计算节点的 IP，如果有多个计算节点，则可以用逗号分隔，依次写多个 IP 地址，本次配置的示例代码如下：

```
# List the servers on which to install the Compute service
CONFIG_COMPUTE_HOSTS = 192.168.1.104
```

当上面的配置完成后，进行安装部署，命令如下：

```
sh control_node.sh
```

等待上面的安装完成，如果由于网络或者其他原因导致安装出错或者失败，则可以重复执行命令进行安装，直到安装成功。

进入 Zun 安装程序目录，命令如下：

```
cd zun/control/
```

安装 Zun 相关服务，命令如下：

```
sh control.sh - control_node_ip 192.168.1.101 - mysql_password 71410324ed24477f
```

上面这一行命令有两个参数值，参数 control_node_ip 控制节点的 IP 地址，参数 mysql_password 控制节点上 PackStack 安装部署 OpenStack 时自动安装的 MySQL 数据库登录密码，可以在上面的 install.txt 文件中查看，名称如下：

```
# Password for the MariaDB administrative user
CONFIG_MARIADB_PW = 71410324ed24477f
```

等待安装完成，如果由于网络或者其他原因导致安装出错或者失败，则可以重复执行命令进行安装，直到安装成功。

安装完成以后，可以查看安装的 OpenStack 组件提供的服务(URL 网址)，命令如下：

```
source ~/admin - openrc.sh

openstack endpoint list
```

3. Zun 计算节点安装

在规划的 Zun 计算节点上下载云计算环境部署脚本，命令如下：

```
yum - y install git

git clone https://gitee.com/book - info/cloud - compute.git
```

进入对应的安装程序目录，命令如下：

```
cd cloud - compute/centos/packstack/zun/compute/
```

安装 Zun 相关服务，命令如下：

```
sh compute.sh - control_node_ip 192.168.1.101
```

上面这一行命令有一个参数值，参数 control_node_ip 控制节点的 IP 地址。

如果 Zun 组件计算节点需要和 Nova 组件计算节点安装到一起，则可以通过指定参数实现，命令如下：

```
sh compute.sh - control_node_ip 192.168.1.101
```

执行命令后等待安装完成，如果由于网络或者其他原因导致安装出错或者失败，则可以重复执行命令进行安装，直到安装成功。

9.4 基于 Kolla-Ansible 安装部署

基于 Kolla-Ansible 的安装部署方式主要通过 Docker 容器安装方式实现，组件通过容器提供服务，相应的资源通过文件映射的方式挂载到容器。配置文件目录均在/etc/kolla/目录下，日志文件目录均在/var/log/kolla/目录下，按照不同的组件名称进行存放，用户可以进行查看或修改。

完成环境准备后，可以通过下面的安装步骤实现云计算环境的安装和部署。在部署时难免会遇到各种疑问或者程序出错等问题，用正常的心态面对解决就好。换言之，出错越多，越能加深理解，可以在 https://gitee.com/book-info/cloud-compute/issues 页面，单击"新建 Issue"按钮，详细描述出错的原因及现象，进行提问，或者搜索已经存在的类似问题的解决方案。

1. 所有节点安装

在规划的所有云计算环境节点安装部署云计算环境的基础依赖，命令如下：

```
yum -y install wget

wget -O prepare.sh https://gitee.com/book-info/cloud-compute/blob/master/centos/kolla-ansible/prepare.sh

chmod +x prepare.sh

sh prepare.sh
```

2. 控制节点安装

下面的部署步骤只需在规划的其中一个控制节点上完成，下载云计算环境部署脚本，命令如下：

```
yum -y install git

git clone https://gitee.com/book-info/cloud-compute.git
```

进入对应的安装程序目录，命令如下：

```
cd cloud-compute/centos/kolla-ansible/
```

编辑节点配置文件，命令如下：

```
vim multinode
```

其他的内容可以不进行修改，主要修改的内容如下：

```
[control]
control01

[network]
control01

[compute]
compute01
compute02

[monitoring]
control01

[storage]
control01

[zun-compute:children]
compute
```

这里需要注意的是，如果Zun计算节点和Nova计算节点部署到一起，则可以使用上面这种写法；如果Zun计算节点和Nova计算节点分开部署到不同的节点服务器，则可以使用如下的写法，示例内容如下：

```
[control]
control01

[network]
control01

[compute]
compute01

[monitoring]
control01

[storage]
control01

[zun-compute]
compute02
```

主要配置zun-compute节点的信息是否与Nova的compute节点在一起，配置完成后，保存文件退出即可。

编辑安装配置文件，命令如下：

```
vim install.sh
```

其他的内容可以不进行修改，主要修改的内容如下：

```
#如果是物理服务器部署，则设置为 KVM；如果是虚拟机部署，则设置为 QEMU
INSTALL_ENVIRONMENT = "KVM"
#INSTALL_ENVIRONMENT = "QEMU"

#配置集群高可用访问 IP，该 IP 与服务器在同一个网段，但是还没有被使用，推荐使用网段中靠前
#或者靠后的一个 IP
CLUSTER_KEEPALIVED_VIP_ADDRESS = "10.95.94.250"
```

创建空的磁盘分区，用作 Cinder 存储，如果有单独物理磁盘，则可将物理磁盘用作 Cinder，例如/dev/sdb，可以不用创建逻辑磁盘分区，也就是这一步可以省略。这里因为企业标配的服务器磁盘采用的是磁盘阵列，作为一个整体磁盘使用，所以没有多余的物理磁盘，简单来讲，只有一块磁盘的服务器需要进行逻辑分区，命令如下：

```
fdisk /dev/sda
```

主要步骤如下：

(1) 创建新分区，输入 n，并按 Enter 键，进行下一步。

```
命令(输入 m 获取帮助):n
```

(2) 选择分区类型，并按 Enter 键，进行下一步。

```
Partition type:
   p   primary (2 primary, 0 extended, 2 free)
   e   extended
Select (default p): p
```

(3) 设置分区编号，采用默认分区号，并按 Enter 键，进行下一步。

```
分区号 (3,4,默认 3):
```

(4) 设置起始扇区，采用默认值，并按 Enter 键，进行下一步。

```
起始 扇区 (2325762048 - 2535475199,默认为 2325762048):
```

(5) 设置分区大小，用“+”的方式，注意单位只支持“K、M、G”，输入完成后，按 Enter 键进行下一步。

```
Last 扇区, +扇区 or +size{K,M,G} (2325762048-2535475199,默认为 2535475199):+2048G
```

需要注意的是,这里分区的大小应根据服务器的实际磁盘空间及业务需求的预估数据量来定,这里划分出来 2TB 的空间。

(6) 保存并退出,输入 w,并按 Enter 键。

```
命令(输入 m 获取帮助):w
```

(7) 刷新磁盘分区,命令如下:

```
partprobe
```

创建 Cinder 组件磁盘卷,命令如下:

```
#查看新建的分区名称,这里新建的分区为/dev/sda4,如果有物理磁盘,则可以查看/dev/sdb
lsblk

#创建 LVM 物理卷 /dev/sda4
pvcreate /dev/sda4

#创建 LVM 卷组 cinder-volumes
vgcreate cinder-volumes /dev/sda4

#查看创建的结果
vgs
```

编辑 Swift 组件磁盘配置文件,命令如下:

```
vim swift.sh
```

其他的内容可以不进行修改,主要修改的内容如下:

```
KOLLA_INTERNAL_ADDRESS=10.95.94.74
SWIFT_CAPACITY_SIZE=500G

KOLLA_BASE_DISTRO=CentOS
KOLLA_INSTALL_TYPE=source
OPENSTACK_VERSION=train


# ============== 等号包括的地方二选一进行修改配置(开始) ==================
#方式一: 如果服务器准备了多余的磁盘用来搭建 Swift,则可以启用下面的代码进行创建(需要将
```

```
#sdc sdd sde 修改为实际的磁盘名称)

#index = 0
#for d in sdc sdd sde; do
#parted /dev/ ${d} -s -- mklabel gpt mkpart KOLLA_SWIFT_DATA 1 -1
#sudo mkfs.xfs -f -L d${index} /dev/ ${d}1
#(( index++))
#done

#方式二：如果服务器没有多余的磁盘用来搭建 Swift,则可以直接启用下面的代码进行创建(不需
#要修改任何名称)

mkdir -p /swift/
index = 0
for d in sdc sdd sde; do
    free_device = $(losetup -f)
    fallocate -l ${SWIFT_CAPACITY_SIZE} /swift/ $d
    losetup $free_device /swift/ $d
    parted $free_device -s -- mklabel gpt mkpart KOLLA_SWIFT_DATA 1 -1
    sudo mkfs.xfs -f -L d${index} ${free_device}p1
    (( index++))
done
# =============== 等号包括的地方二选一进行修改配置(结束) ===================
```

需要注意的是将 KOLLA_INTERNAL_ADDRESS 修改为所在节点的 IP 地址，这里就是控制节点的 IP 地址，SWIFT_CAPACITY_SIZE 是 Swift 组件使用空间的大小，根据服务器实际的磁盘空间情况而定，不宜太小，根据业务需要存储的数据量进行评估。

创建 Swift 组件磁盘卷，命令如下：

```
sh swift.sh
```

执行命令后等待创建磁盘卷完成，如果由于网络或者其他原因导致安装出错或者失败，则可以重复执行命令进行创建，直到创建成功。

安装 kolla-ansible 及拉取相关的容器，命令如下：

```
sh install.sh
```

注意这一步可能需要的时间较长，会下载很多数据，建议配置一个良好的网络环境执行，执行命令后等待安装完成，如果由于网络或者其他原因导致安装出错或者失败，则可以重复执行命令进行安装，直到安装成功。

部署云计算环境，命令如下：

```
sh deploy.sh
```

执行命令后等待安装完成，如果由于网络或者其他原因导致安装出错或者失败，则可以重复执行命令进行安装，直到安装成功。

部署成功之后，编辑云计算环境初始化脚本，命令如下：

```
vim /usr/share/kolla-ansible/init-runonce
```

其他的内容可以不进行修改，主要修改的内容如下：

```
EXT_NET_CIDR=${EXT_NET_CIDR:-'10.95.11.0/24'}

EXT_NET_RANGE=${EXT_NET_RANGE:-'start=10.95.11.150,end=10.95.11.199'}

EXT_NET_GATEWAY=${EXT_NET_GATEWAY:-'10.95.11.65'}
```

需要注意的是，这里配置的是可以访问公网的网段，以后虚拟机或者容器访问公网时使用该网段，需要注意服务器有哪些网卡，准备用哪个网卡，就把这里的参数配置为与该网卡同网段的 CIDR 和网关，以及规划给 OpenStack 中可使用的 IP 范围。EXT_NET_CIDR 标示为该网段的子网范围，EXT_NET_RANGE 标示为该网段可以分配的 IP，EXT_NET_GATEWAY 标示为该网段使用的网关。

执行初始化网络、镜像等命令，命令如下：

```
sh /usr/share/kolla-ansible/init-runonce
```

部署完成以后，可以查看安装的 OpenStack 组件提供的服务（URL 网址），命令如下：

```
source ~/admin-openrc.sh

openstack endpoint list
```

9.5 单集群优化策略

1. 使用独立的数据库和消息队列

前面提到限制 OpenStack 规模增长的最主要因素之一是数据库和消息队列的性能瓶颈，因此如果能够有效地减轻数据库及消息队列的负载，理论上就能继续增加节点数量。各个服务使用独立的数据库及消息队列显然能够有效地减小数据库和消息队列的负载。在实践中发现，以下服务建议使用独立的数据库及消息队列。

Keystone：用户及其他 API 服务的认证都必须经过 Keystone 组件，每次 Token 验证都需要访问数据库，随着服务的增多及规模的增大，数据库的压力将会越来越大，造成 Keystone 的性能下降，拖垮其他所有服务的 API 响应，因此应为 Keystone 组件配置专门的数据库服务，保证服务的高性能。

Ceilometer：Ceilometer 是一个资源巨耗型服务，在收集消息和事件时会将大量的消息发送到队列中，并频繁地写入数据库。为了不影响其他服务的性能，Ceilometer 通常搭配专有的数据库服务和消息队列。

Nova：OpenStack 最活跃的主体是虚拟机，而虚拟机的管理都由 Nova 负责。绝大多数对虚拟机的操作需要通过消息队列发起 RPC 请求，因此 Nova 是队列的高生产者和高消费者，当集群规模较大时，需要使用独立的消息队列来支撑海量消息的快速传递。

Neutron：Neutron 管理的资源非常多，包括网络、子网、路由、Port 等，对数据库和消息队列的访问都十分频繁，并且数据量较大，使用的独立的数据库服务和消息队列既能提高 Neutron 本身的服务性能，又能避免影响其他服务的性能。

2. 使用 Fernet Token

前面提到每当 OpenStack API 收到用户请求时都需要向 Keystone 验证该 Token 是否有效，Token 直接保存在数据库中，增长得非常快，每次验证都需要查询数据库，并且 Token 不会自动清理而越积越多，导致查询的性能越来越差，所以 Keystone 验证 Token 的响应时间会越来越长。所有的 OpenStack 服务都需要通过 Keystone 服务完成认证，Keystone 的性能下降将导致其他所有服务性能下降，因此保证 Keystone 服务的快速响应至关重要。除此之外，如果部署了多 Keystone 节点，还需要所有的节点同步 Token，则可能出现同步延迟而导致服务异常。为此社区在 Kilo 版本引入了 Fernet Token，与 UUID Token 及 PKI Token 不同的是它基于对称加密技术对 Token 加密，只需拥有相同加密解密文件，便可以对 Token 进行验证，不需要持久化 Token，也就无须保存在数据库中，避免了对数据库的 I/O 访问，创建 Token 的速度相对 UUID Token 要快，不过验证 Token 则相对要慢些，因此在大规模 OpenStack 集群中建议使用 Fernet Token 代替传统的 Token 方案。

以上优化策略能够在一定程度上减少消息队列和数据库的访问，从而增大节点部署规模，但其实并没有从根本上解决扩展问题，随着部署规模的增大，总会达到瓶颈，理论上不可能支持无限扩展。

3. Nova 关键参数调优

nova.conf 文件中的配置项，参数设置如下：

```
#建议值是预留前几个物理 CPU,把后面的所有 CPU 分配给虚拟机使用
vcpu_pin_set

#查看 CPU 的逻辑核数 cat /proc/cpuinfo,再乘以 16 就是能够分配给虚拟机的 CPU,内存与此类似
cat /proc/cpuinfo | grep "cpu cores" | uniq

#物理 CPU 超售比例,默认为 16 倍,超线程也算作一个物理 CPU,需要根据具体负载和物理
#CPU 能力进行综合判断后确定具体的配置
cpu_allocation_ratio = 16.0
```

```
#内存分配超售比例,默认为 1.5 倍,生产环境不建议开启超售
ram_allocation_ratio = 1.0

#内存预留量,这部分内存不能被虚拟机使用
reserved_host_memory_mb = 4096

#磁盘预留空间,这部分空间不能被虚拟机使用
reserved_host_disk_mb = 10240

#服务下线时间阈值,默认为 60,如果一个节点上的 Nova 服务超过这段时间没有将"心跳"上报到数
#据库,则 API 服务会认为该服务已经下线,如果配置过短或过长,都会导致误判
service_down_time = 120

#配置虚拟机自启动,对控制端和计算节点的/etc/nova/nova.conf 的[DEFAULT]进行以下配置
resume_guests_state_on_host_boot = true
```

配置虚拟机类型动态调整,在有些时候,创建完成的虚拟机因业务需要会变更内存、CPU 或磁盘,因此需要配置允许后期类型调整,参数配置如下:

```
allow_resize_to_same_host = true
baremetal_enabled_filters = RetryFilter,AvailabilityZoneFilter,ComputeFilter,
ComputeCapabilitiesFilter,ImagePropertiesFilter,ExactRamFilter,ExactDiskFilter,ExactCoreFilter
```

4. Keystone 关键参数调优

主要用来存储 Token,一般是 SQL 数据库,也可以是 Memcache。SQL 可以持久化存储,而 Memcache 则速度更快,尤其是当用户要更新密码时,需要删除所有过期的 Token,在这种情况下 SQL 的速度与 Memcache 的速度相差很大。

5. Glance 关键参数调优

glance-api.conf 文件中的配置项,参数设置如下:

```
#与 Nova 配置中的 osapi_max_limit 意义相同;最大返回数据长度应受到限制,如果设置过短,则会
#导致部分响应数据被截断
api_limit_max = 1000

#一个响应中最大返回项数,可以在请求参数中指定,默认为 25,如果设置过短,则可能导致响应数
#据被截断
limit_param_default = 1000
```

6. OpenStack 底层依赖软件、配置及调优

1) 虚拟化技术选型

选用 Linux 内核兼容最好的 KVM 虚拟化技术。相对于 Xen 虚拟化技术,KVM 虚拟化技术与 Linux 内核联系更为紧密,更容易维护。选择 KVM 虚拟化技术后,虚拟化管理驱

动采用了 OpenStack 社区为 KVM 配置的计算驱动 libvirt，这也是一套使用非常广泛且社区活跃度很高的开源虚拟化管理软件，支持 KVM 在内的各种虚拟化管理。

2）CPU 配置优化

CPU0 由于处理中断请求，本身负荷就较重，不宜再用于云主机，因此，综合上面的因素考虑及多轮的测试验证，最终将 0～3 号 CPU 预留出来，然后让云主机在剩余的 CPU 资源中由宿主机内核去调度。

3）内存配置优化

```
echo 0 > /sys/Kernel/mm/ksm/pages_shared
echo 0 > /sys/Kernel/mm/ksm/pages_sharing
echo always > /sys/Kernel/mm/transparent_hugepage/enabled
echo never > /sys/Kernel/mm/transparent_hugepage/defrag
echo 0 > /sys/Kernel/mm/transparent_hugepage/khugepaged/defrag
```

4）I/O 配置优化

磁盘 I/O 调优 KVM 的 Disk Cache 方式：借鉴 IBM 的分析，采用 none 这种 cache 方式。

5）网络 I/O 调优

主要开启 vhost_net 模式，以此来减少网络延时和增加吞吐量。

7. 使用卷创建实例调优

OpenStack 创建实例提示失败的具体原因如下：

```
did not finish being created even after we waited 241 seconds or 61 attempts. A its status is
downloading.
```

在计算节点上的 nova. conf 文件中有一个控制卷设备重试的参数 block_device_allocate_retries，可以通过修改此参数延长等待时间，以此解决此问题。

该参数的默认值为 60，这个对应了之前实例创建失败消息里的 61 attempts。可以将此参数设置得大一点，例如设置为 180。这样 Nova 组件就不会等待卷创建超时，所以可以解决此问题，然后重启计算节点服务，命令如下：

```
openstack-config --set /etc/nova/nova.conf DEFAULT block_device_allocate_retries 180

systemctl restart libvirtd.service openstack-nova-compute.service
```

8. 虚拟机初始放置策略

根据业务的实际情况，配置不同的策略，以此来优化虚拟机的放置，主要策略如下。

Packing：虚拟机尽量放置在含有虚拟机数量最多的主机上。

Stripping：虚拟机尽量放置在含有虚拟机数量最少的主机上。

CPU Load Balance：虚拟机尽量放在可用核心最多的主机上。

Memory Load Balance：虚拟机尽量放在可用存储器最多的主机上。

Affinity：多个虚拟机需要放置在相同的主机上。

AntiAffinity：多个虚拟机需要放在不同的主机上。

CPU Utilization Load Balance：虚拟机尽量放置在CPU利用率最低的主机上。

9. 监控和优化策略

基于虚拟机的HA策略：当主机宕机后，主机上运行的虚拟机会自动重建到新的可用主机上。

基于主机的Load Balance策略：支持Packing/Stripping/CPU Load Balance/Memory Load Balance/CPU Utilization Load Balance策略，根据用户设置的阈值持续不断地平衡系统中主机上的计算资源。

用户可以根据业务需要定义相应的优化策略监控主机的健康状况并持续不断地优化。例如，用户定义的集群中主机运行时监控Load Balance策略是CPU Utilization Load Balance，并且阈值是70%，这就意味着当主机的CPU利用率超过70%时，这个主机上的虚拟机会被PRS在线迁移到别的CPU利用率小于70%的主机上，从而保证该主机始终处于健康的状态，并且平衡了集群中主机的计算资源。这两种运行时监控策略可以同时运行并且可以指定监控的范围。

10. OpenStack虚拟机发放速度优化

在并发创建过程中，主要去除数据库行级锁，以此解决锁抢占问题，以及调整各组件进程数，从而提升各组件的处理能力。

(1) Qutoa无锁化优化，减少操作Quota时的耗时。

问题描述：OpenStack在Quota处理过程中，采用了数据库行级锁来解决并发更新问题，但在并发场景下，这个锁会导致耗时增加。

解决思路：由于在处理Quota过程中，先选择再更新，所以需要加锁(悲观锁)。针对这一点，可以通过带有where的更新操作实现更新，然后根据更新行数，判断是否更新成功(乐观锁)。

(2) 调整各组件进程数，提升组件处理能力。

问题描述：在并发过程中，各组件处理能力不足(可以观察进程对应CPU的使用率，如果已经到100%，则说明处理能力不足)。

解决思路：可以通过横向扩展组件或调整组件worker数来解决。

(3) 调整nova-compute并发创建任务上线，提升组件的并发能力。

问题描述：nova-compute在并发创建虚拟机过程中，有并发任务限制(M版本的默认值为10)。

解决思路：增大并发任务个数上线，修改Nova计算节点的配置文件，对应参数为max_concurrent_builds。

(4) Keystone 采用 PKI 机制替换 UUID 方式,减少 Keystone 压力。

问题描述：OpenStack API Server 在处理请求前会校验 Token 是否合法,如果采用 UUID Token,则每次都会通过 Keystone 进行校验。

解决思路：采用 PKI 方式,各 API 在本地通过证书来校验 Token 是否合法。

(5) 适当增大各组件 Token 失效列表的缓存时间,可以减少 Keystone 的压力。

问题描述：OpenStack API Server 在处理请求前会校验 Token 是否合法,除了校验 Token 是否过期,同时还校验 Token 是否在 Token 失效列表里面；这个 Token 失效列表会在本地缓存,如果过期,则会通过 Keystone 重新获取,在并发时,Keystone 会成为瓶颈点。

解决思路：适当增大各组件 Token 失效列表的缓存时间 revocation_cache_time。

(6) 基于存储内部的快速复制能力,缩短镜像创建卷的时间。

问题描述：单个虚拟机创建耗时长的点主要集中在镜像创建卷,在创建过程中,需要下载镜像,所以创建时间跟镜像大小及网络带宽强相关。

解决思路：可以基于存储内部快速复制卷的能力,解决系统卷创建慢的问题,有以下 3 种方式。

方式 1：在 Cinder 上对镜像卷进行缓存,OpenStack 社区提供了缓存镜像卷的能力,核心思想是在第 1 次创建卷时,在存储后端缓存对应的镜像卷,后续创建都基于这个镜像卷复制一个新的卷。

方式 2：Glance 后端对接 Cinder,镜像直接以卷的形式存储在 Cinder 上,这种方式,在镜像上传的过程中,直接以卷的形式存放,在从镜像创建卷的过程中,直接利用卷复制卷的能力。这种方式可以解决首次发放慢的问题。

方式 3：基于存储的链接复制能力实现卷的快速创建,这一功能需要实现 Cinder Volume 中的 clone_image 方法,在这种方法里,可以先缓存镜像快照,然后基于快照创建差分卷。

(7) 采用 Rootwrap Daemon 方式运行命令,缩短 nova-compute/Neutron 等组件调用系统命令的时间。

问题描述：Rootwrap 主要用来进行权限控制。在 OpenStack 中,当非 root 用户想执行需要 root 权限相关的命令时,用 Rootwrap 来控制。在启动虚拟机过程中,会多次调用系统命令；调用命令时,会使用 Rootwrap 命令进行封装,这个命令在每次允许过程中,都会加载命令白名单(允许 Nova 组件执行命令的列表配置文件),最终调用实际命令运行,额外耗时 100ms 左右。

解决思路：通过 Rootwrap Daemon 机制来解决,启动一个 Rootwrap Daemon 专门接收执行命令的请求,节省每次加载白名单的时间。

第 10 章 云计算环境多网络配置

云计算环境可能会有多个网络，不管是在公有云、私有云，还是在混合云，网络都是非常重要的一项设计和配置，关系到整个系统的安全性及数据业务的实现。基于不同的云计算环境，以及不同的安装部署方式，配置文件的目录可能有略微的区别，第 9 章均提到对应的配置文件目录和日志文件目录，需要找到对应的配置文件进行配置。要实现网络的隔离，不仅需要在软件层面上进行相应的配置，也需要结合物理设备进行实现，例如交换机、网线等设备。本章主要实现 4 种网络的配置，包括管理网、外部网、数据网和远控网。

10.1 控制节点网络配置

基于本书进行的节点划分和云计算环境安装，所有的控制节点都需要进行网络配置。

主要修改 ml2_conf.ini 配置文件中的一些配置项，配置项 br-data 数据网 VLAN 范围的配置如下：

```
[ml2_type_vlan]
network_vlan_ranges = physnet1:1001:1200
```

这里配置 VLAN 的使用范围，属于数据网的隔离，采用 VLAN 的方式进行数据分离，需要到对应网口连接的网线的交换机上建立对应的 VLAN。

网桥映射关系配置如下：

```
[ovs]
bridge_mappings = extnet:br-ex,physnet1:br-data,physnet2:br-vnc
```

需要注意的是，这里指定了对应的网桥映射关系，并没有创建对应的网桥，因此需要在 OVS 中进行配置，并将相应的物理网口添加到对应的网桥上。

最后完整的配置示例代码如下：

```
[ml2]
type_drivers = flat,vlan,vxlan
```

```
tenant_network_types = vxlan,vlan,flat
mechanism_drivers = openvswitch,l2population
extension_drivers = port_security

[ml2_type_vlan]
network_vlan_ranges = physnet1:1001:1200

[ml2_type_flat]
flat_networks = *

[ml2_type_vxlan]
vni_ranges = 1:1000

[securitygroup]
firewall_driver = neutron.agent.Linux.iptables_firewall.OVSHybridIptablesFirewallDriver

[agent]
tunnel_types = vxlan
l2_population = true
arp_responder = true
enable_distributed_routing = True

[ovs]
bridge_mappings = extnet:br - ex,physnet1:br - data,physnet2:br - vnc
integration_bridge = br - int
datapath_type = system
ovsdb_connection = tcp:127.0.0.1:6640
local_ip = 10.95.94.74
```

如果是基于容器化部署的OpenStack，则需要把所有组件下的配置文件修改为类似上面的主要内容，例如neutron_metadata_agent组件及neutron_server组件下的配置文件，不能漏掉了配置文件，否则会导致相同功能的组件的配置不一样，从而导致配置不生效或者异常。

查看OVS网桥关系，命令如下：

```
ovs - vsctl show
```

需要注的是，如果使用的是以Kolla-Ansible方式安装部署的云计算环境，则上面一条命令需要在控制节点进入对应的容器中执行，进入对应容器的命令如下：

```
docker exec - it - u root neutron_openvswitch_agent bash
```

查看映射关系，有一点需要注意，如果配置默认用VLAN，则会看到br-data相关的信息；如果配置默认用VxLAN，则会看到br-tun相关的信息，其他的配置没有存在的网桥，可以通过手动加入，例如创建远控网桥物理映射关系，命令如下：

```
ovs-vsctl add-br br-vnc
ovs-vsctl add-port br-vnc enp175s0f3
```

类似地，创建数据网桥物理映射关系，命令如下：

```
ovs-vsctl add-br br-data
ovs-vsctl add-port br-data enp175s0f2
```

这里需要注意的是添加的物理网卡的名称不能相同，每个网卡的网线连接到交换机上。

最后重启对应的服务，命令如下：

```
systemctl restart $(systemctl list-unit-files |grep neutron | grep enabled | awk '{print $1}')
```

或者重启对应的容器，命令如下：

```
docker restart neutron_openvswitch_agent
```

10.2 计算节点网络配置

基于本书进行的节点划分和云计算环境安装，所有的计算节点都需要进行网络配置。

主要修改 ml2_conf.ini 配置文件中的一些配置项，配置项 br-data 数据网 VLAN 范围的配置如下：

```
[ml2_type_vlan]
network_vlan_ranges = physnet1:1001:1200
```

这里配置 VLAN 的使用范围，需要跟控制节点上的配置一致。

网桥映射关系配置如下：

```
[ovs]
bridge_mappings = extnet:br-ex,physnet1:br-data,physnet2:br-vnc
```

这里指定了对应的网桥映射关系，并没有创建对应的网桥，因此需要在 OVS 中进行配置，并将相应的物理网口添加到对应的网桥上。

其他配置均与控制节点类似，完整配置文件的示例代码如下：

```
[ml2]
type_drivers = flat,vlan,vxlan
tenant_network_types = vxlan,vlan,flat
```

```
mechanism_drivers = openvswitch,l2population
extension_drivers = port_security

[ml2_type_vlan]
network_vlan_ranges = physnet1:1001:1200

[ml2_type_flat]
flat_networks = *

[ml2_type_vxlan]
vni_ranges = 1:1000

[securitygroup]
firewall_driver = neutron.agent.Linux.iptables_firewall.OVSHybridIptablesFirewallDriver

[agent]
tunnel_types = vxlan
l2_population = true
arp_responder = true
enable_distributed_routing = True

[ovs]
bridge_mappings = extnet:br-ex,physnet1:br-data,physnet2:br-vnc
integration_bridge = br-int
datapath_type = system
ovsdb_connection = tcp:127.0.0.1:6640
local_ip = 10.95.94.73
```

最后在OVS中创建相应的网桥，并重启对应的服务或者容器使配置生效。

10.3 交换机VLAN配置

不同交换机的命令可能略微有点区别，但大致是一样的。可以先查看交换机的版本信息，命令如下：

```
show version
```

类似的版本信息如下：

```
H3C Comware Software, Version 7.1.070, Release 1309P05
Copyright (c) 2004-2018 New H3C Technologies Co., Ltd. All rights reserved.
H3C S5130-54C-HI uptime is 5 weeks, 4 days, 0 hours, 18 minutes
Last reboot reason : Cold reboot
```

```
Boot image: flash:/s5130hi-cmw710-boot-r1309p05.bin
Boot image version: 7.1.070, Release 1309P05
  Compiled May 17 2018 11:00:00
System image: flash:/s5130hi-cmw710-system-r1309p05.bin
System image version: 7.1.070, Release 1309P05
  Compiled May 17 2018 11:00:00


Slot 2:
Uptime is 5 weeks,4 days,0 hours,18 minutes
S5130-54C-HI with 2 Processor
BOARD TYPE:          S5130-54C-HI
DRAM:                1984M Bytes
FLASH:               512M Bytes
PCB 1 Version:       VER.A
Bootrom Version:     126
CPLD 1 Version:      003
Release Version:     H3C S5130-54C-HI-1309P05
Patch Version :      None
Reboot Cause :       ColdReboot
[SubSlot 0] 48GE+4SFP Plus
```

命令格式如下：

```
#创建 VLAN
vlan 55

#添加端口
port GE2/0/13
port GE2/0/7
port GE2/0/10
quit
```

查看创建的 VLAN,命令如下：

```
show vlan 55
```

类似的内容如下：

```
VLAN ID: 55
VLAN type: Static
Route interface: Not configured
Description: VLAN 0055
Name: VLAN 0055
```

```
Tagged ports: None
Untagged ports:
    GigabitEthernet2/0/7          GigabitEthernet2/0/10
GigabitEthernet2/0/13
```

命令格式如下：

```
#创建 VLAN
vlan 66

#添加端口
port GE2/0/16
port GE2/0/6
port GE2/0/12
quit
```

查看创建的 VLAN，命令如下：

```
show vlan 66
```

类似的内容如下：

```
VLAN ID: 66
VLAN type: Static
Route interface: Not configured
Description: VLAN 0066
Name: VLAN 0066
Tagged ports: None
Untagged ports:
    GigabitEthernet2/0/6          GigabitEthernet2/0/12
    GigabitEthernet2/0/15
```

命令格式如下：

```
#创建 VLAN
vlan 1000 to 1200

interface GE2/0/14
port link - type trunk
port trunk permit vlan 1000 to 1200
quit

interface GE2/0/8
port link - type trunk
```

```
port trunk permit vlan 1000 to 1200
quit

interface GE2/0/11
port link - type trunk
port trunk permit vlan 1000 to 1200
quit

write
```

查看其中任意一个创建的 VLAN,命令如下:

```
show vlan 1099
```

类似的内容如下:

```
VLAN ID: 1099
VLAN type: Static
Route interface: Not configured
Description: VLAN 1099
Name: VLAN 1099
Tagged ports:
    GigabitEthernet2/0/8        GigabitEthernet2/0/11
    GigabitEthernet2/0/14
Untagged ports: None
```

10.4 查看网络环境配置

登录交换机,查看服务器网卡和交换机端口的对应信息,命令格式如下:

```
sys
display mac - address
```

需要注意的是,通过 display mac-address 方式查看会有老化问题,不一定能查到需要的信息,可以通过 lldpd 方式在服务器上查询。

分别登录到每台与交换机相连的服务器,通过 lldpd 方式查看,命令如下:

```
yum - y install lldpd
systemctl enable -- now lldpd
lldpcli show neighbors
```

最后,把获取的对应信息进行统计和计算,方便后续开发及调试,得到网卡和交换机端口的对应关系，见表 10-1。

表 10-1　交换机服务器配置关联信息

节点名称	网卡名称	MAC 地址	交换机端口	所属 VLAN
control01	enp175s0f0	b4:05:5d:fa:97:e3	GigabitEthernet1/0/31	1
	enp175s0f1	b4:05:5d:fa:97:e4	GigabitEthernet2/0/13	55
	enp175s0f2	b4:05:5d:fa:97:e5	GigabitEthernet2/0/14	1001:1200
	enp175s0f3	b4:05:5d:fa:97:e6	GigabitEthernet2/0/15	66
compute01	enp175s0f0	b4:05:5d:fa:97:df	GigabitEthernet1/0/19	1
	enp175s0f1	b4:05:5d:fa:97:e0	GigabitEthernet2/0/7	55
	enp175s0f2	b4:05:5d:fa:97:e1	GigabitEthernet2/0/8	1001:1200
	enp175s0f3	b4:05:5d:fa:97:e2	GigabitEthernet2/0/6	66
compute02	enp175s0f0	b4:05:5d:fa:98:3b	GigabitEthernet1/0/29	1
	enp175s0f1	b4:05:5d:fa:98:3c	GigabitEthernet2/0/10	55
	enp175s0f2	b4:05:5d:fa:98:3d	GigabitEthernet2/0/11	1001:1200
	enp175s0f3	b4:05:5d:fa:98:3e	GigabitEthernet2/0/12	66

由此可以清楚地看到服务器的 4 个网卡分别被划分到不同的网络，即管理网、外部网、数据网和远控网，网络之间可以进行隔离，以达到更高的安全性或实现相关的业务性需求，可以把不同的网络进行合并，例如管理网和外部网可以合并在一起使用，具体可根据业务需求和具有的硬件条件进行决策。

10.5　OpenStack 网络配置

在浏览器访问控制节点的 IP 地址，或者配置 OpenStack 集群的代理 IP 地址，例如 kolla_internal_vip_address 设置的 IP 地址，之后登录 OpenStack 管理界面，如图 10-1 所示。

图 10-1　OpenStack 登录界面

用户名和密码均在部署 OpenStack 时选中的控制节点上的配置文件中，也可以在部署时选中的控制节点上用下面的命令快速查看：

```
cat ~/admin-openrc.sh
```

或者

```
cat ~/keystonerc_admin
```

类似的内容如下：

```
# Clear any old environment that may conflict.
for key in $( set | awk '{FS="="} /^OS_/ {print $1}' ); do unset $key ; done
export OS_PROJECT_DOMAIN_NAME=Default
export OS_USER_DOMAIN_NAME=Default
export OS_PROJECT_NAME=admin
export OS_TENANT_NAME=admin
export OS_USERNAME=admin
export OS_PASSWORD=EDc0uG5EORvrGSHagXqqaeJ0V3PYuAhxSm15Hedi
export OS_AUTH_URL=http://10.95.94.250:35357/v3
export OS_INTERFACE=internal
export OS_ENDPOINT_TYPE=internalURL
export OS_IDENTITY_API_VERSION=3
export OS_REGION_NAME=RegionOne
export OS_AUTH_PLUGIN=password
```

输入用户名和密码进行登录，登录成功之后，如图 10-2 所示，可以对 OpenStack 中的相应资源进行管理，包括存储、网络、虚拟机和容器等。

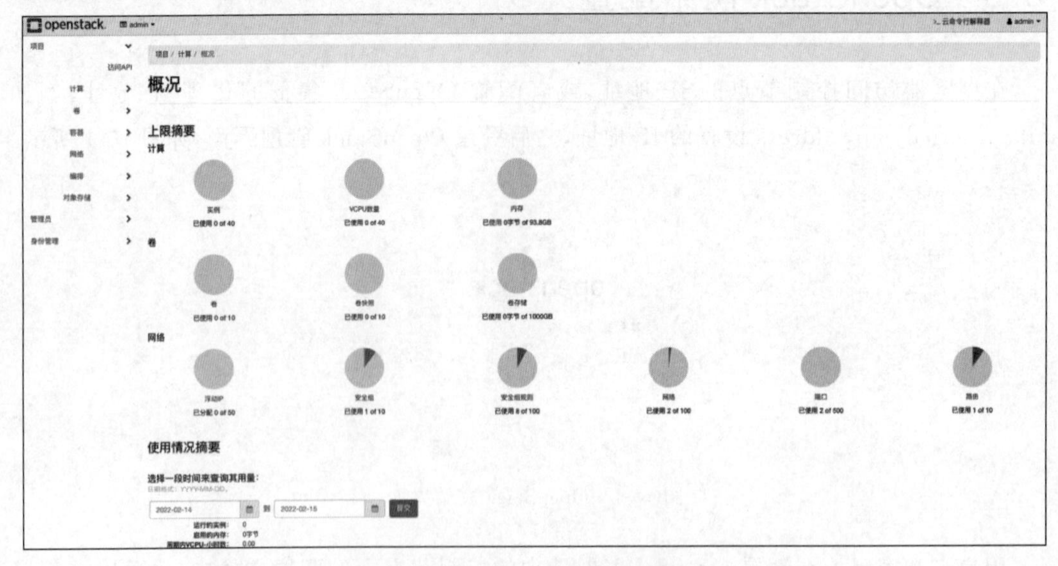

图 10-2　OpenStack 资源管理界面

1. 创建外部网络

(1) 单击“管理员”下面的“网络”,展开后选择“网络”菜单,如图 10-3 所示,单击右边的“创建网络”按钮进行创建网络。

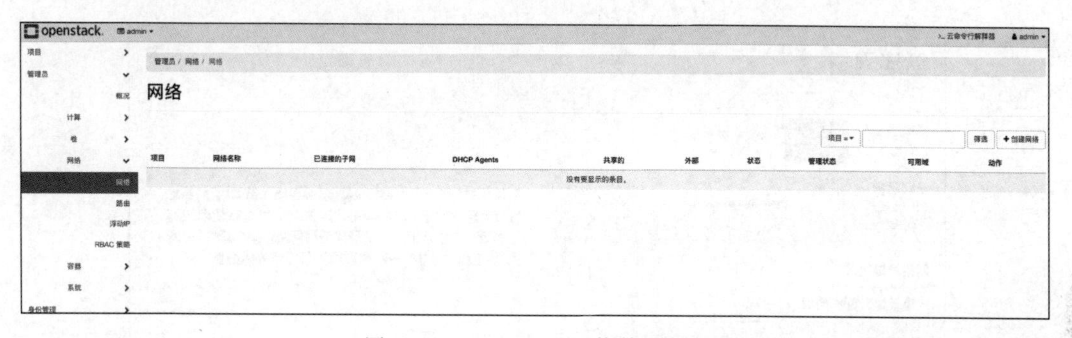

图 10-3 OpenStack 网络管理界面

(2) 实现如图 10-4 所示的配置,需要注意的是“物理网络”是前面配置过的网桥映射里面的名称,配置完成后,单击“下一步”按钮。

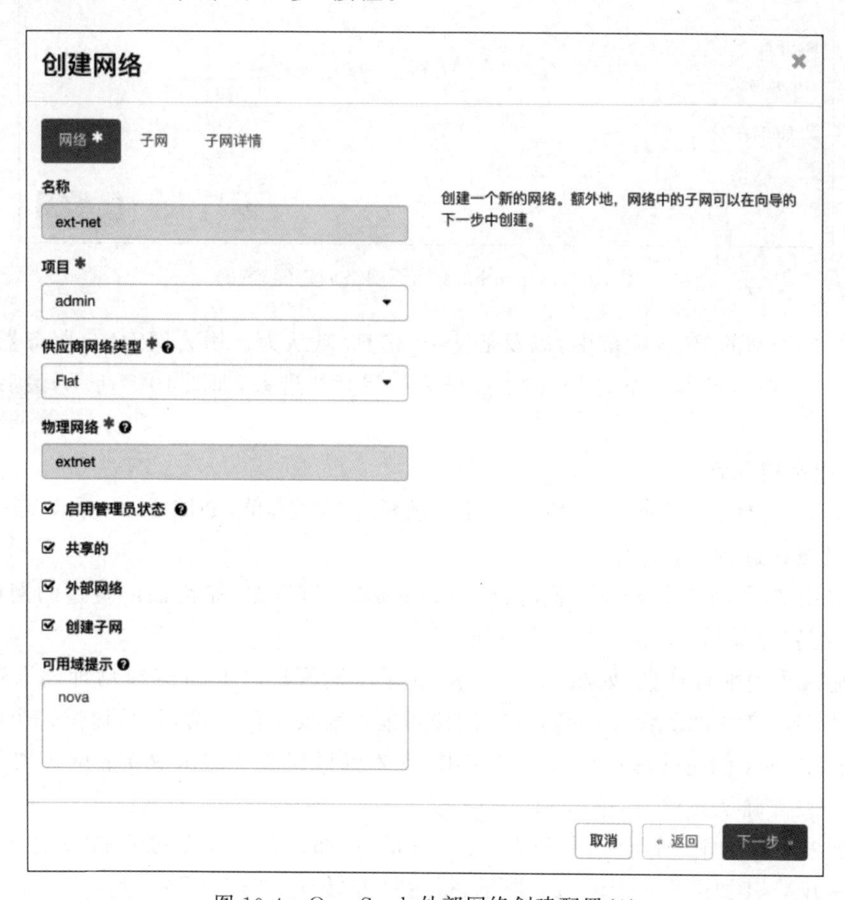

图 10-4 OpenStack 外部网络创建配置(1)

(3) 输入子网配置信息,如图 10-5 所示,这里子网网段要与对应的物理网卡连接的交换机或路由器所在的网段保持一致,这样才能正常地访问外部网络;网关要与实际的网关配置一致。确认无误后,单击"下一步"按钮。

图 10-4 OpenStack 外部网络创建配置(2)

(4) 配置子网的 IP 分配范围,以及 DNS 等信息,默认为通用公网 DNS 服务器地址,如果公司有专门的 DNS 服务器,则要在下面列表中将其加进去,如图 10-5 所示,最后单击"创建"按钮。

2. 创建远控网络

(1) 单击"管理员"下面的"网络",展开后选择"网络"菜单,如图 10-3 所示,单击右边的"创建网络"按钮进行创建网络。

(2) 实现如图 10-6 所示的配置,需要注意的是"物理网络"是前面配置过的网桥映射里面的名称,配置完成后,单击"下一步"按钮。

(3) 输入子网配置信息,如图 10-7 所示,这里子网网段要与对应的物理网卡连接的交换机或路由器所在的网段保持一致,这个网段可能不需要访问外网,只是提供一个网络供远程连接 OpenStack 创建的虚拟机或容器使用,具体可根据业务需求决定;网关要与实际的网关配置一致。确认无误后,单击"下一步"按钮。

(4) 配置子网的 IP 分配范围,以及 DNS 等信息,如果公司有专门的 DNS 服务器,则要在下面列表中将其加进去,如图 10-8 所示,最后单击"创建"按钮。

图 10-5　OpenStack 外部网络创建配置(3)

图 10-6　OpenStack 远控网络创建配置(1)

图 10-7　OpenStack 远控网络创建配置(2)

图 10-8　OpenStack 远控网络创建配置(3)

第 11 章 Zun 组件功能开发与配置

由于 Zun 组件发展的时间相对于其他组件来讲不是很长，功能支持方面没有 Nova 组件成熟，在 T 版本中，有些类似 Nova 组件功能的实现还没有实现，即使在最新的 X 版本中也没有实现，需要对源代码进行修改和调整才能实现。下面主要结合实际项目开发的需要进行修改和配置。

11.1 容器时间信息

通过 zun show uuid 或者 openstack appcontainer show uuuid 命令查看容器详情返回的信息，但不包括容器的创建时间及更新时间等信息。这对二次开发和监测容器的状态(例如重启状态)是非常不友好的，因此可以通过修改源代码的方式实现。

首先查看 Zun 数据库中的数据表是否设计了与时间相关的项，在控制节点登录 OpenStack 的 MySQL 数据库，命令如下：

```
mysql -uroot -p71410324ed24477f
use zun;
show tables;
desc container;
quit;
```

在 Zun 数据库中找到与容器信息相关的数据表 container，查看容器表的结构设计，如图 11-1 所示。

可以看到 Zun 数据库在设计之初容器信息有与时间相关的项，查看 Zun 组件的源代码，发现只是在 API 层面没有获取与时间相关的信息，因此只需修改 Zun 组件 API 中用于获取容器信息的相关源代码。

在 Zun 组件控制节点，修改 Zun 组件的源代码，命令如下：

```
vim /usr/local/lib/python3.6/site-packages/zun/api/controllers/v1/views/containers_
view.py
```

```
+-------------------+--------------+------+-----+---------+----------------+
| Field             | Type         | Null | Key | Default | Extra          |
+-------------------+--------------+------+-----+---------+----------------+
| created_at        | datetime     | YES  |     | NULL    |                |
| updated_at        | datetime     | YES  |     | NULL    |                |
| id                | int(11)      | NO   | PRI | NULL    | auto_increment |
| project_id        | varchar(255) | YES  |     | NULL    |                |
| user_id           | varchar(255) | YES  |     | NULL    |                |
| uuid              | varchar(36)  | YES  | UNI | NULL    |                |
| name              | varchar(255) | YES  |     | NULL    |                |
| image             | varchar(255) | YES  |     | NULL    |                |
| command           | text         | YES  |     | NULL    |                |
| status            | varchar(20)  | YES  |     | NULL    |                |
| environment       | text         | YES  |     | NULL    |                |
| container_id      | varchar(255) | YES  |     | NULL    |                |
| memory            | varchar(255) | YES  |     | NULL    |                |
| task_state        | varchar(20)  | YES  |     | NULL    |                |
| cpu               | float        | YES  |     | NULL    |                |
| workdir           | varchar(255) | YES  |     | NULL    |                |
| ports             | text         | YES  |     | NULL    |                |
| hostname          | varchar(255) | YES  |     | NULL    |                |
| labels            | text         | YES  |     | NULL    |                |
| status_reason     | text         | YES  |     | NULL    |                |
| image_pull_policy | text         | YES  |     | NULL    |                |
| meta              | text         | YES  |     | NULL    |                |
| addresses         | text         | YES  |     | NULL    |                |
| host              | varchar(255) | YES  |     | NULL    |                |
| restart_policy    | text         | YES  |     | NULL    |                |
| status_detail     | varchar(50)  | YES  |     | NULL    |                |
| image_driver      | text         | YES  |     | NULL    |                |
| interactive       | tinyint(1)   | YES  |     | NULL    |                |
| websocket_url     | varchar(255) | YES  |     | NULL    |                |
| websocket_token   | varchar(255) | YES  |     | NULL    |                |
| security_groups   | text         | YES  |     | NULL    |                |
| auto_remove       | tinyint(1)   | YES  |     | NULL    |                |
| runtime           | varchar(32)  | YES  |     | NULL    |                |
| disk              | int(11)      | YES  |     | NULL    |                |
| auto_heal         | tinyint(1)   | YES  |     | NULL    |                |
| capsule_id        | int(11)      | YES  |     | NULL    |                |
| started_at        | datetime     | YES  |     | NULL    |                |
| privileged        | tinyint(1)   | YES  |     | NULL    |                |
| healthcheck       | text         | YES  |     | NULL    |                |
| exposed_ports     | text         | YES  |     | NULL    |                |
| cpu_policy        | varchar(255) | YES  |     | NULL    |                |
| cpuset            | text         | YES  |     | NULL    |                |
| registry_id       | int(11)      | YES  | MUL | NULL    |                |
| container_type    | int(11)      | YES  | MUL | 0       |                |
| tty               | tinyint(1)   | YES  |     | NULL    |                |
+-------------------+--------------+------+-----+---------+----------------+
45 rows in set (0.076 sec)
```

图 11-1　容器数据表结构

在_basic_keys 的末尾添加以下内容：

```
'created_at',
'updated_at',
```

最后，重启计算节点上 Zun 组件的相关服务或者重启相应的容器，使配置生效，再次查看容器详情进行验证。

11.2 容器远程登录

首先在容器镜像中需要安装好SSH服务，并保证容器启动时能够自动加载并运行SSH服务，不同种类的容器安装SSH服务的方式不一样，同一种容器启动脚本的方式多种多样，可以查阅相关资料或者选择熟悉的方式进行安装，如何制作一个容器镜像，后续会详细地进行介绍。

这里重点研究的是容器镜像打包好以后，如果作为公有镜像，则可能会有很多人使用，如果不知道容器镜像制作时所设置的密码，则无法登录。可以像阿里云的虚拟机服务器一样，同一种操作系统的镜像只有一个，当购买了虚拟云服务器以后，为不同的用户生成不同的远程登录密码。与虚拟云服务器不一样的是，容器没有通过cloud-init密码注入的方式实现对容器密码的修改，也没有支持相关的参数去实现，但是可以通过其他方式实现。

容器是一个轻量级的虚拟化环境，可以通过容器创建并在运行时执行相关的命令来达到修改密码的目的，Zun容器组件支持命令的执行，因此可以通过API增加相应的命令来完成，类似的command参数内容如下：

```
sh -c " echo 'root:123456' | chpasswd "
```

以上内容作为一个整体在容器创建或运行时，传入参数command执行，需要注意的是，这里的密码是“123456”，如果是其他复杂的密码，则需要对特殊字符加入反斜杠“\”进行转义，例如“$”“!”“%”等。

11.3 容器资源超分

在Nova组件中，可以为CPU、Memory、Disk配置超分比例，从而达到更高的资源利用率，但是在T版本中，Zun组件对此还没有完全支持，即使在zun.conf配置文件中配置了，也不会生效，因此要想实现Zun组件对物理资源的超分，则需要修改源代码实现。对Zun组件的源代码进行修改，并且均在Zun组件的计算节点上完成。

对CPU资源的超分，编辑对应的源代码文件，命令如下：

```
vim /usr/local/lib/python3.6/site-packages/zun/container/docker/driver.py
```

主要修改CPU的大小，大致在1087行，内容如下：

```
cpus = info['NCPU']
```

根据物理服务器的性能及业务的需要设置超分倍数，一般为16，修改后的内容如下：

```
cpus = info['NCPU'] * 16
```

对 Memory 资源的超分，编辑对应的源代码文件，命令如下：

```
vim /usr/local/lib/python3.6/site-packages/zun/container/os_capability/host_capability.py
```

主要修改 Memory 的大小，大致在 66 行，内容如下：

```
mem_total = m[idx1 + 1]
```

根据物理服务器的性能及业务的需要设置超分倍数，一般为 1.5，修改后的内容如下：

```
mem_total = float(m[idx1 + 1]) * 1.5
```

对 Disk 资源的超分，编辑对应的源代码文件，命令如下：

```
vim /usr/local/lib/python3.6/site-packages/zun/container/docker/host.py
```

主要修改 Disk 的大小，大致在 59 行，内容如下：

```
default_base_size = float(default_base_size.strip('GB'))
```

根据业务的需要设置超分倍数，一般为 1，即默认不设置超分。当设置了超分时，如果磁盘用满，则会导致数据丢失，这在生产环境中是一个非常严重的问题，如果对业务有足够的了解或者有相应的应对措施，则可以进行超分，修改后的内容如下：

```
default_base_size = float(default_base_size.strip('GB')) * 1
```

11.4 容器磁盘限制

在 Zun 组件中，支持 CPU、Memory、Disk 限制大小，也就是在创建容器时可指定相关的参数，默认容器对 Disk 没有限制，这是不安全的，可能会导致磁盘被某一个容器应用无限占用或者被攻击写盘。如果通过 Zun 组件的 disk 参数限制磁盘大小，则需要 Docker 支持才能实现，Zun 组件的底层调用 Docker 实现容器的管理，Docker 默认为不支持对每个容器进行磁盘资源限额，即 Docker 默认为不支持磁盘目录配额，需要修改相应的 Docker 存储驱动才能实现，这样 Docker 才支持限制磁盘使用大小，从而用 Zun 组件控制 Docker 创建容器才有意义。每种服务器 Linux 系统支持的文件驱动格式不完全一样，见表 11-1，官方推荐所有的系统都使用 overlay2 存储驱动，所有系统都支持，方便管理和使用，具体的使用方法可以参考官网说明，网址为 https://docs.docker.com/storage/storagedriver/。本次搭建的服务器系统采用 CentOS 系统，选用 zfs 存储驱动，zfs 有很多高级的功能，例如按需分配、快照等，适合 PaaS 和高密度场景，而且目前性能稳定，可以快速配置和使用。

表 11-1　Linux 支持的 Docker 磁盘驱动

Linux 发行版本	推荐存储驱动	支持存储驱动
Ubuntu	overlay2	overlay、devicemapper、aufs、zfs、vfs
Debian	overlay2	overlay、devicemapper、aufs、vfs
CentOS	overlay2	overlay、devicemapper、zfs、vfs
Fedora	overlay2	overlay、devicemapper、zfs、vfs
SLES 15	overlay2	overlay、devicemapper、vfs
RHEL	overlay2	overlay、devicemapper、vfs

以下对 Zun 组件的相关修改和配置均在 Zun 组件的计算节点上完成。

首先划一个分区出来，如果服务器有多余的磁盘或分区，则可以不用划分新的分区，划分磁盘分区的命令如下：

```
fdisk /dev/sda
```

主要步骤如下：

(1) 创建新分区，输入 n，并按 Enter 键，进行下一步。

```
命令(输入 m 获取帮助): n
```

(2) 选择分区类型，并按 Enter 键，进行下一步。

```
Partition type:
   p   primary (2 primary, 0 extended, 2 free)
   e   extended
Select (default p): p
```

(3) 设置分区编号，采用默认值，并按 Enter 键，进行下一步。

```
分区号 (3,4,默认 3):
```

(4) 设置起始扇区，采用默认值，并按 Enter 键，进行下一步。

```
起始 扇区 (2325762048 - 2535475199,默认为 2325762048):
```

(5) 设置分区大小，用"+"的方式，注意单位只支持"K、M、G"，输入完成后，按 Enter 键进行下一步。

```
Last 扇区, + 扇区 or + size{K,M,G} (2325762048 - 2535475199,默认为 2535475199): + 2048G
```

需要注意的是，分区的大小应根据服务器的实际磁盘空间及业务需求的预估数据量来定，这里划分出来 2TB 的空间。

（6）保存并退出，输入 w，并按 Enter 键。

```
命令(输入 m 获取帮助):w
```

（7）刷新磁盘分区，命令如下：

```
partprobe
```

将磁盘分区格式修改为 zfs 及将 Docker 的存储修改为 zfs 驱动，命令如下：

```
yum -y install wget

wget -O zfs.sh https://gitee.com/book-info/cloud-compute/blob/master/openstack/zfs.sh

sh zfs.sh -disk_part /dev/sda3
```

等待上面的命令执行完成后，检查是否配置成功，如果没有成功，则可以重复执行，直到成功为止。注意执行过程中是否有错误提示，配置成功后，会看到输出的信息包含如下的类似信息：

```
pool: zpool-docker
state: ONLINE
config:

    NAME          STATE     READ  WRITE  CKSUM
zpool-docker      ONLINE       0      0      0
      sda3        ONLINE       0      0      0

errors: No known data errors

                   capacity       operations      bandwidth
pool            alloc   free     read  write     read  write
----------      -----  -----    -----  -----    -----  -----
zpool-docker    1.94G  1.98T       0      2        1   18.0K

Client:
Context:    default
Debug Mode: false
Plugins:
  app: Docker App (Docker Inc., v0.9.1-beta3)
  buildx: Docker Buildx (Docker Inc., v0.7.1-docker)
  scan: Docker Scan (Docker Inc., v0.12.0)
```

```
Server:
Containers: 3
  Running: 3
  Paused: 0
  Stopped: 0
Images: 2
Server Version: 20.10.12
Storage Driver: zfs
  Zpool: zpool - docker
  Zpool Health: ONLINE
  Parent Dataset: zpool - docker
  Space Used By Parent: 1241088
  Space Available: 2113659539456
  Parent Quota: no
  Compression: off
Logging Driver: json - file
Cgroup Driver: cgroupfs
Cgroup Version: 1
```

注意观察及对比与Zpool相关的信息,以及配置是否符合预期。再次调用Zun组件的API创建Docker容器或者用命令行创建容器都可以指定disk参数,并且每个容器的磁盘大小都会有限制。

11.5 容器多安全组

在Zun组件中,可以在创建容器时通过参数exposed_ports指定需要开放的端口,Zun组件会调用相关的组件创建安全组,等容器运行起来后,可以通过容器的IP地址和开放的端口访问相关的服务。Zun组件也支持通过挂载安全组的方式实现端口的开放,具体是通过Neutron创建好的安全组在容器创建时通过参数security_groups挂载到容器,但是这两者在当前版本中没有被同时支持,即同时使用时,通过指定参数exposed_ports开放端口创建的安全组会被丢弃。如果业务实现需要所有容器创建时挂载一个默认的安全组,然后根据用户的需要增加开放端口,这是一个很合理的需求,在虚拟机上都有实现,但此处不太好实现,可能要写很长的业务逻辑代码才能实现,可能还会对服务方面造成影响,这是没有必要的,可以通过修改Zun组件的部分源代码实现该功能。以下对Zun组件源代码的修改均在Zun组件的控制节点上完成。

在Zun组件的控制节点上编辑对应的源代码文件,命令如下:

```
vim /usr/local/lib/python3.6/site - packages/zun/container/docker/driver.py
```

主要修改容器创建流程中 security_groups 参数的关联,大致在 374 行,内容如下:

```
container.security_groups = [secgroup_id]
```

阅读源代码后,会发现容器创建时指定的 exposed_ports 参数和 security_groups 会以相同的流程运行两次,都通过 Neutron 创建对应的安全组规则实现,因此只需把所有的安全组规则都关联到容器,修改后的内容如下:

```
if container.security_groups:
    container.security_groups.append(secgroup_id)
else:
    container.security_groups = [secgroup_id]
```

需要注意的是在 Python 语言开发中空格是有意义的,需要和原来的代码对齐,保证逻辑的正确性。最后重启 Zun 相关的服务或者重启相关 Zun 容器,让配置生效,后面可以通过参数 exposed_ports 和参数 security_groups 同时指定需要开放的端口或者安全组。

第 12 章

云计算环境镜像上传

云计算环境中镜像文件是虚拟机和应用容器运行的基础，镜像文件基本通过 Glance 组件进行上传存储，并且企业会针对云计算环境进行 Web 开发和功能定制，但其原理类似，即都调用云环境相关组件的 API 实现相关的资源操作，不同的是，在其中可以加入企业需要的相关逻辑，并对 Web 展示进行优化，以便提升用户体验，Web 登录可以在云计算系统创建 ldap 账号登录，镜像文件上传到云计算环境后，每个用户在云环境中选择相应的镜像创建虚拟机或容器，用户也能够在 Web 系统中查看及操作对应的镜像文件，以及调用相关 API 进行部署。

12.1 Web 界面单个镜像上传

（1）通过 Web 界面将文件上传到对象存储，首先登录 Openstack Dashboard，依次单击“项目”→“计算”→“镜像”，如图 12-1 所示。

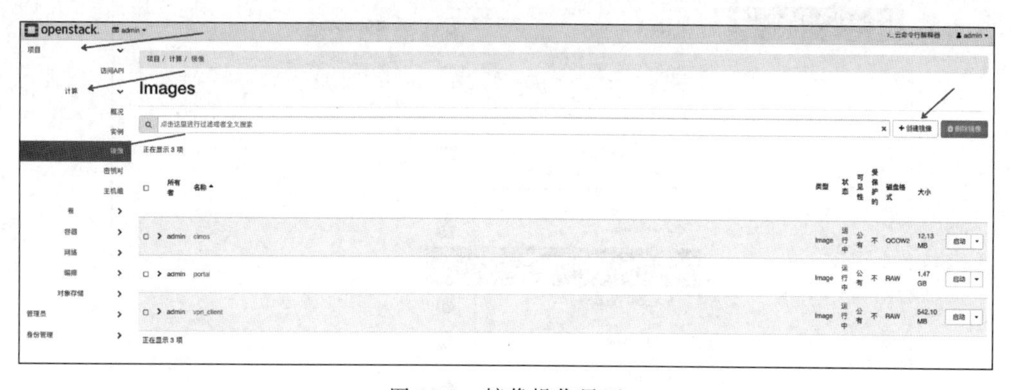

图 12-1　镜像操作界面

（2）单击“创建镜像”按钮新建一个镜像，如图 12-1 所示，输入镜像名称、镜像描述、选择镜像文件、选择镜像类别、设置镜像的可见性等，这里选择“公有”，即所有人可见，如图 12-2 所示，最后单击“下一步”按钮。

（3）在“元数据”配置界面可以根据实际需要进行选择或配置，如果不需要，则可以不用配置，如图 12-3 所示，最后单击“创建镜像”按钮。

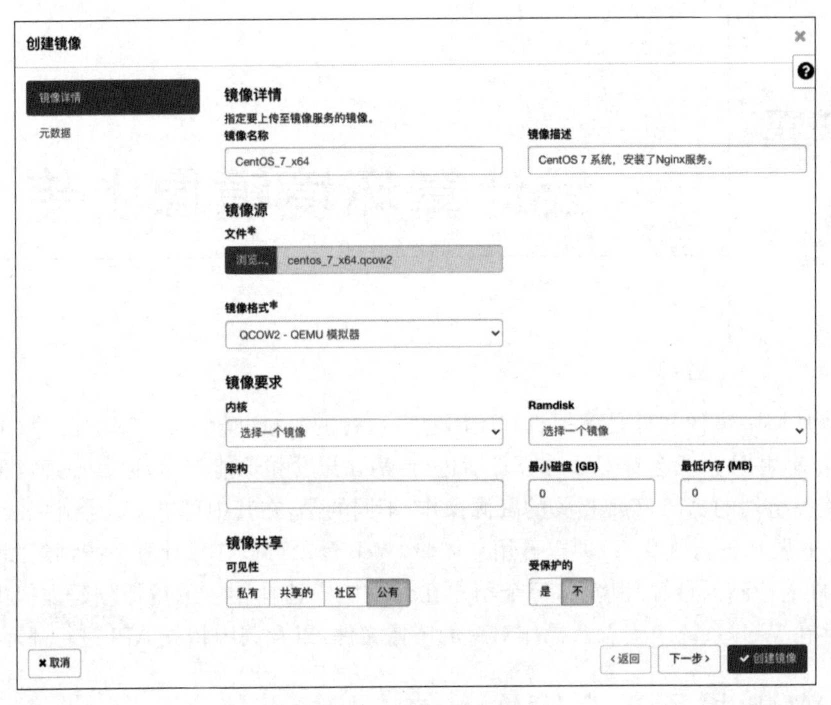

图 12-2　镜像上传界面(1)

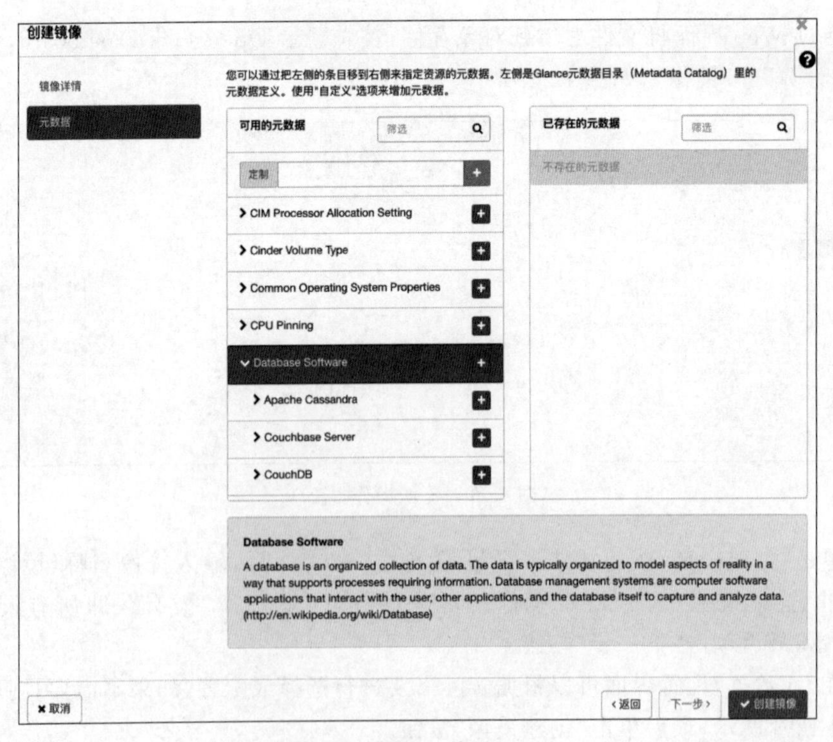

图 12-3　镜像上传界面(2)

(4) 等镜像上传完成以后，即可在镜像列表中查看上传的镜像，如图 12-4 所示。

图 12-4　镜像列表界面

12.2　Shell 脚本批量镜像上传

通过登录 OpenStack Dashboard 上传镜像，有一些不足和局限性：

(1) 不支持上传文件夹。

(2) 不支持批量上传文件。

(3) 不能跟业务系统数据直接关联。

(4) 非常耗时，适合上传少量镜像时使用。

(5) 无法自动获取镜像的系统信息。

在实际项目开发中，有时会遇到这样一个需求，在云计算项目交付中，需要把若干个镜像文件上传到 Glance 中，需要获取不同镜像文件所对应的不同类别、文件名称、文件描述、系统类型等信息，几百个 GB 的镜像文件包含不同的系统类别，文件应按照要求自动上传到 Glance 镜像存储中去。

一种方法是使用 Glance 通过 glance-proxy 提供的 RESTful API 进行镜像上传；另一种方法是使用 Glance 客户端命令进行增、删、改、查操作，可以实现和 RESTful API 相同的功能。两种方法都可以实现对 Glance 的操作，考虑到文件相当大，为了能够尽快把镜像传输到 Glance 中，节省上传镜像的时间，选择使用控制节点本机的 Glance 客户端来进行请求，以达到对镜像的增、删、改、查操作。如果对使用 CURL 方式进行 API 请求上传镜像感兴趣，则可以参考 13.2 节的 swift. sh 脚本实现，大致的原理相似。

本次开发的脚本主要实现了以下功能：

(1) 支持对指定文件夹进行上传。

(2) 支持虚拟机镜像和容器镜像同时上传。

(3) 支持自动检测镜像文件名称信息生成描述信息。

(4) 支持自动识别镜像文件系统类别。

(5) 支持自动计算上传文件的 MD5 值。

(6) 支持自动计算上传文件的 SHA1 值。

(7) 支持自动生成 MySQL 语句,保存在当前目录下的 sql_data.sql 文件中。

(8) 支持自动对已有数据进行自动去重和跳过。

(9) 支持自动生成镜像上传日志信息,保存在当前目录下的 upload_image_info.log 文件中。

(10) 支持在任何 Shell 环境中运行,不依赖任何额外的环境。

(11) 简单配置用户账号、密码和 Glance 链接信息即可使用。

使用脚本上传也不是万能的,需要一些规范或条件:

(1) 需要上传的镜像文件按详细的系统类型名称命名,例如都放在 images 文件夹下,如图 12-5 所示,首先应用容器镜像需要以.docker 为后缀名,虚拟机镜像使用本身的文件后缀名;其次,这些文件要放在云计算环境的一台控制节点服务器上,这是为了方便使用云计算环境系统的客户端命令,同时也为了大大缩短镜像上传的时间。

images

名称	修改日期	大小	种类
centos_7_x64.qcow2	2021年6月17日 下午3:12	1.42 GB	文稿
centos_8_x64.qcow2	2021年6月17日 下午3:09	2.36 GB	文稿
centos7.docker	2021年6月21日 下午8:55	211.7 MB	文稿
cirros.docker	2021年6月17日 下午3:34	13 MB	文稿
cirros.qcow2	2021年6月17日 下午3:33	13.3 MB	文稿
ftp.docker	2022年2月28日 下午6:29	263.3 MB	文稿
kalin_2021_1_english.qcow2	2021年6月17日 上午11:04	4.26 GB	文稿
nps.docker	2021年6月17日 下午3:35	254.4 MB	文稿
tomcat10.docker	2021年6月17日 下午3:39	679.3 MB	文稿
ubuntu_20.04_desktop_amd64.qcow2	2021年6月16日 下午4:05	3.77 GB	文稿
windows_7_professional_amd64.qcow2	2021年6月17日 下午2:45	4.13 GB	文稿
windows_10_enterprise_chinese.qcow2	2021年6月17日 下午2:20	3.45 GB	文稿
windows_server_2008_english.qcow2	2021年6月17日 下午12:37	4.01 GB	文稿
windows_server_2012_english.qcow2	2021年6月17日 下午12:14	4.5 GB	文稿
windows_server_2016_english.qcow2	2021年6月17日 上午11:46	10.96 GB	文稿

图 12-5 多种云计算镜像文件

(2) 在控制节点获取授权信息,导入环境变量,命令如下:

```
source ~/keystonerc_admin
```

或者

```
source ~/admin-openrc.sh
```

不同的云计算部署方式所生成的授权文件名称可能不一样,根据实际的文件名称进行导入即可,其目的是让 OpenStack 相关命令的操作具有访问相关组件服务的权限。

进入需要上传文件夹的上一级目录，如上示例的 images 文件夹的父目录，下载批量上传文件脚本，命令如下：

```
yum install -y wget

wget -O glance.sh https://gitee.com/book-info/cloud-compute/blob/master/openstack/glance.sh
```

批量上传 images 目录下的所有镜像文件，执行的命令如下：

```
sh glance.sh images
```

等上传完成以后，即可在对应的云环境系统上查看对应的镜像文件信息。同时，在当前目录下，会生成 upload_image_info.log 日志文件，记录上传的镜像文件的 Image ID 和所对应的镜像文件，以及生成 sql_data.sql 数据文件，记录镜像的详细信息，例如名称、大小、操作系统类型、镜像 ID、上传时间等。如果需要将镜像上传信息导入所开发的业务系统数据库，则可以将 sql_data.sql 文件复制到合适的服务器，执行的命令如下：

```
mysql -h数据库IP -u账号 -p密码 数据库名称 < sql_data.sql
```

等待导入完成以后，即可在业务系统数据库中查看对应的表及对应镜像数据信息。在执行导入命令时，要注意所处的机器具有访问 MySQL 服务的权限，如果数据库密码中含有特殊字符(例如$、!、%等)，则需要用反斜杠“\”进行转义。

第 13 章 云计算环境上传文件

云计算环境中存储文件的组件有多种，根据业务需求的不同选择合适的技术架构，这里选择了 Swift 对象存储，基本上企业会针对云计算环境进行 Web 开发和功能定制，但其原理类似，即都调用云环境相关组件的 API 实现相关的资源操作，不同的是，在其中可以加入企业需要的相关逻辑，并对 Web 展示进行优化，以便提升用户体验，Web 登录可以在云计算系统创建 ldap 账号登录，设计统一的文件存储环境，每个用户在云环境中创建虚拟机后，能够在虚拟机里通过 Web 服务访问有权限的文件，方便文件的传输、共享和整理。

13.1 Web 界面单个文件上传

（1）通过 Web 界面将文件上传到对象存储，首先登录 Openstack Dashboard，依次单击“项目”→“对象存储”→“容器”，如图 13-1 所示。

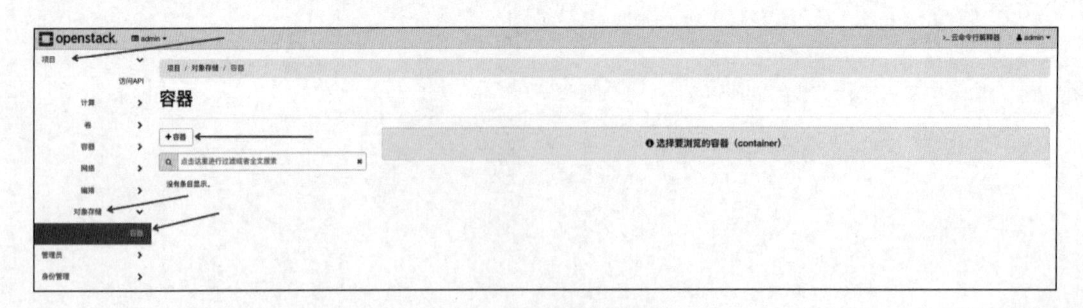

图 13-1　对象存储操作界面

（2）单击“容器”按钮新建一个容器，如图 13-1 所示，输入容器名称、选择容器访问权限等，这里选择“公有”，如图 13-2 所示，最后单击“提交”按钮进行创建。

（3）创建完成后，单击选中创建的容器名称，会得到如图 13-3 所示的信息。

（4）单击“目录”按钮新建一个目录，打开目录新建对话框，输入目录名，如图 13-4 所示，最后单击“创建目录”按钮。

（5）单击选中上一步创建的目录名称，结果如图 13-5 所示。

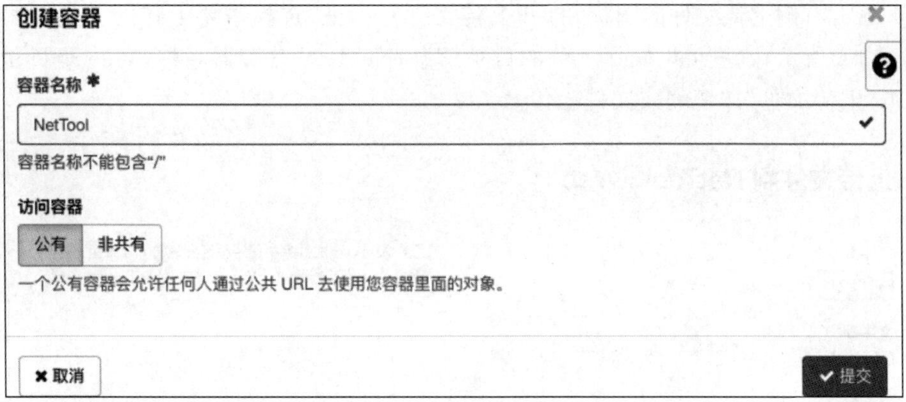

创建容器

容器名称 *

NetTool

容器名称不能包含"/"

访问容器

公有 非共有

一个公有容器会允许任何人通过公共 URL 去使用您容器里面的对象。

取消 提交

图 13-2 存储容器创建界面

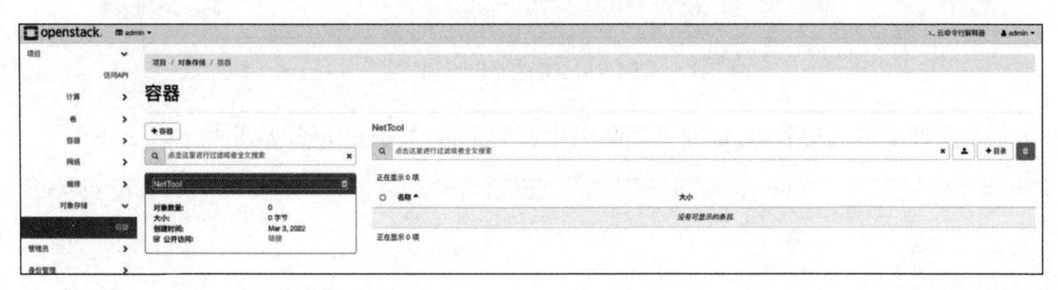

图 13-3 查看存储容器信息

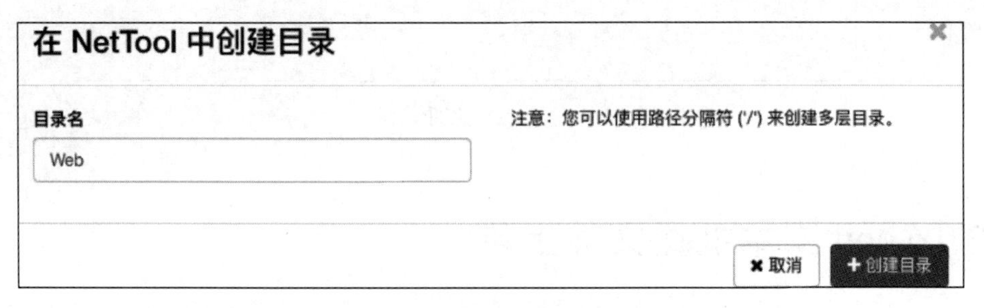

图 13-4 存储目录创建界面

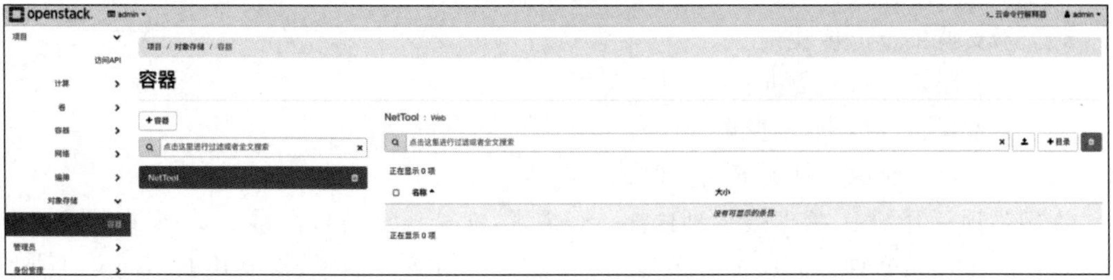

openstack.

容器

NetTool : Web

没有可显示的条目.

图 13-5 存储目录信息查看

(6) 单击右侧上传文件的图标,打开上传文件对话框,选择需要上传的文件,设置文件名,如图 13-6 所示,这里可以确认上传的目录信息,NetTool 是容器名称,Web 是目录名称,最后单击“上传文件”按钮完成文件上传。

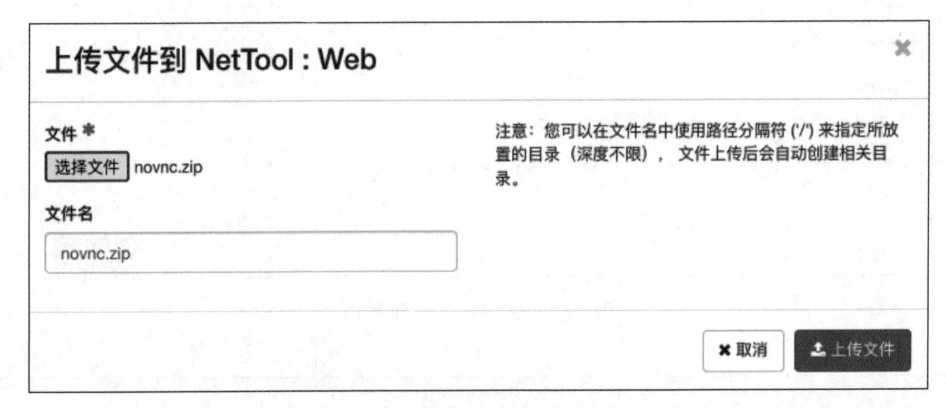

图 13-6 文件上传界面

(7) 文件上传成功后,可以在下面列表中看到上传的文件信息,如图 13-7 所示。

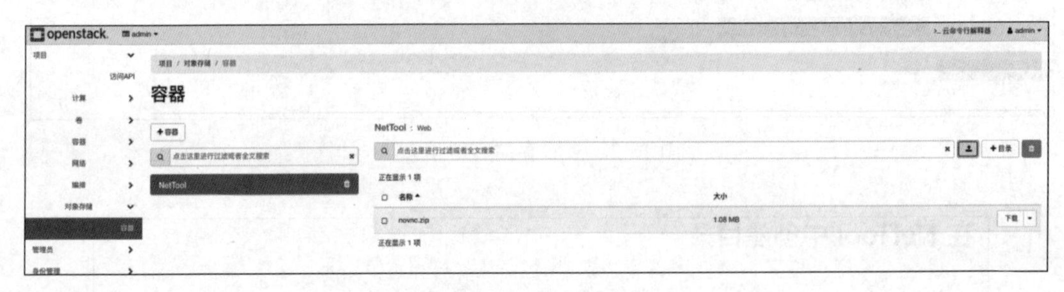

图 13-7 上传文件信息

13.2 Shell 脚本批量文件上传

通过登录 OpenStack Dashboard 上传文件,有一些不足和局限性:

(1) 不支持上传文件夹。

(2) 不支持批量上传文件。

(3) 不能跟业务系统数据直接关联。

(4) 非常耗时,适合上传少量文件时使用。

(5) 无法自动获取文件夹下的文件介绍信息。

在实际项目开发中,有时会遇到这样一个需求,在云计算项目交付中,需要把按照文件夹分类的若干原始文件自动压缩打包后上传到 Swift 对象存储中,需要获取不同文件夹所对应的不同类别、文件名称、文件描述等信息,几十 GB 的若干文件夹包含上百个类别和文件，它们应按照要求自动上传到 Swift 对象存储中去。

一种方法是使用 Swift 通过 swift-proxy 提供的 RESTful API 进行文件上传；另一种方法是使用 Swift 客户端命令进行增、删、改、查操作，可以实现和 RESTful API 相同的功能。两种方法都可以实现对 Swift 的操作，为了使程序更具有通用性和简单性，选择使用 CURL 来进行 Swift 的 API 请求，以达到对文件及容器的增、删、改、查操作。如果对使用 Swift 客户端命令行方式上传文件感兴趣，则可以参考 12.2 节的 glance.sh 脚本实现，大致的原理相似。

本次开发的脚本主要实现了以下功能：

(1) 支持自动压缩文件夹进行上传。

(2) 自动将文件上传到 Swift 指定目录。

(3) 支持自动检测文件介绍信息生成描述信息。

(4) 支持自动生成唯一压缩文件名称。

(5) 支持自动计算上传文件的 MD5 值。

(6) 支持自动计算上传文件的 SHA1 值。

(7) 支持自动生成 MySQL 语句，临时保存在/tmp/sql_data.sql 目录。

(8) 支持自动对已有的数据进行去重和跳过。

(9) 支持自动把 MySQL 语句导入业务数据库。

(10) 支持在任何 Shell 环境中运行，不依赖任何额外的环境。

(11) 简单配置用户账号、密码和 Swift 链接信息即可使用。

使用脚本上传也不是万能的，需要一些规范或条件：

(1) 首先将需要上传的文件夹按类别名称命名，文件夹名称即分类名称，例如都放在 tools 文件夹下，如图 13-8 所示；其次，这些文件要放在能够同时连接到业务系统数据库和云计算环境的一台服务器上，这是为了方便在将文件上传到云计算环境系统时，同时将相关的文件信息记录到业务系统数据库，如果不需要记录到业务系统数据库，则只需把这些文件放在一台可以连接云计算环境的服务器上，并且后续的配置信息可以不写数据库的相关信息。

(2) 同一类需要上传的文件夹存放在同一个类别文件夹下，例如“综合扫描”文件夹下有多个同类型的应用文件夹，如图 13-9 所示。

(3) 需要上传的文件夹，如果有文件介绍信息，则以“.md”“.txt”或者“.rst”为后缀进行存放，例如“坏哥扫描器”下的“url 列表.txt”，如图 13-10 所示。

进入需要上传的文件夹根目录，如上示例的 tools 文件夹下，下载批量上传文件脚本，命令如下：

```
yum install -y wget

wget -O swift.sh https://gitee.com/book-info/cloud-compute/blob/master/openstack/swift.sh
```

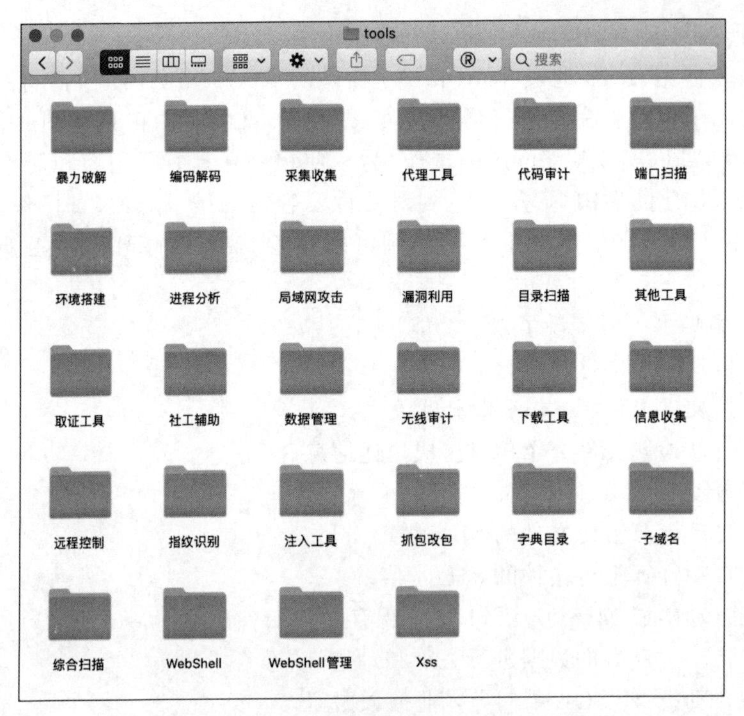

图 13-8　待上传的工具目录

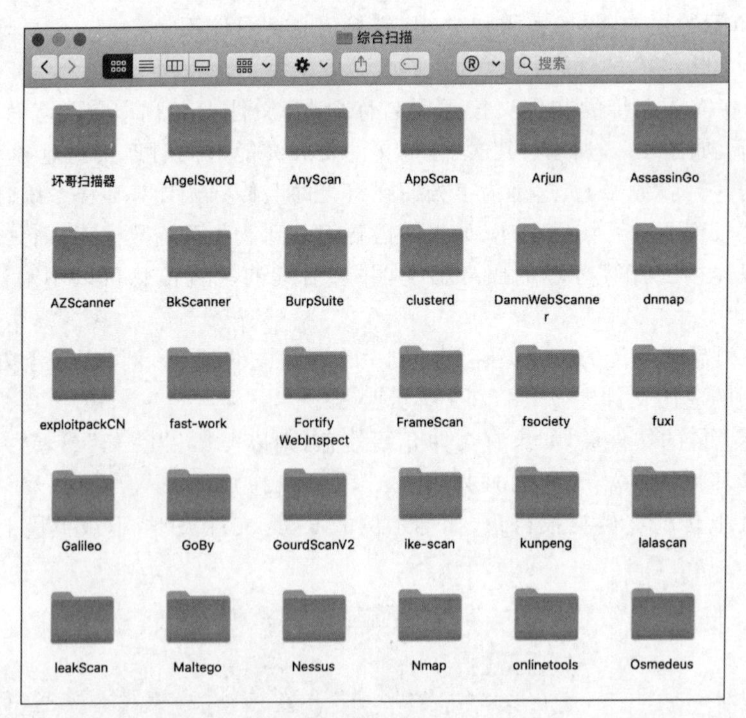

图 13-9　待上传的同类别工具目录

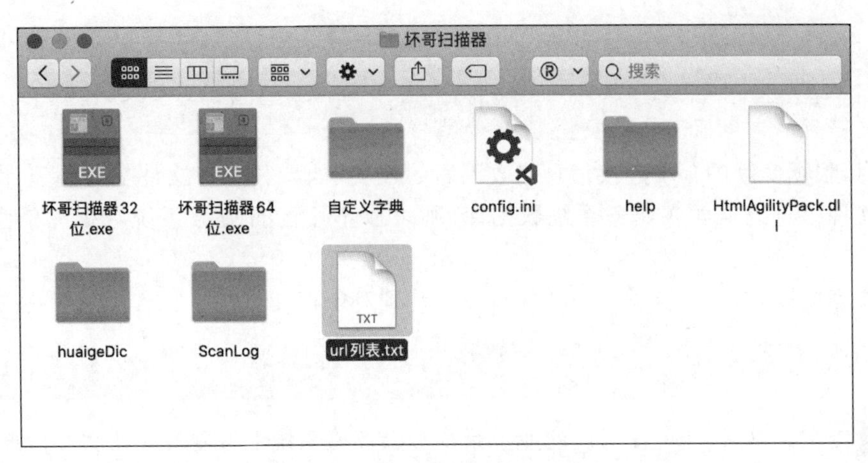

图 13-10　待上传的单个工具目录

修改必要配置信息，命令如下：

```
vim swift.sh
```

需要修改的信息如下：

```
# ===================== 等号包裹的地方需要修改 =======================
#脚本依赖库
yum -y install zip unzip enca url wget
#apt -y install zip unzip enca url wget

#云计算环境登录信息
username='OpenStack 账号'
password='OpenStack 中 admin 账号登录密码或者 Keystone 可以认证的账号和密码'
keystone_url='http://OpenStack 的 IP 地址:5000/v3'
swift_url='http://OpenStack 的 IP 地址:8080/v1'
swift_dir="tools"
domain='Default'
project_name='admin'

#业务系统数据库信息
db_username='业务数据库登录用户'
#如果密码中包含 $、!、% 等特殊字符，则需要用反斜杠进行转义
db_password='业务数据库登录密码'
db_host='业务数据库 IP 地址'
db_name='业务数据库名称'

#注意:需要修改这个符号，这里的"^M"要在 Linux 系统使用"Ctrl+V 再按 Ctrl+M"生成，
#而不是直接键入"^M"
```

```
enter = ^M

# ===================== 等号包裹的地方需要修改 ========================
```

注意，根据实际的环境连接信息修改上面的配置，如果只想将文件上传到云计算环境，不想将文件信息记录插入业务系统数据库，则可以不用配置业务系统数据库信息的相关联接。

配置完成以后，开始自动压缩文件夹并上传到对象存储，命令如下：

```
sh swift.sh
```

等上传完成以后，即可在对应的业务系统和云环境系统上查看对应的文件信息。

第 14 章

云计算环境验证及部署

云计算环境安装完成以后，为了验证云环境的安装和配置，需要对云环境的一些服务状态进行验证，以及部署测试镜像进行流程测试。

14.1 云计算环境验证

云环境的组成部分非常多，有各种组件和服务，大致可以分为三部分，即网络资源、计算资源和存储资源，这些资源对应相关的服务，可以通过验证服务的状态检测云环境的资源状态，确保云环境的资源可用。

1. Neutron 网络资源状态查看

在控制节点上，查看 Neutron 网路资源相关组件的运行状态，命令如下：

```
neutron agent - list
```

出现的信息类似图 14-1 所示。

id	agent_type	host	availability_zone	alive	admin_state_up	binary
0d2ab57f-9364-4914-bd28-394ec6f100c1	L3 agent	gb04.swfz.lfk.cloud.cn	nova	:-)	True	neutron-l3-agent
249b1afb-0727-4243-8c0e-71a764805c9c	Metadata agent	gb04.swfz.lfk.cloud.cn		:-)	True	neutron-metadata-agent
61c4914f-425c-405f-818c-a506e909c08d	Metadata agent	gb05.swfz.lfk.cloud.cn		:-)	True	neutron-metadata-agent
8ae026fb-66aa-4744-96ef-40502194ef42	DHCP agent	gb05.swfz.lfk.cloud.cn	nova	:-)	True	neutron-dhcp-agent
9906555f-426c-4681-ad79-798f1947d4e9	Open vSwitch agent	gb05.swfz.lfk.cloud.cn		:-)	True	neutron-openvswitch-agent
af7d42dd-961b-4300-b1c7-13189b6405c3	L3 agent	gb05.swfz.lfk.cloud.cn	nova	:-)	True	neutron-l3-agent
b35c348a-b3bf-4e74-ad22-07cbbc736726	Open vSwitch agent	gb04.swfz.lfk.cloud.cn		:-)	True	neutron-openvswitch-agent
bb560df5-7a03-421a-8e4f-bc86909ae8d4	Open vSwitch agent	gb03.swfz.lfk.cloud.cn		:-)	True	neutron-openvswitch-agent
c80bef89-d950-437c-b34d-2e5fb8751f99	Metadata agent	gb03.swfz.lfk.cloud.cn		:-)	True	neutron-metadata-agent
fd340892-bcd6-44bc-b4d3-dc8fa029b84b	L3 agent	gb03.swfz.lfk.cloud.cn	nova	:-)	True	neutron-l3-agent

图 14-1　Neutron 组件的运行状态

主要观察各个节点的网络组件的服务状态，即 alive 一栏的状态，如果全部为如图 14-1 所示的笑脸，则代表运行状态正常；如果有的节点不是该状态，则需要根据组件服务日志排查原因，恢复相应的服务。

2. Nova 计算资源状态查看

在控制节点上，查看虚拟机计算节点资源相关组件的运行状态，命令如下：

```
openstack compute service list
```

出现的信息类似图 14-2 所示。

ID	Binary	Host	Zone	Status	State	Updated At
7	nova-scheduler	gb05.swfz.lfk.cloud.cn	internal	enabled	up	2022-03-07T06:43:23.000000
1	nova-conductor	gb05.swfz.lfk.cloud.cn	internal	enabled	up	2022-03-07T06:43:22.000000
5	nova-compute	gb03.swfz.lfk.cloud.cn	nova	enabled	up	2022-03-07T06:43:18.000000
6	nova-compute	gb04.swfz.lfk.cloud.cn	nova	enabled	up	2022-03-07T06:43:18.000000

图 14-2　Nova 组件的运行状态

主要观察各个节点的组件服务状态是否正常，即 State 的状态，如果全部为如图 14-2 所示的 up 状态，则代表运行状态正常；如果有的节点不是该状态，则需要根据组件服务日志排查原因，恢复相应的服务。

3. Zun 计算资源状态查看

在控制节点上，查看容器计算资源相关组件的运行状态，命令如下：

```
openstack appcontainer service list
```

出现的信息类似图 14-3 所示。

Id	Host	Binary	State	Disabled	Disabled Reason	Updated At	Availability Zone
1	gb04.swfz.lfk.cloud.cn	zun-compute	up	False	None	2022-03-07T06:43:23.000000	nova
2	gb03.swfz.lfk.cloud.cn	zun-compute	up	False	None	2022-03-07T06:43:08.000000	nova

图 14-3　Zun 组件的运行状态

主要观察各个节点的组件服务状态是否正常，即 State 的状态，如果全部为如图 14-3 所示的 up 状态，则代表运行状态正常；如果有的节点不是该状态，则需要根据组件服务日志排查原因，恢复相应的服务。

4. Cinder 存储资源状态查看

在控制节点上，查看 Cinder 存储资源相关组件的运行状态，命令如下：

```
cinder service - list
```

出现的信息类似图 14-4 所示。

Binary	Host	Zone	Status	State	Updated_at	Cluster	Disabled Reason	Backend State
cinder-backup	gb05.swfz.lfk.cloud-inc.cn	nova	enabled	up	2022-03-07T07:23:19.000000	-	-	
cinder-scheduler	gb05.swfz.lfk.cloud-inc.cn	nova	enabled	up	2022-03-07T07:23:25.000000	-	-	
cinder-volume	gb05.swfz.lfk.cloud-inc.cn@lvm-1	nova	enabled	up	2022-03-07T07:23:28.000000	-	-	up

图 14-4　Cinder 组件的运行状态

主要观察各个节点的组件服务状态是否正常，即 State 的状态，如果全部为如图 14-4 所示的 up 状态，则代表运行状态正常；如果有的节点不是该状态，则需要根据组件服务日志排查原因，恢复相应的服务。

5. Swift 存储资源状态查看

在控制节点上，查看 Swift 存储资源相关组件的运行状态，命令如下：

```
swift stat
```

出现的信息类似图 14-5 所示。

```
                        Account: AUTH_0c48b15818234a9f8ffb10bd8a6af862
                     Containers: 1
                        Objects: 2
                          Bytes: 1131198
Containers in policy "policy-0": 1
   Objects in policy "policy-0": 2
     Bytes in policy "policy-0": 1131198
    X-Account-Project-Domain-Id: default
         X-Openstack-Request-Id: tx714754d034664b27be1a6-006225b651
                    X-Timestamp: 1646300044.82272
                     X-Trans-Id: tx714754d034664b27be1a6-006225b651
                   Content-Type: application/json; charset=utf-8
                  Accept-Ranges: bytes
```

图 14-5　Swift 组件的运行状态

主要观察是否能够正常查询 Swift 存储资源信息，如果不能获取存储资源信息，则需要根据组件服务日志排查原因，恢复相应的服务。

14.2　Windows 镜像虚拟机部署

（1）依次单击"项目"→"计算"→"实例"菜单，如图 14-6 所示。

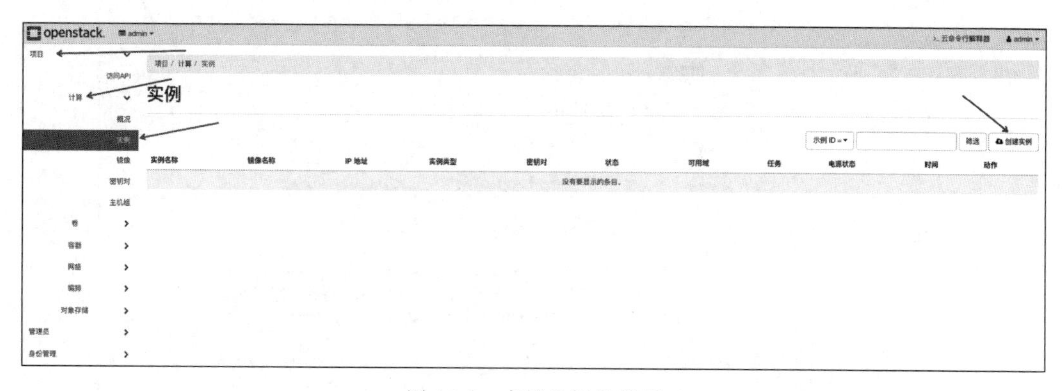

图 14-6　虚拟机操作界面

（2）单击"创建实例"按钮，打开创建实例对话框，如图 14-7 所示，输入实例名称，并单击"下一步"按钮。

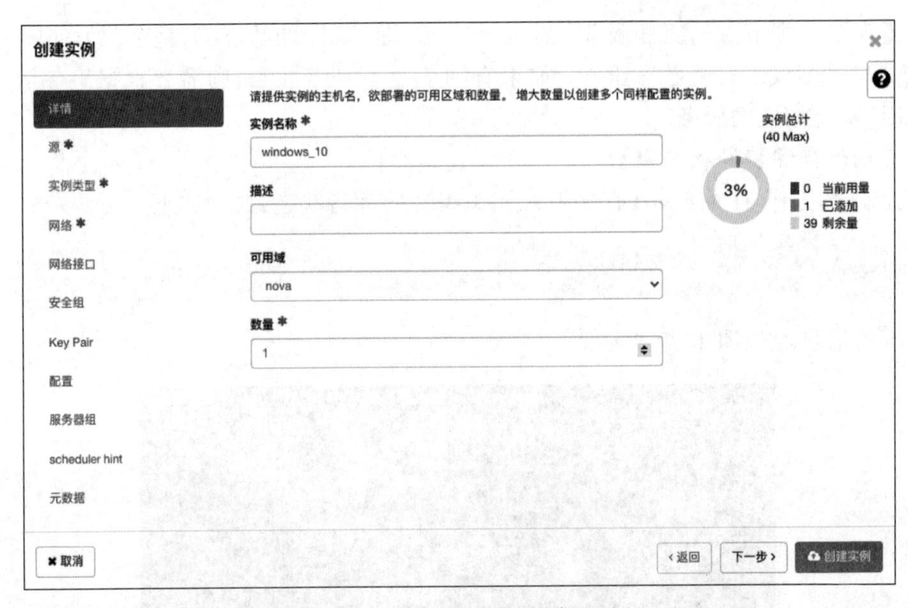

图 14-7　Windows 虚拟机创建界面(1)

(3) 选择镜像,具体的镜像可以先上传到云环境,这里选择 windows_10_enterprise_x64,如图 14-8 所示,然后单击"下一步"按钮。

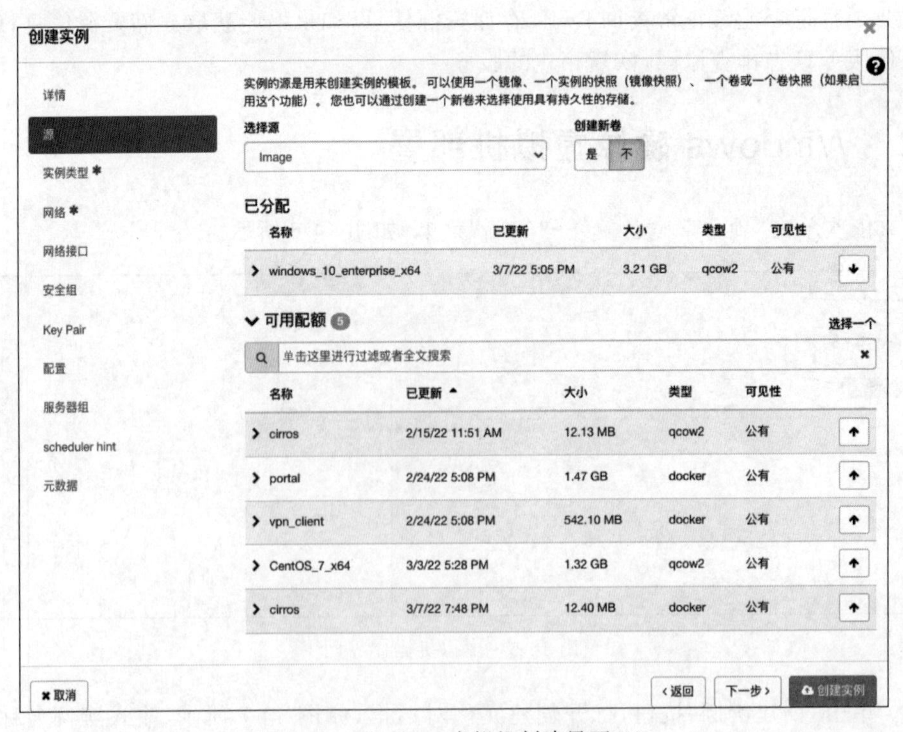

图 14-8　Windows 虚拟机创建界面(2)

(4) 分配硬件配置，这里主要根据操作系统所需要的配置进行选择，当然也可以先定义一些配置模板，系统内置一部分模板，如图 14-9 所示，这里选择 m1.large，即 4 核 CPU、8GB 内存、80GB 硬盘，Windows 系统相比 Linux 系统更加耗内存一些，可以衡量一下部署需求进行分配，选择好硬件配置后单击“下一步”按钮。

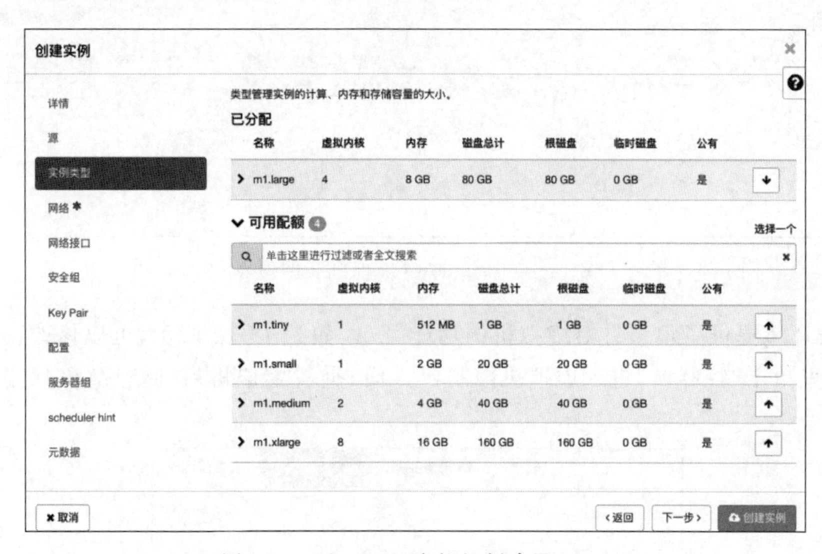

图 14-9 Windows 虚拟机创建界面(3)

(5) 选择需要分配的网络，这里选择创建好的两个网络，如图 14-10 所示，表示会分配两个不同网段的 IP 地址，后续的步骤(例如“网络接口”“安全组”“Key Pair”“配置”“服务器组”“scheduler hint”“元数据”)可以根据实际需要进行配置，不是每个选项都必须进行配置，这里直接单击“创建实例”按钮完成虚拟机的创建。

图 14-10 Windows 虚拟机创建界面(4)

(6) 等待创建完成以后，可以在实例列表看到创建的实例，如图 14-11 所示。

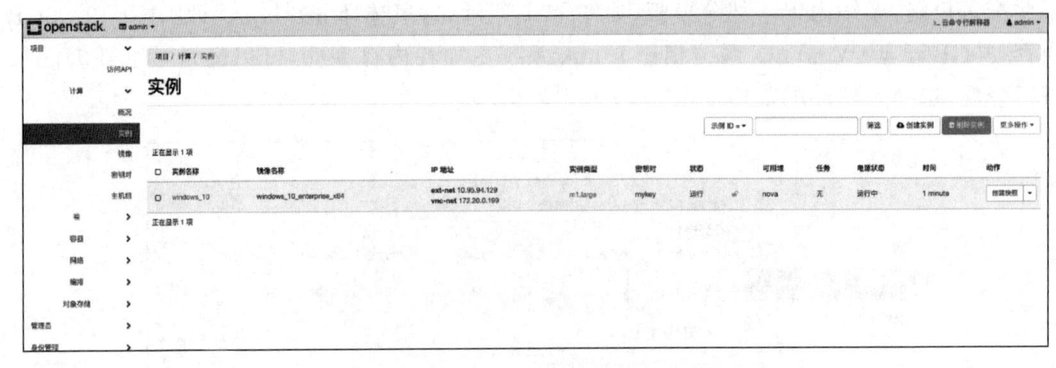

图 14-11 Windows 虚拟机实例列表

(7) 云环境提供了很多针对虚拟机的功能菜单，如图 14-12 所示，可以修改虚拟机的配置信息，这里单击“控制台”进入虚拟机控制台界面，查看虚拟机启动情况，确保虚拟机可以正常启动。

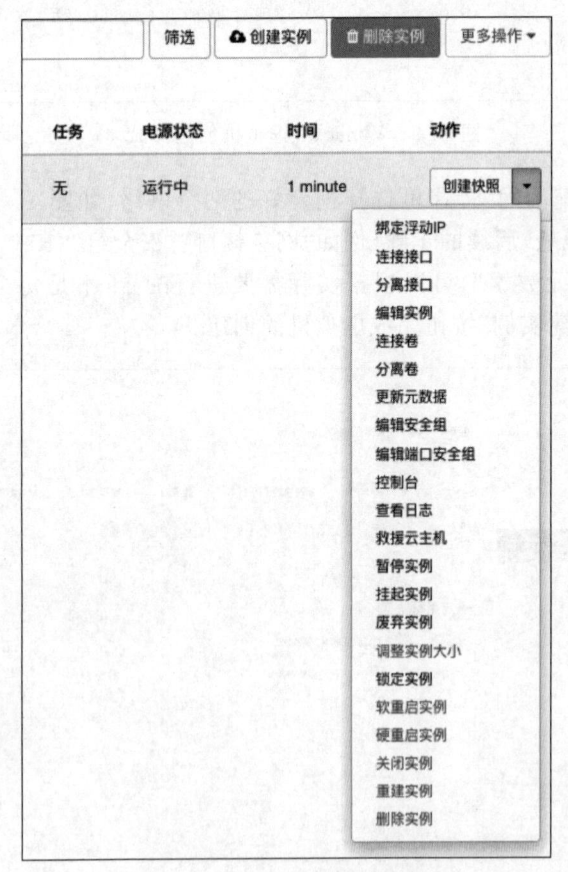

图 14-12 Windows 虚拟机操作菜单

(8) 在虚拟机详情控制台页面，如图 14-13 所示，会看到虚拟机进入登录界面，表示虚拟机正常创建并启动，可以登录到虚拟机内部进行其他的验证操作。

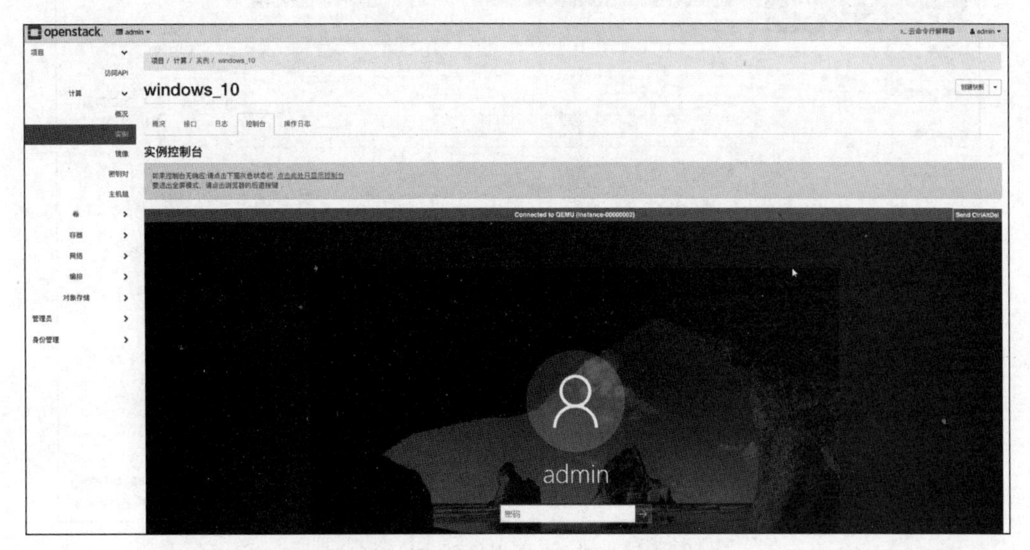

图 14-13　Windows 虚拟机控制台界面

(9) Windows 虚拟机部署完成，可以开始使用。

14.3　Linux 镜像虚拟机部署

(1) 依次单击“项目”→“计算”→“实例”菜单，如图 14-14 所示。

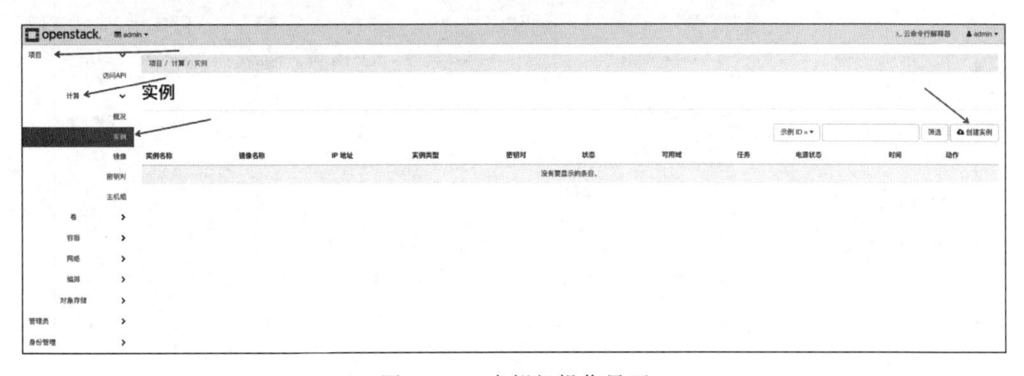

图 14-14　虚拟机操作界面

(2) 单击“创建实例”按钮，打开创建实例对话框，如图 14-15 所示，输入实例名称，然后单击“下一步”按钮。

(3) 选择镜像，具体的镜像可以先上传到云环境，这里选择 CentOS_7_x64，如图 14-16 所示，并单击“下一步”按钮。

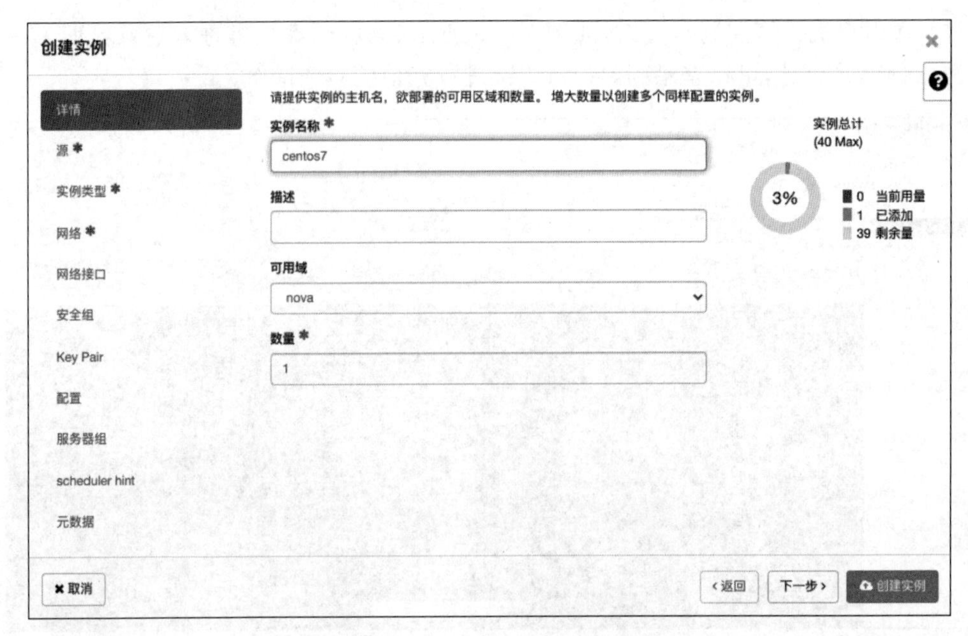

图 14-15　Linux 虚拟机创建界面(1)

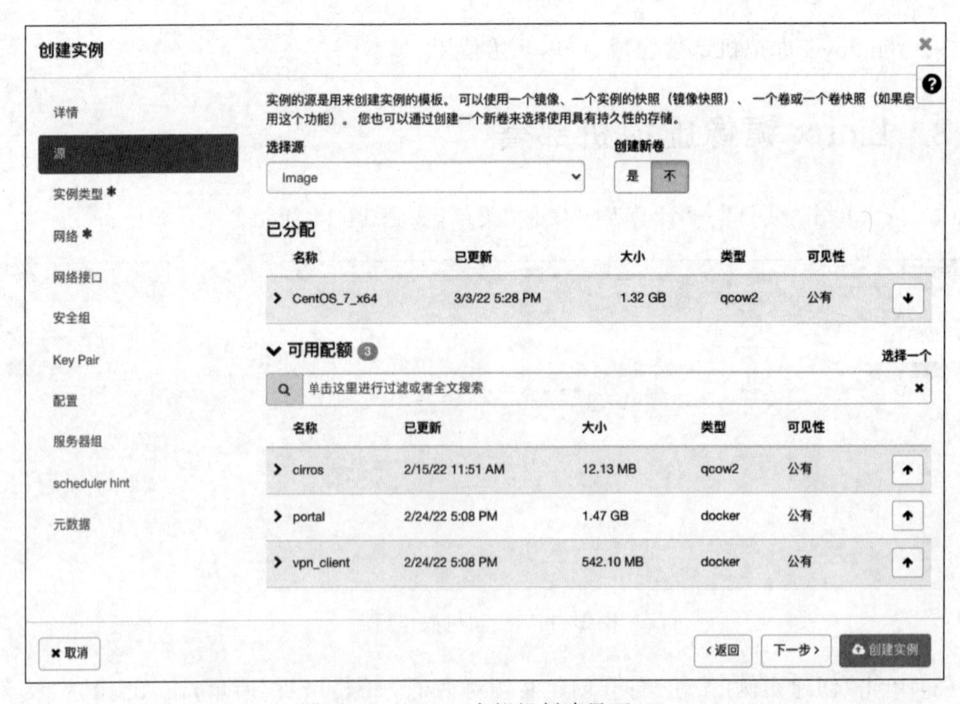

图 14-16　Linux 虚拟机创建界面(2)

(4) 分配硬件配置，这里主要根据操作系统所需要的配置进行选择，当然也可以先定义一些配置模板，系统内置一部分模板，如图 14-17 所示，这里选择 m1. medium，即 2 核 CPU、

4GB 内存、40GB 硬盘，并单击“下一步”按钮。

图 14-17　Linux 虚拟机创建界面(3)

(5) 选择需要分配的网络，这里选择创建好的两个网络，如图 14-18 所示，表示会分配两个不同网段的 IP 地址，后续的步骤(例如“网络接口”“安全组”“Key Pair”“配置”“服务器组”“scheduler hint”“元数据”)可以根据实际需要进行配置，不是每个选项都必须进行配置，这里直接单击“创建实例”按钮完成虚拟机的创建。

图 14-18　Linux 虚拟机创建界面(4)

(6) 等待创建完成以后，可以在实例列表看到创建的实例，如图 14-19 所示。

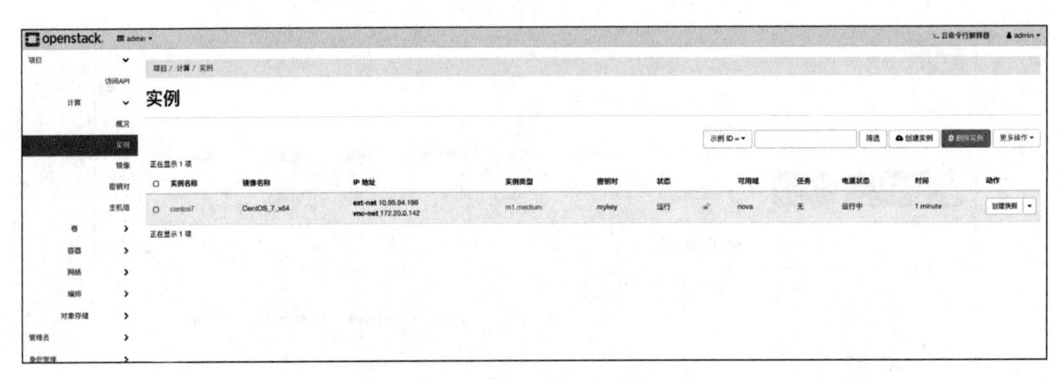

图 14-19 Linux 虚拟机实例列表

(7) 云环境提供了很多针对虚拟机的功能菜单，如图 14-20 所示，可以修改虚拟机的配置信息，单击“控制台”进入虚拟机控制台界面，查看虚拟机启动情况，确保虚拟机可以正常启动。

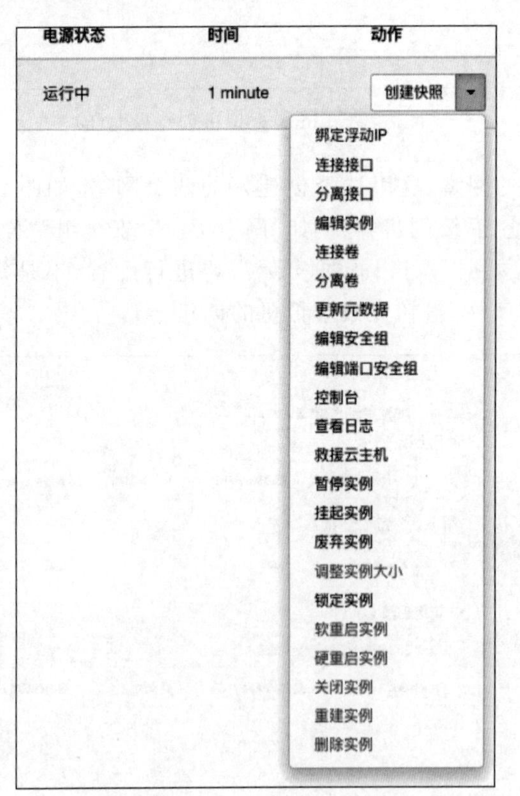

图 14-20 Linux 虚拟机操作菜单

(8) 在虚拟机详情控制台页面，如图 14-21 所示，会看到虚拟机进入登录界面，表示虚拟机正常创建并启动，可以登录到虚拟机内部进行其他的验证操作。

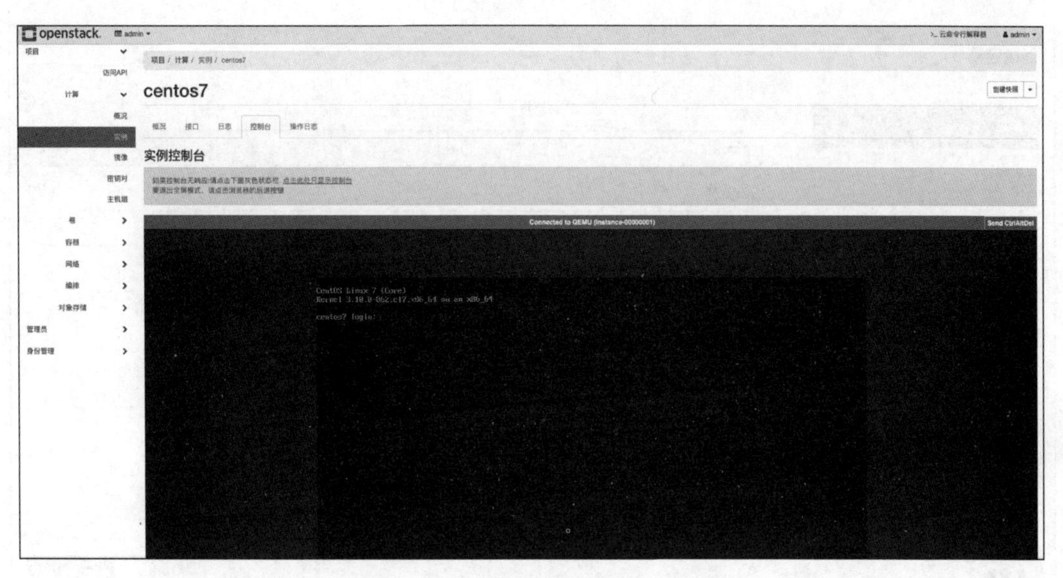

图 14-21　Linux 虚拟机控制台界面

（9）Linux 虚拟机部署完成，可以开始使用。

14.4　Docker 容器镜像部署

（1）依次单击“项目”→“容器”→“容器”菜单，如图 14-22 所示。

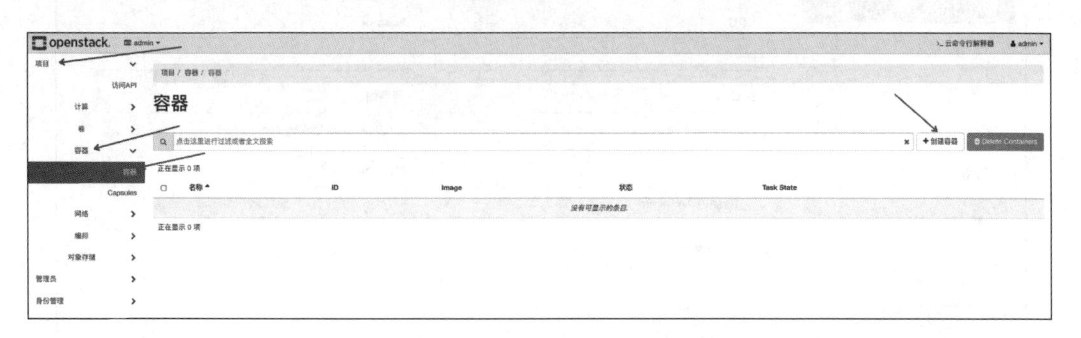

图 14-22　容器操作界面

（2）单击“创建容器”按钮，打开创建容器对话框，如图 14-23 所示，输入容器名称、镜像名称、选择镜像仓库和拉取策略，如果已经上传到云环境，则选择 Glance，否则选择 Docker Hub，然后单击“下一步”按钮。

（3）配置容器的 Hostname、CPU、Memory、Disk 等相关信息，如图 14-24 所示，然后单击“下一步”按钮。

（4）选择是否将卷挂载到容器内部，这里可以新增卷或者选择已经存在的卷，

创建容器

信息
Spec
Volumes
网络
Ports
安全组
Miscellaneous
Labels
scheduler hint

名称
cirros
Image *
cirros
Image Driver
Glance
Image Pull Policy
If not present
Command
A command that will be sent to the container.
Start container after creation

取消
‹返回
下一步›
Create

图 14-23　容器创建界面(1)

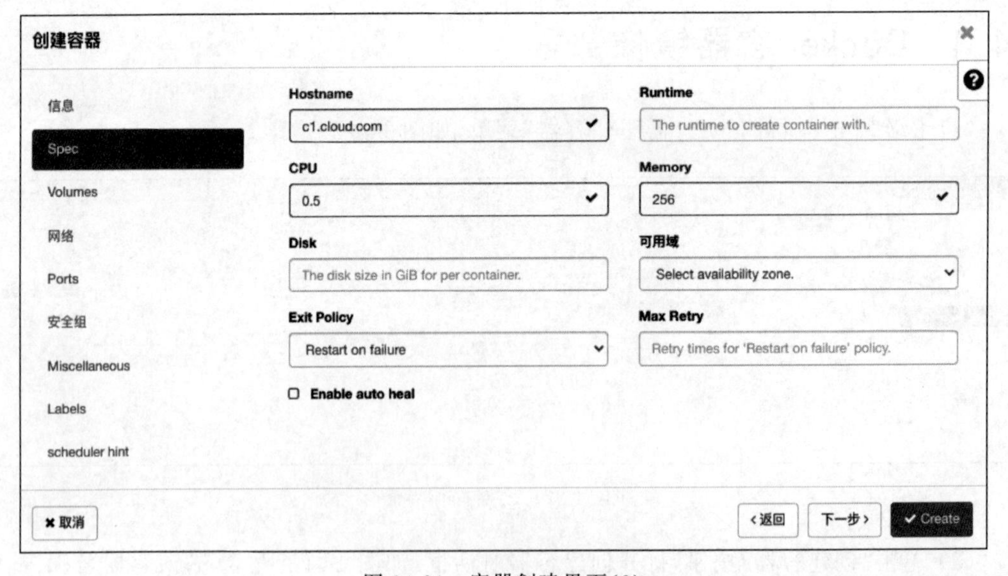

图 14-24　容器创建界面(2)

如图 14-25 所示，新增卷大小为 2GB，挂载目录为容器的/root/test 目录，单击 Add Volume 按钮进行添加，最后单击“下一步”按钮。

(5) 选择需要分配的网络，这里选择创建好的两个网络，如图 14-26 所示，代表会分配两个不同网段的 IP 地址，单击“下一步”按钮。

图 14-25　容器创建界面(3)

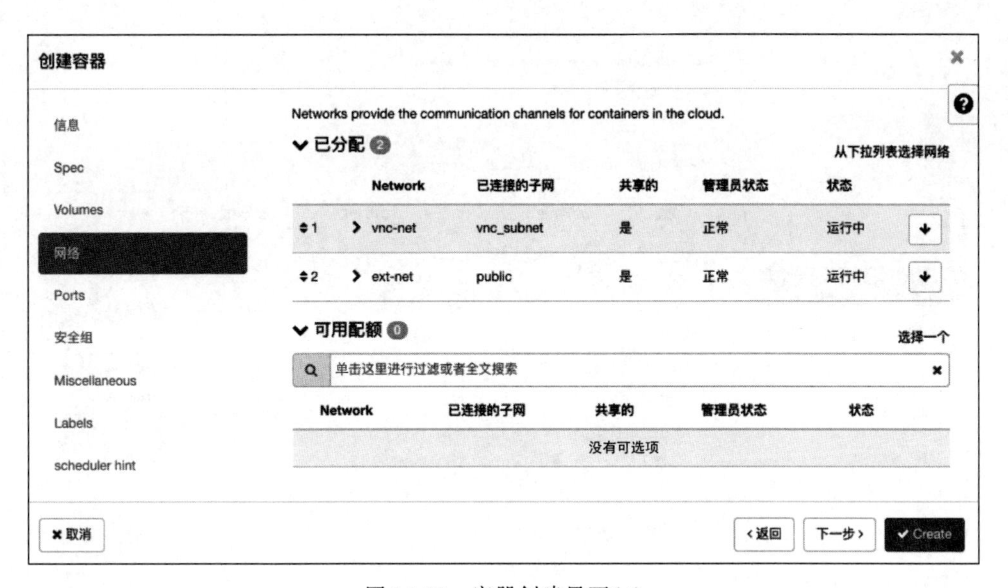

图 14-26　容器创建界面(4)

(6) 配置容器的端口，如图 14-27 所示，根据实际需要进行配置，端口需要在“网络”菜单中先创建，这里不需要，直接单击“下一步”按钮。

(7) 配置安全组规则，默认开放端口如图 14-28 所示，如果需要开放其他端口，则可在“安全组”菜单中先添加一个安全组并配置允许进出的端口和协议，选择好安全组策略以后，单击“下一步”按钮。

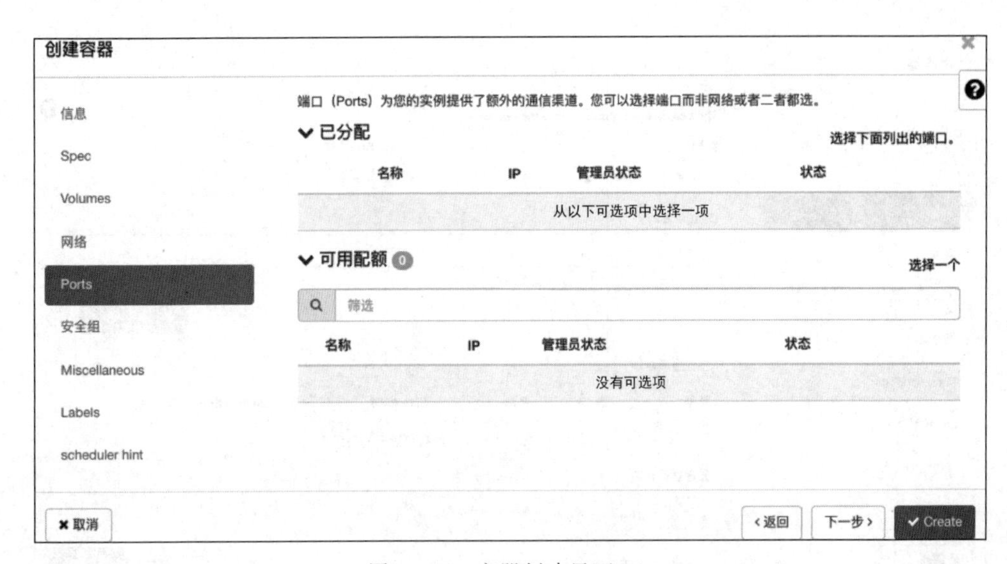

图 14-27　容器创建界面(5)

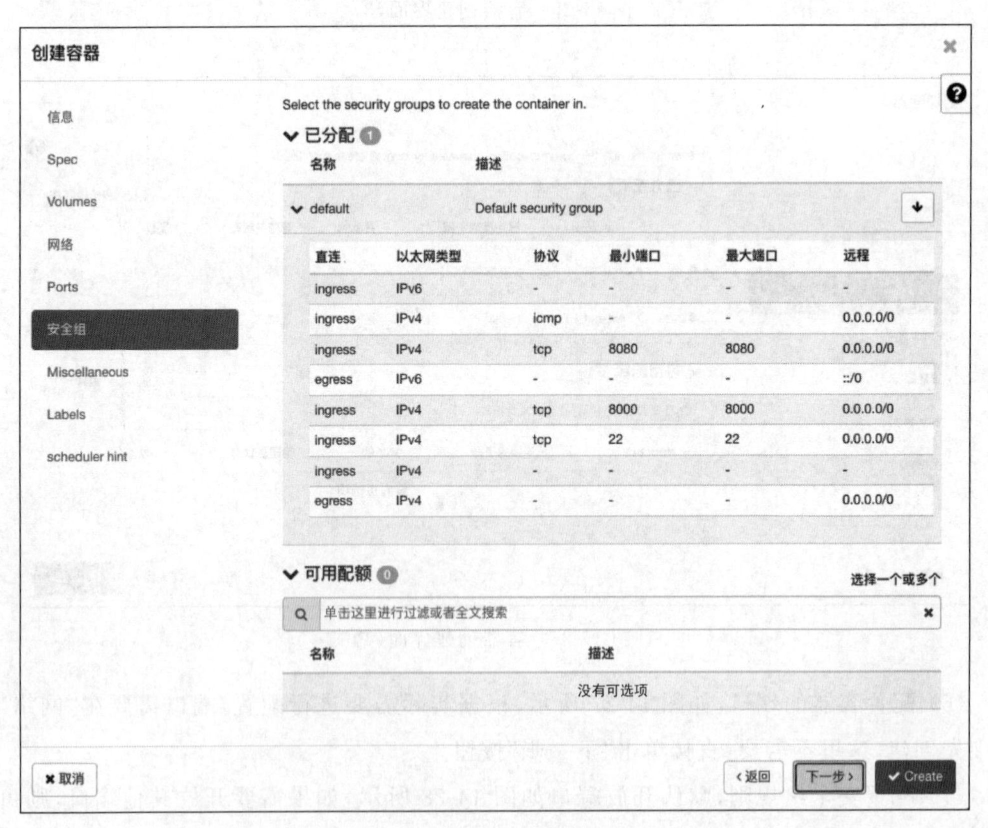

图 14-28　容器创建界面(6)

（8）配置容器的工作目录、环境变量等信息，如图 14-29 所示，根据实际需要进行配置，最后单击“下一步”按钮。

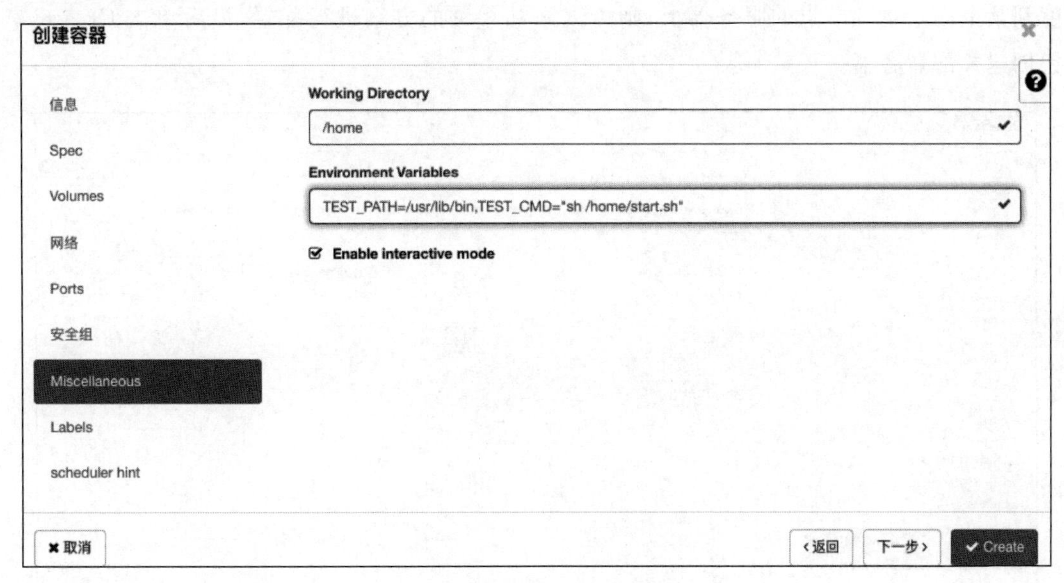

图 14-29 容器创建界面(7)

（9）配置容器标签信息，如图 14-30 所示，如果不需要配置，则可以不配置，后面单击“下一步”按钮。

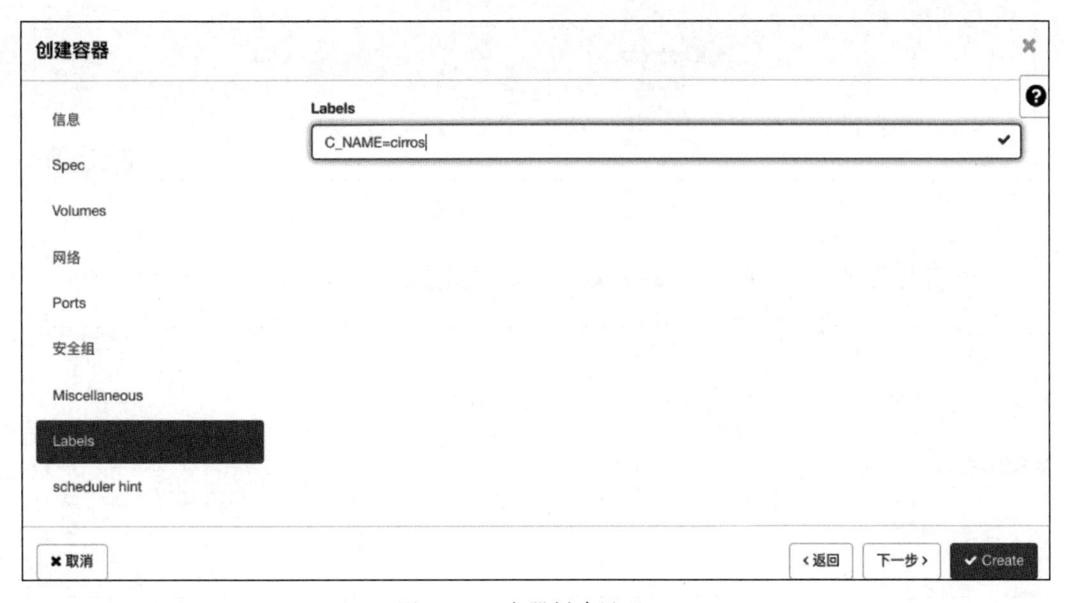

图 14-30 容器创建界面(8)

(10) 配置物理节点调度方案，如图 14-31 所示，主要决定部署到哪一个物理服务器节点，默认由系统根据算法进行调度部署，如果有特殊需求，例如某种类型的容器部署需要调度到某个固定物理节点的服务器上，则可以添加相关的方案进行配置，最后单击 Create 按钮创建并部署容器。

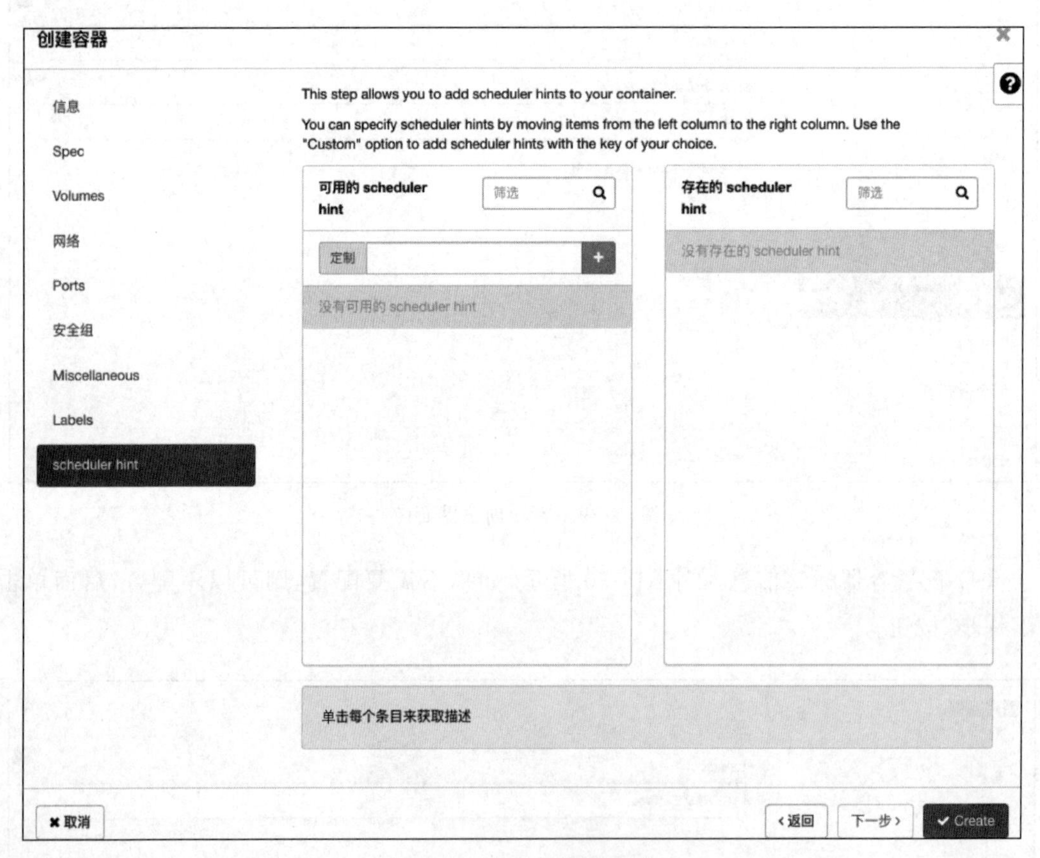

图 14-31　容器创建界面(9)

(11) 等待创建完成以后，可以在容器列表看到创建的容器，如图 14-32 所示。

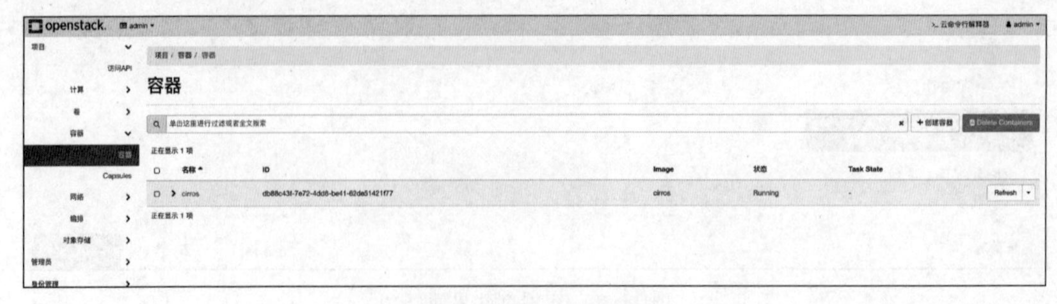

图 14-32　容器实例列表

（12）单击容器名称，即可查看容器运行的详情，如图 14-33 所示，也可以切换到 Console 后连接到容器命令行，在容器内部进行其他验证操作。

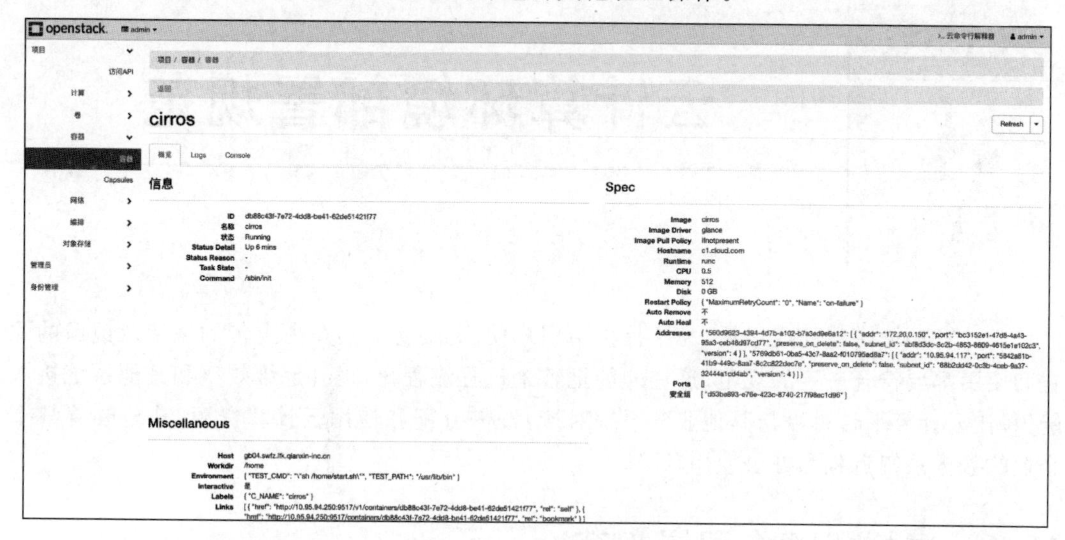

图 14-33　容器概述详情

（13）Docker 应用容器部署完成，可以开始使用。

第15章 云计算环境部署规范

云计算环境搭建完成以后，为了提供给用户使用，镜像管理员所上传的镜像及镜像的配置和使用都要符合一定的规范，这样才能把整个过程流程化，提升运维效率和其他系统接入能力，让云计算平台可以与其他业务系统对接，按需分配和使用云计算资源，甚至改善整个企业的数据系统流程和办公使用环境。

15.1 虚拟机镜像配置规范

虚拟机镜像配置规范主要针对硬件配额、账号和密码注入、虚拟机本身信息的一些设定。因为云计算环境无法监测虚拟机内部的应用状态和信息，所以相对来讲，虚拟机内部的应用和服务全部交给镜像管理员进行设计和配置。云计算环境负责创建或启动一个指定的虚拟机镜像，成为真正运行的操作系统，并关注虚拟机系统的运行状态和使用数据。

为了规范虚拟机部署，也为了规范企业 Web 系统前后端的设计和开发，主要设计一个 meta.json 文件来指定部署时的参数，并在部署时设置对应的默认值，主要参数如下：

```
{
    "image_desc":"镜像描述",
    "image_name":"镜像名称",
    "hardware_config":{
        "min_cpu":1,
        "min_disk":30,
        "min_ram":4
    },
    "os_config":{
        "arch":"x86_64",
        "os_type":"Windows/Linux",
        "hostname":"hostname",
        "hostname_changeable":true,
        "admin_username":"root",
        "admin_password":"123456",
        "admin_password_protected":true,
```

```
        "admin_password_changeable":true
    },
    "md5":"md5值",
    "sha1":"sha1"
}
```

强校验字段如下：

```
{
    "image_desc":"镜像描述",
    "image_name":"镜像名",
    "hardware_config": {},
    "os_config": {}
}
```

其中，md5和sha1是选填字段，仅用于校验；os_config下的arch是可选字段，表示系统架构；min_cpu指核心，min_disk和min_ram的单位都是GB。hostname表示机器的名称，有些应用需要进行配置；hostname_changeable表示在部署时hostname的值是否可以修改，用true/false赋值，仅支持数字、英文等常规字符；admin_username表示部署的虚拟机的登录账号，admin_password表示部署的虚拟机对应的登录密码，admin_password_changeabl表示部署时密码是否可以修改，如果不能修改，则为默认配置的密码；如果能修改，则由Web系统生成一个符合安全规范的新密码，admin_password_protected表示密码是否受保护，如果密码受保护，则仅自己可见；如果密码不受保护，则同一个分组下面的用户可见。

编写meta.json文件时可参照上面的格式及参数模板，注意字段名的正确性，严格保持标准的JSON格式。编写完成后，可以到https://www.json.cn/进行JSON格式校验。

强校验字段为必须编写的字段，即meta.json文件中必须包含的字段，也是最小信息，除此之外的所有参数组都是可选的，需要时就编写，不需要时就不用编写。

最后把制作的虚拟机镜像和meta.json文件一起上传到企业针对云计算环境所开发的Web系统中，让有权限的所有用户均可以部署使用。

15.2　容器镜像配置规范

容器镜像配置规范相对于虚拟机镜像配置规范要复杂很多，因为容器更加轻量级，并且大部分与应用服务结合在一起，使用更加广泛。由于容器本身的特性及部署的灵活性，让部署运行有了更多的配置选项。对于有需要的容器，由于容器支持命令的执行，所以可以对容器的内部应用状态信息和容器本身的运行状态进行全方位监测，可以更加方便地对具体的应用服务进行状态监控。

为了规范容器部署，也为了规范企业Web系统前后端的设计和开发，主要设计一个

meta.json 文件来指定部署时的参数，并在部署时设置对应的默认值，有些参数需要符合一定的规范，例如与容器本身的密码相关的选项需要符合一定的安全规范等，主要参数如下：

```
{
    "image_desc": "镜像描述",
    "image_name": "镜像名",
    "guide_desc":"平台登录密码:{{login_password}},平台开放端口:{{web_port}},平台转发规则{{{send_rule}}},使用{{domain}}进行访问.",
    "hardware_config": {
        "min_cpu": 1,
        "min_disk": 10,
        "min_ram": 2
    },
    "os_config": {
        "os_type": "Linux",
        "hostname": "pc-1",
        "hostname_changeable": true,
        "admin_username": "root",
        "admin_password": "KLF#sjf20Ld",
        "admin_password_protected": true,
        "admin_password_changeable": true
    },
    "docker_config": {
        "run_args": [{
                "desc": "平台登录密码",
                "detail": "该参数的详细描述或者使用规则",
                "required": true,
                "value": {
                    "login_password": "123456"
                },
                "changeable": true,
                "type": "password",
                "style": "text",
                "collect": ""
            },
            {
                "desc": "平台绑定访问域名",
                "detail": "该参数的详细描述或者使用规则",
                "required": true,
                "value": {
                    "domain": "example.com"
                },
                "changeable": true,
                "type": "domain",
                "style": "radio",
```

```
            "collect": ["aa.com", "bb.com", "cc.com"]
        },
        {
        "desc": "授权 IP 访问地址",
        "detail": "授权 IP 访问地址",
        "value": {
            "BASIC_AUTH": ["127.0.0.1"]
        },
        "type": "list",
        "style": "checkbox",
        "collect": [{
            "name": "127 地址",
            "value": "127.0.0.1"
        }, {
            "name": "所有地址",
            "value": "0.0.0.0"
        }, {
            "name": "主机地址",
            "value": "192.168.6.99"
        }],
        "changeable": true
    },
        {
            "desc": "平台是否允许外网访问",
            "detail": "该参数的详细描述或者使用规则",
            "required": true,
            "value": {
                "is_visit": "2"
            },
            "changeable": true,
            "type": "int",
            "style": "select",
            "collect": [{
                "0": "是"
            }, {
                "1": "否"
            }, {
                "2": "默认"
            }]
        },
        {
            "desc": "平台默认规则",
            "required": true,
            "detail": "该参数的详细描述或者使用规则",
            "value": {
                "send_rule": "delay"
```

```
        },
        "changeable": true,
        "type": "string",
        "style": "text",
        "collect": ""

    }
],
"command": {
    "desc": "参数描述",
    "value": "ping - c 4 8.8.8.8",
    "changeable": true
},
"environment": {
    "tomcat_home": "/home/tomcat8/webapp/",
    "maven_home": "/home/apache/maven/"
},
"privileged": {
    "desc": "参数描述",
    "value": true
},
"exposed_ports": [{
        "desc": "服务请求端口",
        "required": true,
        "detail": "该参数的详细描述或者使用规则",
        "changeable": true,
        "name": "web_port",
        "port": "8080/tcp"
    },
    {
        "desc": "文件传输端口",
        "required": true,
        "detail": "该参数的详细描述或者使用规则",
        "changeable": true,
        "name": "file_port",
        "port": "8090/udp"
    }
],
"entrypoint": {
    "desc": "参数描述",
    "value": "值"
},
"workdir": {
    "desc": "参数描述",
    "value": "/home/ubuntu"
}
```

```
    },
    "md5": "md5 值",
    "sha1": "sha1"
}
```

强校验字段如下：

```
{
    "image_desc":"镜像描述",
"image_name":"镜像名",
"hardware_config": {},
"os_config": {},
"docker_config":{}
}
```

其中，md5 和 sha1 是选填字段，仅用于校验；docker_config 下的字段均是可选字段；min_cpu 指核心，min_disk 和 min_ram 的单位都是 GB。guide_desc 表示应用容器的使用指南介绍，支持通过双大括号"{{}}"引用 run_args 中的变量，例如在{{login_password}}，以及在 exposed_ports 中指明 name 的名称引用，例如{{web_port}}等，也支持变量引用的前缀截取，通过在引用变量后面跟冒号和分隔符实现，例如{{web_port:/}}，表示截取引用 8080/tcp 值的前缀 8080。hostname 表示机器的名称，有些应用需要进行配置；hostname_changeable 表示在部署时 hostname 的值是否可以修改，用 true/false 赋值，仅支持数字、英文等常规字符；admin_username 表示部署的虚拟机的登录账号，admin_password 表示部署的虚拟机对应的登录密码，admin_password_changeabl 表示部署时密码是否可以修改，如果不能修改，则为默认为配置的密码；如果能修改，则由 Web 系统生成一个符合安全规范的新密码，admin_password_protected 表示密码是否受保护，如果密码受保护，则仅自己可见；如果密码不受保护，则同一个分组下面的用户可见。

run_args 下面的参数可以为空，但如果不为空，则需要包含如下字段，类似的格式如下：

```
[
    {
        "desc": "平台登录密码",
        "detail": "该参数的详细描述或者使用规则",
        "required": true,
        "value": {
            "login_password": "123456"
        },
        "changeable": true,
        "type": "password",
        "style": "text", //
        "collect": ""
    }
]
```

其中，type 的取值只能是 string、password、int、ip、number、url、domain、list、dict 中的一种，例如上面的取值是 password，代表 value 中字段值的类型，前端和后端都可以根据该值校验数据的合法性；changeable 代表是否可以对 value 中的值进行修改，若将 type 设置为 password，并且将 changeable 设置为 false，则 login_password 的值应该包含大小写字母、数字及特殊字符以符合安全规范；style 代表前端对该字段的展现方式，展现方式包括 text、radio、checkbox、select，这里使用 text 方式进行展现；collect 表示 value 可选择的值，这里因为是密码，所以设置为空。desc 表示前端针对 value 值展示的字段的中文名称；detail 表示该字段的详细介绍；required 表示该字段在前端界面上及后端校验中是否为必填选项。

run_args 下面的参数举例，将容器的服务配置为通过域名访问，示例如下：

```
{
    "desc": "平台绑定访问域名",
    "detail": "该参数的详细描述或者使用规则",
    "required": true,
    "value": {
        "domain": "example.com"
    },
    "changeable": true,
    "type": "domain",
    "style": "radio",
    "collect": ["aa.com", "bb.com", "cc.com"]
}
```

需要注意，collect 用来给 value 中的字段提供选项及匹配默认值，只支持数组形式，数组里面的每项既可以是单项值，又可以是字典，这里是单项值字符串，实际取值和前端显示均是这个单项值。

run_args 下面的参数举例，配置容器的 IP，示例如下：

```
{
    "desc": "授权 IP 访问地址",
    "detail": "授权 IP 访问地址",
    "value": {
        "BASIC_AUTH": ["127.0.0.1"]
    },
    "type": "list",
    "style": "checkbox",
    "collect": [{        //支持两种形式定义值，这里是数组[字典{名称:值}]
        "name": "127 地址",
        "value": "127.0.0.1"
    }, {
        "name": "所有地址",
```

```
        "value": "0.0.0.0"
    }, {
        "name": "主机地址",
        "value": "192.168.6.99"
    }],
    "changeable": true
}
```

需要注意，collect 用来给 value 中的字段提供选项及匹配默认值，只支持数组形式，数组里面的每项既可以是单项值，又可以是字典，这里是带有名称的字典类型，实际取值是 value 对应的值，前端显示的是 name 的值。

run_args 下面的参数举例，将容器的服务配置为是否允许公网访问，示例如下：

```
{
    "desc": "平台是否允许外网访问",
    "detail": "该参数的详细描述或者使用规则",
    "required": true,
    "value": {
        "is_visit": "2"
    },
    "changeable": true,
    "type": "int",
    "style": "select",
    "collect": [{
        "0": "是"
    }, {
        "1": "否"
    }, {
        "2": "默认"
    }]
}
```

需要注意，collect 用来给 value 中的字段提供选项及匹配默认值，只支持数组形式，数组里面的每项既可以是单项值，又可以是字典，这里是不带名称的字典类型，实际取值为 key 的值，前端显示的值为 value 的值。

在 meta.json 文件中还有一个比较重要且常用的参数，即端口暴露，即从外面可以访问容器内部的服务，示例配置如下：

```
"exposed_ports": [{
        "desc": "服务请求端口",
        "required": true,
        "detail": "该参数的详细描述或者使用规则",
        "changeable": true,
```

```
            "name": "web_port",
            "port": "8080/tcp"
        },
        {
            "desc": "文件传输端口",
            "required": true,
            "detail": "该参数的详细描述或者使用规则",
            "changeable": true,
            "name": "file_port",
            "port": "8090/udp"
        }
    ]
```

需要注意，name 的值可以在 guide_desc 中进行引用，以便辅助说明，port 参数支持 TCP/UPD 协议暴露端口，如上示例所写。如果需要暴露所有端口，则可直接把 port 的值写为 all，其中 run_args、environment 两组参数值会通过环境变量的方式写入容器内部，hardware_config、os_config、run_args、exposed_ports 四组参数会在容器部署时与容器运行相关的信息一起进行展示。需要暴露的端口全部写在 exposed_ports 里面，并且 name 一定会作为环境变量传进去，run_args 里不需要重复写；不需要暴露但作为环境变量传入容器内部使用的端口参数应写到 run_args 里。除此之外，command、environment、privileged、entrypoint、workdir 等参数应根据应用容器的实际需要进行编写，command 表示容器启动之后执行的命令，environment 表示传入容器内部的环境变量，privileged 表示容器是否以带有特权的方式进行创建部署，entrypoint 表示作为容器运行的命令，跟 command 有相似的效果，但是它是非必需的，可以跟 command 同时使用，workdir 表示容器的默认工作目录，容器启动时执行的命令会在该目录下执行。

编写 meta.json 文件时可参照上面的格式及参数模板，注意字段名的正确性，严格保持标准的 JSON 格式。编写完成后，可以到 https://www.json.cn/ 进行 JSON 格式校验。

强校验字段为必须编写的字段，即 meta.json 文件中必须包含的字段，也是最小信息，除此之外的所有参数组都是可选的，需要时就编写，不需要时就不编写。

最后把制作的容器镜像和 meta.json 文件一起上传到企业针对云计算环境所开发的 Web 系统中，让有权限的所有用户均可以部署使用。

第 16 章 搭建通用镜像制作环境

云计算环境安装完成以后，需要部署相应的镜像进行使用，而镜像的制作大致可以分为两类：操作系统镜像和应用容器镜像。经过实际项目检验，应用容器镜像的制作不依赖于主机环境的限制，可以在任何个人计算机的任何操作系统下进行打包制作，但是操作系统镜像的制作需要依赖于主机环境及平台环境。首先制作操作系统镜像，使用图形化界面的操作系统更能提高工作效率。如果只是制作 Linux 系统类型的操作系统镜像，则可以基于 VMware、VirtualBox 等虚拟化平台进行制作，但是，这里需要注意，如果用来制作 Windows 系统类型的操作系统镜像，当在云计算环境中使用时，开机后会出现蓝屏现象，因此搭建一个可以解决蓝屏等若干问题的通用镜像制作环境非常有必要。

16.1 系统环境准备

准备一台装有 CentOS 7. x 系统的物理服务器，如果没有条件，则可以在个人计算机上安装一个对应的操作系统，这里推荐使用物理服务器，因为搭建好以后肯定需要供多个人使用，可以通过划分不同的服务器账号，供不同的镜像管理员使用，通过服务器安装好环境以后，不需要在每个人的计算机上安装一套环境，大大节省了时间，提高了工作效率。

服务器系统安装完成以后，需要确认以下环境准备就绪：

(1) 确认服务器已经配置好 DNS，并可以访问公网。

(2) 确认安装和配置好 SSH 服务。

(3) 确认配置好系统的相关选项。

(4) 确认对软件系统进行了更新。

(5) 确认可以使用 root 用户进行操作。

(6) 确认安装好 wget、curl、git、tar、net-tools 等最基本的库。

以上均可参照前面的章节进行安装或配置。

16.2 容器环境安装

把应用服务打包成容器镜像是现在主流的交付方式之一，可以免去应用程序环境的安装及运行环境的差异，打包一次可以到任何其他平台运行。这里安装 Docker 环境，便于容器镜像的制作。

安装 Docker 环境，命令如下：

```
wget -O docker.sh https://gitee.com/book-info/cloud-\
compute/blob/master/centos/virtual/docker.sh

sh docker.sh
```

安装完成以后可以通过 Docker 运行一个容器，进入容器后安装相关的应用，commit 提交为新的镜像，也可以通过 dockerfile 的方式 build 编译为新的镜像，最后把生成的镜像导出为.tart 文件，以便上传到云计算环境中使用。详细容器镜像制作方法和步骤及注意点会在后面的章节进行详细介绍。

16.3 图形化环境安装

虚拟机镜像的制作需要依赖图形化界面的操作，尤其是带图形化界面的操作系统，例如 Windows 10、带图形化的其他类 Linux 等，通过界面化操作和配置可以提高效率，也降低了操作系统镜像的制作难度和门槛。

主要需要图形化界面，以及图形化远程控制软件，安装命令如下：

```
wget -O desktop.sh https://gitee.com/book-info/cloud-\
compute/blob/master/centos/virtual/desktop.sh

sh desktop.sh
```

在安装过程中遇到需要设置密码的地方，请输入自己想要设置的密码并记住，这个密码接下来会用于图形化远程登录。安装完成后，系统会自动重启，重启时会自动断开现在的远程连接，接下来，可以使用图形化界面的方式进行远程连接。

远程连接到服务器的图形化环境，Windows 系统可以使用自带的远程桌面连接、Mac 系统可以安装 Microsoft Remote Desktop 或第三方 MobaXterm 工具等进行连接，输入 Linux 服务器的 IP 地址进行远程桌面连接，远程桌面连接中会有两次输入账号和密码的情况，第 1 次用于验证 VNC 账号，默认设置为 root，密码是安装过程中设置的 VNC 密码，如图 16-1 所示；第 2 次验证是服务器本身的登录账号和密码，如图 16-2 所示，账号和密码验证通过后即可进入图形化系统界面，如图 16-3 所示。

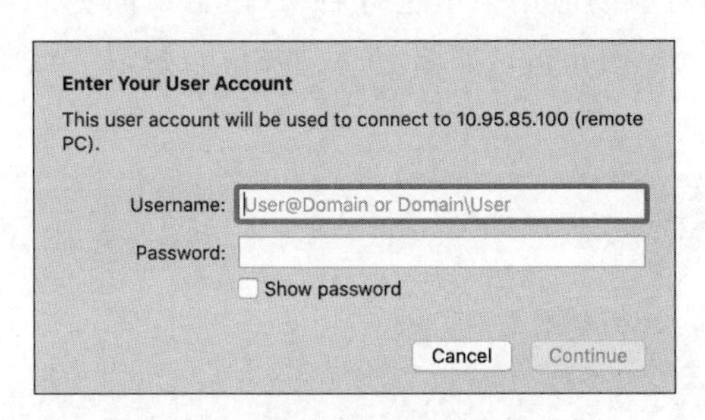

图 16-1　远程 VNC 桌面登录(1)

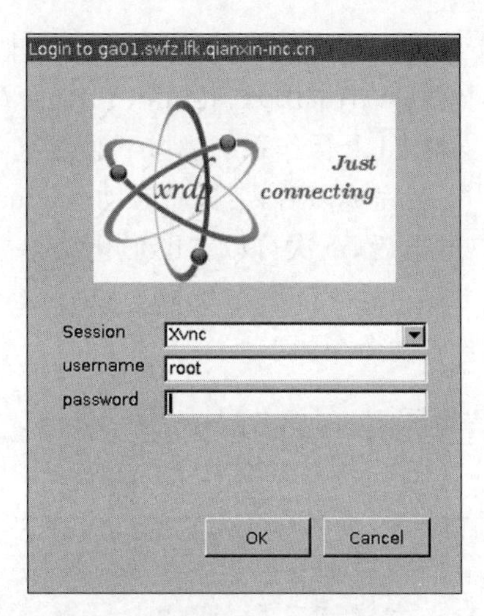

图 16-2　远程 VNC 桌面登录(2)

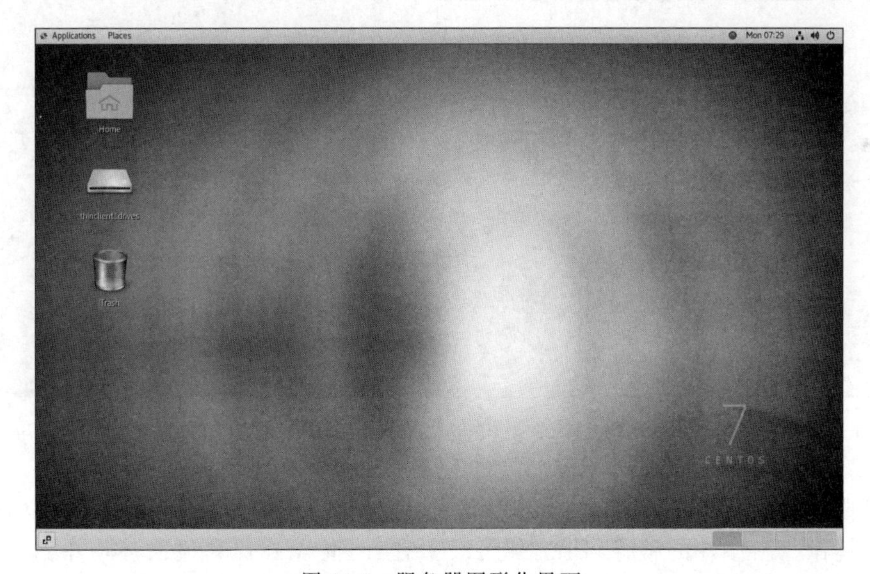

图 16-3　服务器图形化界面

16.4　虚拟化环境安装

安装虚拟化环境及虚拟机镜像制作工具，在命令行终端进行安装，命令如下：

```
wget -O virtual.sh https://gitee.com/book-info/cloud-\
compute/blob/master/centos/virtual/virtual.sh

sh virtual.sh
```

等待安装完成即可，在安装过程中遇到需要应答的地方输入 y 即可继续完成安装，会自动配置好 VirtualBox、aMule、Virtual Machine Manager 等多种常用的虚拟机平台和下载工具，支持 ed2k 操作系统镜像下载。

安装完成以后，会自动启动 Virtual Machine Manager 镜像制作工具，如图 16-4 所示。用户退出后，下次可以在图形化菜单中找到对应的应用菜单进行启动，单击桌面左上角的 Applications→System Tools→Virtual Machine Manager，如图 16-5 所示。也可以通过命令启动，启动命令如下：

```
nohup virt - manager &
```

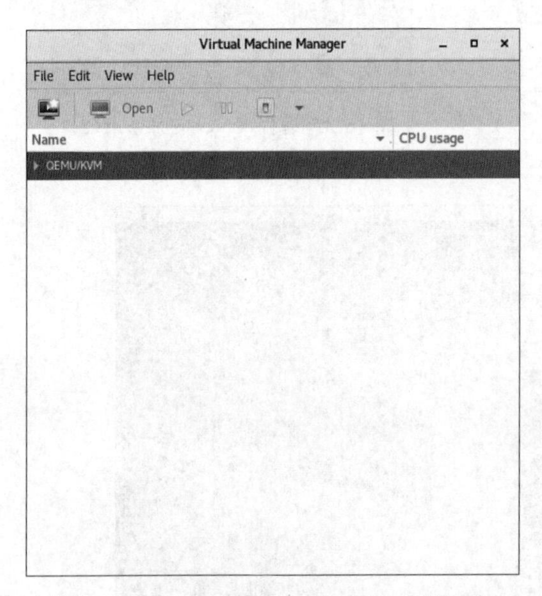

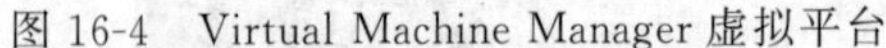
图 16-4 Virtual Machine Manager 虚拟平台

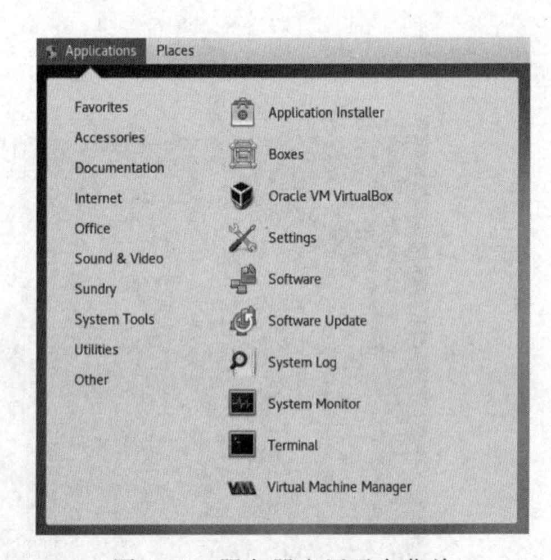

图 16-5 服务器应用平台菜单

启动成功之后可以挂载相应的操作系统镜像，使用步骤与此类似，此外还可以制作相应的虚拟机镜像。制作好的镜像可在公有云、私有云、混合云及其他云环境中进行安装及使用。

16.5 Virtio 驱动下载

如果制作的 Windows 系统镜像中没有包含 Virtio 驱动，则在云计算环境中屏幕会出现蓝屏的现象；如果想要所有的虚拟机镜像都能够正常启动，则建议在制作虚拟机镜像时全部安装好 Virtio 驱动。Virtio 驱动是很多厂商所使用的一种解决方案，包括红帽、阿里等厂商在云计算环境中提供的虚拟机镜像都使用了 Virtio 驱动。除此之外，如果想要对云计算环境中的每台虚拟机使用的 CPU、内存、硬盘等进行监控，则都需要 Virtio 驱动的支持，因此建议在制作虚拟机镜像时，一次性安装好所有的 Virtio 驱动。

Virtio 有多个版本，跟随着操作系统版本的更新而发布新版本，详细的信息可以访问官网 https://www.linux-kvm.org/进行查看，也可以在 GitHub 上查看，网址为 https://github.com/virtio-win/virtio-win-pkg-scripts。这里建议下载两个版本，基本上可以覆盖所有的 Windows 类型操作系统，Linux 类型操作系统可以直接通过相应命令进行安装，不需要下载 ISO 镜像进行挂载之后安装，相对于 Windows 来讲更加简捷。

下载 Virtio 驱动，主要下载 Windows 系列的驱动，其中 0.1.100 和 0.1.190 两个版本基本上可以涵盖 Windows 系统的不同版本，当然 Linux 系统的驱动也可以下载 RPM 包，在制作镜像时安装更快，下载网址为 https://fedorapeople.org/groups/virt/virtio-win/，下载命令如下：

```
mkdir ~/virtio

cd ~/virtio

wget https://fedorapeople.org/groups/virt/virtio-win/direct-\
downloads/archive-virtio/virtio-win-0.1.100/virtio-win-0.1.100.iso

wget https://fedorapeople.org/groups/virt/virtio-win/direct-\
downloads/archive-virtio/virtio-win-0.1.190-1/virtio-win-0.1.190.iso
```

下载完成以后，默认文件存放在~/virtio 目录下，后面在 Virtual Machine Manager 中制作 Windows 系统类型虚拟机镜像时即可复制或挂载进去，对相应的 Virtio 驱动进行安装。这里有个方法，如果复制或挂载实现起来很麻烦，则可以在物理服务器主机上搭建一个 Web 服务，例如通过命令安装一个 Apache、Nginx、Tomcat 等，选一个熟悉的 Web 服务安装即可，把下载的 Virtio 驱动文件放到对应的 Web 服务目录下，在启动的虚拟机里访问宿主机的 IP 地址和对应的端口服务进行下载。这里有两个优势，一是搭建的 Web 服务器可以重复使用，在每个需要制作的虚拟机操作系统中都可以下载使用；二是如果 Virtio 驱动文件的下载服务器在国外，每次到虚拟机里下载会非常耗时，通过宿主机的方式共享已下载的驱动文件可以节省大量的时间。

16.6 Ed2k 链接下载

Linux 类型操作系统的镜像下载相对来讲比较简单，可直接找到对应的 Linux 系统发行版，如找到 ISO 文件进行下载，但是在下载 Windows 类型的操作系统镜像时通常会遇到一个 Ed2k 的文件下载网址，浏览器本身无法直接进行下载，需要借助工具实现系统镜像的下载。

Windows 类型的操作系统镜像可以在 https://msdn.itellyou.cn/网站上下载，例如下载 Windows 7 专业版，它的下载网址的 Ed2k 链接地址如下：

```
ed2k://|file|cn_Windows_7_professional_x64_dvd_x15-
65791.iso|3341268992|3474800521D169FBF3F5E527CD835156|/
```

首先打开 aMule 工具，打开命令如下：

```
nohup /usr/local/aMule/bin/amule &
```

启动之后界面如图 16-6 所示，可以在下方 eD2k Link 处填写或粘贴 eD2k 链接，并单击 Commit 按钮进行下载。

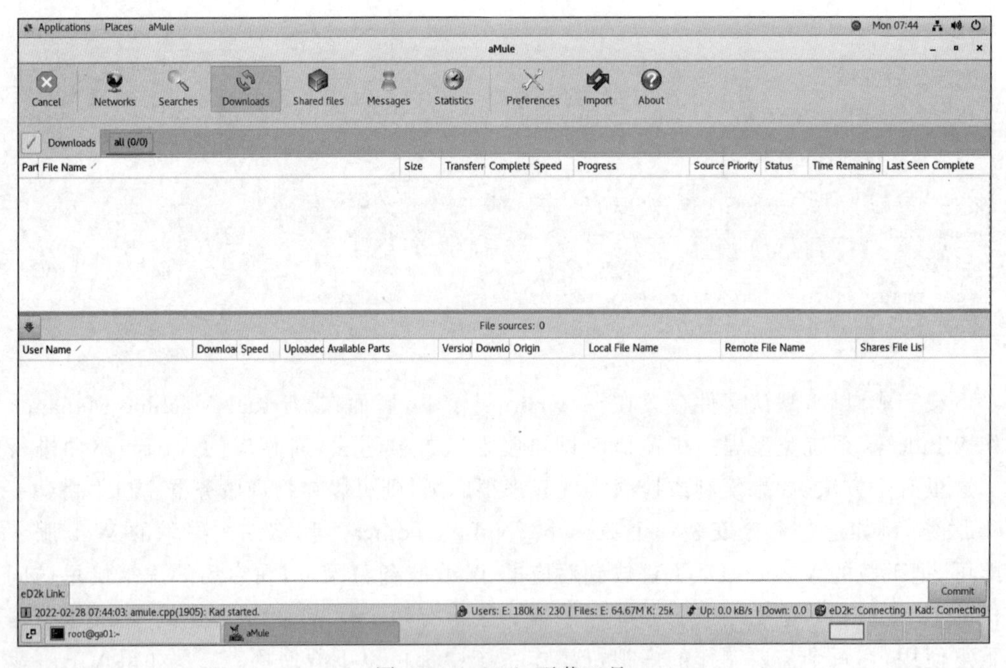

图 16-6 aMule 下载工具

也可以文件方式批量进行下载，把 eD2k 链接地址保存到 ed2k.txt 文件，每行一个地址，通过下面的命令进行下载：

```
cat ed2k.txt | xargs -L1 /usr/local/aMule/bin/amule
```

下载完成后会得到一个 ISO 文件，此文件可挂载到 Virtual Machine Manager 中使用，也可制作对应的虚拟机镜像，虚拟机镜像制作完成以后，还可以对虚拟机镜像进行压缩，减小镜像大小，最后上传到云计算环境中使用。详细的虚拟机镜像的制作方法和步骤及注意点会在后面的章节详细介绍。

第17章

镜像制作的多种方案

OpenStack云环境支持多种镜像格式,也可以使用多种平台虚拟化工具制作镜像,本章会以不同的工具为例,演示镜像制作的流程和在云环境中制作镜像所需要安装的服务,介绍不同工具的特点及制作镜像需要注意的事项。

17.1 Virtual Machine Manager 制作虚拟机镜像

推荐使用Virtual Machine Manager工具制作镜像,不管是制作什么格式的虚拟机镜像,都不会导致在云计算环境中启动时出现蓝屏现象。这里演示如何通过Virtual Machine Manager 1.5.0虚拟机工具制作Windows Server 2016系统镜像。由于通过其他虚拟机工具制作的镜像在启动时很可能会出现蓝屏现象,所以这里推荐使用这种工具进行制作,该工具需要在Linux系统带有桌面的地方进行安装和使用。详细的搭建部署步骤可以参考第16章“搭建通用镜像制作环境”的介绍,如果按照第16章所介绍的方法进行了镜像环境的搭建,则基本上可以制作任何需要的虚拟机镜像或者应用容器镜像。

这里选择制作Windows Server 2016系统镜像,以发布的英文版本为例进行演示。

(1) 启动并打开Virtual Machine Manager虚拟机工具,选择File,单击New Virtual Machine选项打开新建虚拟机对话框,如图17-1所示,选择Local install media(ISO image or CDROM),然后单击Forward按钮继续下一步。

(2) 选择操作系统镜像,如图17-2所示,然后单击Forward按钮继续下一步,配置内存及CPU等信息,如图17-3所示,单击Forward按钮继续下一步。

(3) 选择配置磁盘,如图17-4所示,单击Forward按钮继续下一步。

(4) 设置名称,选择保存位置,如图17-5所示,最后单击Finish按钮完成。

(5) 上一步完成之后一般会自动启动虚拟机,如果没有启动,则可以手动启动创建的虚拟机,进入安装界面,如图17-6所示,选择需要的语言,并单击Next按钮,进入安装界面,如图17-7所示,单击Install Now按钮开始安装。

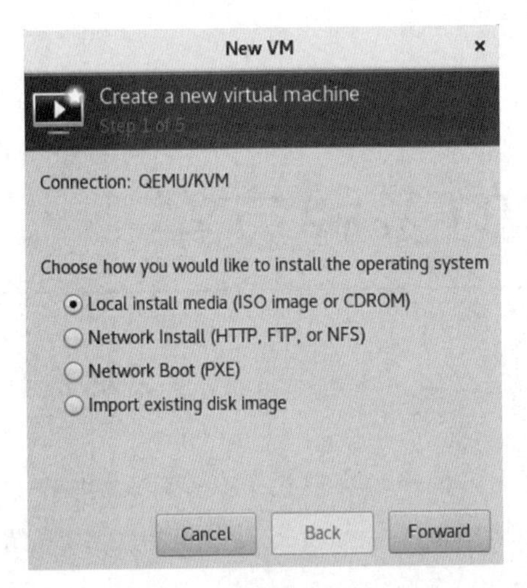

图 17-1　创建 VM(1)

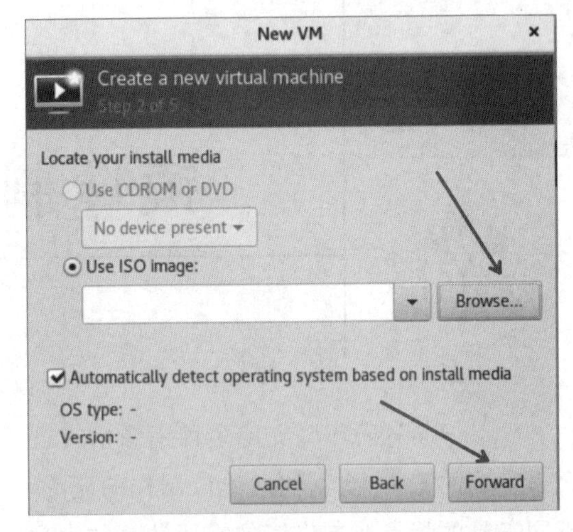

图 17-2　创建 VM(2)

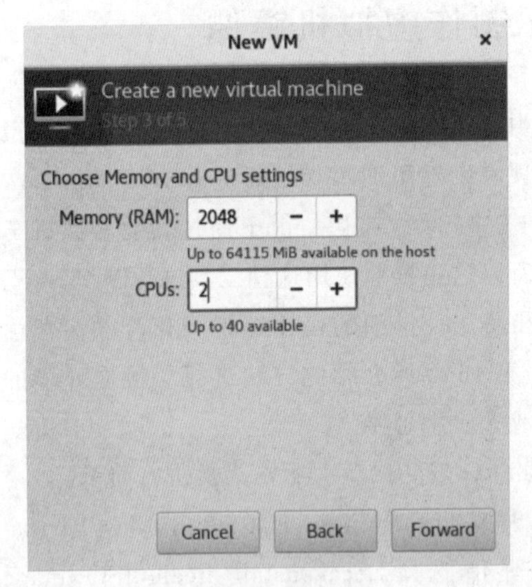

图 17-3　创建 VM(3)

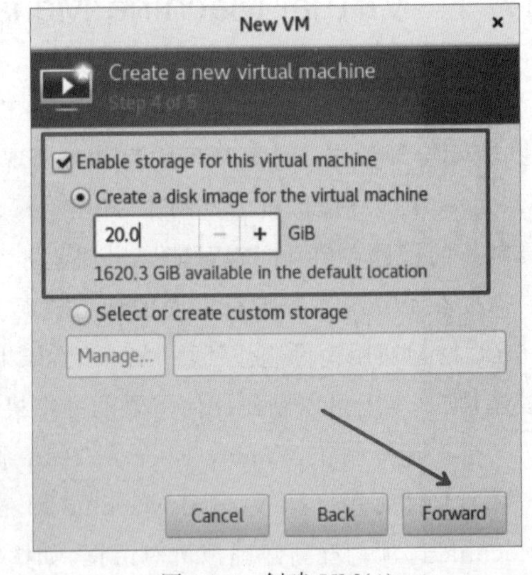

图 17-4　创建 VM(4)

(6) 在密钥配置界面,配置密钥,如图 17-8 所示,如果没有产品密钥,则可以不用输入,单击下方的 I don't have a product key 跳过此步,但应尽量制作有产品密钥的镜像,可以避免在云环境系统中使用时再进行输入。最后,单击 Next 按钮。

(7) 在操作系统选择界面,选择需要安装的操作系统,如图 17-9 所示,因为是 Windows Server 版本,所以分为带界面化的操作系统和不带界面化的操作系统两种。为了便于操作,这里选择带界面化的系统进行安装,最后,单击 Next 按钮。

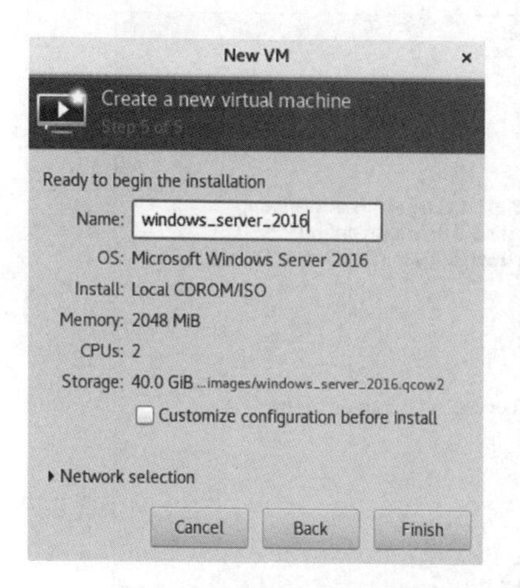

图 17-5 创建 VM(5)

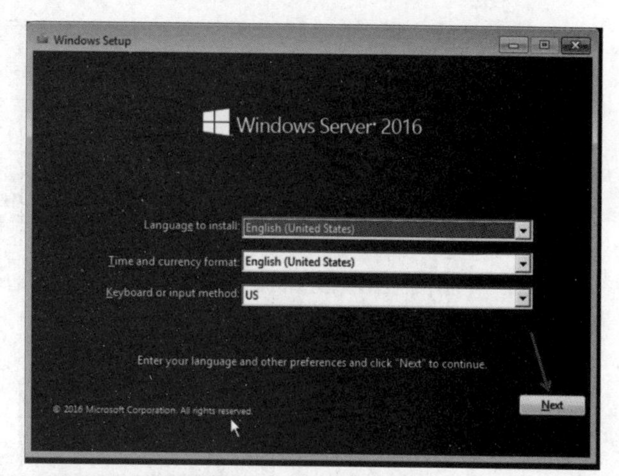

图 17-6 系统语言选择

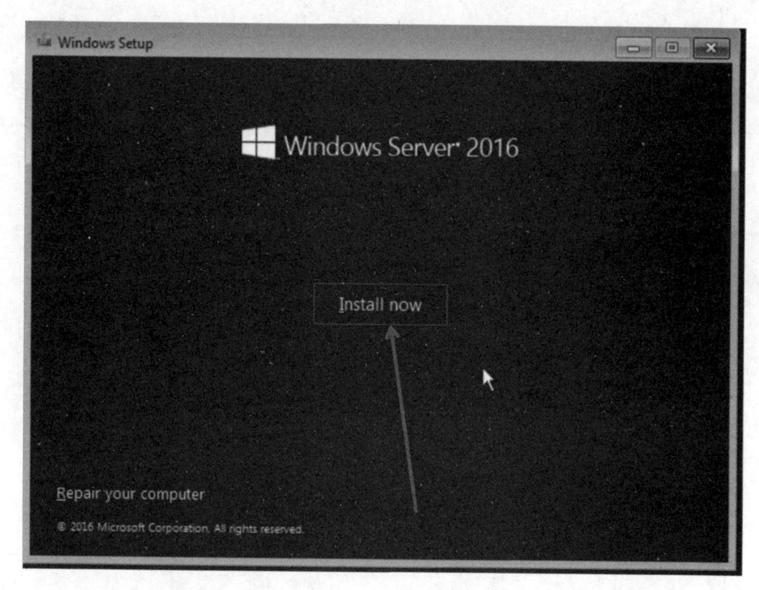

图 17-7 系统安装菜单

(8) 在系统许可协议界面，如图 17-10 所示，勾选 I accept the license terms，并单击 Next 按钮。

(9) 在安装类型界面选择自定义安装 Windows，如图 17-11 所示，然后单击 Next 按钮。在磁盘选择界面选择先前创建的磁盘，如图 17-12 所示，单击 Next 按钮。

(10) 进入系统安装程序，等待系统安装完成，如图 17-13 所示。后续会自动进入用户密码配置界面，如图 17-14 所示，配置用户的登录密码，单击 Finish 按钮完成安装。

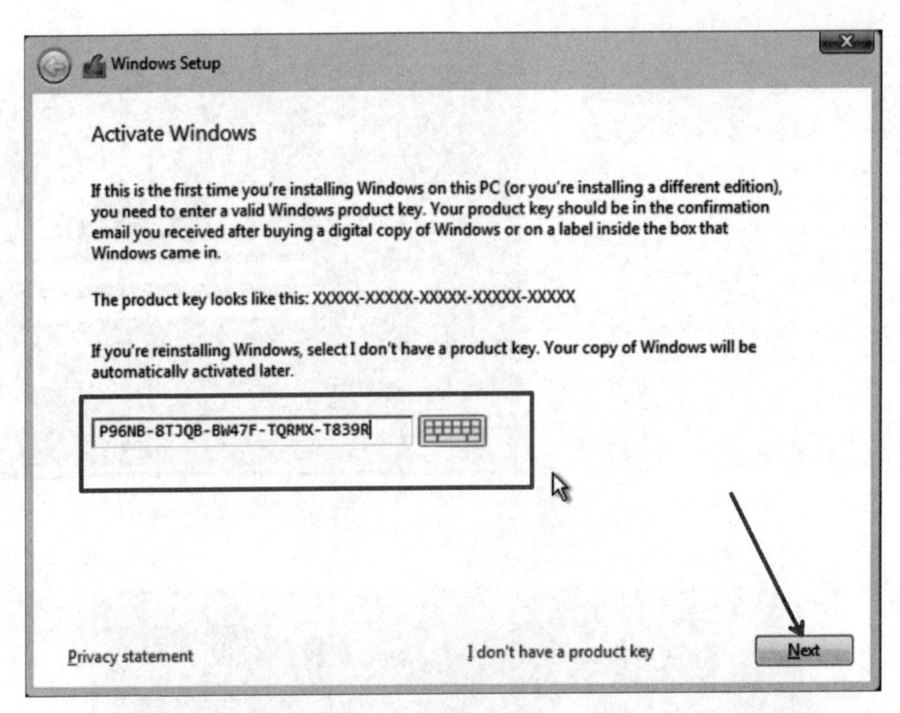

图 17-8 系统安装菜单

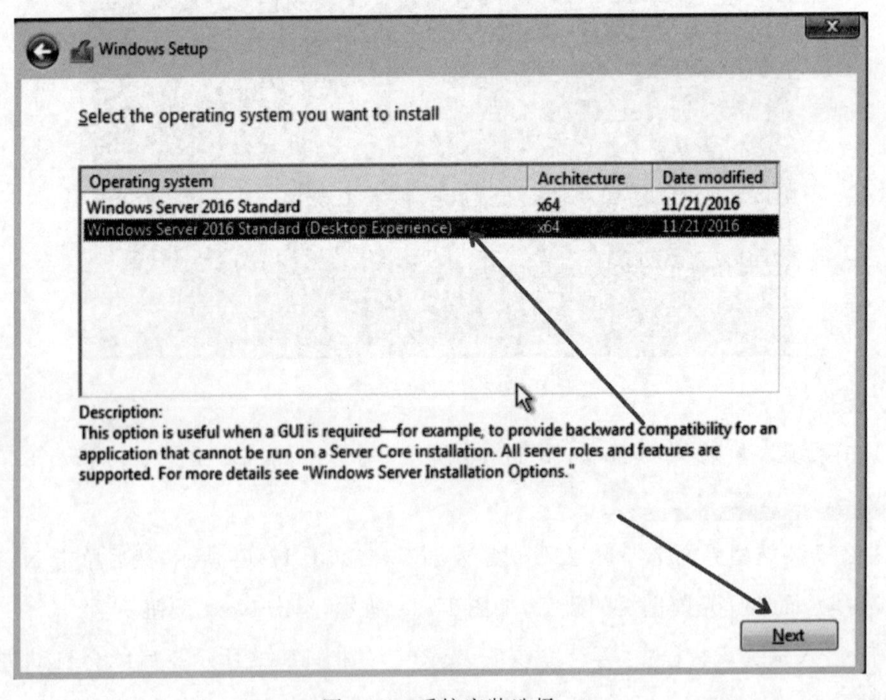

图 17-9 系统安装选择

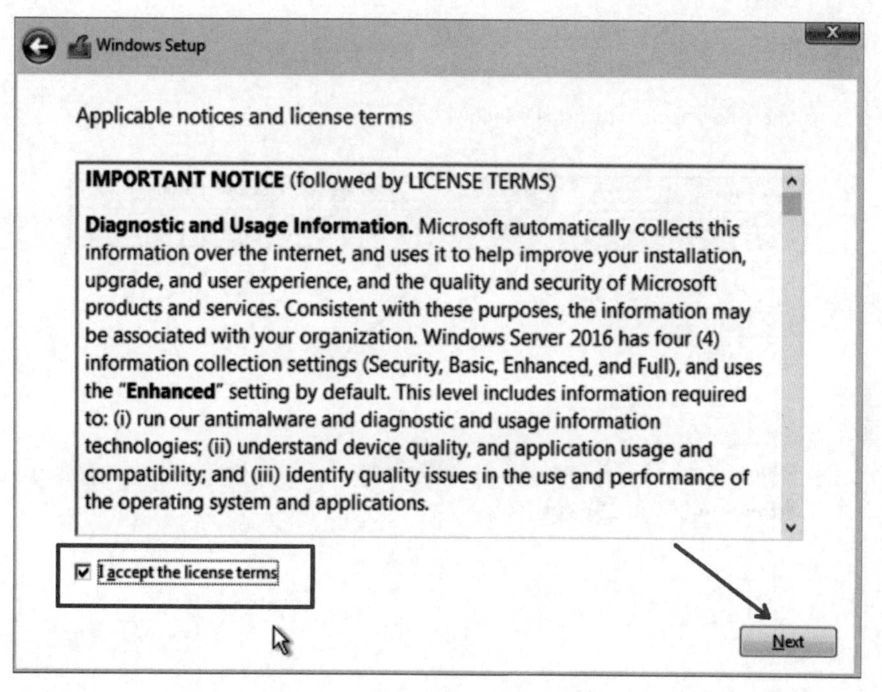

图 17-10　系统许可协议

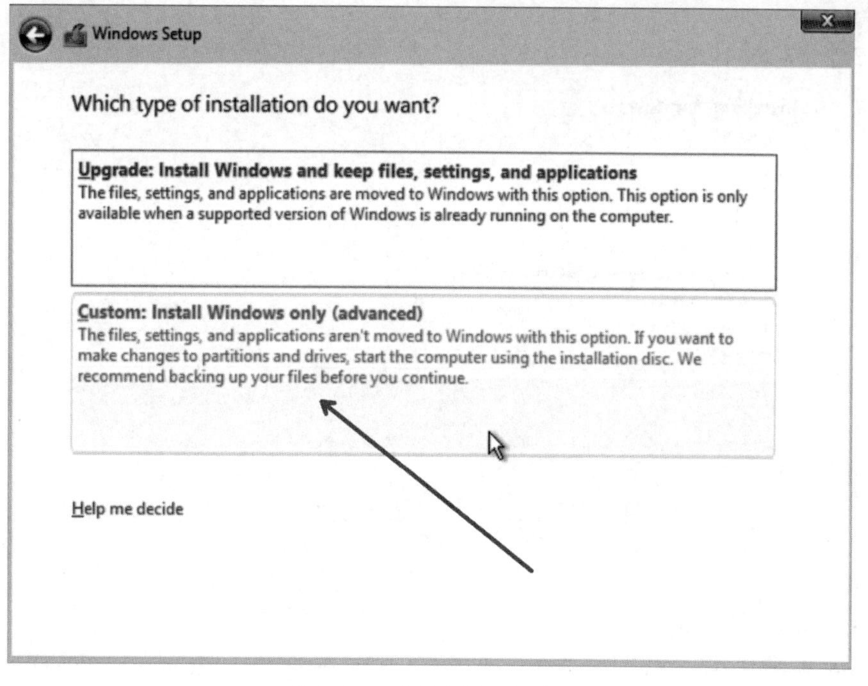

图 17-11　系统安装类型选择

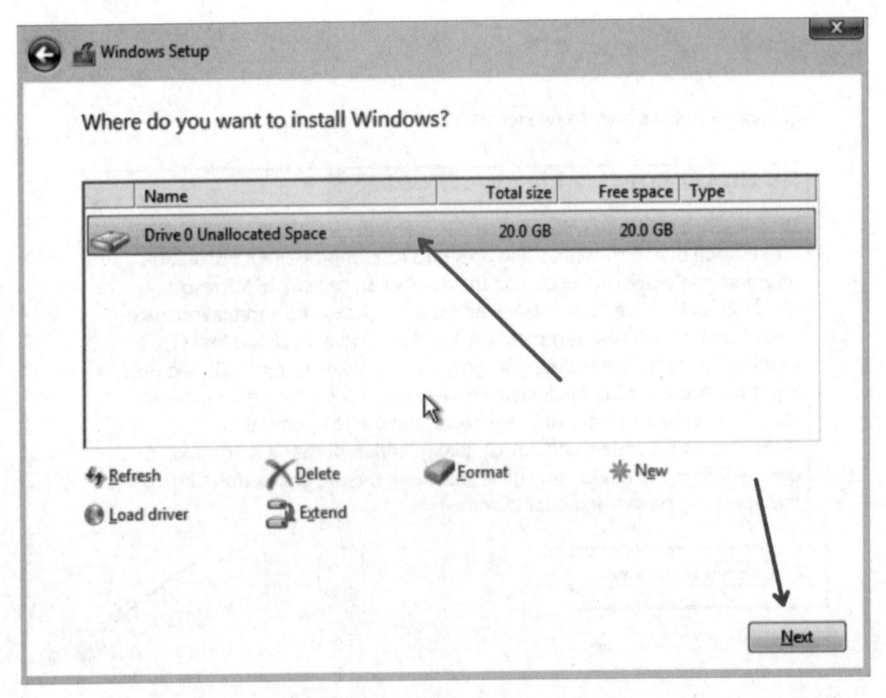

图 17-12　系统安装磁盘选择

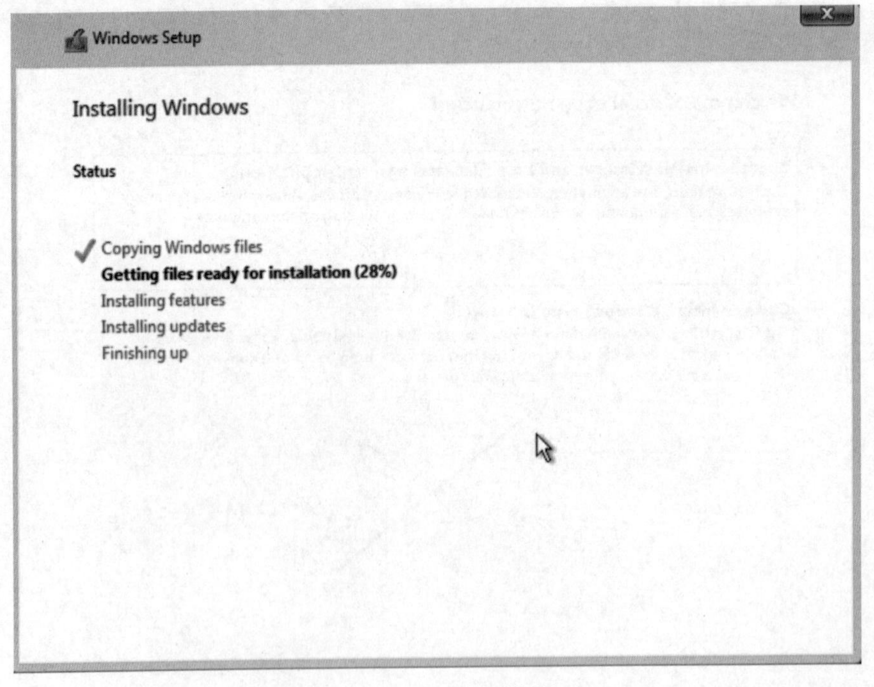

图 17-13　系统安装进行界面

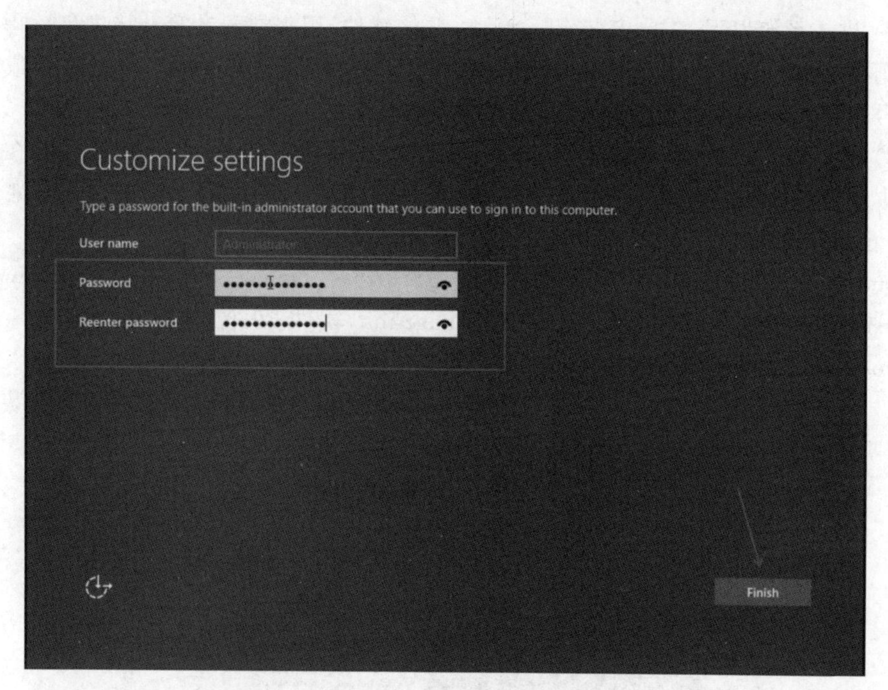

图 17-14　用户账号和密码配置界面

（11）系统安装完成以后，重启并进入系统，如图 17-15 所示。

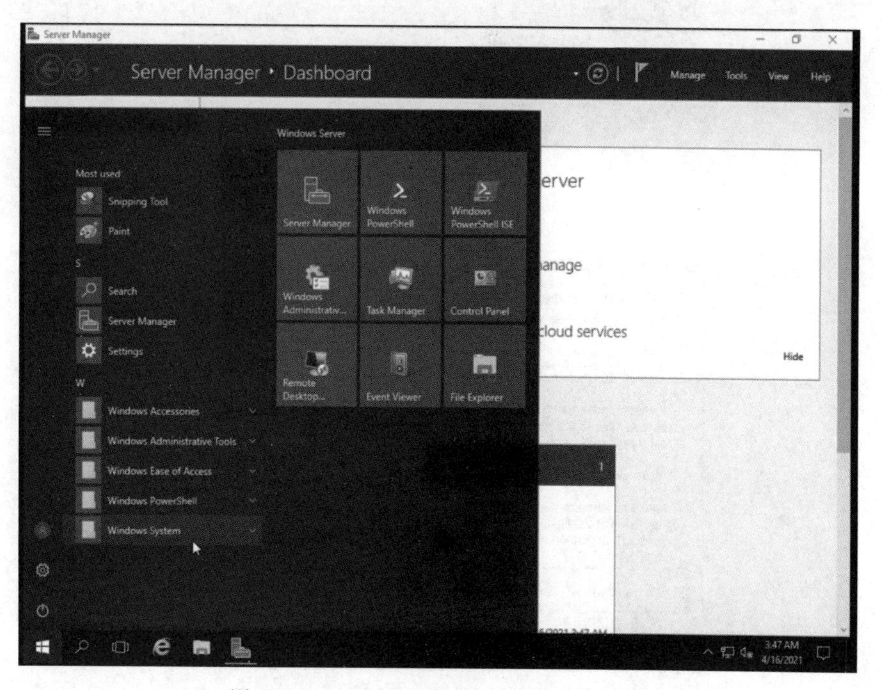

图 17-15　Windows Server 2016 系统界面

(12) 进入系统以后,需要安装 Cloudbase-Init 软件,用来在云计算环境中创建虚拟机时能够调用模板和参数实现系统初始化自动配置,例如每次创建虚拟机时自动修改或创建登录的账号和密码。

(13) 在浏览器下载 Cloudbase-Init 软件,可以使用系统自带的 IE 浏览器,但在使用某些老版本浏览器下载文件时可能有些问题,遇到问题时可以先安装 Firefox 浏览器或者 Chrome 浏览器,再进行下载。

Cloudbase-init 软件 64 位的下载网址为 https://www.cloudbase.it/downloads/CloudbaseInitSetup_Stable_x64.msi,Cloudbase-init 软件 32 位的下载网址为 https://www.cloudbase.it/downloads/CloudbaseInitSetup_Stable_x86.msi。

(14) 下载完成 Cloudbase-Init 软件后,双击此软件便可进行安装,启动后的安装界面如图 17-16 所示,然后单击 Next 按钮。在软件许可协议界面,勾选许可协议,如图 17-17 所示,单击 Next 按钮。

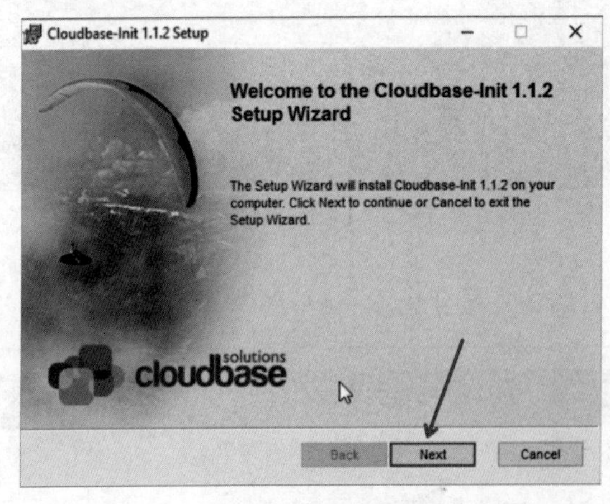

图 17-16 Cloudbase-Init 软件启动界面

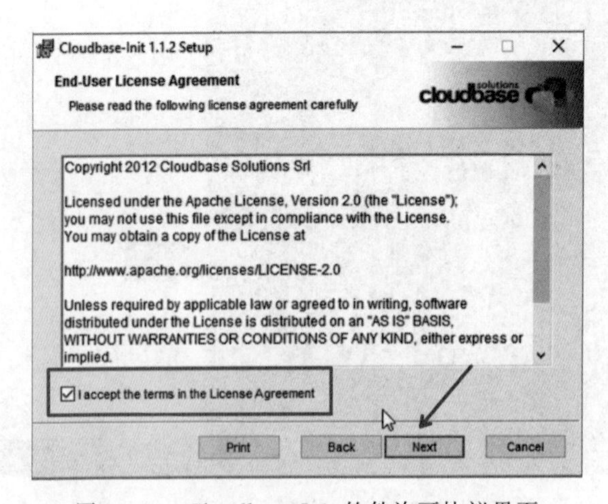

图 17-17 Cloudbase-Init 软件许可协议界面

(15) 在软件安装配置选择界面，保持默认值，如图 17-18 所示，然后单击 Next 按钮。在选项配置界面进行如图 17-19 所示的配置，单击 Next 按钮。

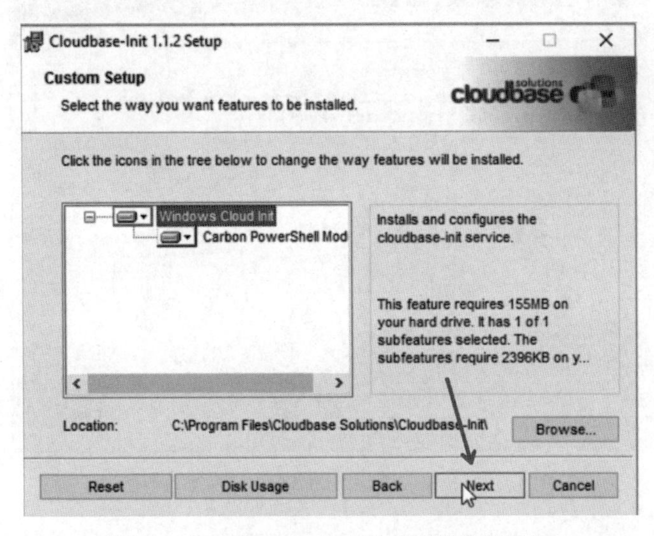

图 17-18 Cloudbase-Init 软件配置安装界面

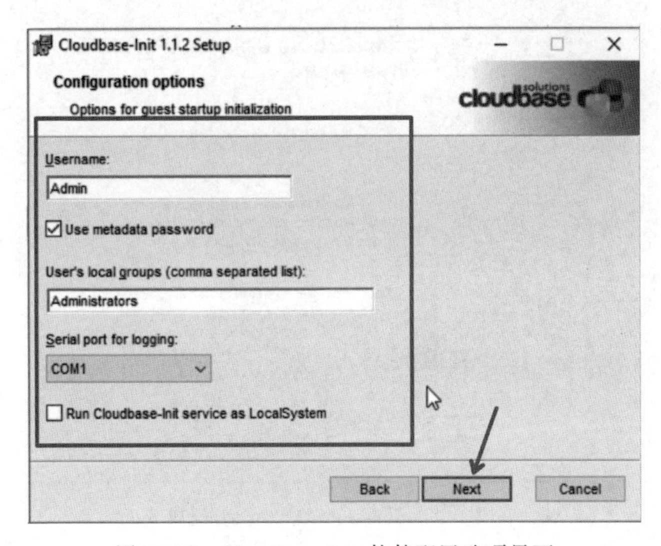

图 17-19 Cloudbase-Init 软件配置选项界面

(16) 在软件安装准备界面，如图 17-20 所示，单击 Install 按钮开始安装。在安装完成界面进行如图 17-21 所示的配置，最后单击 Finish 按钮完成安装。

(17) 将虚拟机配置为允许远程登录，参考“镜像配置允许远程登录服务”节中的步骤。主要是为了方便使用，可以在任何 PC 机器上远程连接到虚拟机，登录后进行使用，方便进行远程应用安装配置、文件的上传下载等。

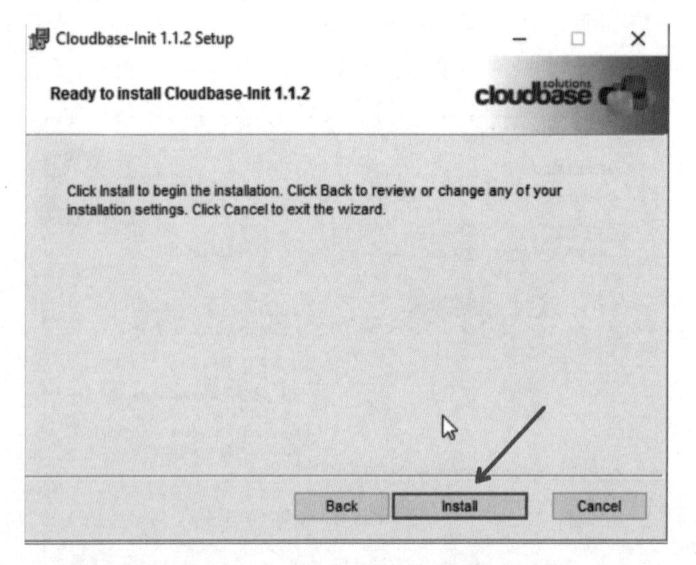

图 17-20　Cloudbase-Init 软件安装准备界面

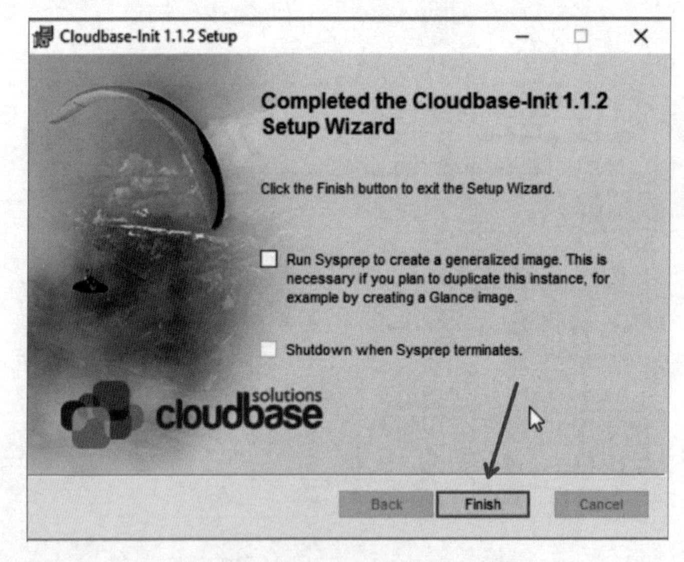

图 17-21　Cloudbase-Init 软件安装完成界面

(18) 配置虚拟机 Virtio 驱动,参考"镜像安装配置 Virtio 驱动"一节中的步骤。主要是为了防止在云计算环境中启动虚拟机时发生蓝屏现象,以及云环境对虚拟机所使用的资源进行监测,同时半虚拟化 Virtio 驱动也可以提升虚拟机性能。

(19) 正常关闭虚拟机系统,让数据全部落盘,查看虚拟镜像的位置,如图 17-22 所示。

最后,可以把镜像上传到云计算环境中使用。除此之外,还能够对镜像进行优化,具体可以参考"镜像文件压缩及格式转换"一节中的方法。

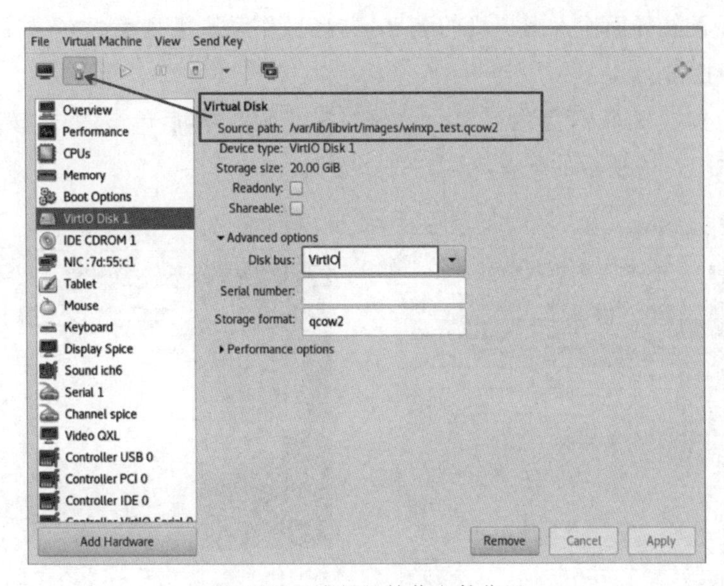

图 17-22 虚拟机镜像文件位置

17.2 Virtual Box 制作虚拟机镜像

虚拟化工具 Virtual Box 适合制作非 Windows 类型的系统镜像，制作 Windows 系统类型的镜像在云环境启动中会出现蓝屏现象，这里用 Virtual Box 工具制作 CentOS 7 镜像。

(1) 启动 Virtual Box，界面如图 17-23 所示，单击 New 按钮新建虚拟机。

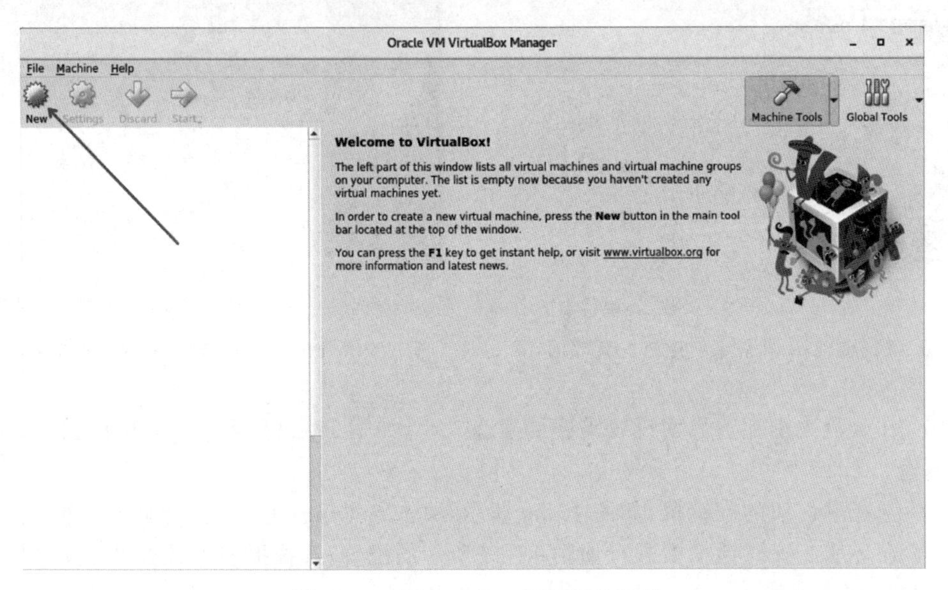

图 17-23 Virtual Box 软件启动界面

(2) 在系统配置界面输入虚拟机的名字，选择操作系统类型及版本，如图 17-24 所示，然后单击 Next 按钮。

(3) 在内存配置界面，设置内存大小，如图 17-25 所示，然后单击 Next 按钮。在磁盘配置界面进行如图 17-26 所示的配置，单击 Next 按钮。

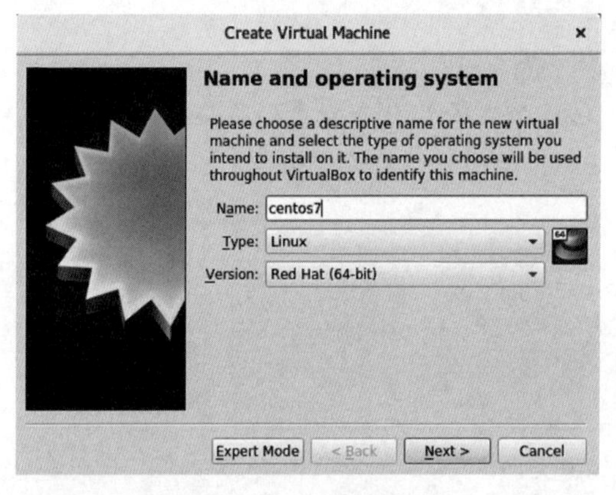

图 17-24 Virtual Box 软件系统类型配置界面

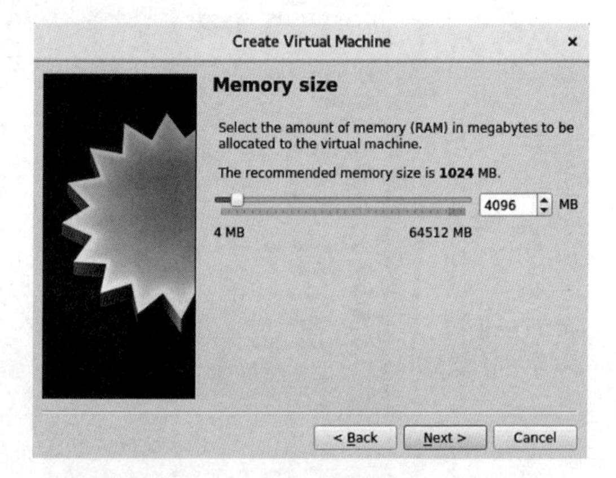

图 17-25 Virtual Box 软件系统内存配置界面

(4) 在磁盘类型配置界面，选择需要的磁盘类型，如图 17-27 所示，然后单击 Next 按钮。在物理磁盘配置界面进行如图 17-28 所示的配置，单击 Next 按钮。

图 17-26 Virtual Box 软件系统磁盘配置界面

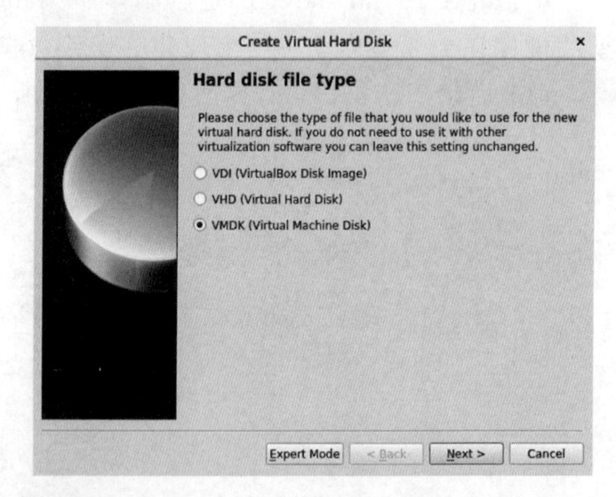

图 17-27 Virtual Box 软件磁盘类型配置界面

(5) 在磁盘大小配置界面设置需要的磁盘大小，如图 17-29 所示，然后单击 Create 按钮完成创建。

(6) 选择刚创建的虚拟机，如图 17-30 所示，单击 Settings 按钮，打开环境配置对话框。

(7) 在环境配置对话框中进行如图 17-31 所示的配置，选择提前下载好的 ISO 文件，单击 OK 按钮完成配置。

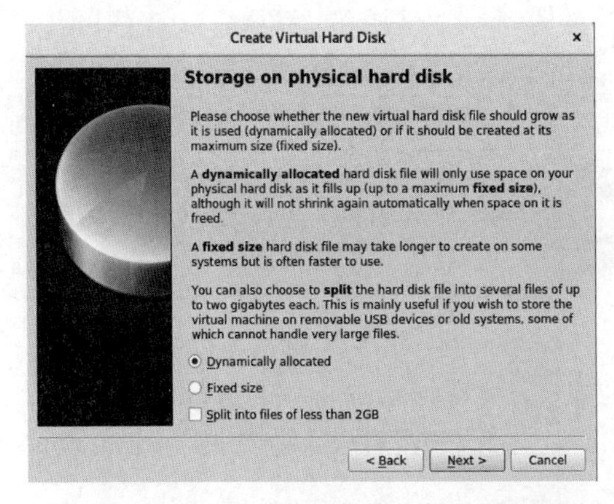

图 17-28　Virtual Box 软件磁盘模式配置界面

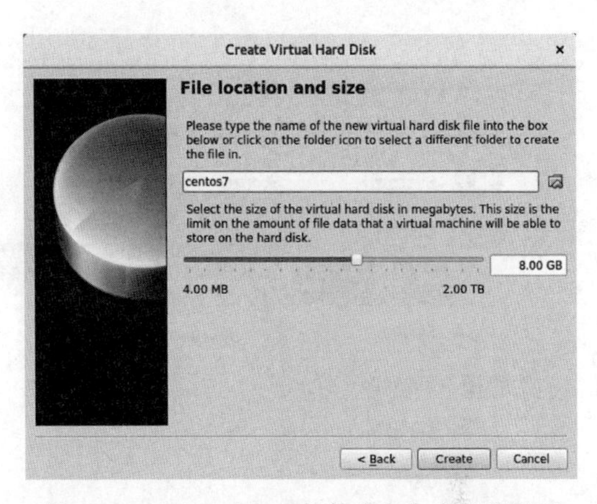

图 17-29　Virtual Box 软件磁盘大小配置界面

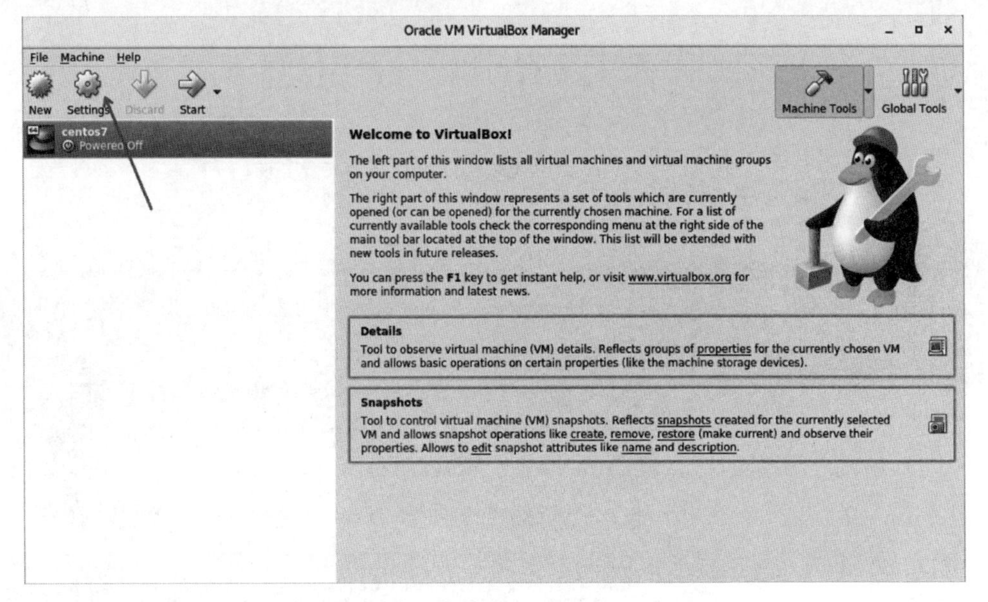

图 17-30　Virtual Box 软件虚拟机列表界面

(8) 在虚拟机列表界面选择创建的虚拟机，如图 17-32 所示，单击 Start 按钮开始启动。

(9) 进入系统安装菜单界面，如图 17-33 所示，选择 Install CentOS 7，然后按 Enter 键开始安装。

(10) 系统语言可根据自己的实际需求进行选择，如图 17-34 所示，此处选择英文，单击 Continue 按钮进行下一步。

(11) 进入安装预览界面，如图 17-35 所示，单击 INSTALLATION DESTINATION 菜单进入分区界面。在分区页面根据实际需求进行分区，如图 17-36 所示，也可以使用系统推荐的默认分区，完成分区后单击 Done 按钮，回到安装界面。

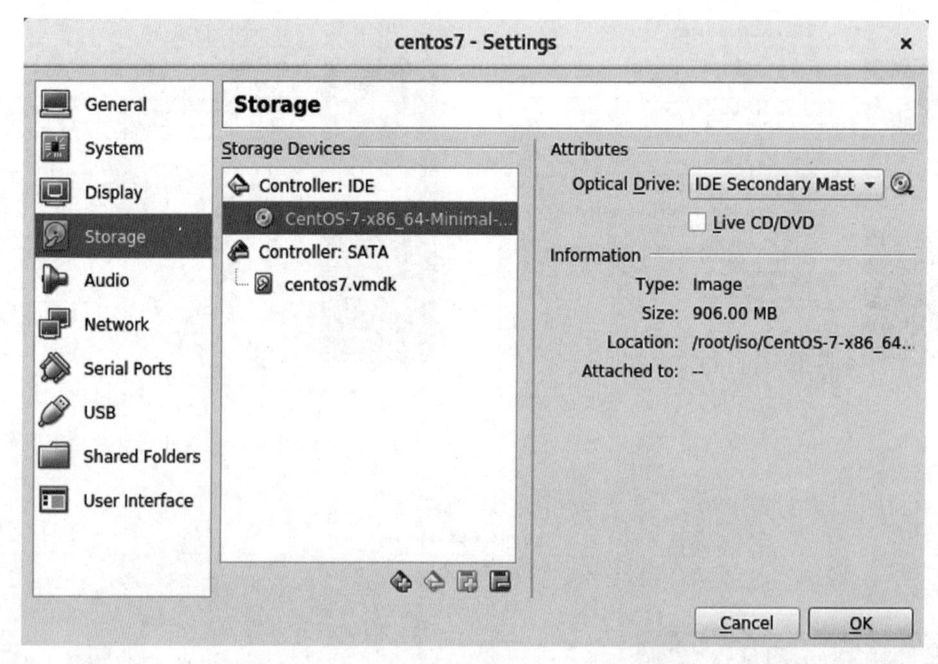

图 17-31 Virtual Box 软件虚拟机环境配置界面

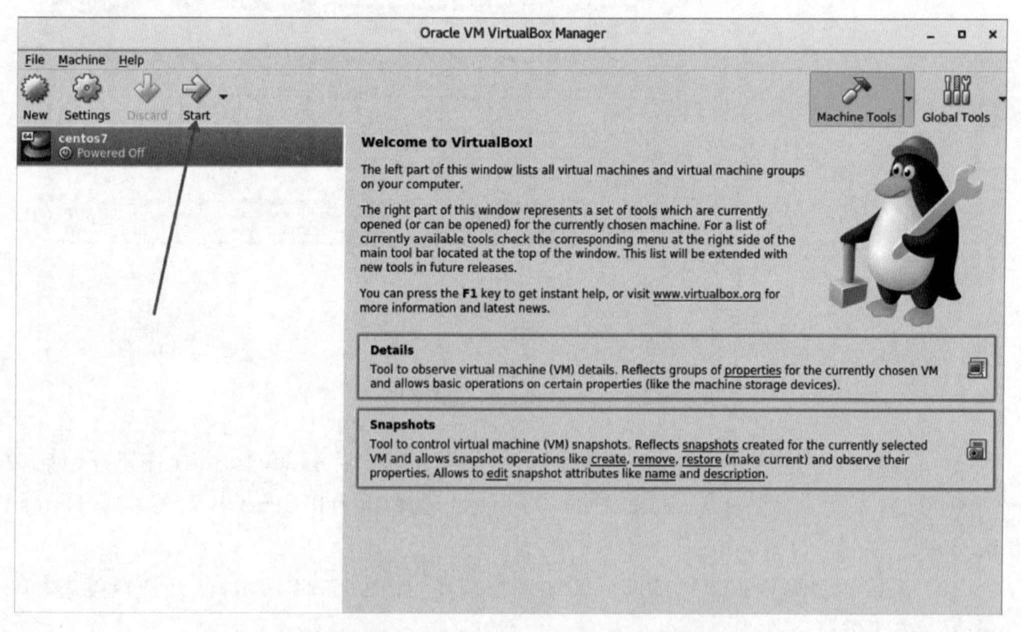

图 17-32 Virtual Box 软件虚拟机列表界面

(12) 在安装预览界面单击 Begin Installation 按钮开始安装系统,如图 17-37 所示。在安装配置界面单击 ROOT PASSWORD 配置 root 用户的密码,如图 17-38 所示。

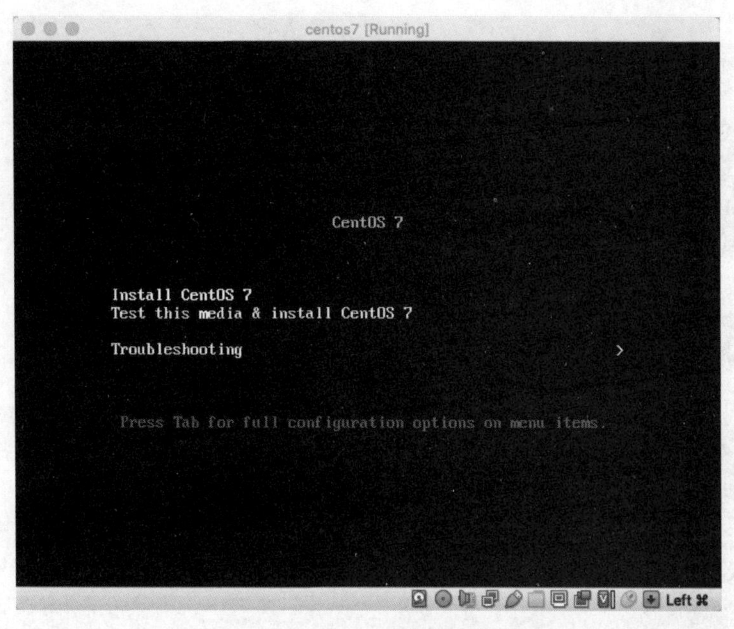

图 17-33　CentOS 7 系统安装菜单界面

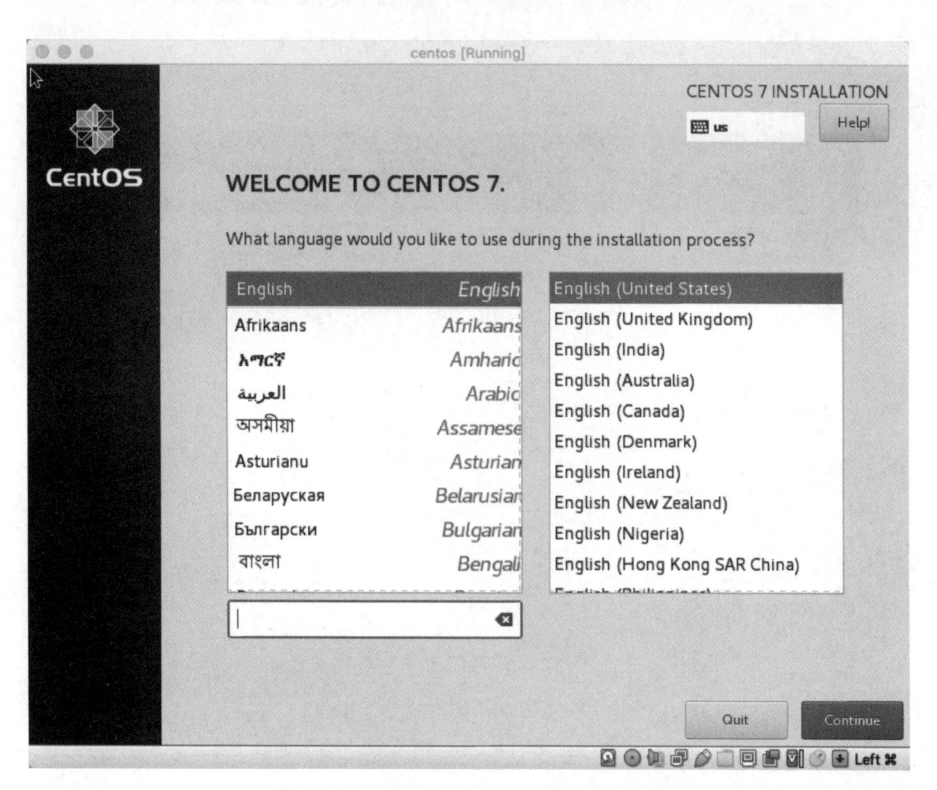

图 17-34　CentOS 7 系统语言配置界面

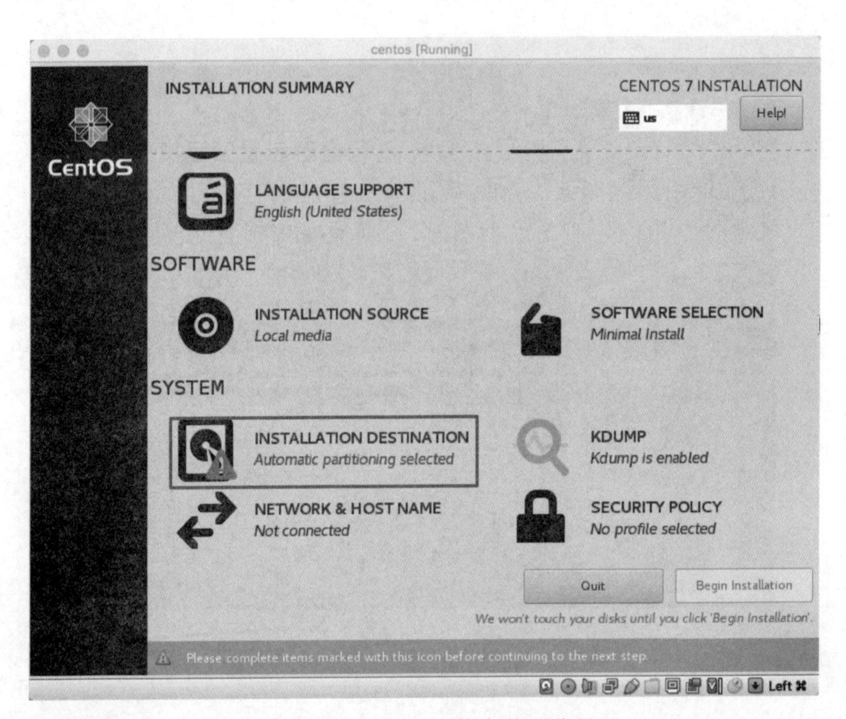

图 17-35　CentOS 7 系统安装预览界面

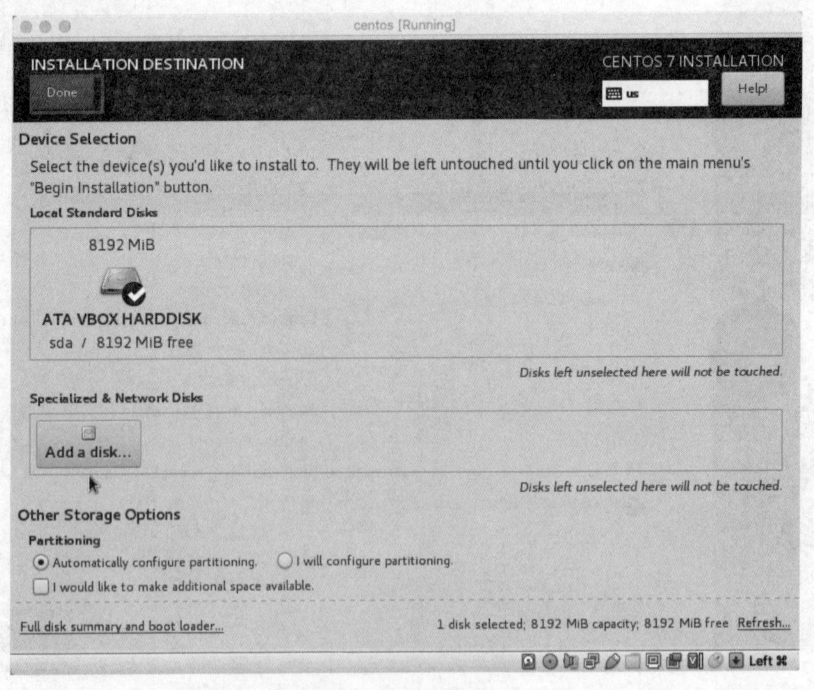

图 17-36　CentOS 7 系统分区配置界面

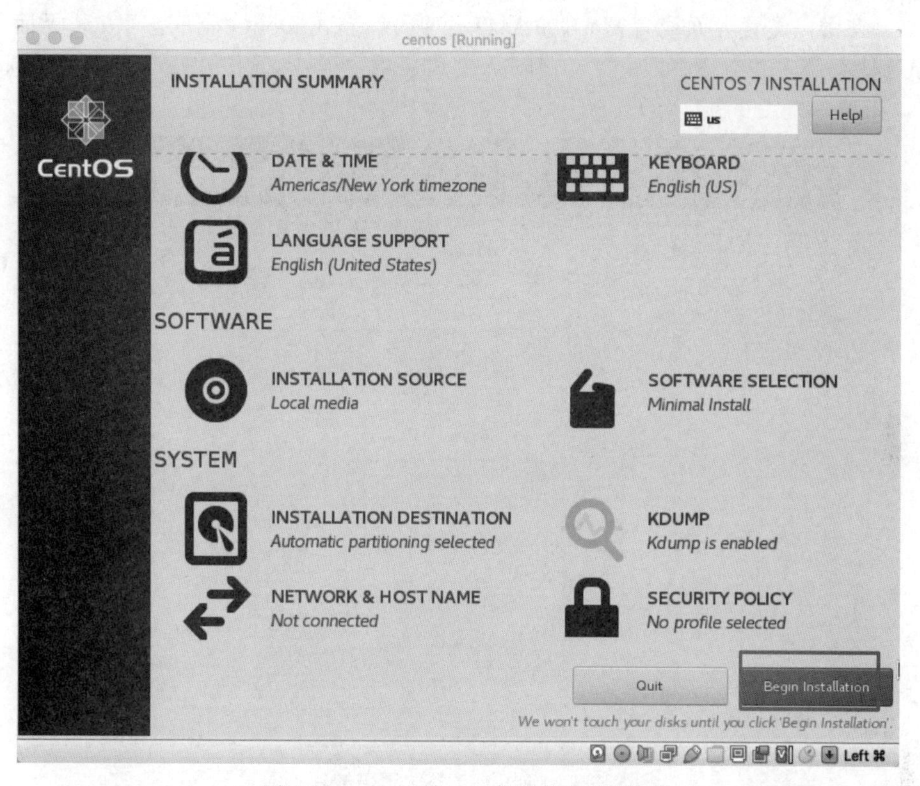

图 17-37　CentOS 7 系统安装预览界面

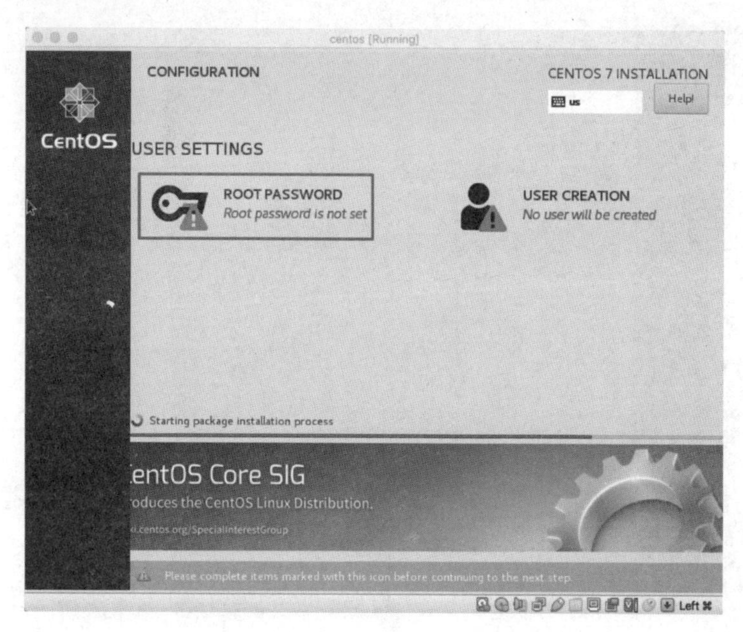

图 17-38　CentOS 7 系统安装配置界面

(13) 在密码配置界面设置密码,如图 17-39 所示,单击 Done 按钮返回安装界面。在安装界面等待系统安装完成,如图 17-40 所示,完成后单击 Reboot 按钮进行重启并进入系统。

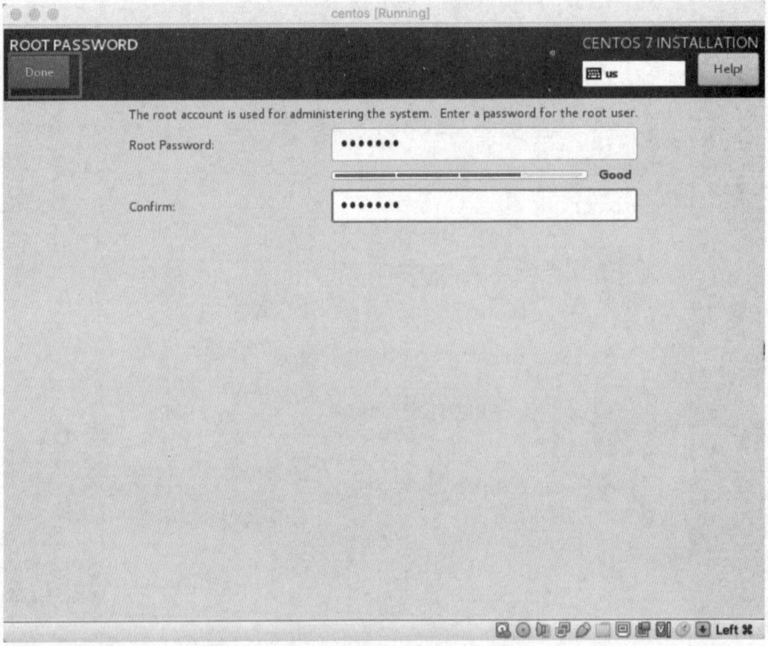

图 17-39　CentOS 7 系统密码配置界面

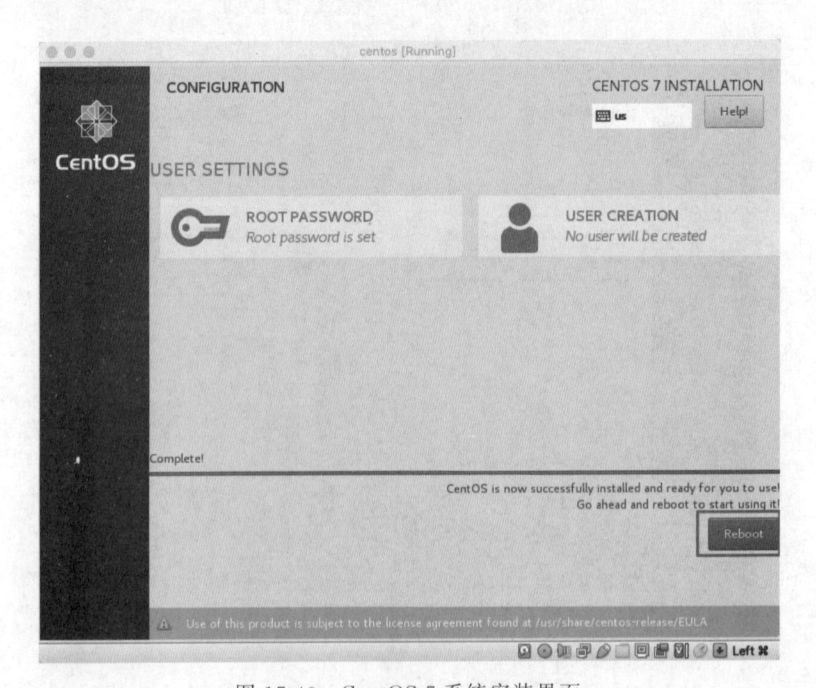

图 17-40　CentOS 7 系统安装界面

（14）登录系统后，检测系统是否分配了 IP 地址，如果没有分配，则可以执行 dhclient 命令获取 IP 地址，如图 17-41 所示。执行 ip addr 命令，如图 17-42 所示，如果能看到地址，则表示已经成功分配了 IP 地址，并检查是否可以访问公网。

图 17-41　CentOS 7 获取 IP 地址

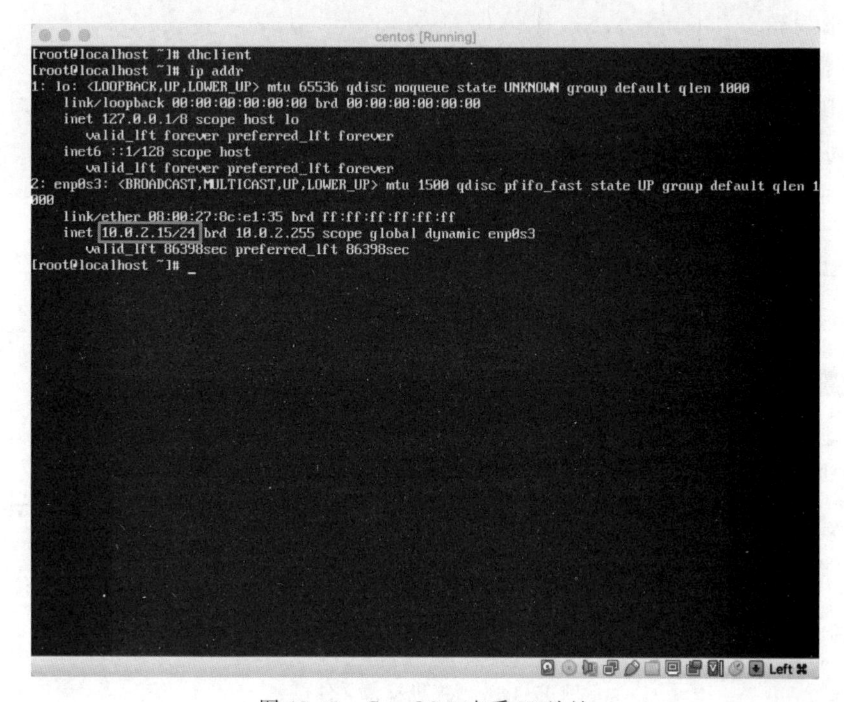

图 17-42　CentOS 7 查看 IP 地址

(15) 执行 yum install-y cloud-init 命令安装 Cloud-Init 程序，如图 17-43 所示。

图 17-43　CentOS 7 安装 Cloud-Init 程序

(16) 配置虚拟机以允许远程登录，参考 17.5 节中的步骤。主要是为了方便使用，可以在任何个人计算机上远程连接到虚拟机，登录后进行使用，方便进行远程应用安装配置、文件的上传下载等。

(17) 配置虚拟机 Virtio 驱动，参考 17.6 节中的步骤。主要是为了防止在云计算环境中启动虚拟机时发生蓝屏现象，以及云环境对虚拟机所使用的资源进行监测，同时半虚拟化 Virtio 驱动也可以提升虚拟机性能。

(18) 正常关闭虚拟机系统，让数据全部落盘，查看虚拟镜像的位置，如图 17-44 所示。

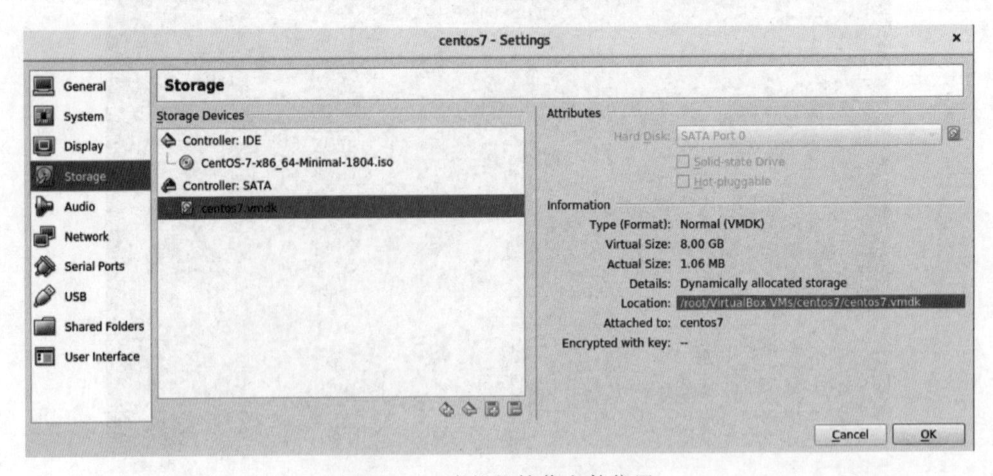

图 17-44　虚拟机镜像文件位置

最后，可以把镜像上传到云计算环境中进行使用。除此之外，还能够对镜像进行优化，具体可以参考17.7节中的方法。

17.3 VMware Fusion/Workstation 制作虚拟机镜像

虚拟化VMware系列工具适合制作非Windows类型的系统镜像，制作Windows系统类型的镜像在云环境启动中会出现蓝屏现象，这里通过VMware Fusion专业版11.5.2(15794494)虚拟机工具制作Kali Linux镜像，与其他虚拟机工具(如Virtual Box等)的原理和大致步骤是一样的，具体可以参照前面相关工具的使用方法。

这里以2021年发布的64位版本kali-linux-2021.1-installer-amd64.iso为例制作镜像，可以到官方网站https://www.kali.org/downloads/下载所需要的镜像。

(1) 启动并打开VMware Fusion虚拟机工具，选择菜单"文件"→"新建"，打开新建虚拟机界面，如图17-45所示。

图17-45　VMware Fusion新建虚拟机界面

(2) 单击"继续"按钮，选择操作系统类别及版本信息，如图17-46所示。

(3) 单击"继续"按钮，选择固件类型，如图17-47所示。

(4) 单击"继续"按钮，选择"新建虚拟磁盘"，如图17-48所示。

(5) 单击"继续"按钮，配置相关的硬件信息，如图17-49所示。

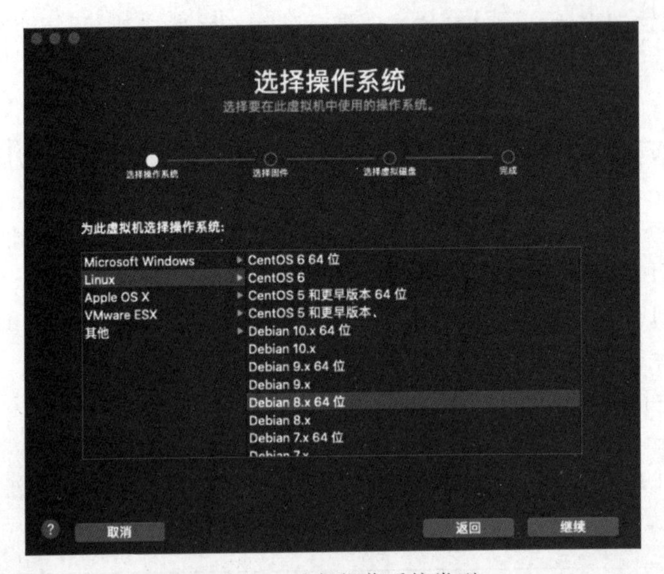

图 17-46　选择操作系统类型

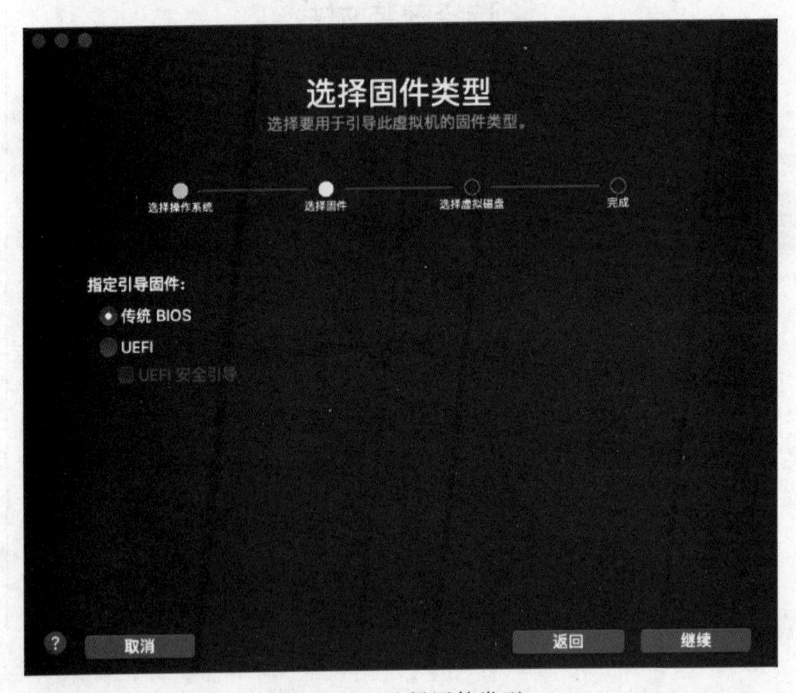

图 17-47　选择固件类型

(6) 单击“自定设置”按钮，选择虚拟机文件的保存位置及名称后，单击“存储”按钮，如图 17-50 所示。返回虚拟机主界面，如图 17-51 所示，单击“硬盘”图标配置硬盘相关信息，磁盘大小根据需要设置，其他保持配置选项，如图 17-52 所示。

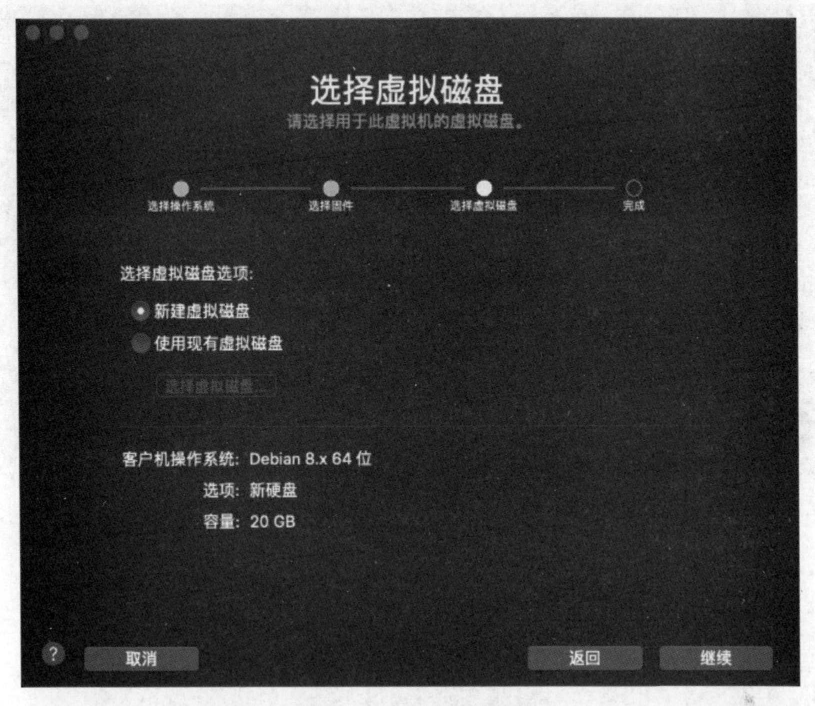

图 17-48　选择虚拟磁盘

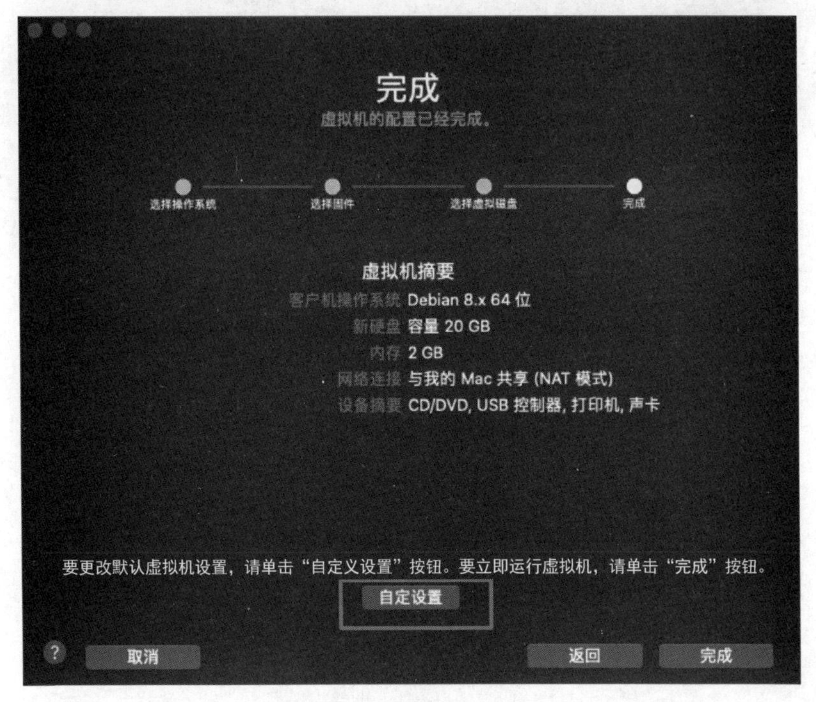

图 17-49　虚拟机配置总览

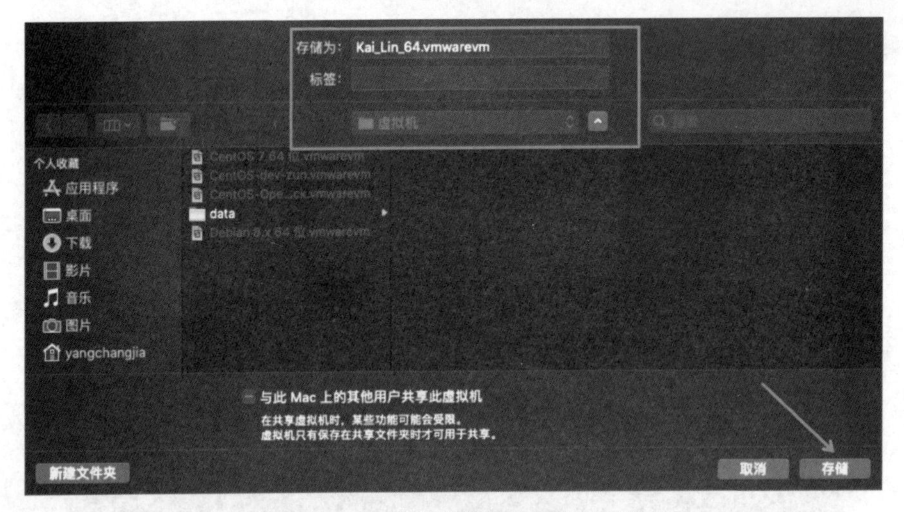

图 17-50　选择虚拟机保存位置及名称

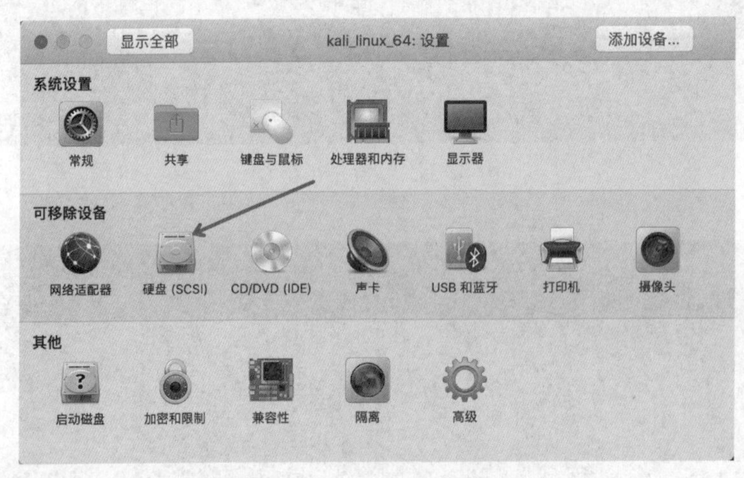

图 17-51　虚拟机主菜单界面

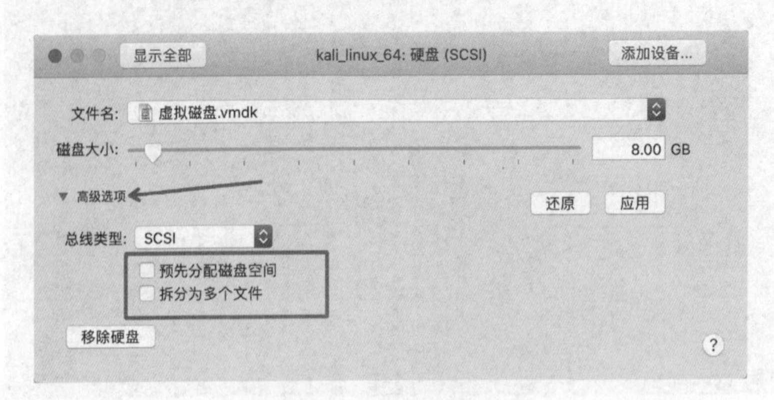

图 17-52　虚拟机硬盘配置

(7) 单击"显示全部"按钮后会弹出提示框,单击"应用"按钮,如图 17-53 所示。

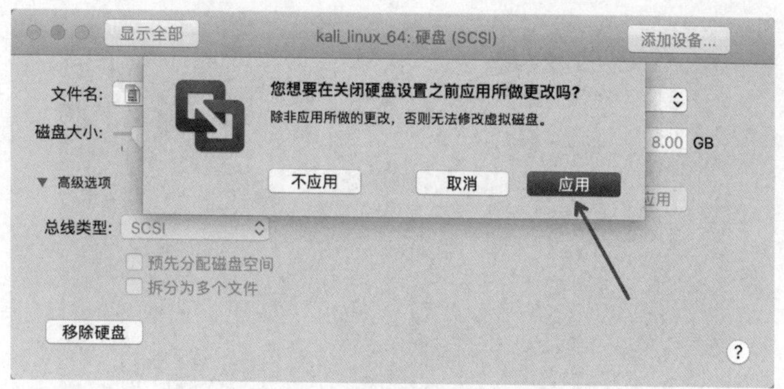

图 17-53　硬盘配置保存应用

(8) 在虚拟机主菜单界面单击"光驱",如图 17-54 所示,挂载下载的 Kali Linux 系统镜像,如图 17-55 所示,配置完成后关闭对话框。

图 17-54　虚拟机主菜单界面

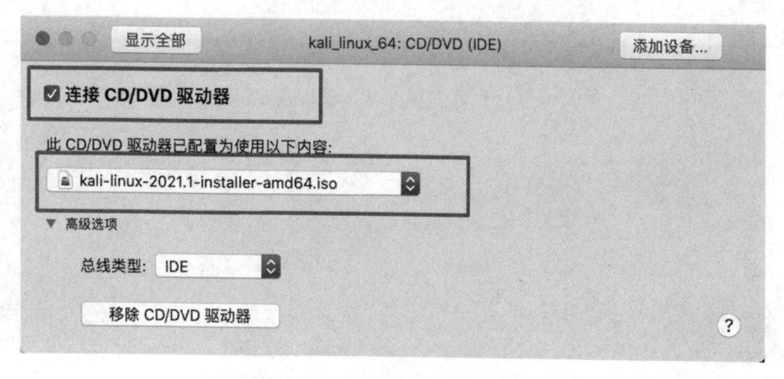

图 17-55　虚拟机光驱配置

(9) 启动这次创建的虚拟机，进行安装和配置，如图 17-56 所示，选择带图形化安装。

图 17-56 Kali Linux 安装菜单界面

(10) 根据需要选择系统语言，如图 17-57 所示，完成后按 Enter 键进行下一步。

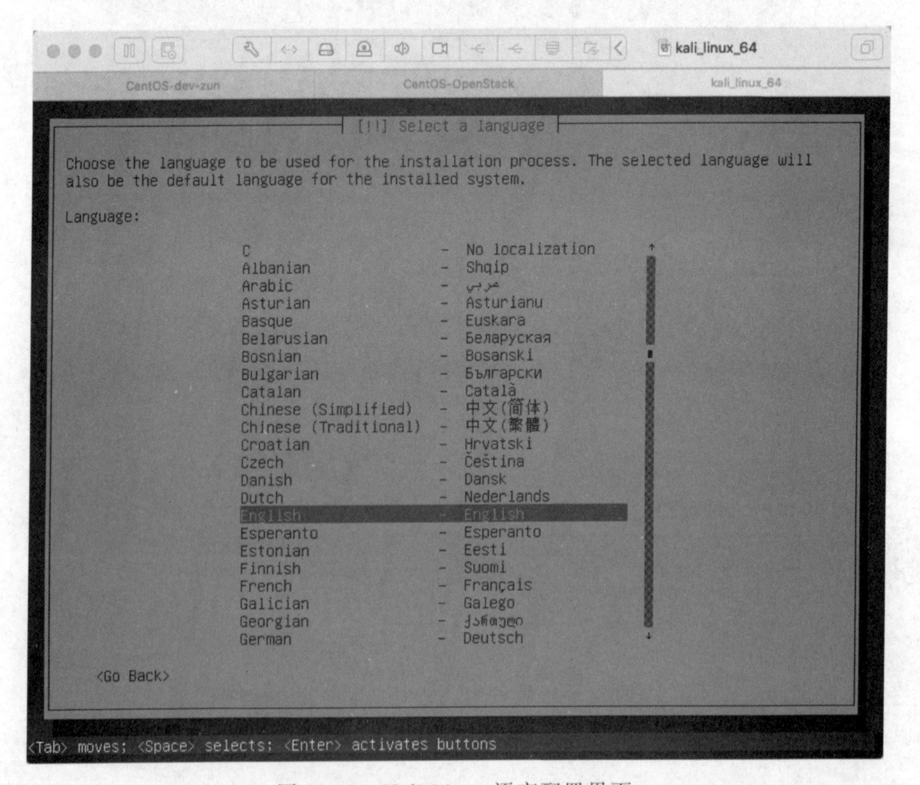

图 17-57 Kali Linux 语言配置界面

（11）后续步骤根据需要设置网络、主机名称、用户名称、用户密码、时区等系统安装信息，如图 17-58～图 17-61 所示。

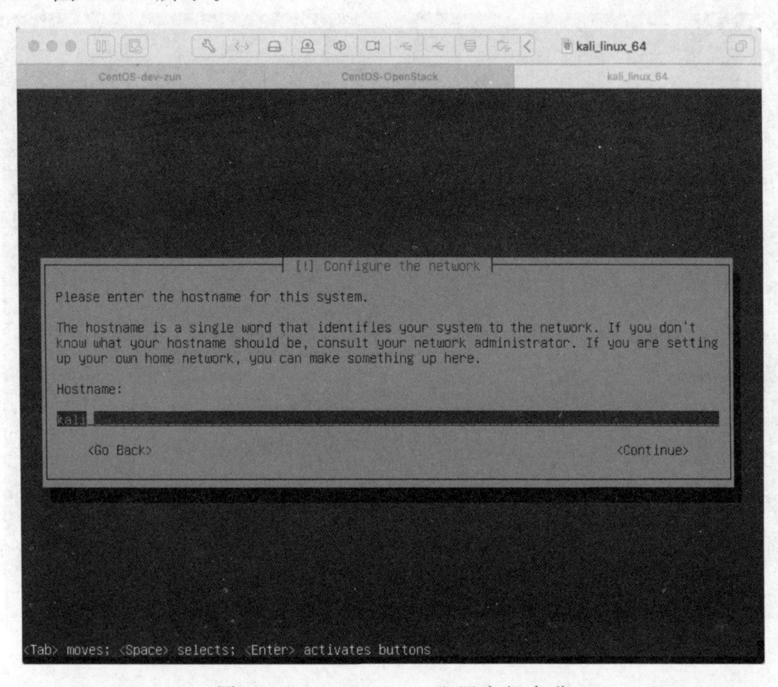

图 17-58　Kali Linux 配置主机名称

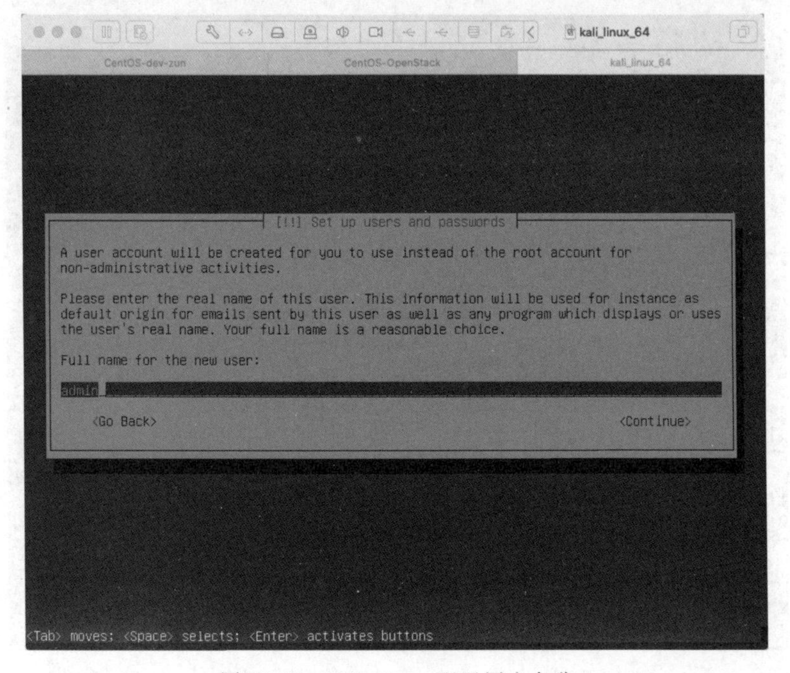

图 17-59　Kali Linux 配置用户名称

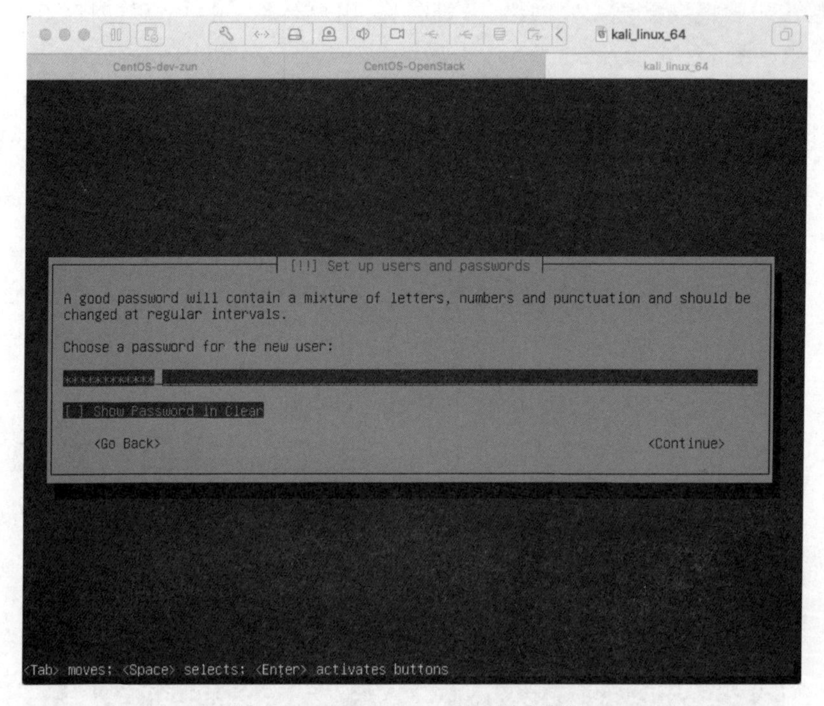

图 17-60　Kali Linux 配置用户密码

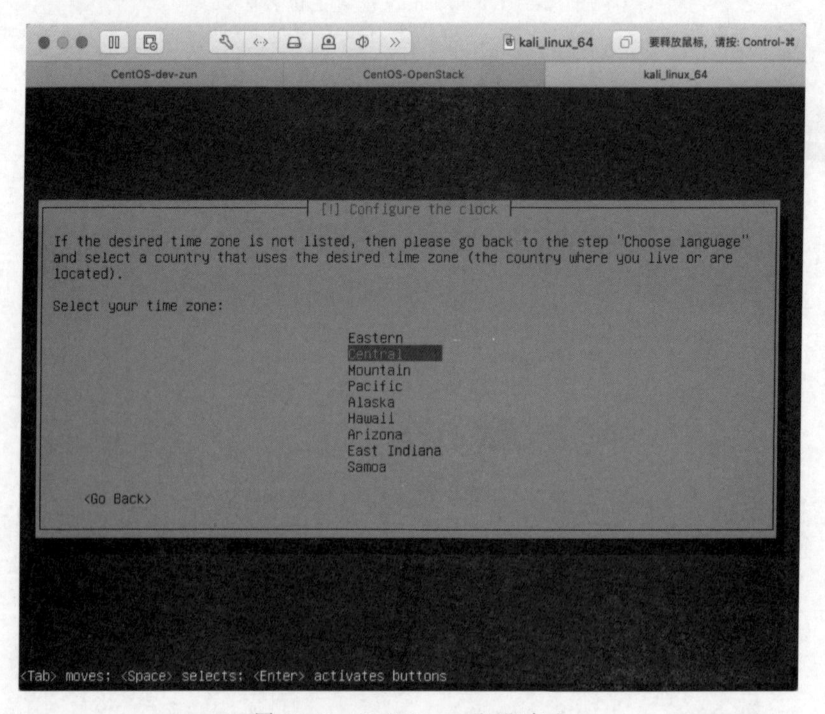

图 17-61　Kali Linux 配置时区

(12) 安装完成后，重启进入系统，安装 cloud-init，打开命令行终端，输入命令 sudo apt install-y cloud-init，如图 17-62 所示。建议在执行前面的命令之前可以先执行 sudo apt-get update 对软件源进行更新。

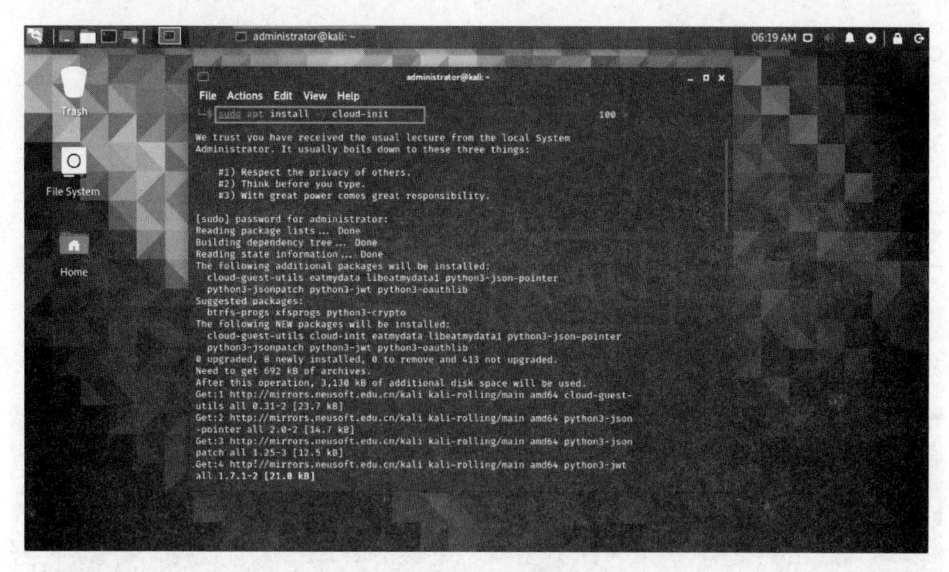

图 17-62 Kali Linux 安装 cloud-init

(13) 配置虚拟机以允许远程登录，参考 17.5 节中的步骤。主要是为了方便使用，可以在任何个人计算机上远程连接到虚拟机，登录后进行使用，方便进行远程应用安装配置、文件的上传下载等。

(14) 配置虚拟机 Virtio 驱动，参考 17.6 节中的步骤。主要是为了防止在云计算环境中启动虚拟机时发生蓝屏现象，以及云环境对虚拟机所使用的资源进行监测，同时半虚拟化 Virtio 驱动也可以提升虚拟机性能。

(15) 正常关闭虚拟机系统，让数据全部落盘。在虚拟机文件保存位置找到 xxx.vmwarevm 文件夹，在里面找到"虚拟磁盘.vmdk"文件，这是最终需要的文件，可以复制到其他地方进行保存或者重命名。

最后，可以把镜像上传到云计算环境中进行使用。除此之外，还能够对镜像进行优化，具体可以参考 17.7 节中的方法。

17.4 Docker 制作容器应用镜像

在计算机上安装好 Docker 工具，这里以 20.10.5 版本作为示例，安装 Docker 后，启动 Docker 服务，通过 docker-v 命令可以查看版本信息，如图 17-63 所示。

这里以封装一个编码和解码工具为例，介绍制作方法，也可使用其他方法进行镜像打包制作。

```
yangchangjia@yangchajiadeMBP ~ % docker -v
Docker version 20.10.5, build 55c4c88
yangchangjia@yangchajiadeMBP ~ %
```

图 17-63 查看 Docker 版本信息

编写 dockerfile 文件，内容如图 17-64 所示。

```
FROM maven:3.6-jdk-8 as build_stage

ADD . /app
WORKDIR /app

# build
RUN mkdir -p $HOME/.m2 \
    && mv docker/m2/settings.xml $HOME/.m2 \
    && mvn clean install


FROM openjdk:8
WORKDIR /app

COPY --from=build_stage /app/target/begonia-0.0.1-SNAPSHOT.jar .
COPY --from=build_stage /app/lib ./lib/

EXPOSE 8080
CMD ["java", "-jar", "begonia-0.0.1-SNAPSHOT.jar"]
```

图 17-64 dockerfile 文件内容

在命令行终端进入 dockerfile 文件所在的目录，通过 build 命令进行编译打包生成新的镜像，这里指定了版本号，如果应用镜像有多个版本，则建议指定镜像版本号，示例如图 17-65 所示。

通过 docker 命令查看生成的镜像，检查名称、版本号是否一致，也可以通过在本地运行该镜像来进一步地测试该镜像是否符合预期，这里的示例如图 17-66 所示。

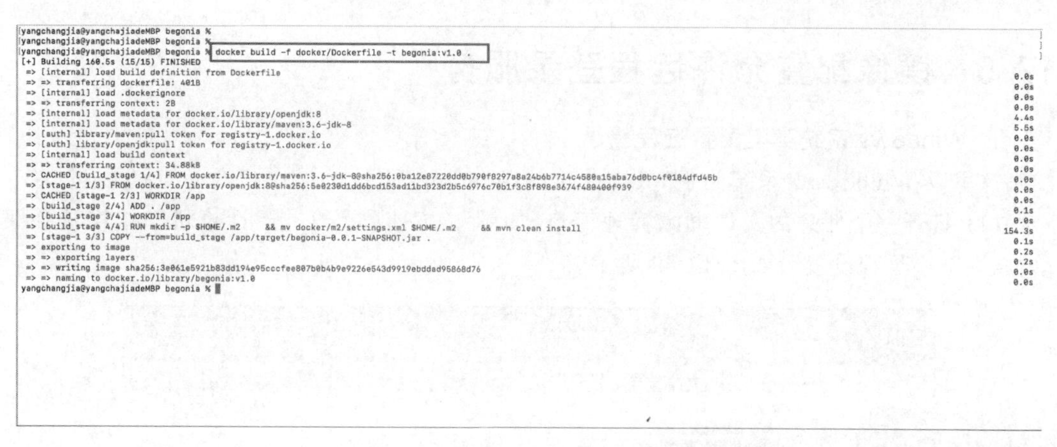

图 17-65　dockerfile 打包生成镜像

```
[yangchangjia@yangchajiadeMBP begonia %
[yangchangjia@yangchajiadeMBP begonia % docker images
REPOSITORY          TAG       IMAGE ID       CREATED          SIZE
begonia             v1.0      3e061e5921b8   2 minutes ago    546MB
auge_autotest       latest    90318c73cd8c   10 days ago      1.21GB
auge_flake8         latest    90318c73cd8c   10 days ago      1.21GB
```

图 17-66　查看 Docker 打包镜像信息

通过 docker 命令导出镜像文件,详细的导出格式及规范可参照第 15 章,主要注意一下后缀名,这里的示例如图 17-67 所示。

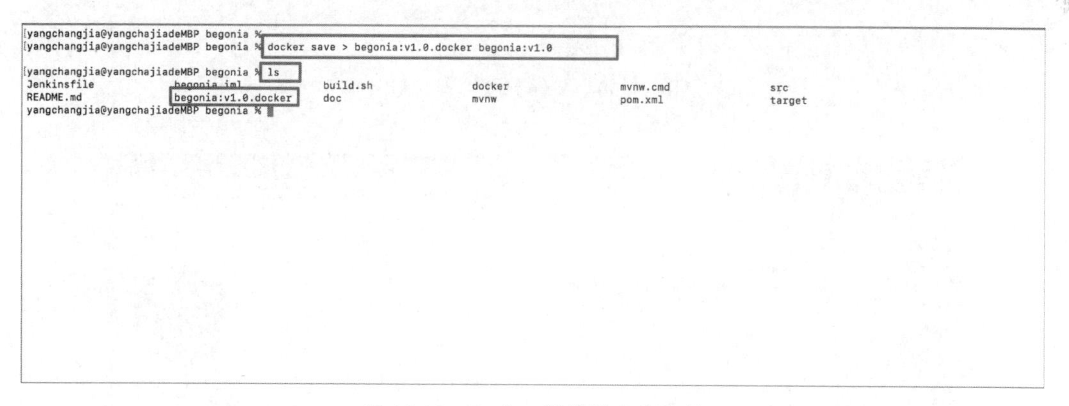

图 17-67　Docker 镜像导出为文件

到此为止,镜像制作完成。编写相应的 meta.json 文件指定一些相关的运行参数,例如暴露所需的端口等,这样就可以把镜像上传到云环境系统中使用了。

容器一般作为一个应用服务来部署和使用,通常不需要配置远程登录服务,如果配置复杂的需要人工干预的服务,一般使用虚拟机进行配置。如果有特殊需求使用容器部署应用,又想远程登录进行操作,则可以参考 17.5 节中的步骤。

17.5 镜像配置允许远程登录服务

1. Windows 系统类型配置远程登录

这里以 Windows 7 系统为例，其他版本的 Windows 系统的操作和配置与此类似。

(1) 打开一个任意的文件资源管理窗口，如图 17-68 所示，右击“计算机”，依次选择菜单“属性”→“远程设置”，如图 17-69 所示。

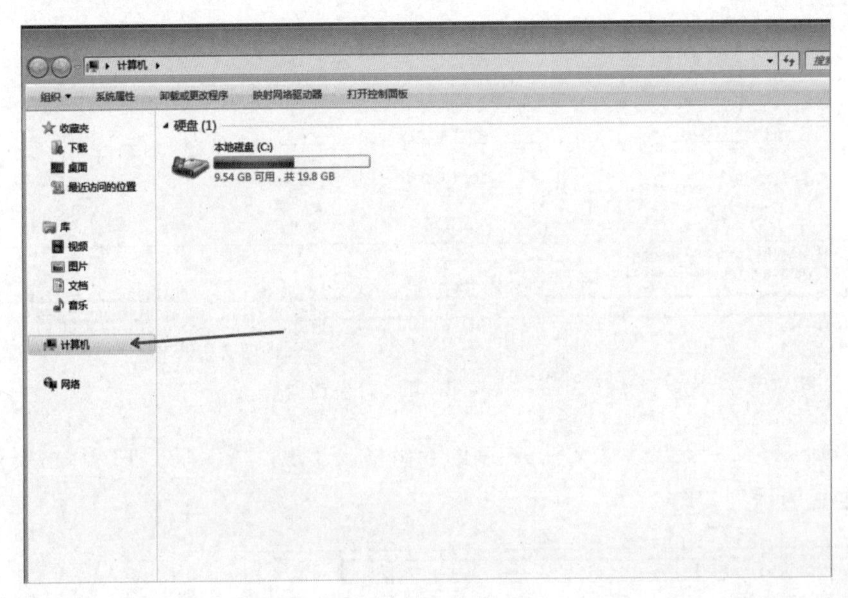

图 17-68 文件资源管理窗口

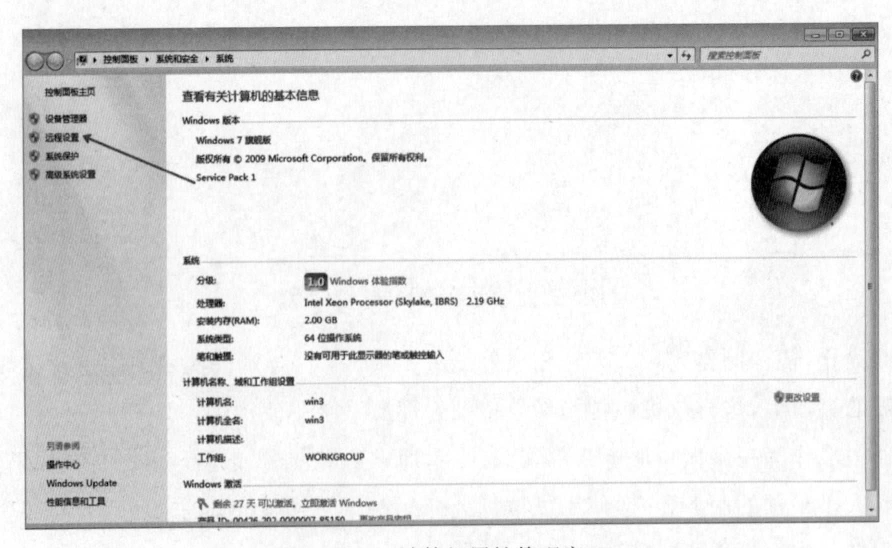

图 17-69 计算机属性管理窗口

（2）在远程属性配置对话框对远程连接进行如图 17-70 所示的配置。

（3）单击“高级”选项进行如图 17-71 所示的配置，最后单击“确定”按钮。

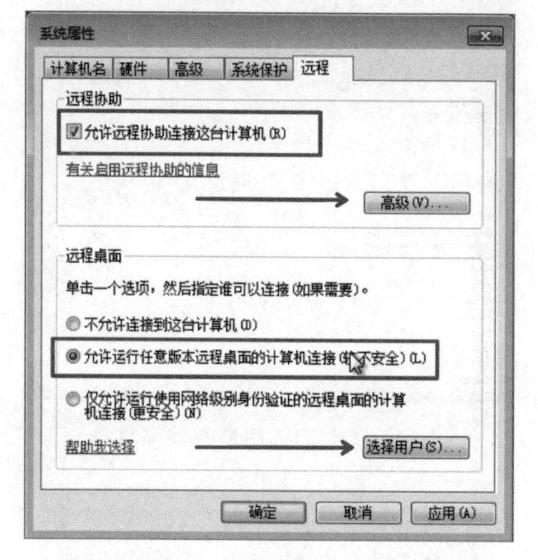

图 17-70　远程连接配置

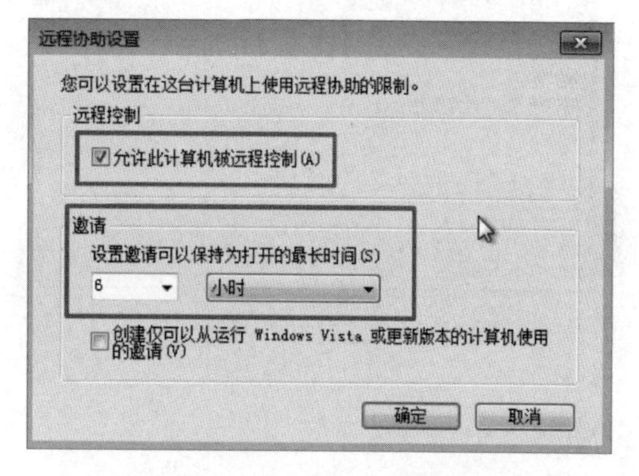

图 17-71　远程协助设置

（4）单击“添加”按钮，如图 17-72 所示，单击“高级”按钮，如图 17-73 所示，单击“立即查找”按钮，如图 17-74 所示。

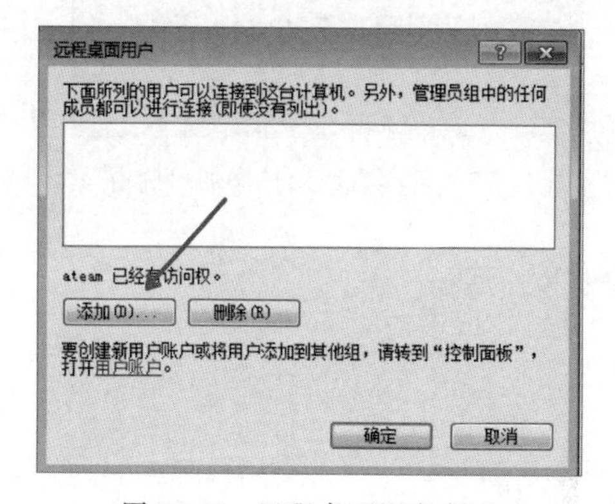

图 17-72　远程桌面用户窗口

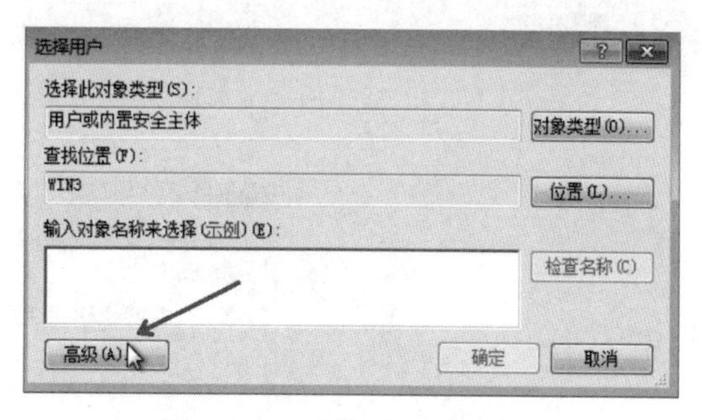

图 17-73　选择用户默认窗口

（5）配置允许登录的用户，选中一个用户，单击“确定”按钮添加用户，如图 17-75 所示。

（6）确认需要添加的用户，如图 17-76 所示，单击“选择用户”窗口中的“确定”按钮。

（7）单击“远程桌面用户”窗口中的“确定”按钮，如图 17-77 所示，将用户添加到远程连接用户中。

（8）单击“系统属性”窗口中的“应用”按钮，如图 17-78 所示，最后单击“确定”按钮关闭对话框。

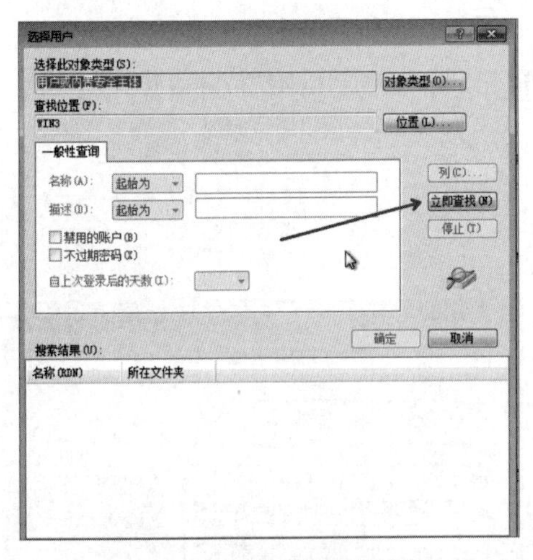

图 17-74　选择用户高级窗口

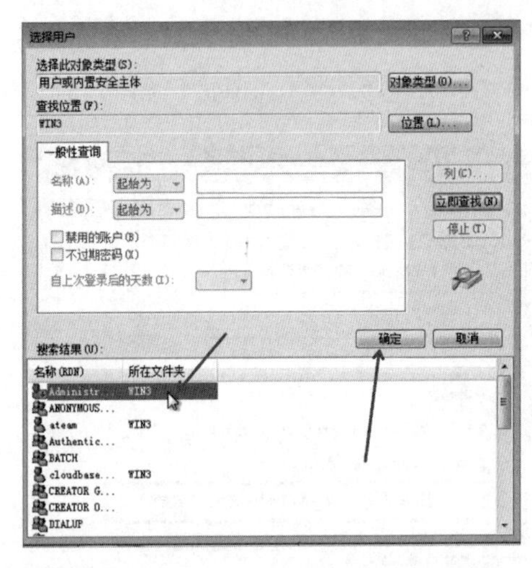

图 17-75　选择用户查找窗口

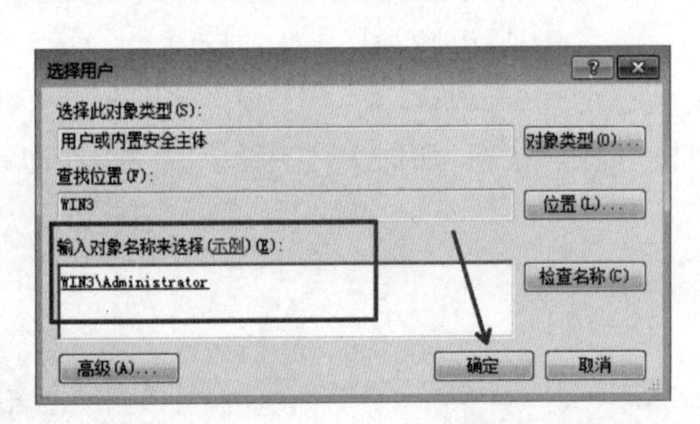

图 17-76　选择用户示例窗口

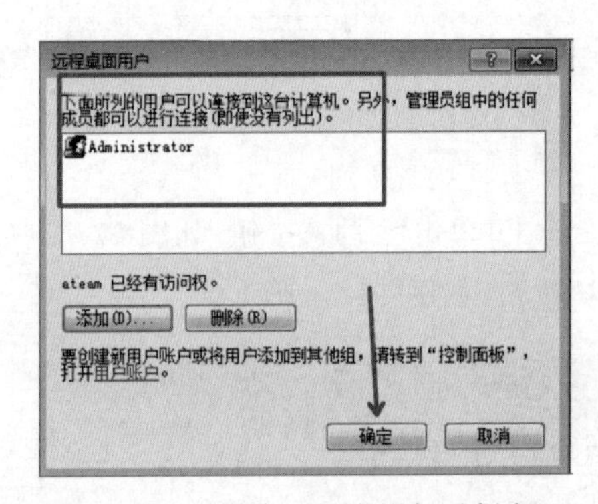

图 17-77　远程桌面用户添加示例窗口

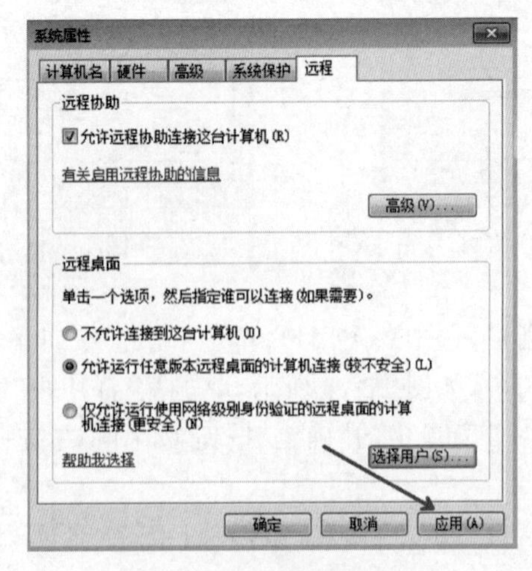

图 17-78　系统属性窗口

（9）回到系统属性界面，选择“控制面板主页”，如图 17-79 所示。

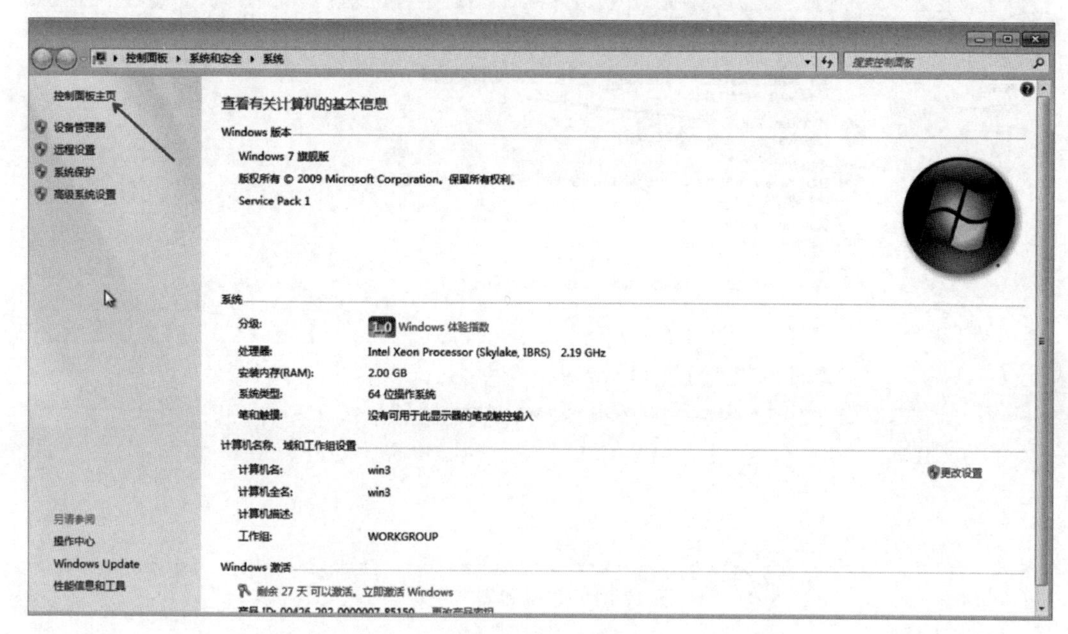

图 17-79　计算机属性窗口

（10）选择“系统和安全”，如图 17-80 所示，然后选择“Windows 防火墙”，如图 17-81 所示。

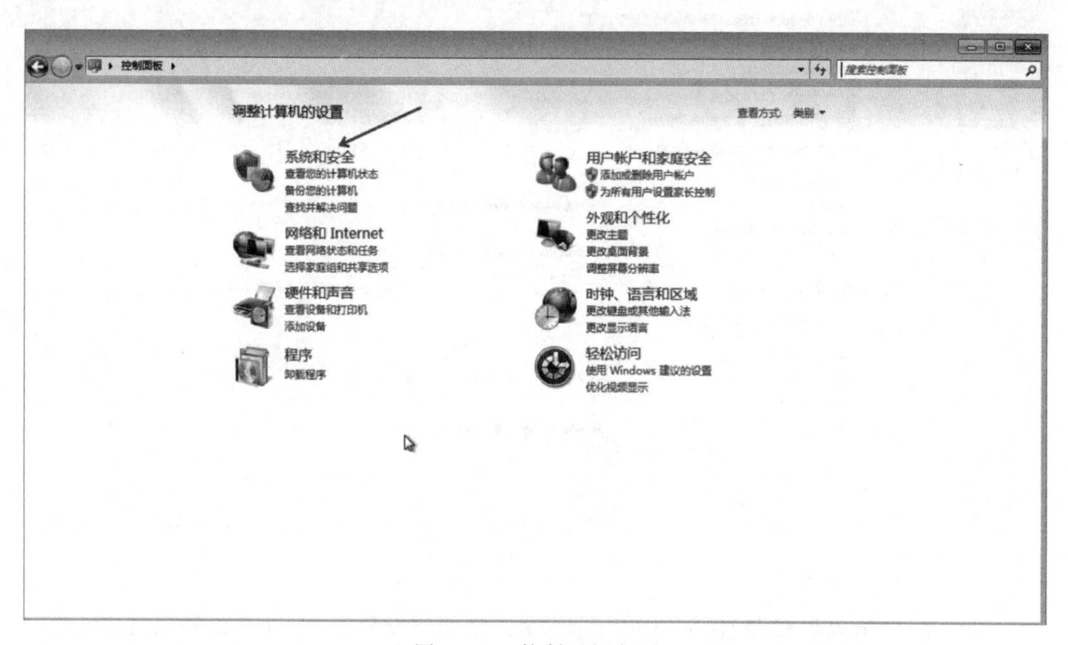

图 17-80　控制面板主页

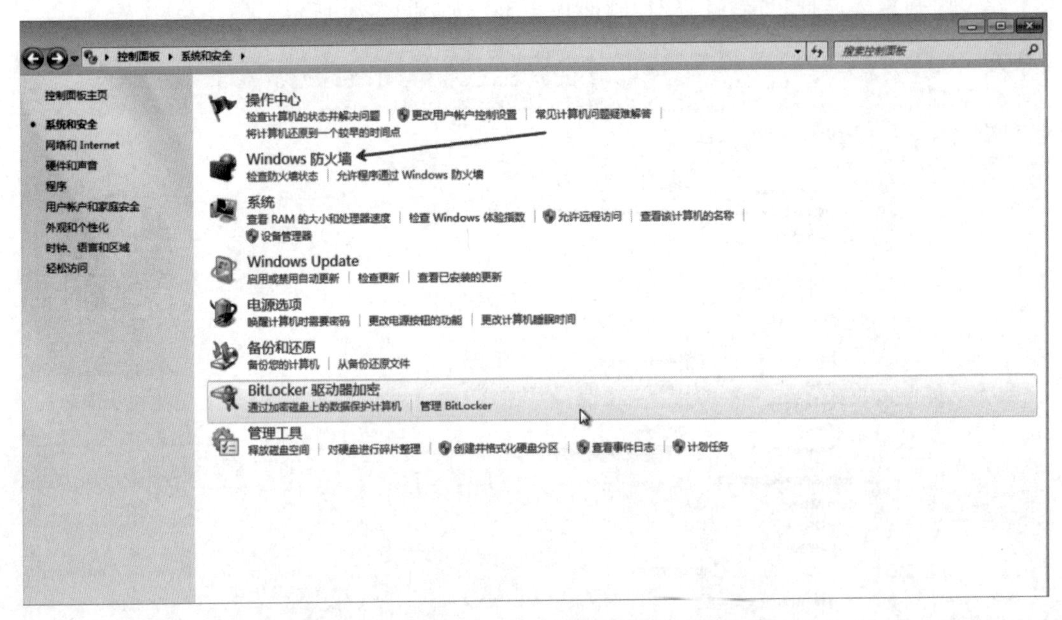

图 17-81　系统和安全主页

(11) 选择“允许程序或功能通过 Windows 防火墙”，如图 17-82 所示。

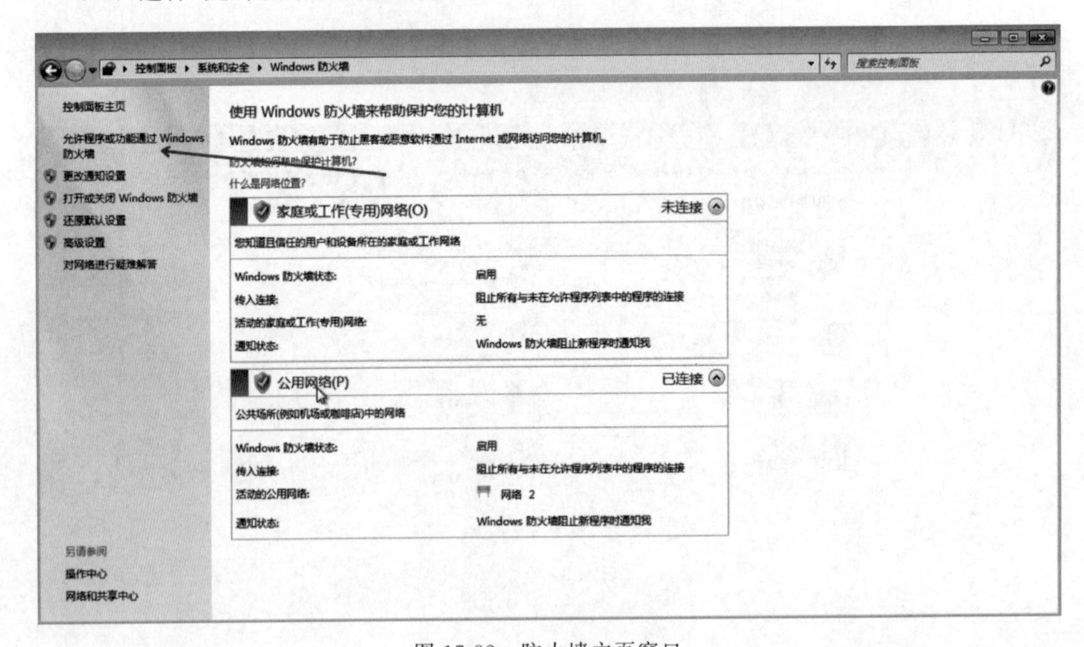

图 17-82　防火墙主页窗口

(12) 通过“更改设置”确保如图 17-83 所示的选项被允许通过，即后面被勾选。

(13) 最后，单击“确定”按钮，关闭对话框，配置完成。

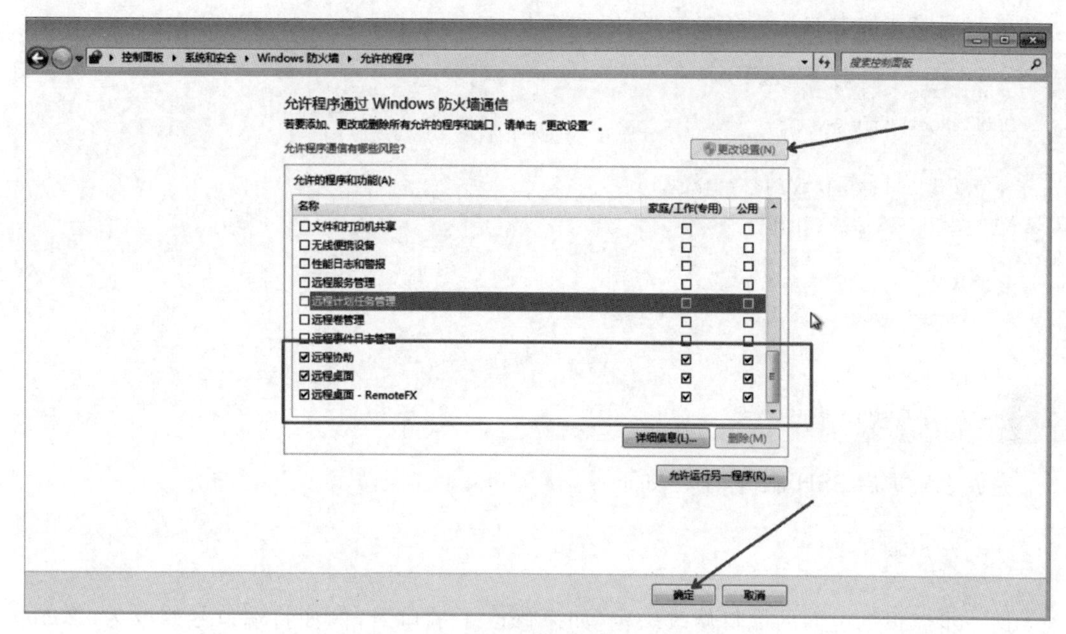

图 17-83　防火墙允许程序通过配置

2. Linux 系统类型配置远程登录

这里以 CentOS 7 系统为例，其他版本的 Linux 系统的操作与此类似，只是安装命令的前缀可能不同。

安装 SSH 服务，命令如下：

```
yum install openssh-server
```

启动 SSH 服务，命令如下：

```
service sshd start
```

设置开机运行，命令如下：

```
chkconfig sshd on
```

配置远程登录，允许账号和密码登录、root 登录，配置相关的连接协议、端口信息等(不建议修改)，通过命令打开配置文件进行编辑，命令如下：

```
vi /etc/ssh/sshd_config
```

修改配置文件中的几个必要配置，内容如下：

```
#允许 root 认证登录
PermitRootLogin yes

#第 2 代 SSH 通信协议的密钥验证选项
PubkeyAuthentication yes

#默认公钥存放的位置
AuthorizedKeysFile .ssh/authorized_keys

#可使用密码进行 SSH 登录
PasswordAuthentication yes
```

完成之后重启 SSH 服务，命令如下：

```
service sshd restart
```

这一步应根据上面的端口修改决定，如果修改了端口号，例如将端口号修改为 22345，默认端口是 22，则需要加入防火墙开放端口，命令如下：

```
firewall-cmd --zone=public --add-port=22345/tcp --permanent
firewall-cmd --reload
service sshd restart
```

17.6 镜像安装配置 Virtio 驱动

在操作系统镜像中安装配置 Virtio 驱动是非常有必要的，不仅是为了解决虚拟机镜像在云环境中启动时的蓝屏问题，也是为了能够在云环境中对虚拟机的 CPU、Disk、Memory、Network 等资源进行监测与统计。采用 Virtio 驱动解决方案是很多大厂的选择，例如阿里云、红帽等。在云环境中，Virtio 驱动解决了虚拟机很多问题，是一种比较成熟的方案。

Virtio 驱动程序是 KVM 虚拟机的半虚拟化设备驱动程序。半虚拟化驱动程序可提高机器性能，减少 I/O 延迟并将吞吐量提高到接近裸机水平。对于完全虚拟化的计算机，建议使用半虚拟化驱动程序。大多数 Linux 发行版包含 Virtio 驱动程序并将其作为标准配置。适用于在 KVM 主机上运行的任何 Windows 客户虚拟机，其中主要使用环境包括 Nutanix、红帽虚拟化(RHEV)、Proxmox VE、oVirt 和 OpenStack。

1. Windows 系统类型配置 Virtio 驱动

下载 Virtio，根据系统的类型和版本进行选择，网址为 https://fedorapeople.org/groups/virt/virtio-win/direct-downloads/archive-virtio/。

这里选择下载 virtio-win-0.1.185 版本，需要注意的是下载的版本要包含安装的虚拟机系统类型版本，具体可以查看官方发布的版本说明，或者下载之后进入文件内部查看。

这里以 Virtual Machine Manager 虚拟平台为例，配置安装 Virtio 驱动主要基于 Virtual Machine Manager 虚拟平台，其他的虚拟机平台如果支持 Virtio 驱动，也可以进行类似配置。

(1) 关闭虚拟机，在虚拟机外面配置 Virtio，添加一个设备 CDROM，单击虚拟机菜单配置界面，单击 Add Hardware 按钮，如图 17-84 所示。

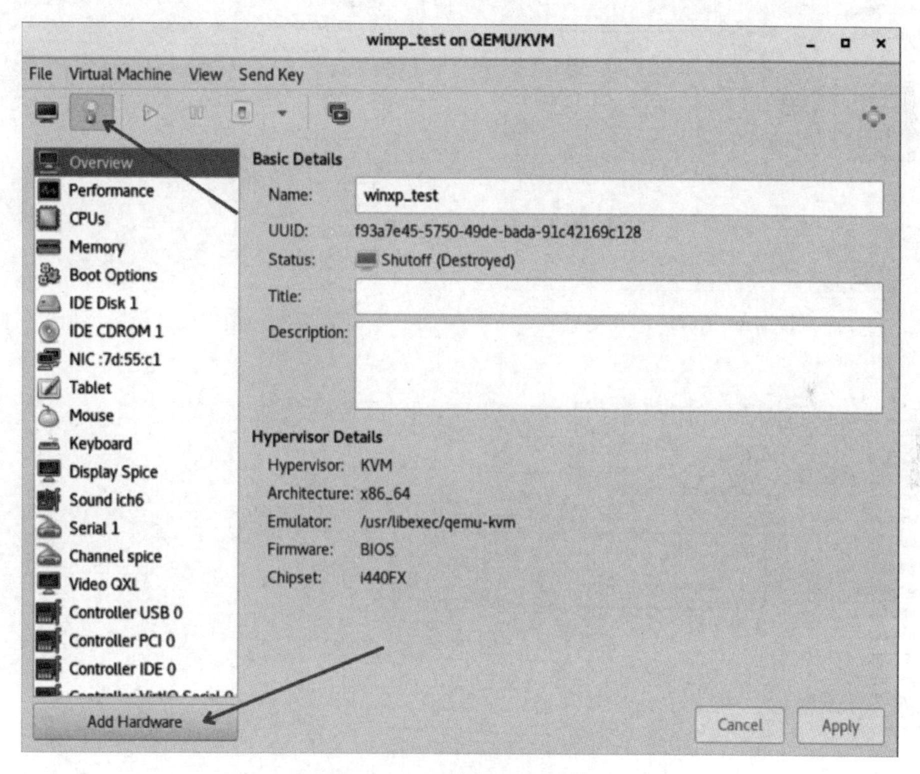

图 17-84　虚拟机配置菜单

(2) 在添加虚拟硬件设备对话框中，选择 Storage，并挂载 Virtio 驱动文件，配置如图 17-85 所示。

(3) 使用类似的方法继续添加一个硬盘设备，配置如图 17-86 所示。

(4) 修改网络模式，如图 17-87 所示，以及启动菜单选项，如图 17-88 所示。

(5) 重新启动该虚拟机，进入系统，打开资源管理器，如图 17-89 所示，双击后便可打开挂载的 Virtio 驱动镜像文件设备。

(6) 在 Virtio 驱动文件列表中，找到跟操作系统相匹配的安装文件，如图 17-90 所示，双击安装文件进行安装，也可以直接双击 virtio-win-guest-tools 文件进行安装。

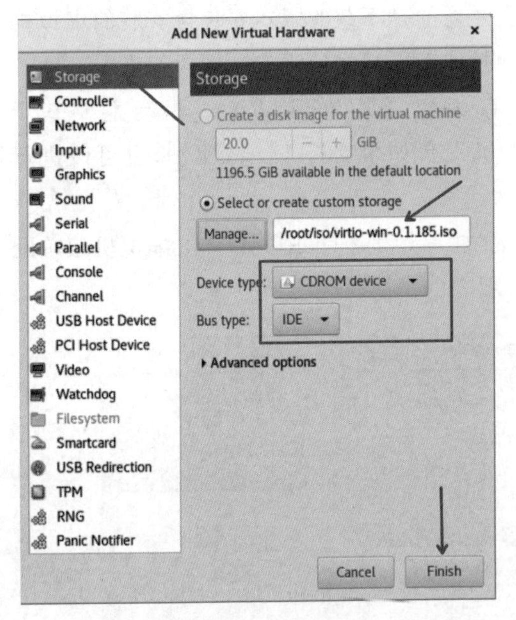

图 17-85 虚拟设备 CDROM 添加对话框

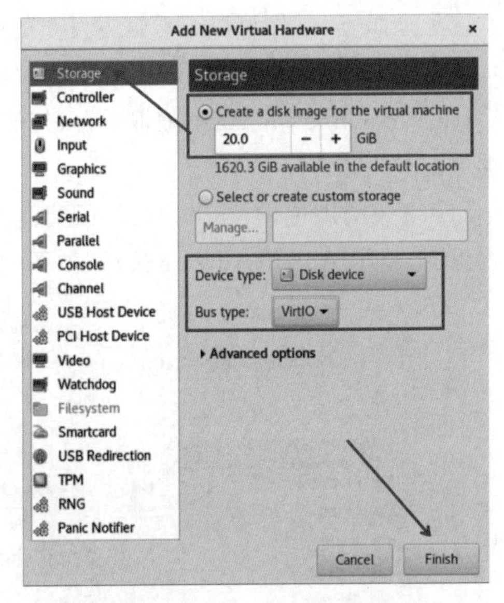

图 17-86 虚拟硬盘设备添加对话框

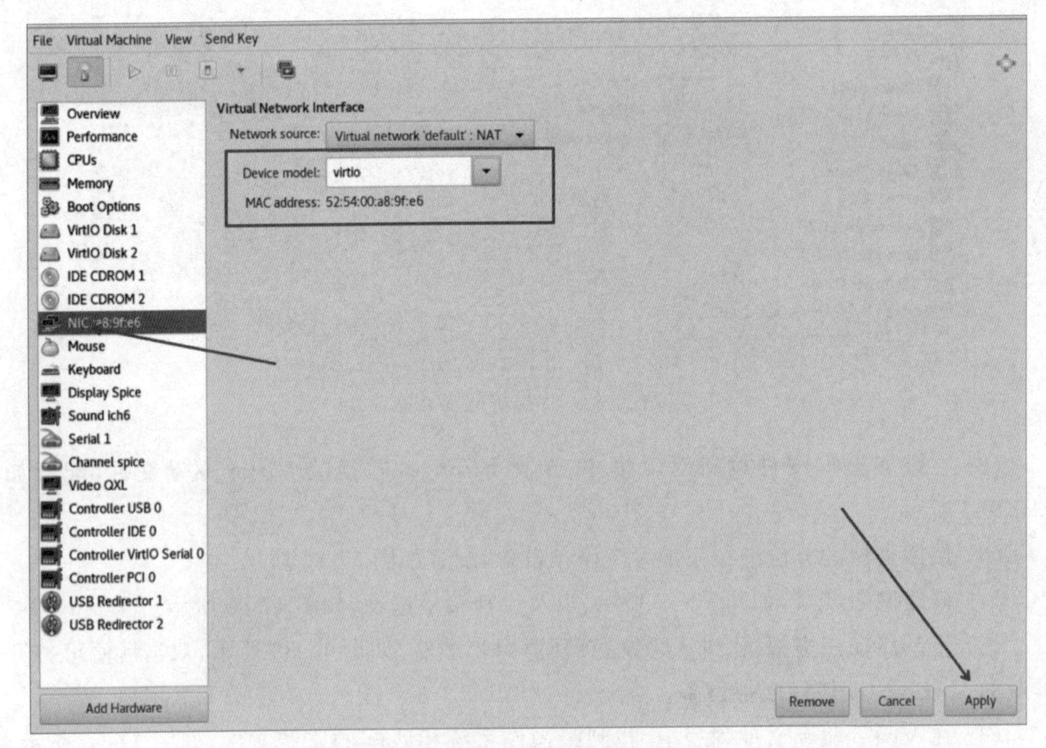

图 17-87 虚拟设备网卡模式配置

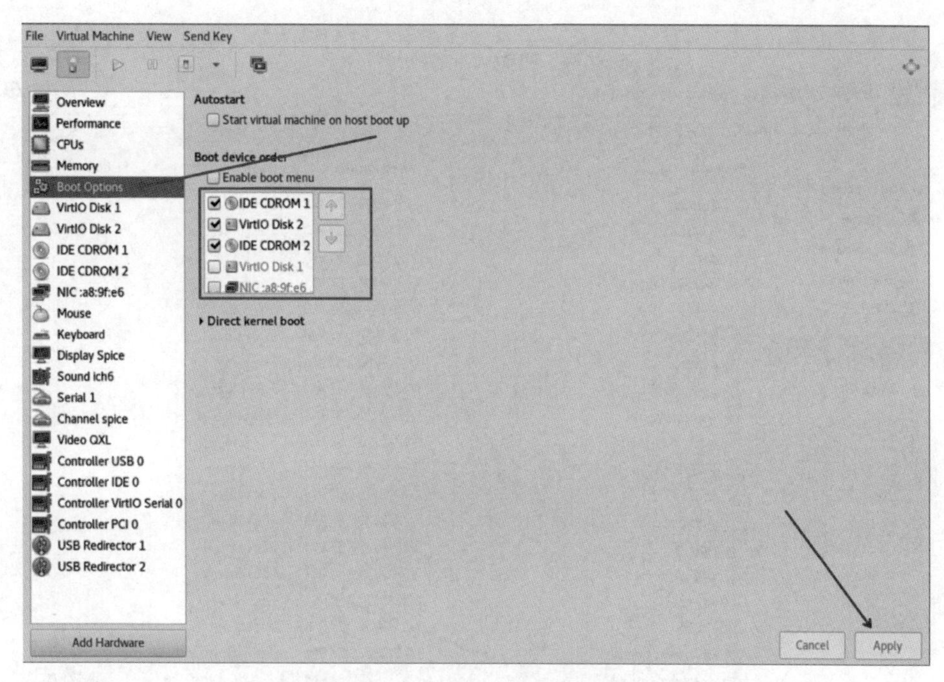

图 17-88　虚拟机启动菜单配置

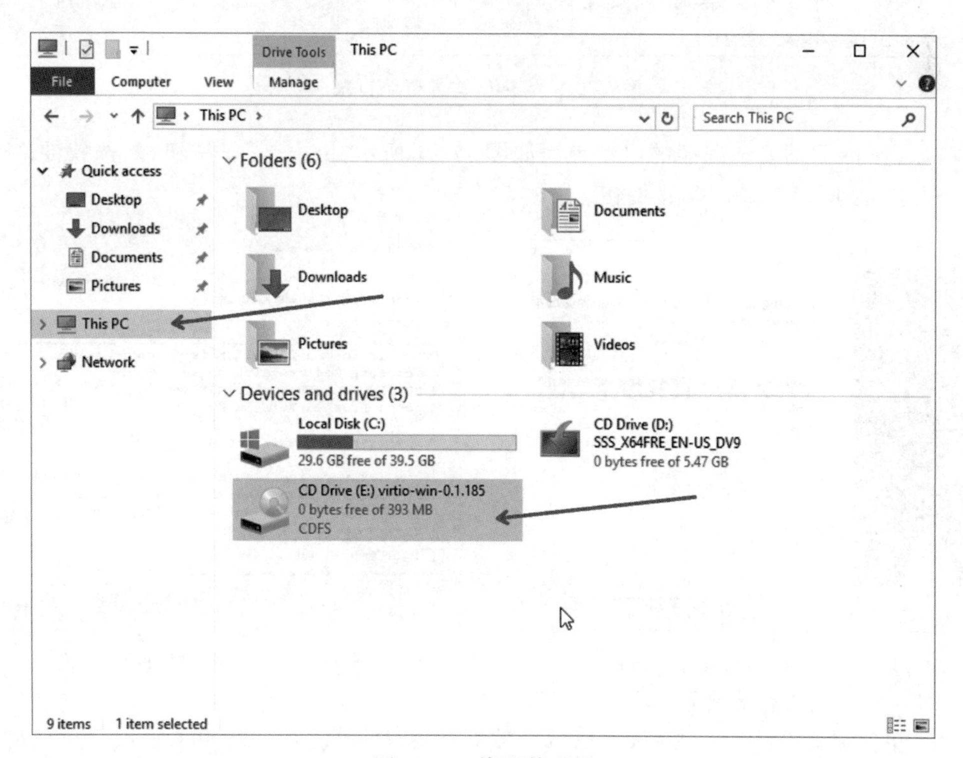

图 17-89　资源管理器

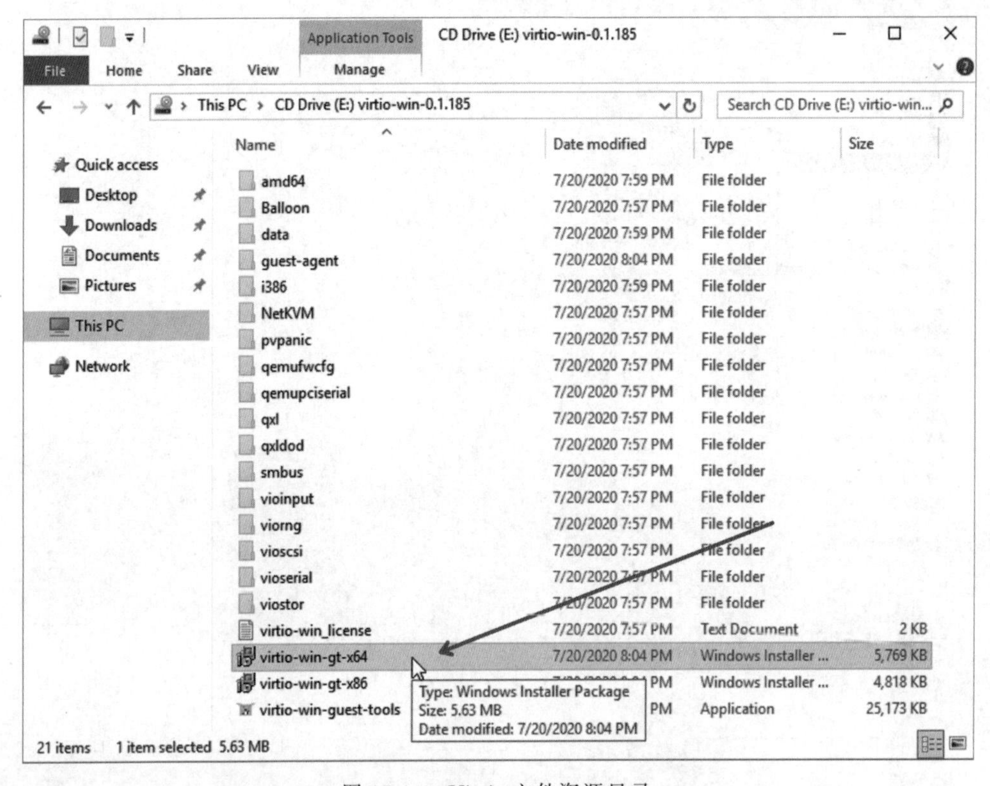

图 17-90 Virtio 文件资源目录

(7) Virtio 驱动安装程序的启动界面如图 17-91 所示，单击 Next 按钮，勾选软件许可协议，如图 17-92 所示，单击 Next 按钮。

图 17-91 Virtio 启动加对话框

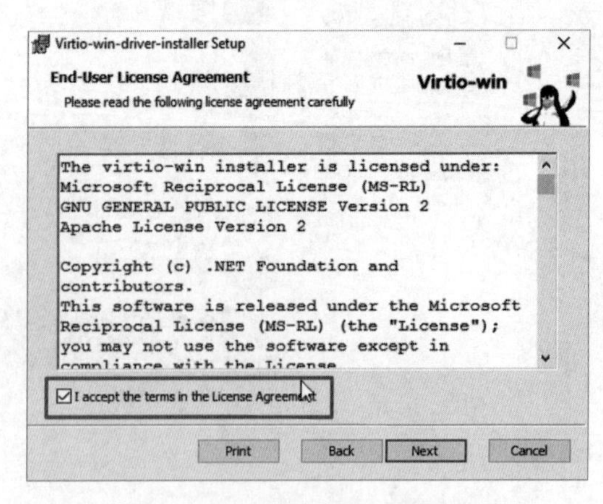

图 17-92 Virtio 软件许可协议

(8) 在自定义安装配置界面，可以选择安装更多的特性，如图 17-93 所示，也可以默认不修改，直接单击 Next 按钮。

(9) 在安装准备对话框中,单击 Install 按钮进行安装,如图 17-94 所示,可能会弹出风险提示对话框,按照如图 17-95 所示的配置勾选,单击 Install 按钮继续安装。安装完成后,会出现如图 17-96 所示的对话框,单击 Finish 按钮完成安装。

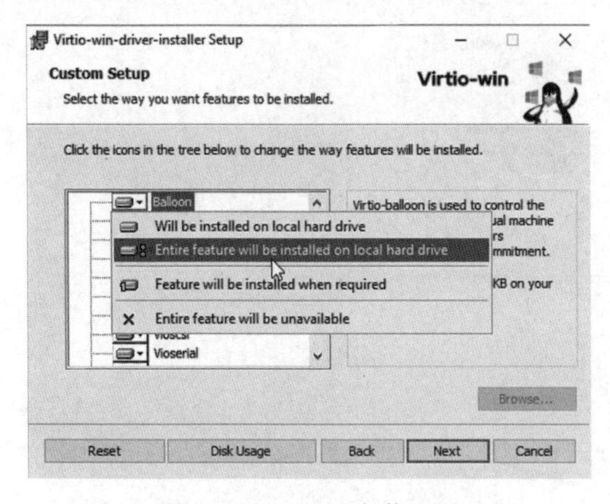

图 17-93　Virtio 安装配置

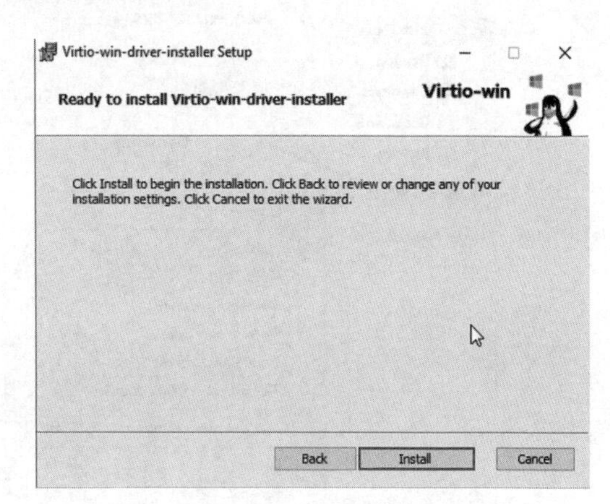

图 17-94　Virtio 安装准备对话框

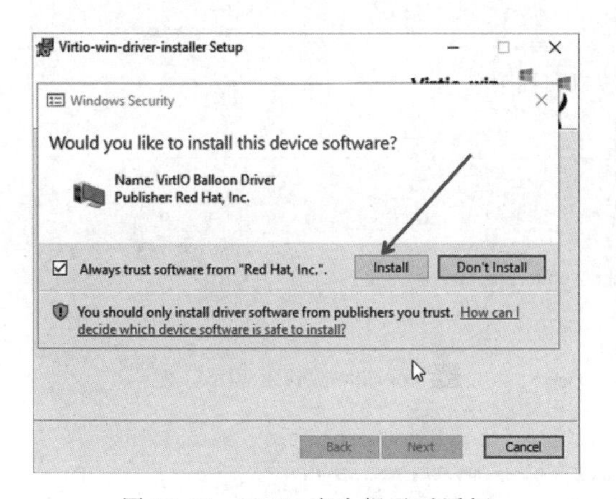

图 17-95　Virtio 安全提示对话框

图 17-96　Virtio 安装完成对话框

(10) 为了验证 Virtio 安装正确与否,可以查看对应的驱动是否成功安装,右击资源管理器中的 This PC 便可打开计算机属性菜单,如图 17-97 所示,选择 Properties。

(11) 在打开的系统属性对话框中,选择 Device Manager 菜单,如图 17-98 所示,打开设备管理界面,如图 17-99 所示,查看对应的设备驱动。

2. Linux 系统类型配置 Virtio 驱动

在 Linux 系统中,很多官方原始镜像已经配置了 Virtio 驱动,用户在安装完成操作系统以后,Virtio 驱动就已经自动安装配置好了,但是也不排除少量发行版本的 Linux 系统没有安装配置 Virtio 驱动,需要在制作镜像过程中进行查看。

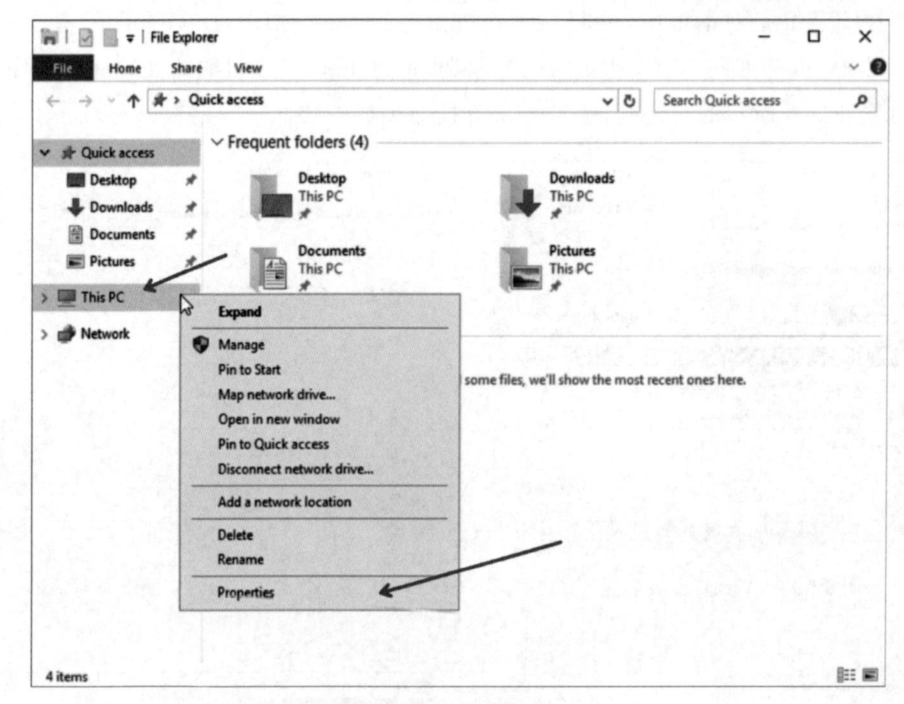

图 17-97　计算机属性菜单

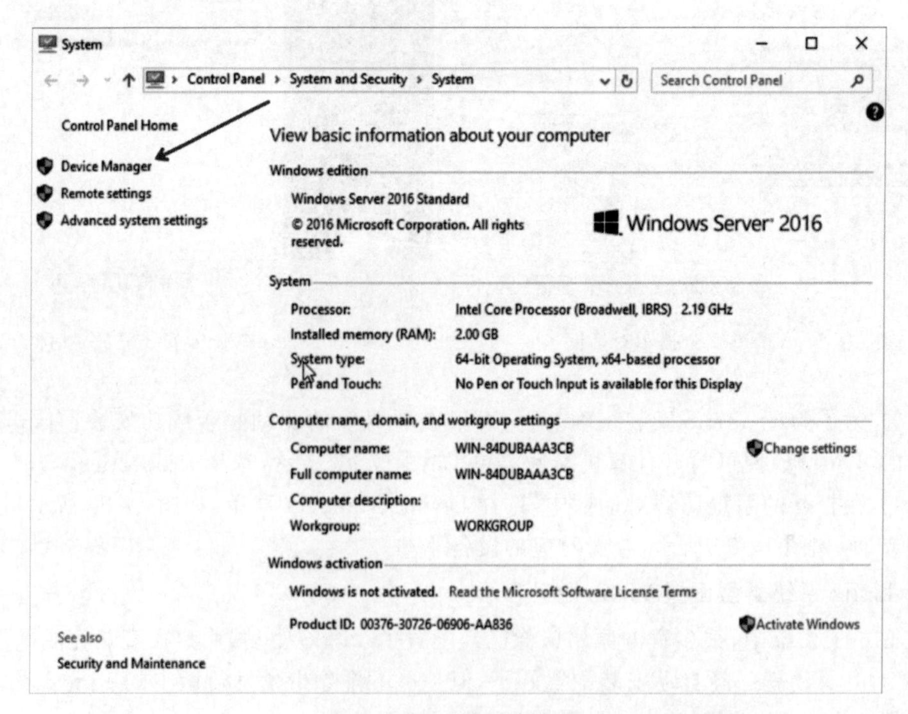

图 17-98　系统属性菜单

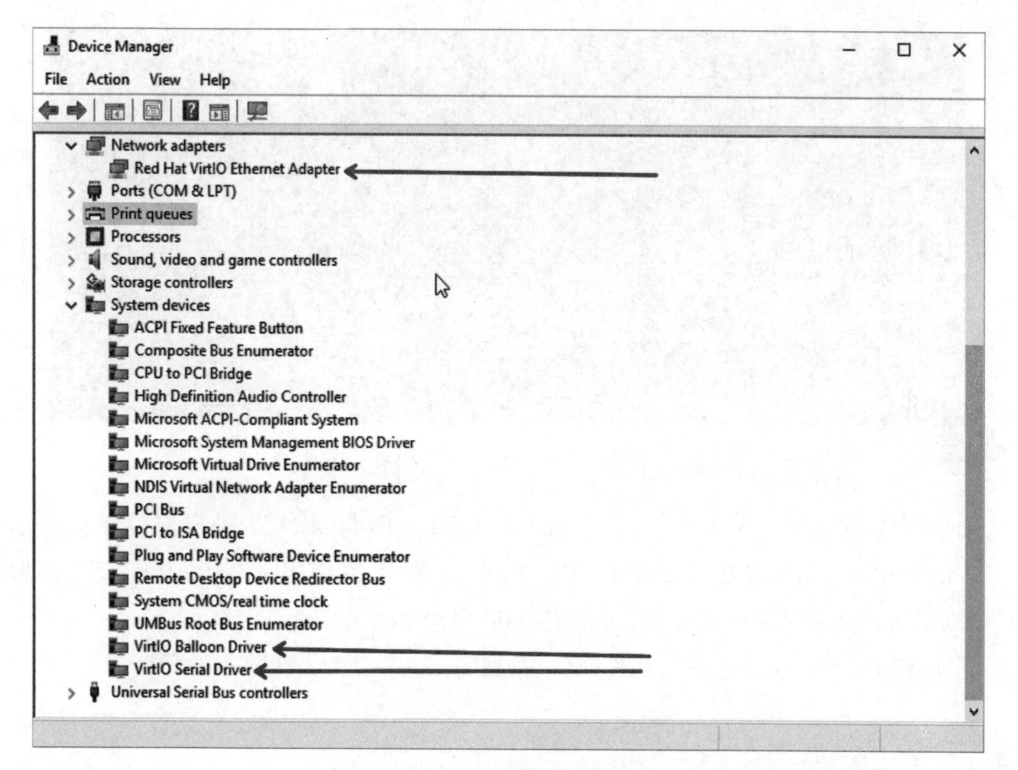

图 17-99　设备管理界面

查看系统是否已配置安装 Virtio 驱动，命令如下：

```
lsmod | grep -i virtio
```

执行命令后会出现类似图 17-100 所示的驱动信息。

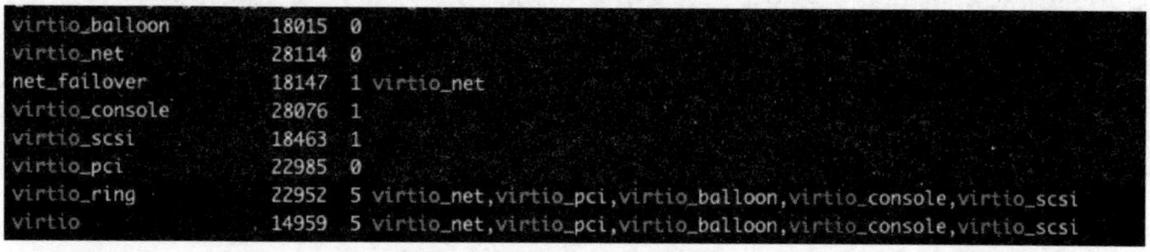

```
virtio_balloon        18015  0
virtio_net            28114  0
net_failover          18147  1 virtio_net
virtio_console        28076  1
virtio_scsi           18463  1
virtio_pci            22985  0
virtio_ring           22952  5 virtio_net,virtio_pci,virtio_balloon,virtio_console,virtio_scsi
virtio                14959  5 virtio_net,virtio_pci,virtio_balloon,virtio_console,virtio_scsi
```

图 17-100　Virtio 驱动信息

此驱动信息表示配置安装正确。此外还可以通过另一种方式进行查看，检查镜像内核是否支持 Virtio 驱动，执行命令如下：

```
grep -i virtio /boot/config-$(uname -r)
```

执行命令后会出现类似图 17-101 所示的信息。

```
[root@           ~]# grep -i virtio /boot/config-$(uname -r)
CONFIG_VIRTIO_VSOCKETS=m
CONFIG_VIRTIO_VSOCKETS_COMMON=m
CONFIG_VIRTIO_BLK=m
CONFIG_SCSI_VIRTIO=m
CONFIG_VIRTIO_NET=m
CONFIG_VIRTIO_CONSOLE=m
CONFIG_HW_RANDOM_VIRTIO=m
CONFIG_DRM_VIRTIO_GPU=m
CONFIG_VIRTIO=m
# Virtio drivers
CONFIG_VIRTIO_PCI=m
CONFIG_VIRTIO_PCI_LEGACY=y
CONFIG_VIRTIO_BALLOON=m
CONFIG_VIRTIO_INPUT=m
# CONFIG_VIRTIO_MMIO is not set
```

图 17-101　Virtio 配置信息

如果参数 CONFIG_VIRTIO_BLK 及 CONFIG_VIRTIO_NET 的取值为 y，则表示包含了 Virtio 驱动；如果参数 CONFIG_VIRTIO_BLK 及 CONFIG_VIRTIO_NET 的取值为 m，则需要确认临时文件系统是否包含 Virtio 驱动。

确认 Virtio 是否包含在临时文件系统中，在 CentOS 类型系统执行的命令如下：

```
lsinitrd /boot/initramfs-$(uname -r).img | grep virtio
```

在 Ubuntu 类型系统执行的命令如下：

```
lsinitrd /boot/initrd.img-$(uname -r) | grep virtio
```

执行命令后会出现类似图 17-102 所示的信息。

```
[root@           ~]# lsinitrd /boot/initramfs-$(uname -r).img | grep virtio
Arguments: -f --add-drivers ' xen-blkfront xen-blkfront virtio_blk virtio_blk virtio_pci virtio_pci virtio_console virtio_console'
-rw-r--r--   1 root     root         7628 Sep 13 07:14 usr/lib/modules/3.10.0-693.2.2.el7.x86_64/kernel/drivers/block/virtio_blk.ko.xz
-rw-r--r--   1 root     root        12820 Sep 13 07:15 usr/lib/modules/3.10.0-693.2.2.el7.x86_64/kernel/drivers/char/virtio_console.ko.xz
-rw-r--r--   1 root     root         7980 Sep 13 07:16 usr/lib/modules/3.10.0-693.2.2.el7.x86_64/kernel/drivers/scsi/virtio_scsi.ko.xz
drwxr-xr-x   2 root     root            0 Oct 24 14:09 usr/lib/modules/3.10.0-693.2.2.el7.x86_64/kernel/drivers/virtio
-rw-r--r--   1 root     root         4340 Sep 13 07:16 usr/lib/modules/3.10.0-693.2.2.el7.x86_64/kernel/drivers/virtio/virtio.ko.xz
-rw-r--r--   1 root     root         9480 Sep 13 07:16 usr/lib/modules/3.10.0-693.2.2.el7.x86_64/kernel/drivers/virtio/virtio_pci.ko.xz
-rw-r--r--   1 root     root         8136 Sep 13 07:16 usr/lib/modules/3.10.0-693.2.2.el7.x86_64/kernel/drivers/virtio/virtio_ring.ko.xz
[root@           ~]#
```

图 17-102　Virtio 文件信息

此信息表示 initramfs 已经包含了 virtio_blk 驱动，以及其所依赖的 virtio.ko、virtio_pci.ko 和 virtio_ring.ko。如果临时文件系统 initramfs 没有包含 Virtio 驱动，则需要修复临时文件系统。

服务器内核支持 Virtio 驱动，但是当临时文件系统 initramfs 或者 initrd 中没有包含 Virtio 驱动时，需要修复临时文件系统。不同的操作系统所执行的命令略有区别，下面列举几种常见的操作系统的执行方式。

CentOS/Red Hat 8 操作系统，执行的命令如下：

```
mkinitrd -f --allow-missing \
        --with=virtio_blk --preload=virtio_blk \
        --with=virtio_net --preload=virtio_net \
        --with=virtio_console --preload=virtio_console \
        /boot/initramfs-$(uname -r).img $(uname -r)
```

CentOS/Red Hat 6/7 操作系统，执行的命令如下：

```
mkinitrd -f --allow-missing \
        --with=xen-blkfront --preload=xen-blkfront \
        --with=virtio_blk --preload=virtio_blk \
        --with=virtio_pci --preload=virtio_pci \
        --with=virtio_console --preload=virtio_console \
        /boot/initramfs-$(uname -r).img $(uname -r)
```

CentOS/Red Hat 5 操作系统，执行的命令如下：

```
mkinitrd -f --allow-missing \
        --with=xen-vbd --preload=xen-vbd \
        --with=xen-platform-pci --preload=xen-platform-pci \
        --with=virtio_blk --preload=virtio_blk \
        --with=virtio_pci --preload=virtio_pci \
        --with=virtio_console --preload=virtio_console \
        /boot/initrd-$(uname -r).img $(uname -r)
```

Debian/Ubuntu 操作系统，执行的命令如下：

```
echo -e 'xen-blkfront\nvirtio_blk\nvirtio_pci\nvirtio_console' >> \
/etc/initramfs-tools/modules
mkinitramfs -o /boot/initrd.img-$(uname -r)
```

安装 Virtio 驱动，需要先做一些准备工作，对于不同的操作系统可修改一下命令安装的方式。

安装文件处理的一些必要组件，命令如下：

```
yum install -y curl wget tar unzip
```

查询当前系统使用的内核版本，命令如下：

```
uname -r
```

执行命令后出现的信息类似图 17-103 所示。

图 17-103　系统内核版本信息

通过图 17-103 所示的内核版本信息 4. 4. 24-2. al7. x86_64 可前往 Linux 内核列表页面查看对应的内核版本源代码的下载网址，内核列表页面的网址为 https://mirrors. edge. kernel. org/pub/linux/kernel/。在源代码列表中找到相同版本的文件，如图 17-104 所示，示例中的 4. 4. 24 开头的 linux-4. 4. 24. tar. gz 的下载网址为 https://www. kernel. org/pub/linux/kernel/v4. x/linux-4. 4. 24. tar. gz。

Secure | https://www.kernel.org/pub/linux/kernel/v4.x/

Apps

linux-4.4.22.tar.sign	24-Sep-2016 08:13	801
linux-4.4.22.tar.xz	24-Sep-2016 08:13	87339320
linux-4.4.23.tar.gz	30-Sep-2016 08:54	132981677
linux 4.4.23.tar.sign	30-Sep-2016 08:54	801
linux-4.4.23.tar.xz	30-Sep-2016 08:54	87355844
linux-4.4.24.tar.gz	07-Oct-2016 13:42	132983580
linux-4.4.24.tar.sign	07-Oct-2016 13:42	801
linux-4.4.24.tar.xz	07-Oct-2016 13:42	87357412
linux-4.4.25.tar.gz	16-Oct-2016 16:05	132985513

图 17-104　内核版本列表信息

切换目录，准备下载目录，命令如下：

```
cd /usr/src/
```

下载并安装包，命令如下：

```
wget https://www.kernel.org/pub/linux/kernel/v4.x/linux-4.4.24.tar.gz
```

解压安装包，命令如下：

```
tar -xzf linux-4.4.24.tar.gz
```

建立软链接，命令如下：

```
ln -s linux-4.4.24 Linux
```

切换目录，命令如下：

```
cd /usr/src/linux
```

安装编译所需要的依赖库,命令如下：

```
yum install -y gcc make ncurses-devel bison flex
```

依次运行以下命令编译内核,命令如下：

```
make mrproper
symvers_path=$(find /usr/src/ -name "Module.symvers")
test -f $symvers_path && cp $symvers_path .
cp /boot/config-$(uname -r) ./.config
make menuconfig
```

命令运行之后,会出现类似图 17-105 所示的界面,打开 Virtio 相关配置(说明：选 * 配置表示编译到内核,选 m 配置表示编译为模块),使用空格勾选 Virtualization 项,然后按 Enter 键进入详细列表。

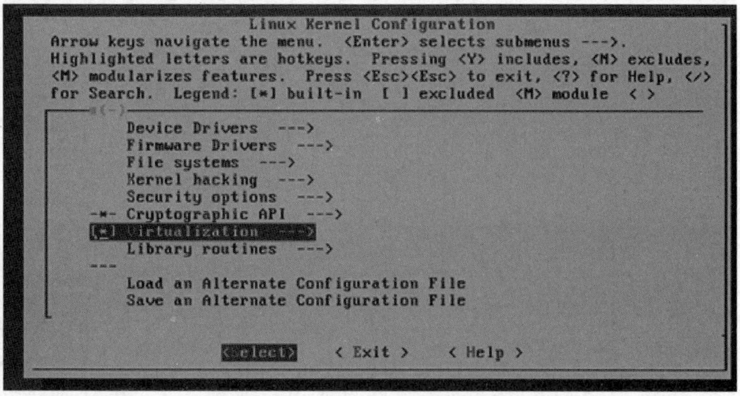

图 17-105 Virtio 驱动安装配置(1)

在详细列表确认是否勾选了 Kernel-based Virtual Machine 选项,如图 17-106 所示。

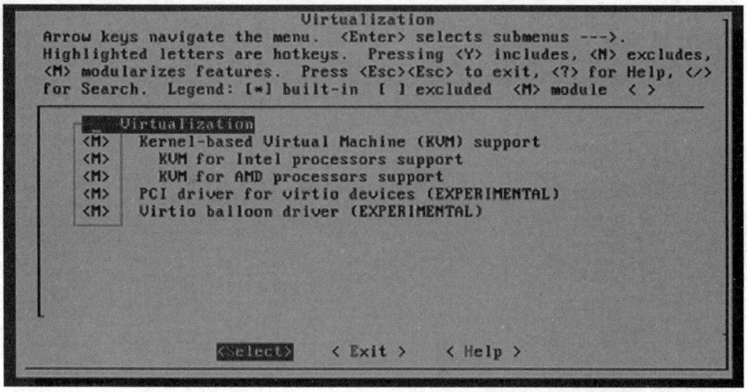

图 17-106 Virtio 驱动安装配置(2)

返回主界面，再通过上下键选择 Processor type and features，按 Enter 键进入详细列表，再选择 Paravirtualized guest support 并按 Enter 键进入详细列表。确认是否选择了 KVM paravirtualized clock 和 KVM guest support，如图 17-107 所示。

```
                    Paravirtualized guest support
Arrow keys navigate the menu.  <Enter> selects submenus --->.
Highlighted letters are hotkeys.  Pressing <Y> includes, <N> excludes,
<M> modularizes features.  Press <Esc><Esc> to exit, <?> for Help, </>
for Search.  Legend: [*] built-in  [ ] excluded  <M> module  < >

    --- Paravirtualized guest support
    [*]   Xen guest support
    (128)   Maximum allowed size of a domain in gigabytes
    [*]     Enable Xen debug and tuning parameters in debugfs
    [*]   KVM paravirtualized clock
    [*]   KVM Guest support
    -*-   Enable paravirtualization code
    [ ]     Paravirtualization layer for spinlocks

              <Select>    < Exit >    < Help >
```

图 17-107　Virtio 驱动安装配置(3)

返回主界面，通过上下键选择 Device Drivers，按 Enter 键进入详细列表，再选择 Block devices 并按 Enter 键进入详细列表，确认是否选择了 Virtio block driver (EXPERIMENTAL)，如图 17-108 所示。

```
                          Block devices
Arrow keys navigate the menu.  <Enter> selects submenus --->.
Highlighted letters are hotkeys.  Pressing <Y> includes, <N> excludes,
<M> modularizes features.  Press <Esc><Esc> to exit, <?> for Help, </>
for Search.  Legend: [*] built-in  [ ] excluded  <M> module  < >

    <*>   RAM block device support
    (16)    Default number of RAM disks
    (16384) Default RAM disk size (kbytes)
    [ ]     Support XIP filesystems on RAM block device
    <M>   Packet writing on CD/DVD media
    (8)     Free buffers for data gathering
    [ ]     Enable write caching (EXPERIMENTAL)
    <M>   ATA over Ethernet support
    <M>   Xen virtual block device support
    <M>   Virtio block driver (EXPERIMENTAL)
    [ ]   Very old hard disk (MFM/RLL/IDE) driver

              <Select>    < Exit >    < Help >
```

图 17-108　Virtio 驱动安装配置(4)

回到上一级 Device Drivers 的详细列表界面，通过上下键选择 Network device support 并按 Enter 键进入详细列表，确认是否选择了 Virtio network driver (EXPERIMENTAL)，如图 17-109 所示。

最后按 Esc 键退出并根据弹窗提示保存.config 文件。

检查 Virtio 相关配置是否已经正确配置。若检查后发现暂未设置 Virtio 相关配置，则可依次运行以下命令手动编辑.config 文件：

```
make oldconfig
make prepare
make scripts
make
make install
```

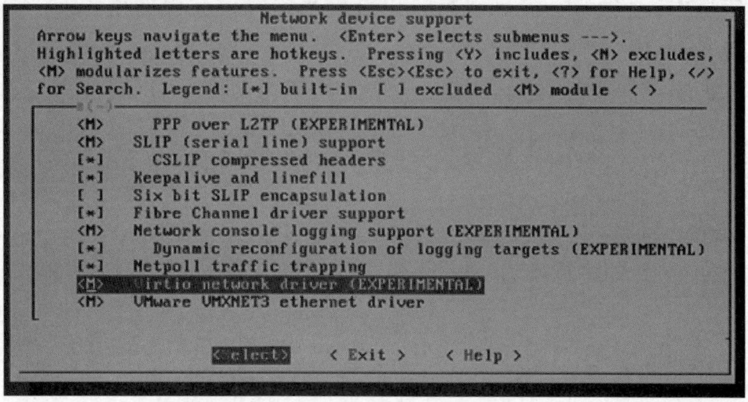

```
Network device support
Arrow keys navigate the menu.  <Enter> selects submenus --->.
Highlighted letters are hotkeys.  Pressing <Y> includes, <N> excludes,
<M> modularizes features.  Press <Esc><Esc> to exit, <?> for Help, </>
for Search.  Legend: [*] built-in  [ ] excluded  <M> module  < >

    <M>     PPP over L2TP (EXPERIMENTAL)
    <M>   SLIP (serial line) support
    [*]     CSLIP compressed headers
    [*]   Keepalive and linefill
    [ ]   Six bit SLIP encapsulation
    [*]   Fibre Channel driver support
    <M>   Network console logging support (EXPERIMENTAL)
    [*]     Dynamic reconfiguration of logging targets (EXPERIMENTAL)
    [*]   Netpoll traffic trapping
    <M>   Virtio network driver (EXPERIMENTAL)
    <M>   VMware VMXNET3 ethernet driver

          <Select>    < Exit >    < Help >
```

图 17-109　Virtio 驱动安装配置(5)

运行以下命令查看 Virtio 驱动的安装情况：

```
find /lib/modules/"$(uname -r)"/ -name "virtio*" | grep -E "virtio*"
grep -E "virtio*" < /lib/modules/"$(uname -r)"/modules.builtin
```

如果任一命令输出了 virtio_blk、virtio_pci、virtio_console 等文件列表，则表明已经正确安装了 Virtio 驱动。

17.7　镜像文件压缩及格式转换

1. 查看镜像文件格式

如果不知道镜像文件的原始格式，则可以通过 qemu-img info 命令查看，在 Linux 系统中，需要明白的一点是，文件的后缀名不代表文件的格式，有很多文件是没有后缀名的，没有后缀名的文件不代表不是这一类文件格式的文件，查看镜像文件格式的示例命令如下：

```
qemu-img info CentOS7-base.qcow2
```

执行命令后会出现类似如下的信息：

```
image: CentOS7-base.qcow2
file format: qcow2
virtual size: 20G (21474836480 Bytes)
```

```
disk size: 20G
cluster_size: 65536
Format specific information:
    compat: 1.1
    lazy refcounts: true
```

从上面的信息中，通过 file format 就可以查到当前镜像文件的格式。

2. vmdk 转 qcow2

将 vmdk 格式的镜像文件转换为 qcow2 格式的镜像文件，示例转换命令如下：

```
qemu - img convert -p -f vmdk -O qcow2 win7.vmdk win7.qcow2
```

3. iso 转 qcow2

将 ISO 格式的镜像文件转换为 qcow2 格式的镜像文件，示例转换命令如下：

```
qemu - img convert -p -f raw -O qcow2 Ubuntu - 14 - amd64.iso Ubuntu - 14 - amd64.qcow2
```

4. vmdk 转 raw

将 vmdk 格式的镜像文件转换为 raw 格式的镜像文件，示例转换命令如下：

```
qemu - img convert -p -f vmdk CentOS8_x64.vmdk -O raw CentOS8_x64.raw
```

5. raw 转 qcow2

将 raw 格式的镜像文件转换为 qcow2 格式的镜像文件，示例转换命令如下：

```
qemu - img convert -p -f qcow2 -O raw win8.qcow win8.raw
```

6. qcow2 转 raw

将 qcow2 格式的镜像文件转换为 raw 格式的镜像文件，示例转换命令如下：

```
emu - img convert -p -O qcow2 Windows 10.raw Windows 10.qcow
```

7. 镜像文件压缩

推荐把镜像文件保存为 qcow2 格式之后再进行压缩，示例压缩命令如下：

```
qemu - img convert -p -c -f qcow2 -O qcow2 CentOS_7_x64.qcow2 CentOS_7_x64.qcow2
```

第 18 章

常见问题及解决方案

云环境安装配置完成以后，可能会遇到这样或那样的问题，不用紧张，不用急躁，这是一次难得的学习机会。因为即使是在该领域工作很多年的工程师也会遇到问题，不同的是他们培养了解决问题的思路，并且积累了大量经验，能够快速地定位问题并解决问题。

对于经验不是很丰富的工程师来讲，甚至对于刚接触云计算领域的工程师来讲，不断地解决问题可以快速提高对云环境的理解及相关组件的认识。当积累了一定的经验，并对云环境中的组件有比较深入的认识之后，就可以根据业务需求和特点，灵活地设计架构，逐步成为一名合格的云计算架构师。

18.1 虚拟机或容器节点之间网络测试

在同一个用户下创建的两个虚拟机或容器在不同的计算节点上，但相互之间不能通信。

(1) 查询两个计算节点 br-data 关联的物理网卡，并从中移除，命令如下：

```
ovs - vsctl del - port br - data enp1s0
```

(2) 从这个物理网卡添加子接口，并配置 IP 地址，两个计算节点都执行，命令如下：

```
ip link add link enp1s0 name enp1s0.8 type vlan id 8
ip  - d link show enp1s0.8
ifconfig enp1s0.8 192.168.4.222/24
```

(3) 两个节点都完成之后，进行网络通信验证或者抓包分析，需要注意的是，如果用 ping 命令，则需要检查安全组是否允许 icmp 包通过，否则正常的网络情况也收不到，实现方式包括但不限于下列方式，命令如下：

```
ping 192.168.4.222
telnet 192.168.4.222 80
tcpdump  - nnei enp1s0  - vvv
tcpdump  - nn  - i eth0 icmp
```

(4) 移除子接口 IP,并删除子接口,命令如下:

```
ifconfig enp1s0.8 0
ip link delete enp1s0.8
```

(5) 把物理网卡重新加入 br-data,恢复原来的环境配置,命令如下:

```
ovs-vsctl add-port br-data enp1s0
```

18.2 虚拟机或容器实例之间网络不通

虚拟机或者容器可正常创建、启动及运行,网络端口显示为运行状态,但是实例之间网络连接不通。

(1) 如果 Neutron 组件中采用的是 Open vSwitch 网络模式,并且用的是 VLAN 网络,检查交换机上对应的 VLAN 范围是否创建,交换机上批量创建的 VLAN 范围对应 Neutron 网络节点上的配置文件/etc/neutron/plugin.ini 中申明的 VLAN 范围。

(2) 检查网卡网线是否连接正常,每个节点上的多个物理网卡需要检查一下,除了去机房监测,也可以远程在服务器上通过命令查看,命令如下:

```
ethtool  enp95s0f0
```

18.3 部署容器经常出现超时异常

主要表现为部署容器时偶尔部署成功,偶尔提示超时异常,异常信息如下:

```
ERROR zun.compute.manager requests.exceptions.ReadTimeout:
UNIXHTTPConnectionPool(host='localhost', port=None): Read timed out.
(read timeout=60)
```

(1) 如果确认存在耗时操作,例如拉取镜像等,则可以对超时时间进行修改,当然也要取决于业务是否需要,以及这种超时是否是正常的,主要在 Zun 组件对计算节点进行修改,命令如下:

```
vim /usr/local/lib/python3.6/site-packages/requests/sessions.py
```

大致在 538 行,主要的修改内容如下:

```
'timeout': timeout,
```

修改后的内容如下：

```
'timeout': (300, 300),
```

重启相关服务，使配置生效，命令如下：

```
systemctl daemon-reload
systemctl restart docker
systemctl restart zun-compute
systemctl restart kuryr-libnetwork
```

(2) 网络创建问题，没有权限访问 Open vSwitch 的相关文件服务，主要的异常信息如下：

```
zun.common.exception.DockerError: Docker internal error: 500 Server Error for
http+docker://localhost/v1.26/containers/0e64b90b3a2573ed8443c756e9cd5708b6a350477a1cfd
951e0f8e1d2a868f74/start: Internal Server Error ("failed to create endpoint zun-a78b3324-
daa7-4a22-bd2e-6de3afdb263d on network b0a1259f-5e93-42c9-a5b1-35de953948b6:
NetworkDriver.CreateEndpoint: vif_type(binding_failed) is not supported. A binding script for
this type can't be found").
```

解决方法是对相关的 sock 文件服务进行授权，修改相应的访问权限，命令如下：

```
chmod 777 /var/run/openvswitch/db.sock
systemctl daemon-reload
systemctl restart kuryr-libnetwork
chmod 777 /var/run/docker.sock
systemctl restart docker
systemctl restart zun-compute
systemctl restart neutron-openvswitch-agent
```

需要注意的是，每次物理服务器重启之后，对应的 Open vSwitch 服务也会重启，从而导致 db.sock 被重新创建，导致文件权限变更，从而导致 Zun 组件访问服务创建网络失败。如何解决这个问题，开发者可以灵活处理，例如手动处理、定时脚本、编写对应的服务启动监听、修改项目源代码等，有很多种解决方式，可根据需要进行选择。

18.4 部分虚拟机无法获得 IP 地址

虚拟机部署完成以后，登录到虚拟机系统中查看，却发现没有获取 IP 地址，主要可以通过以下方式进行排查。

(1) 检查网线是否连接完好,命令如下:

```
ethtool enp175s0f0
```

(2) 检查网络是否是通的,步骤如下。

① 在计算节点查看实例的网络信息,命令如下:

```
ip netns
virsh list
virsh edit 1
```

② 在控制节点查看网络,以及网络 IP 地址,命令如下:

```
ip netns
neutron net - list
```

③ 通过网络名称找到对应的网络 ID,并查看 IP 地址,命令如下:

```
neutron net - show a2a9742a - 3bf8 - 462b - a30f - c5d4cb83ff3c
ip netns exec qdhcp - a2a9742a - 3bf8 - 462b - a30f - c5d4cb83ff3c ip addr
```

④ 查看计算节点 br-data 添加的网络端口,命令如下:

```
ovs - vsctl show
```

⑤ 在计算节点新建子网卡,并配置 IP,命令如下:

```
ip link add link enp175s0f0 name enp175s0f0.101 type vlan id 101
ifconfig enp175s0f0.101 10.88.4.33/24
ping 控制节点的网络 IP 地址
```

⑥ 在创建的虚拟机内部手动获取 IP,并观察是否成功,命令如下:

```
dhclient
ip addr
```

⑦ 在计算节点和控制节点分别抓包查看控制节点信息,命令如下:

```
tcpdump  - i enp175s0f0
```

⑧ 在计算节点删除 IP,并删除网卡,命令如下:

```
ifconfig enp175s0f0.101 0
ip link delete enp175s0f0.101 0
```

(3) 检查交换机 VLAN 是否包含对应的网口,命令如下:

```
#查看创建的 vlan
show vlan
#查看交换机端口详情
show interface GE2/0/11
```

执行命令后会出现的类似信息如下:

```
GigabitEthernet2/0/11
Current state: UP
Line protocol state: UP
IP packet frame type: Ethernet II, hardware address: 9c06 - 1ba2 - ba67
Description: GigabitEthernet2/0/11 Interface
Bandwidth: 1000000 kb/s
Loopback is not set
Media type is twisted pair
Port hardware type is 1000_BASE_T
1000Mb/s - speed mode, full - duplex mode
Link speed type is autonegotiation, link duplex type is autonegotiation
Flow - control is not enabled
Maximum frame length: 12288
Allow jumbo frames to pass
Broadcast max - ratio: 100 %
Multicast max - ratio: 100 %
Unicast max - ratio: 100 %
PVID: 1
MDI type: Automdix
Port link - type: Trunk
VLAN Passing: 1(default vlan), 1000 - 1200
VLAN permitted: 1(default vlan), 1000 - 1200
Trunk port encapsulation: IEEE 802.1q
Port priority: 0
Last link flapping: 6 weeks 0 days 19 hours 1 minutes
Last clearing of counters: Never
Peak input rate: 35 B/sec, at 2013 - 01 - 01 01:52:11
Peak output rate: 669 B/sec, at 2013 - 01 - 01 20:11:12
Last 300 second input: 0 packets/sec 8 B/sec 0 %
Last 300 second output: 0 packets/sec 72 B/sec 0 %
Input (total): 30126 packets, 8910376 Bytes
        0 unicasts, 4329 broadcasts, 25797 multicasts, 0 pauses
```

```
Input (normal): 30126 packets, - Bytes
        0 unicasts, 4329 broadcasts, 25797 multicasts, 0 pauses
Input: 0 input errors, 0 runts, 0 giants, 0 throttles
        0 CRC, 0 frame, - overruns, 0 aborts
        - ignored, - parity errors
Output (total): 2252105 packets, 413442705 Bytes
        0 unicasts, 231223 broadcasts, 2020882 multicasts, 0 pauses
Output (normal): 2252105 packets, - Bytes
        0 unicasts, 231223 broadcasts, 2020882 multicasts, 0 pauses
Output: 0 output errors, - underruns, - buffer failures
        0 aborts, 0 deferred, 0 collisions, 0 late collisions
        0 lost carrier, - no carrier
```

控制节点 OVS 创建的 VLAN 范围需要在交换机上创建。每个节点服务器的 br-data 所在的网口连接的交换机的端口传输模式要修改为 trunk 模式，即 link-type 的值为 trunk，并允许控制节点 OVS 配置的 VLAN 范围通过，即 VLAN Passing 和 VLAN permitted 允许的 VLAN 范围。

18.5 部署的虚拟机账号和密码未被修改

在虚拟机上修改部署的虚拟机的登录账号和密码有多种方式，常见的方式有脚本配置文件注入、cloud-init 服务修改等，脚本注入的方式基本上不会失败，但不方便配置通用的模板，在不同的操作系统中，脚本命令有区别；通过 cloud-init 服务修改密码，其原理是虚拟机启动之后访问一个网址去拉取账号和密码，最后修改系统的账号和密码。

部署 Windows 系统常见的问题是，虚拟机刚启动完成之后，马上登录，此时修改的密码还没有生效，虚拟机后面会自动重启一次使账号和密码生效。

如果由于云计算环境中网络划分得比较复杂，配置的网络不通，就会导致 cloud-init 访问对应的服务失败，从而导致所有的虚拟机修改密码失败，此时可以通过 cloud-init 的日志进行排查，找到相关的问题后进行修复。

Linux 虚拟机 cloud-init 配置模板示例如下：

```
#cloud-config
users:
  - default
  - name: {{ username }}
    groups: sudo
    sudo: ['ALL=(ALL) NOPASSWD:ALL']
ssh_pwauth: True
chpasswd:
  list: |
```

```
    {{ username }}:{{ password }}
  expire: False

{ % if hostname % }
bootcmd:
  - hostnamectl set - hostname {{ hostname }}
{ % endif % }
```

Windows 虚拟机 cloud-init 配置模板示例如下：

```
#cloud - config
{ % if hostname % }
set_hostname: {{ hostname }}
{ % endif % }
users:
  -
    name: '{{ username }}'
    gecos: '{{ username }}'
    primary_group: Users
    groups: cloud - users
passwd: '{{ password }}'
```

18.6 Zun 组件下 Docker 创建网络失败

在实际工作中经常会从官方代码仓库拉取代码，然后通过源代码部署 Zun 组件，安装完成 Zun 组件之后，部署容器可能会遇到类似的问题，异常信息如下：

```
ERROR zun.compute.manager [req - c6977cf5 - c7f7 - 403c - 8f88 - a6b2d8e693e9
402449eb1e9f41959522c2ca139e7f58 e49d2d3257814d7a844fd3ee43ff656d default
-  - ] Error occurred while calling Docker create API: Docker internal
error: 500 Server Error for
http + docker://localhost/v1.26/networks/create: Internal Server Error
("legacy plugin: Post "http://127.0.0.1:23750/Plugin.Activate": dial tcp
127.0.0.1:23750: connect: connection refused").:
zun.common.exception.DockerError: Docker internal error: 500 Server Error
for http + docker://localhost/v1.26/networks/create: Internal Server Error
("legacy plugin: Post "http://127.0.0.1:23750/Plugin.Activate": dial tcp
127.0.0.1:23750: connect: connection refused").
```

主要原因是 Zun 组件依赖的库更新了，不兼容以前的版本特性。解决方式是检查各个包的安装版本是否一致，即是否被更新了。通过日志定位问题，最终会发现是 PyYAML 官方库更新了，从而导致异常，可以通过在 Zun 组件的计算节点安装指定版本解决问题，命令如下：

```
pip3 install PyYAML==5.4.1
```

重启对应的服务，命令如下：

```
chmod 777 /var/run/openvswitch/db.sock

systemctl list-unit-files | grep docker | awk '{print $1}' | xargs systemctl restart

systemctl list-unit-files | grep kuryr | awk '{print $1}' | xargs systemctl restart

systemctl list-unit-files | grep zun | awk '{print $1}' | xargs systemctl restart
```

需要注意的是，这是一种排查问题的思路，可能还有其他的库导致其他的问题，所以开发工程师在部署了一个稳定的云计算环境以后，应对云计算环境的依赖库版本进行记录，形成指定的依赖库版本，而不是采用“>2.1.3”这种方式去安装。做得好的方案应该支持完全离线部署云计算环境，也就是对云环境的依赖库进行导出打包。

18.7 云环境内部网络网段配置冲突

云环境中可能会使用多个网络，或者给云环境虚拟机配置了特殊的网段，有时会导致部署虚拟机或容器失败，异常信息如下：

```
Error occurred while calling Docker start API: Docker internal error: 500 Server Error for
http+docker://localhost/v1.26/containers/539bc627ab184ea91bacc0d0eb532c8b3e9a74b273d39191
c31e8e045231ed3d/start: Internal Server Error ("OCI runtime create failed: container_Linux.
go:380: starting container process caused: process_Linux.go:545: container init caused:
Running hook #0:: error running hook: exit status 1, stdout: , stderr: time="2022-02-
10T17:20:34+08:00" level=fatal msg="failed to add interface t_c37d37db3-3c to sandbox:
error setting interface \"t_c37d37db3-3c\" IP to 10.88.4.67/24: cannot program address 10.
88.4.67/24 in sandbox interface because it conflicts with existing route {Ifindex: 207 Dst: 10.
88.4.0/24 Src: 10.88.4.22 Gw: <nil> Flags: [] Table: 254}": unknown").: zun.common.
exception.DockerError: Docker internal error: 500 Server Error for
http+docker://localhost/v1.26/containers/539bc627ab184ea91bacc0d0eb532c8b3e9a74b273d39191
c31e8e045231ed3d/start: Internal Server Error ("OCI runtime create failed: container_Linux.
go:380: starting container process caused: process_Linux.go:545: container init caused:
Running hook #0:: error running hook: exit status 1, stdout: , stderr: time="2022-02-
10T17:20:34+08:00" level=fatal msg="failed to add interface t_c37d37db3-3c to sandbox:
error setting interface \"t_c37d37db3-3c\" IP to 10.88.4.67/24: cannot program address 10.
88.4.67/24 in sandbox interface because it conflicts with existing route {Ifindex: 207 Dst: 10.
88.4.0/24 Src: 10.88.4.22 Gw: <nil> Flags: [] Table: 254}": unknown").
```

解决方案主要是修改网段10.88，将其配置为10.95等其他网段，配置后重启相关的网络组件服务。

18.8 服务器多网卡路由配置问题

服务器有了多个网卡之后，每个网卡会分配不同的网段，在 Linux 环境中需要配置默认路由及其他网段路由规则。

为不同网口和网段添加路由连接，命令如下：

```
ip route add 10.91.1.0/24 via 10.95.15.13 table main
```

添加到主机的路由，命令如下：

```
route add - host 192.168.1.2 dev eth0
```

添加到网络的路由，命令如下：

```
route add - net 10.20.30.48 netmask 255.255.255.248 gw 10.20.30.41
route add - net 192.168.1.0/24 eth1
```

添加默认路由，命令如下：

```
ip route add default via 1.2.3.1 dev eth3
```

删除路由，命令如下：

```
ip route del default
route del - net 192.168.1.0/24 eth1
```

查看路由，命令如下：

```
ip route list

ip route show

ip route
```

查看指定网段的路由，命令如下：

```
ip route list 192.168.2.0/24
```

添加路由，命令如下：

```
ip route add 192.168.2.0/24 via 192.168.1.1
```

追加路由，命令如下：

```
ip route append 192.168.2.0/24 via 192.168.10.1
```

追加一个指定网络的路由，可以实现平滑切换网关等操作。

修改路由，命令如下：

```
ip route  change 192.168.2.0/24 via 192.168.2.1
```

或者

```
ip route  replace 192.168.2.0/24 via 192.168.2.1
```

删除路由，命令如下：

```
ip route  del 192.168.2.0/24  via 192.168.2.1
```

清空指定网络的路由，命令如下：

```
ip route flush 192.168.2.0/24
```

这个命令用于清理所有 192.168.2.0/24 相关的路由，有时设置错网关后会存在多条记录，需要一次性清空相关路由再进行添加。

指定路由 metric，命令如下：

```
ip  route add 192.168.2.0/24 via 192.168.1.15 metric 10
```

18.9 云环境安装依赖库冲突或失败问题

（1）leatherman 版本冲突问题，主要异常信息如下：

```
error while loading shared libraries: leatherman_curl.so.1.3.0: cannot
open shared object file: No such file or directory.
```

查看已经安装的 leatherman 版本，命令如下：

```
yum list | grep leatherman
```

已经安装的版本是 1.10.0-1，而 facter 需要 1.3.0 版本，可以降低或回退 leatherman 版本，命令如下：

```
yum downgrade leatherman
```

如果失败，则可以卸载之后重新安装所需版本，命令如下：

```
yum -y remove leatherman
yum -y install leatherman-1.3.0-9.el7.x86_64
```

也可以用源代码进行安装，但是不推荐，命令如下：

```
wget
https://github.91chi.fun//https://github.com//puppetlabs/leatherman/releases/
download/1.3.0/leatherman.tar.gz

tar -zxvf leatherman.tar.gz

cd leatherman

make && make install
```

(2) 依赖库多级依赖安装失败，主要异常信息如下：

```
Error: Execution of '/usr/bin/yum -d 0 -e 0 -y install openstack-
keystone' returned 1: Error: Package: python2-qpid-proton-0.26.0-
2.el7.x86_64 (centos-openstack-train)
```

在控制节点和计算节点分别进行手动安装，命令如下：

```
yum -y install python2-qpid-proton-0.26.0-2.el7.x86_64
```

18.10 部署容器暴露端口过多失败问题

部署容器时，如果同时暴露很多个端口，则可能会导致部署失败，查看 Zun 组件控制节点的日志，主要异常信息如下：

```
ERROR zun.common.exception oslo_db.exception.DBDataError:
(pymysql.err.DataError) (1406, Data too long for column 'exposed_ports' at row 1)
```

主要原因是容器部署不支持某范围的多个端口暴露，需要转换为单个端口，端口暴露包括 TCP 和 UDP，如果出现个数过多或数据过长，则可导致数据库写入异常。

解决方案一：查看数据库设计，限制数据长度，也就是限制端口暴露的个数或者端口的范围大小。

在 OpenStack 控制节点登录 Zun 数据库，命令如下：

```
mysql -uroot -p
use zun;
show tables;
desc container;
```

可以看到 exposed_ports 字段的类型为 text 类型，在 MySQL 中不同文本类型支持的数据长度信息如下：

```
TINYTEXT 256 Bytes
TEXT 65,535 Bytes ~64kb
MEDIUMTEXT 16,777,215 Bytes ~16MB
LONGTEXT 4,294,967,295 Bytes ~4GB
```

因此，可以手动修改对应的数据表的字段类型，但是一般不建议这么做。可以在应用层进行限制，根据 text 字段的长度，可以计算出支持的端口个数或者范围。

解决方案二：把容器的端口暴露改为关联一个安全组，在安全组中添加若干个安全组规则，也支持端口范围暴露的方式，从而避免容器调用直接提供的参数暴露长度限制。

18.11 pip 安装 MySQLclient 失败问题

云环境中可能会使用多个网络，或者给云环境虚拟机配置了特殊的网段，有时会导致部署虚拟机或容器失败，异常信息如下：

```
ERROR: Complete output from command python setup.py egg_info:
    ERROR: /bin/sh: mysql_config: command not found
    Traceback (most recent call last):
      File "<string>", line 1, in <module>
      File "/tmp/pip-install-l2723ndl/mysqlclient/setup.py", line 16, in <module>
        metadata, options = get_config()
      File "/tmp/pip-install-l2723ndl/mysqlclient/setup_posix.py", line 51, in get_config
        libs = mysql_config("libs")
      File "/tmp/pip-install-l2723ndl/mysqlclient/setup_posix.py", line 29, in mysql_config
        raise EnvironmentError("%s not found" % (_mysql_config_path,))
    OSError: mysql_config not found
    ----------------------------------------
ERROR: Command "python setup.py egg_info" failed with error code 1 in /tmp/pip-install-
l2723ndl/mysqlclient/
```

安装 MySQLclient 需要依赖系统自身的一些库，首先安装对应的库，不同的操作系统安装依赖库的方式有些差异，主要列举以下几种操作系统的安装方式。

Debian /Ubuntu，安装命令如下：

```
apt - get install  - y python3 - dev default - libmysqlclient - dev build - essential
```

Red Hat /CentOS，安装命令如下：

```
yum install  - y python3 - devel mysql - devel
```

macOS (Homebrew)，安装命令如下：

```
brew install mysql
```

Windows 类型系统可以直接下载并安装编译好的 wheel 文件，需要下载符合自己计算机配置及 Python 版本的文件，可访问网址 https://www.lfd.uci.edu/~gohlke/pythonlibs/#mysql-python 进行下载，安装命令如下：

```
pip install mysqlclient?1.4.6?cp38?cp38?win_amd64.whl
```

非 Windows 系统最后安装 MySQLclient 库，命令如下：

```
pip install mysqlclient
```

18.12 部署虚拟机出现 NoValidHost 问题

(1) 在虚拟机计算节点部署虚拟机失败，异常信息如下：

```
ERROR nova.compute.manager ResourceProviderCreationFailed: Failed to create resource provider
ga06.swfz.lfk.cn
Failed to create resource provider record in placement API for UUID 2d2c077b - b1d6 - 4046 - 980c
 - 095e1673d85a. Got 409: {"errors": [{"status": 409, "request_id": "req - d9e57be9 - 300c -
49f7 - a18f - 10311db777ea", "detail": "There was a conflict when trying to complete your
request.\n\n Conflicting resource provider name: ga06.swfz.lfk.cn already exists. ", "title":
"Conflict"}]}.
NoValidHost_Remote: No valid host was found. There are not enough hosts available.
```

主要原因是 Placement 组件上报计算节点信息冲突，可以把旧的数据清理之后，等 Placement 重新上报，Nova 计算节点根据上报的节点信息部署虚拟机即可成功。

控制节点登录 OpenStack 的 MySQL 数据库，命令如下：

```
mysql  - uroot  - p 密码
```

删除 Nova 库中的 compute_nodes、services 表对应的节点,命令如下:

```
use nova;
delete from compute_nodes where host = 'compute1';
```

删除 nova_api 库中的 resource_providers_ibfk_2、host_mappings 表中根节点名称关联的数据,命令如下:

```
use nova_api;
delete from resource_providers_ibfk_2 where id = 1;
delete from host_mappings where id = 1;
```

删除 Placement 库中的 resource_providers 表对应的节点数据,命令如下:

```
use placement;
delete from resource_providers where id = 1;
```

注意:如果提示外键关联关系,则可通过以下方式查看关联的表,命令如下:

```
select * from INFORMATION_SCHEMA.KEY_COLUMN_USAGE where
REFERENCED_TABLE_NAME = '被关联表的表名'
```

当遇到外键关联的表但数据不一致的情况时,无法更新或删除,因为某一张表缺少数据。

这是因为在 MySQL 中设置了 Foreign Key 关联,造成无法更新或删除数据。可以通过设置 FOREIGN_KEY_CHECKS 变量来避免这种情况。

禁用外键约束,命令如下:

```
SET FOREIGN_KEY_CHECKS = 0;
```

删除数据,删除数据之后再启动外键约束,命令如下:

```
SET FOREIGN_KEY_CHECKS = 1;
```

查看当前 FOREIGN_KEY_CHECKS 的值,可用命令如下:

```
SELECT @@FOREIGN_KEY_CHECKS;
```

查看 MySQL 数据库中某个数据库的每个表的数据量,命令如下:

```
SELECT table_name,table_rows FROM information_schema.tables WHERE
TABLE_SCHEMA = 'nova' and table_rows <> 0 ORDER BY table_rows DESC;
```

重启 MariaDB 数据服务，命令如下：

```
systemctl restart mariadb.service
```

(2) 如果 MySQL 出现 ERROR 1040 (HY000)：Too many connections 类似错误，则可以通过修改 MySQL 默认的最大连接数量解决此问题，命令如下：

```
#设置最大连接数量
set GLOBAL max_connections = 1000;

#查看最大连接数
show variables like 'max_connections';

#查看已使用的连接数
show global status like 'Max_used_connections';
```

(3) 删除计算节点信息后或者新增计算节点后，可以在控制节点重新发现计算节点，命令如下：

```
nova-manage cell_v2 discover_hosts --verbose
openstack compute service list
```

18.13　各个组件运行状态正常但部署失败

主要表现为控制节点相关服务运行状态、计算节点相关服务运行状态都正常，但是部署虚拟机或者容器失败，或者查看计算节点状态异常，在控制节点查看计算节点状态的命令如下：

```
openstack appcontainer service list
openstack compute service list
```

(1) 可能原因是不同节点的服务器之间时间有差异，查看计算节点系统时间是否一致，然后和控制节点时间做对比。同步时间会自动解决上报信息问题并可更新状态。

(2) 计算节点相关组件的日志，可能出现类似的异常信息：

```
keystoneauth1.exceptions.http.Conflict
```

主要由于不同节点服务器上的时间不同步，或者计算节点的配置信息有修改及重启，从而导致 Placement 组件上报的信息与旧的信息有冲突，可以通过清除旧的上报信息，重新等待上报数据，同步后使数据一致，在控制节点上登录 OpenStack 数据库，命令如下：

```
mysql -uroot -p
use placement;
```

```
select * from resource_providers;
SET FOREIGN_KEY_CHECKS = 0;
delete from resource_providers where id = 2;
SET FOREIGN_KEY_CHECKS = 1;
```

18.14 Kuryr 组件提示分配网关失败

分配网络失败主要表现为云计算环境中为了特殊网络要求，创建的网络没有设置网关，建立的 Neutron 网络没有网关，这种情况很少，此时用这个网络创建的容器会提示分配网关失败，也没有地址返回，从而导致容器虽然创建了却没有办法正常启动，主要异常信息如下：

```
Docker internal error: 500 Server Error for
http + docker://localhost/v1.26/networks/create: Internal Server Error
("failed to allocate gateway (): No address returned").
```

可以通过对 Kuryr 组件的代码进行网关默认值设置，分配一个假的网关，避免异常错误，在 Zun 组件的计算节点上主要修改以下文件。

修改 kuryr_network. py 文件，命令如下：

```
vim /usr/local/lib/python3.6/site - packages/zun/network/kuryr_network.py
```

大致在 95 行，内容如下：

```
"Gateway": v4_subnet['gateway_ip']
```

修改后的内容如下：

```
"Gateway": v4_subnet['gateway_ip'] or "10.0.0.1"
```

修改 controllers. py 文件，命令如下：

```
vim /usr/local/lib/python3.6/site - packages/kuryr_libnetwork/controllers.py
```

大致在 818 行前面空白处新增以下内容：

```
if not v4_gateway_ip:
    v4_gateway_ip = "10.0.0.1"
```

最后，重启相关的组件服务，命令如下：

```
systemctl restart kuryr - libnetwork.service
systemctl restart docker.service
systemctl restart zun - compute.service
```

图书推荐

书　名	作　者
HarmonyOS应用开发实战(JavaScript版)	徐礼文
HarmonyOS原子化服务卡片原理与实战	李洋
鸿蒙操作系统开发入门经典	徐礼文
鸿蒙应用程序开发	董昱
鸿蒙操作系统应用开发实践	陈美汝、郑森文、武延军、吴敬征
HarmonyOS移动应用开发	刘安战、余雨萍、李勇军 等
HarmonyOS App开发从0到1	张诏添、李凯杰
HarmonyOS从入门到精通40例	戈帅
JavaScript基础语法详解	张旭乾
华为方舟编译器之美——基于开源代码的架构分析与实现	史宁宁
Android Runtime源码解析	史宁宁
鲲鹏架构入门与实战	张磊
鲲鹏开发套件应用快速入门	张磊
华为HCIA路由与交换技术实战	江礼教
深度探索Go语言——对象模型与runtime的原理、特性及应用	封幼林
深度探索Flutter——企业应用开发实战	赵龙
Flutter组件精讲与实战	赵龙
Flutter组件详解与实战	[加]王浩然(Bradley Wang)
Flutter跨平台移动开发实战	董运成
Dart语言实战——基于Flutter框架的程序开发(第2版)	亢少军
Dart语言实战——基于Angular框架的Web开发	刘仕文
IntelliJ IDEA软件开发与应用	乔国辉
Vue+Spring Boot前后端分离开发实战	贾志杰
Vue.js快速入门与深入实战	杨世文
Vue.js企业开发实战	千锋教育高教产品研发部
Python从入门到全栈开发	钱超
Python全栈开发——基础入门	夏正东
Python全栈开发——高阶编程	夏正东
Python游戏编程项目开发实战	李志远
Python人工智能——原理、实践及应用	杨博雄主编,于营、肖衡、潘玉霞、高华玲、梁志勇副主编
Python深度学习	王志立
Python预测分析与机器学习	王沁晨
Python异步编程实战——基于AIO的全栈开发技术	陈少佳
Python数据分析实战——从Excel轻松入门Pandas	曾贤志
Python数据分析从0到1	邓立文、俞心宇、牛瑶
Python Web数据分析可视化——基于Django框架的开发实战	韩伟、赵盼
Python玩转数学问题——轻松学习NumPy、SciPy和matplotlib	张骞
Pandas通关实战	黄福星
深入浅出Power Query M语言	黄福星
FFmpeg入门详解——音视频原理及应用	梅会东

图书推荐

书　名	作　者
云原生开发实践	高尚衡
虚拟化 KVM 极速入门	陈涛
虚拟化 KVM 进阶实践	陈涛
边缘计算	方娟、陆帅冰
物联网——嵌入式开发实战	连志安
动手学推荐系统——基于 PyTorch 的算法实现(微课视频版)	於方仁
人工智能算法——原理、技巧及应用	韩龙、张娜、汝洪芳
跟我一起学机器学习	王成、黄晓辉
TensorFlow 计算机视觉原理与实战	欧阳鹏程、任浩然
分布式机器学习实战	陈敬雷
计算机视觉——基于 OpenCV 与 TensorFlow 的深度学习方法	余海林、翟中华
深度学习——理论、方法与 PyTorch 实践	翟中华、孟翔宇
深度学习原理与 PyTorch 实战	张伟振
AR Foundation 增强现实开发实战(ARCore 版)	汪祥春
ARKit 原生开发入门精粹——RealityKit + Swift + SwiftUI	汪祥春
HoloLens 2 开发入门精要——基于 Unity 和 MRTK	汪祥春
Altium Designer 20 PCB 设计实战(视频微课版)	白军杰
Cadence 高速 PCB 设计——基于手机高阶板的案例分析与实现	李卫国、张彬、林超文
Octave 程序设计	于红博
ANSYS 19.0 实例详解	李大勇、周宝
AutoCAD 2022 快速入门、进阶与精通	邵为龙
SolidWorks 2020 快速入门与深入实战	邵为龙
SolidWorks 2021 快速入门与深入实战	邵为龙
UG NX 1926 快速入门与深入实战	邵为龙
西门子 S7－200 SMART PLC 编程及应用(视频微课版)	徐宁、赵丽君
三菱 FX3U PLC 编程及应用(视频微课版)	吴文灵
全栈 UI 自动化测试实战	胡胜强、单镜石、李睿
FFmpeg 入门详解——音视频原理及应用	梅会东
pytest 框架与自动化测试应用	房荔枝、梁丽丽
软件测试与面试通识	于晶、张丹
智慧教育技术与应用	[澳]朱佳(Jia Zhu)
敏捷测试从零开始	陈霁、王富、武夏
智慧建造——物联网在建筑设计与管理中的实践	[美]周晨光(Timothy Chou)著;段晨东、柯吉译
深入理解微电子电路设计——电子元器件原理及应用(原书第5版)	[美]理查德·C. 耶格(Richard C. Jaeger)、[美]特拉维斯·N. 布莱洛克(Travis N. Blalock)著;宋廷强 译
深入理解微电子电路设计——数字电子技术及应用(原书第5版)	[美]理查德·C. 耶格(Richard C. Jaeger)、[美]特拉维斯·N. 布莱洛克(Travis N. Blalock)著;宋廷强 译
深入理解微电子电路设计——模拟电子技术及应用(原书第5版)	[美]理查德·C. 耶格(Richard C. Jaeger)、[美]特拉维斯·N. 布莱洛克(Travis N. Blalock)著;宋廷强 译